U0308622

航空心理效能

AVIATION PSYCHOLOGICAL PERFORMANCE

宋华淼◎主编

清华大学出版社
北京

内 容 简 介

本书是以军事航空心理效能为研究对象的理论专著。本书分为三个部分共 14 章，第一部分主要围绕航空心理效能概念、体系、框架等相关理论问题进行专业介绍，明确提出了航空心理效能的研究定位、研究范围和研究任务；第二部分针对航空心理效能研究任务，回顾心理选拔历史发展，介绍了基于工作分析及胜任特征指标构建的心理效能评估指标的提炼方法、心理效能的深度评估方法。第三部分主要介绍提升与维护心理效能有关的心理选拔、心理训练、心理干预，以及动机、疲劳等相关理论与实践经验。本书内容系统全面、资料翔实、观点鲜明，具有较高的学术价值和实践应用价值，适合军事航空心理科研、教学及管理人员参考使用。

图书在版编目（CIP）数据

航空心理效能 / 宋华森主编 . — 北京：清华大学出版社，2020.8
ISBN 978-7-302-54423-4

Ⅰ. ①航… Ⅱ. ①宋… Ⅲ. ①航空心理学 Ⅳ. ① V321.3

中国版本图书馆 CIP 数据核字（2019）第 264239 号

责任编辑：肖　军
封面设计：吴　晋
责任校对：王淑云
责任印制：宋　林

出版发行：清华大学出版社
　　　　　网　　　址：http://www.tup.com.cn，http://www.wqbook.com
　　　　　地　　　址：北京清华大学学研大厦 A 座　　邮　　编：100084
　　　　　社 总 机：010-62770175　　邮　　购：010-62786544
　　　　　投稿与读者服务：010-62776969，c-service@tup.tsinghua.edu.cn
　　　　　质量反馈：010-62772015，zhiliang@tup.tsinghua.edu.cn
印 装 者：三河市君旺印务有限公司
经　　销：全国新华书店
开　　本：185mm×260mm　　印　张：28.5　　字　数：570 千字
版　　次：2020 年 10 月第 1 版　　印　次：2020 年 10 月第 1 次印刷
定　　价：129.00 元

产品编号：082433-01

编委会

主　编：宋华淼

副主编：张　焱　刘　娟　邓学谦

编　委：（以姓氏笔画为序）

　　　　邓学谦　白海霞　刘　娟　宋　超

　　　　宋华淼　张　焱

前 言

军事航空心理效能（military aviation psychological performance），是一门从航空心理学的角度出发，围绕飞行人员心理选拔、心理训练、心理自我调控，加速设备开发以及作战心理能力和心理健康维护等方面，进行建立技术方法、制定效能评估标准、促进和提升飞行员心理能力的实践应用科学。我国军事航空心理学伴随着我国航空医学的发展，自 1954 年建立到今天，已经走过了 65 年的辉煌历程。梳理总结基于作战心理品质的研究与应用，思考探索提升飞行员作战心理效能的理论、技术方法，已成为科研工作者的一项重大任务。

令人感到无限欣慰的是，我们这一代航空心理学人聆听过前辈陈祖荣教授为代表的我国航空心理学前辈的谆谆教诲和指导成长，历练于我军航空心理蓬勃发展期间任务的洗礼，在航空心理学科领域不断探索、发展前行。这些年来，从飞行员的心理选拔、心理训练到心理干预三项任务发展前行的研究应用，到为招飞心理选拔、新机种军事飞行员选拔和重大任务等心理保障，灾难危机事件的心理干预工作，都留有我们航空心理人的身影，我们能够自豪地将既往的工作留给历史，交于历史去评鉴。

本书书名《航空心理效能》，之所以落脚"效能"，正是本书的特色。效能就是衡量结果的尺度，是达到目标所期望要求的程度。效率、效果、效益是衡量效能的依据。我们长期从事的航空心理学研究与应用，正是为提升飞行人员作战心理能力建立和制订相应技术方法标准，以其效率、效果和效益为衡量的总目标。这就是航空心理效能。在军事领域，"作战行动的效能"和"武器装备系统的效能"等，都是为比较不同人员或武器装备系统或行动方案的优劣采用某种定量尺度予以评价，即为效能指标。

航空心理效能任务十分艰巨。在军事航空领域，围绕军事飞行人员作战效能的增强与提升，从选拔一个能作战的军事飞行人员入门开始，到系统训练培养一名能打仗、打胜仗的成熟军事飞行人员，心理效能的高低成为关键指标。因此，以作战飞行员战斗力标准为目标需求，以提升军事航空心理效能为研究方向，将为作战飞行人员战斗取胜所需的心理能力（包含基本飞行认知能力、战斗取胜的心理技能、富于战斗精神之心理动力），以及飞行员疲劳、灾难后心理危机的心理保障、飞行员自我心理调控等内容，从理论与实践应用上予以系统阐述，形成专著，也成为我们航空心理人的一项迫切的任务。

本书共分为14章,内容大致分为三个部分。第一部分主要围绕航空心理效能概念、体系、框架等相关理论问题提出著作者的观点,并明确提出了航空心理效能的研究定位、研究范围和研究任务;第二部分针对航空心理效能研究任务,回顾了心理选拔历史发展、介绍了基于工作分析及胜任特征指标构建的心理效能评估指标的提炼方法、心理效能的深度评估方法。第三部分主要介绍提升与维护心理效能有关的心理选拔、心理训练、心理干预,以及动机、疲劳等相关理论与实践。全书的作者分别是:第一章由宋华淼、刘娟、宋超撰写,第二章由邓学谦、张焱撰写,第三章、第四章、第五章、第六章、第七章、第八章由宋华淼撰写,第九章由刘娟撰写,第十章由刘娟、邓学谦、宋华淼撰写,第十一章由张焱撰写,第十二章由宋超撰写,第十三章由宋华淼、宋超撰写,第十四章由宋华淼、白海霞撰写。

作为本书主编,下定决心组织编著本书,也经历了一个许久挣扎的过程。2015年我在主编翻译《航空医学心理学》时,就渴望依据我们自己长期航空心理研究应用实践的经验,编著一部有自己特色的著作。当时获得了我所(原空军航空医学研究所)王生成所长给予的鼓励和高度支持。3年过去了,这项计划一直停留于纸上谈兵,总是犹豫没能付诸实践,耽搁在心里又总是不能放下,直到2018年底,才将这项编著《航空心理效能》工作纳入实质计划。

2019年是新中国成立70周年,也是我踏入大学之门成为航空医学专业学子40周年,从事航空心理研究与应用35周年的日子。光阴似箭、岁月飞梭,40年以来的专业学习,35年来的工作实践中不断获得的荣誉与鼓励,引以为豪的就是在1991年还是初级职称之时,我以第一研究者获得了军队科技进步二等奖。这项荣誉所给予我的成就感,坚定了我的职业信念和专业努力的方向。在2008年汶川特大地震抗震救灾心理救援重大任务中,以自己扎实的理论功底和娴熟的专业技能,在四川和成都人民广播电台连续直播心理救援节目近两个月,为灾区群众缓解心理伤痛、为救援官兵心理支持发挥了重要积极作用,自己荣立一等功。这些实践经历更是使我感到心理专业的无限作用和巨大效能。因而希望编著一部汇聚自己长期研究实践工作的经验,以及通过不断学习对理论的深化理解,倾注着自己在专业领域砥砺深耕且渗透有付出心血的著作,将自己提出并解决问题的过程、结果和体会,有自己承担过的课题的研究并获得的认可和经验等与同行分享,才是对自己历经35年航空心理专业研究与应用的最大慰藉,更是对新中国成立70周年的献礼。

本书编著启动过程中,我听取飞行和航空心理专家的意见,对书中涉及的部分内容,反复斟酌,反复查阅资料,终于在新中国成立70周年前夕全书完成初稿。全书编著过程中,组成了编委会协调组织编撰工作。我的同事张焱、刘娟两位副主编与我多次讨论全书结构和提纲,撰写有关章节、查询核对资料,付出了很大心血。他们不辞辛苦,为了订正一个数据或一个参考文献,常常熬夜至凌晨,令我十分感动。张焱副主编系第四军医大学心理专业博士，师从苗丹民教授；刘娟副主编系中国科学院心理研究所心理专业博士，师从我国著名心理学家张侃教授。我的同事邓学谦副主编在编撰过程中，是第一个交稿完成任务的编著者。他自 1985 年大学毕业就入职原空军航空医学研究所心理专业工作，承接心理学老前辈的优良传统，对专业精益求精、一丝不苟，有丰富的研究实践能力，尤其在我国军事飞行员心理选拔工作中付出了极大的心血。三位副主编的大力协作，他们的勤奋与付出，使得本书顺利如期完稿。此外，宋超在研究生实习期间、白海霞在即将退出现役阶段，主动加入本著作的撰写工作，不惜辛苦、勤劳有为，推进了本著作的完成进度。此外，我的同事杨柳、刘庆峰、杨蕾、张宜爽、彭飞、王好博等，在我相关的科研课题中鼎力支持，行政管理中全力支持，都让本书顺利完成获以重要的助力，在此表示衷心的感谢。

　　本书能够付梓，作为主编的我，由衷感谢三位副主编对我的辅助，由衷感谢编著者付出的心血。我要真诚地感谢我所在的单位空军特色医学中心的各位领导对本书出版给予的支持，尤其是我调入原空军航空医学研究所后历任所长、副所长：卢志平、罗永昌、王生成、丁立、王颉、贾宏博，历任政委：谢光林、杨克俭等领导对我工作的坚定支持与高度信任，使得我在专业发展中如鱼得水。本书顺利出版还要感谢的是清华大学出版社副总编兼医学分社社长孙宇，她所给予的鼓励，极大地鼓舞和奠定了我成书的决心和力量。

　　由于编著者水平有限，难免有不妥之处，恳请专家学者和广大读者给予批评指正。

宋华淼

2019 年 9 月 26 日于北京

目 录

第一章　航空心理效能概述

2012年10月，美国国家科学院国家研究委员会，发布了一份名为《人体效能改造：国际研究现状与未来展望》（human performance modification：review of worldwide research with a view to the future）的报告（2012），近些年来，"效能"一词在我国军事航空医学领域应用逐渐广泛，有专家指出"军事航空医学研究就是军事航空医学效能的研究"。同理，"军事航空心理学研究"就是军事航空心理效能的研究，是从航空心理学角度，围绕飞行人员心理选拔、飞行人员心理训练、飞行人员心理自我调控，以及作战心理保障等建立方法、制定标准、加速开发等技术手段，促进和提升飞行员心理效能的工作。

第一节　航空心理效能概念及体系

一、效能的基本定义

（一）效能与心理效能

效能（performance），是衡量结果的尺度，是达到目标所期望要求的程度。效率、效果、效益是衡量效能的依据。在军事领域常常涉及"作战行动的效能"和"武器装备系统的效能"。为了评价、比较不同人员或武器装备系统或行动方案的优劣，常常采用某种定量尺度来予以评价，即效能指标。

心理效能（psychological performance）是指满足工作效率、效果和效益，所具备的心理品质总和，即指具有的心理品质在从事职业活动过程中，满足实现目标的工作效果程度和工作能力水平。简言之，心理效能就是指从事某项工作能够获取成就（成果）的核心胜任力水平程度。

（二）航空心理效能内涵

航空心理效能（aviation psychological performance），是航空领域中飞行人员职业活动效率最佳发挥的人机匹配工效要求和飞行人员核心胜任力的程度状态。

1. 人机工效学系统效能

衡量的是飞行员、航空飞行器和环境系统最优化程度，并以飞行员能否安全、高效、舒适地操控飞行器为最终评估指标。因此，它包括了单项效能、系统效能和作战效能三个方面。例如，在满足人的生理心理需求上，人机工效学系统效能，涉及供氧、加速度、噪声和振动、弹射与救生、座舱环境等方面。

2. 作战行动飞行员心理效能

在军事航空领域，以战斗力标准为目标需求，作战飞行人员战斗取胜所需的核心胜任力，包含基本飞行认知能力、解决问题的技能、适宜飞行的个性和基于战斗精神的飞行动力特征。围绕军事飞行人员作战效能的增强与提升，从选拔一个能作战的军事飞行人员入门开始，到系统训练培养一名能打仗、打胜仗的成熟军事飞行人员，心理效能的高低成为关键指标。

二、航空心理效能评估指标体系

（一）飞行航空器人机工效学系统效能评估

飞行航空器"人机工效学系统效能"评估，涉及有关工效学的各项要求，内容包括"尺度参数""性能""作战"等指标的效能评估（注：有关人机工效学系统效能本书不做介绍和讨论）。

（二）作战行动飞行人员心理效能评估

作战行动飞行人员心理效能评估，涉及适宜飞行职业人的各项心理特质，也就是战斗取胜所需的核心胜任力各项细化指标。心理效能的特征既具有稳定的一面，同时还具有增强与破坏的一面。心理选拔、心理训练、心理评估、心理干预和心理保障五项任务指标，是心理效能稳定和增强评估的关键指标。

心理选拔关系到被选拔人员的职业发展提升空间；心理训练关系到飞行人员作战效能的发挥；心理危机干预关系到飞行人员在遭受重大危机之后快速心理恢复效率；心理评估对个人而言，关系到飞行人员准确认识自我，不断修正向职业需求靠拢、匹配吻合程度；对组织而言，心理评估关系到在执行重要任务前人力资源配置的指挥策略。心理保障关系到在重大任务过程中，确保飞行人员作战能力的极限发挥。

三、航空心理效能评估体系框架

航空心理效能评估体系由 2 部分构成，一是航空飞行器人机工效评估（本著作不涉及航空飞行器人机工效领域内容，不予论述），二是作战行动飞行员心理效能系统评估。涉及飞行员心理效能系统评估主要由 4 个方面的内容组成（图 1-1）。

1. 心理选拔效能

心理选拔是基于选拔飞行员心理品质的一项重要内容，心理选拔的关键是指标的确立，依据我国军事飞行职业和不同飞行岗位对人的心理结构等诸因素的需求，研究这一职业人员胜任特征指标结构，明确飞行员所需的知识、能力、技能和个性特质是建立心理选拔效能评估体系的关键。

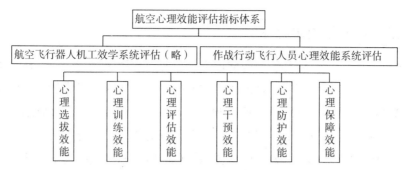

图 1-1　航空心理效能评估指标体系框架

2. 心理训练效能

心理训练是帮助飞行员提升作战心理效能水平的重要内容，研究表明，飞行员心理特征分为三类，第一类属于特质特征，具有先天赋予特性；第二类为先天潜质与后天发展交互形成，第三类则完全是后天培训而有。心理训练就是帮助飞行员弥补自身"短板"，提高飞行任务需求要素。因此，心理训练效能评估成为心理训练类型、方法和技术的关键。

3. 心理评估效能

心理评估在于针对飞行职业适应性、飞行员心理健康水平，以及应急任务条件下心理能力的评估。既涵盖常规心理评估，又涵盖应急评估，这是职业作业的基本要求。常规心理评估目前已经作为飞行员健康体检中重要内容之一，应急评估也已成为重大任务的基本内容。

4. 心理干预效能

心理干预重点应用于飞行事故后心理干预，目的是帮助事故当事人，以及密切关联人员从事故中尽快恢复过度应激反应带来的心理失衡的一项重要工作。建立心理干预效能评估体系，有助于提高心理干预效能，更好地帮助事故后飞行员恢复正常飞行活动及执行任务的战斗效能。

5. 心理防护效能

体系性的心理防护建设一直没有引起足够的重视，飞行员自我心理防护是自身始终保持旺盛、积极心理状态的一项重要工作。如何实施心理防护，采用哪些技术方法和理论指导，建立有效的心理防护效能评估指标，是体系性心理效能建设的重要内容。

6. 心理保障效能

心理保障是针对飞行员应急任务、对抗训练，以及作战任务的一项重要工作内容。提供多种样式的心理保障，维护飞行员战斗心理状态的必要保证。实施心理保障效能评估，有益于提高心理保障的效能水平。

四、航空心理效能研究定位

围绕军事飞行人员作战心理效能的增强与提升，开展应用基础和高技术研究，着力突破心理选拔、心理训练和心理健康维护的创新关键技术，以作战飞行员战斗力标准为目标需求，以提升军事航空心理效能为研究方向，从理论与实践应用上系统阐述作战飞行人员战斗取胜所需的心理能力，以及飞行员疲劳、灾难后快速心理恢复、飞行员自我心理调控等防护内容，创建有我国特色的航空心理效能理论与技术体系。

（1）研究军事飞行人员作战心理效能的标准体系，制订评估飞行人员心理效能评估的技术方法和标准，承担改装飞行员心理选拔任务。

（2）研究军事飞行人员作战心理效能调控机制和心理训练效能提升模式，制订飞行应激情境调控技术方法与标准，承担作战任务前飞行员保持个人效能的心理训练任务，以及任务后飞行人员个体效能的恢复训练任务。

（3）研究制订军事飞行人员作战心理保障的伴随模式、技术方法和标准体系，承担伴随多样化（军事作战与重大演习、飞行事故灾难心理救援、意外事件心理危机干预）军事任务飞行员心理健康维护任务。

第二节　国外相关心理效能研究与应用情况

美军将军人心理工作的主要目标定为增强效能和预防精神疾病两个方面，其中增强效能排在首位，如果军人在高压力情境下能够达到高效能，可以预防精神疾病的发生。从目前文献检索情况看，心理效能尚缺乏国际权威的概念，performance和 effectiveness 在作为效能混合使用，但在航空心理研究领域主要采用的是performance。

一、进一步对效能概念的理解

美国陆军行为与社会科学研究所（United states army research institute for the behavioral and social sciences）提交的技术报告《Review of aviator selection》（2006）引用的参考文献中，有 51 篇论文涉及了"performance"。美国空军人事管理中心（Air Force personnel center）《基于 KSAOS 军事飞行员的选拔：文献综述》（2011）的 29 篇引用文献，有两篇引用。但是，两个资料中"effectiveness"一词竟然没有一篇涉及。以下列出《Review of aviator selection》和《基于 KSAOS 军事飞行员的选拔：文献综述》引用的有关 performance 的文献，以便对效能定义有更好的理解。

（1）Ackerman PL, Woltz DJ.（1994）. Determinants of learning performance in an associative memory/substitution task: Task constraints, individual differences, olition, and motivation.

（2）Barrick MR，Mount MK.（1991）. The big five personality dimensions and job erformance: A meta-analysis.

（3）Blower DJ，Dolgin DL.（1990）. An evaluation of performance based tests designed to predict success in primary flight training.

（4）Bobko P，Roth PL，Potosky D.（1999）. Derivation and implications of a eta-analytic matrix incorporating cognitive ability，alternative predictors，and job performance.

（5）Carretta TR.（1988）. Relationship of encoding speed and memory tests to flight training performance（AFHRL-TP-87-49）.

（6）Damos DL.（1993）. Using meta-analysis to compare the predictive validity of single- and multiple-task measures to flight performance.

（7）Day DV，Silverman SB.（1989）. Personality and job performance: Evidence of incremental validity.

（8）Griffin GR，McBride DK.（1986）. Multitask performance: Predicting success in Naval aviation primary flight training.

（9）Intano GP，Howse WR.（1992）. Predicting performance in Army aviation flight training.

（10）Martinussen M.（1996）. Psychological measures as predictors of pilot performance。

（11）Pettitt MA，Dunlap JH.（1995）. Psychological factors that predict successful performance in a professional pilot program.

（12）Russell TL，Peterson NG.（2001）. The Experimental Battery: Basic attribute scores for predicting performance in a population of jobs.

（13）Shull RN，Dolgin DL.（1989）. Personality and flight training performance.

（14）Siem FM，Carretta TR，Mercatante TA.（1988）. Personality，attitudes and pilot training performance: Preliminary analysis（AFHRL-TP-87-62）.

（15）Fleishman EA，Quaintance M.（1984）.Taxonomies of Human Performance.

（16）Fleishman EA，Ornstein GN.（1960）.An analysis of pilot flying performance in terms of component abilities.

另外一个英文词"effectiveness"的文献如下：

（1）Carretta TR，Ree MJ.（2000）. Pilot selection methods（AFRL-HE-WP-TR-2000-0116）. Wright-Patterson AFB，OH: Human Effectiveness Directorate，Crew System Interface Division.

（2）Chidester TR，Foushee HC.（1991）. Leader personality and crew effectiveness:

A full-mission simulation experiment.

统揽引用文献，performance 的含义更多是达到某项目标的所具有最大心理能力的程度，即效能的含义。而 effectiveness 是美国著名心理学家班杜拉在 20 世纪 70 年代提出了自我效能感的概念，是指人们对自身能否利用所拥有的技能去完成某项工作的自信程度，这是个体对自身能力的主观估计值（Bandura，1982；Sherer，1982）。在研究内容与心理学相去甚远的药理学中，有一个"药物效能"与我们所述的概念相近，药理学中的"药物效能"是指药物所能达到的最大药理效应。药理效应在一定剂量范围内随着药物剂量的增加而增强，当增加到某一剂量时将达到最大效应。此时再增加剂量，药理效应也不会继续增强，只会引起毒性反应。药物效能是一个客观测量值（Pledger Schmidt，1994）。对于药理学家来说，他们的使命就是要发挥聪明才智，使药物效能最大化。同理，心理学家的光荣使命必须是不断增强人们的心理效能。导入这两个相近的概念，再提出心理效能概念就更容易理解。

二、外军心理工作的落脚点是提升心理效能

外军将军人心理工作强调了高效能的重要性。当前，世界军队的心理工作做得最为周密细致的是美国、英国和以色列，他们的心理工作直接参与到了军事任务中。心理工作的首要任务是增强心理效能。以色列军队在 1948 年以来参与了五场主要的大型战争和无数的小型冲突，是世界上最有战争经验的武装力量。近年来以军指出，军人心理健康以往观念仅关注精神疾病的治疗和预防，缺乏对军人群体在死亡威胁下追求高效能的考虑，因此，军人心理健康的新定义是具备有效面对军事战场环境心理应激挑战的能力，该能力具体表现为"在自己的战友被狙击手击中牺牲的第二天，能够使自己在加沙战场进行巡逻……并且知道狙击手仍然在那里"。以军通过心理工作使得全军官兵具备精良的作战心理品质，是以军战斗力的重要组成部分。关注心理效能就是关注战场军事作业能力，可以最大限度地发挥聚焦军事作业过程中的心理能力。以色列军队的战争经验以事实证明，心理效能就是战斗力，心理工作能够在战斗力中发挥作用。

外军心理工作的落脚点已从传统心理健康的维护转移到心理效能的提升，实践证明，这是适合现代战争作战需求的。近年来，英美等发达国家高度重视心理训练，加大了作战心理训练在部队训练中的比重，科学设置了作战心理科目，建立了融合式作战心理训练机制，有计划、有步骤地培养军人作战过程中必需的心理素质，旨在最大限度地提高心理效能，生成战斗力（Hydren，Borges and Sharp，2017）。2008 年美国空军创建第 711 战斗成员效能联队（711th Human Performance Wing，711HPW），驻扎在俄亥俄州代顿市赖特·帕特森空军基地，在机构组成上覆盖了航空航天医学院和航空航天医学研究所，凸显了人体效能的主流意识和先导地位。外军的经验表明，作

战心理训练可以提高官兵军事作业效能，从而提高军队的实战作战水平。

三、航空航天医学向飞行员高效能聚焦发力

美国《航空航天医学与人的效能》（Aerospace Medicine and Human Performance，AMHP）杂志，是美国航空航天医学会的会刊，也是当前航空航天医学领域最著名的杂志，刊登航空航天医学领域的热点主题和研究前沿，发行至全球 80 多个国家。该杂志的前身是《航空航天与环境医学》，于 2015 年 1 月正式更名。2014 年底，该杂志的荣誉总编辑 Nunneley SA 曾发表社论性文章，介绍了杂志的更名情况和她的想法，回顾了杂志名称的历史演变：1930—1958 年，该杂志名为《航空医学杂志》（The journal of Aviation Medicine）；1959—1974 年，《航空航天医学》（Aerospace Medicine）；1975—2014 年，《航空航天与环境医学》（Aviation，Space，and Environmental Medicine）。Nunneley SA 透露，在过去的 10 多年里，编委会发现投稿文章与航空航天环境中"人的效能"相关的论文日益增多，这些文章中很多一部分出自美国航空航天局（NASA）和一些军方的研究机构。2007 年《航空航天与环境医学》杂志专门出版了第 78 卷第 5 期增刊Ⅱ部，主题名称为"认知效能增强技术的系统应用"，共刊发 36 篇文章。航空航天医学领域一种新的研究方向凸显出来，为此，杂志编委会和美国航空航天医学会（Aerospace Medicine and Human Performance，AMHP）理事会进行了充分讨论，定于 2015 年 1 月起将杂志正式更名为《航空航天医学与人的效能》（Bonato，2014；Faye，2017）。这一次更名，是杂志品牌的不断创新与突破，是航空航天医学对人的效能研究领域的聚焦和发力，是学科专业自身调结构、谋发展的变革性举措。从此，"人的效能"将作为高频词，在航空航天医学的大舞台上，明星般频繁而闪亮登场。航空航天医学领域中，经历了从"疾病诊疗医学"到"预防医学"、再到"健康管理医学"的发展，目前正向"效能医学"的方向转变（王志翔等，2014）。大势所趋，未来我国航空航天医学也要围绕飞行员高效能开展系列研究，航空医学要形成增强作战效能的军事用途。

第三节　把提升职业高效能作为航空心理工作的主要任务

建立和发展有中国特色的飞行员作战心理效能提升理念和模式，必定可以为我空军部队实现"召之即来，来之能战，战之必胜"的战略目标提供技术保障。有鉴于此，在新形势下围绕"作战心理效能的提升"开展航空心理学所承担的各项任务，才能满足现代作战需求。从飞行人员的精准心理选拔开始，到军事演练中以飞行作战为导向的心理训练的理念建立；从围绕作战效能的常规心理评估到应急心理评估；从飞行事故灾难后及时即刻的心理危机干预，到全方位、全要素的完备心理保障体系建立和有

效工作，实现专业化保障飞行人员心理品质的稳定，是维护和激发其高效能飞行作战能力的重要工作任务。

一、飞行员精准心理选拔

探索与发展飞行人员心理选拔新技术、新标准是精准心理选拔的重要内容。充分厘清新机种对飞行人员心理品质需求的变化，构建飞行职业胜任特征指标体系，针对性地提出新机种飞行人员心理选拔技术方法及标准，实现精准心理选拔，满足飞行职业"人－岗"最佳匹配，提升飞行员心理选拔技术质量。

（一）构建飞行职业胜任特征指标体系

通过采用工作分析方法和技术，剖析歼击机新机种在超高负荷、超长耐力、快速反应状态下对人的心理能力特征的需求要素，明确歼击机新机种所需的飞行员心理品质各项指标要求，构建胜任特征模型，形成完备的新机种飞行员职业胜任特征评价体系即知识、技能、能力和其他个人特质（knowledge, skills, abilities, and other characteristics, KSAOs）。

（二）完善心理选拔技术方法及标准

完善以往在招飞心理品质检查中，基于实验室"静态模式"对基本认知能力的测评模式，一是迭代更新原有静态检测技术，建立"静态－动态结合"一体化的飞行认知能力技术平台的心理选拔检测系统和技术方法；二是充分利用 VR 技术，开发高逼真飞行仿真系统的飞行能力心理选拔技术方法与标准，各项检测技术方法内容效度、校标效度应达到统计学要求。

（三）飞行员非智力因素检测工具研究

针对构建的新机种飞行员胜任特征指标体系，研发基于非智力因素的检测工具，用于检测具有飞行职业需求的人格特质、心理动力特质，以及压力负荷下的心理健康水平。实现检测工具性能符合心理测量学规定要求。

二、飞行员心理效能训练

依据航空活动中飞行人员心理活动的规律和要求，以飞行活动为导向，应用心理学理论与技术，通过理论训练与技能训练相结合，有目的、有计划地对训练对象的心理过程和个性心理特征施加影响，储备与提升飞行心理效能，特别是针对与飞行职业效能和飞行安全直接相关的心理品质。综合运用生物心理学理论，采取团体或个体定制原则，通过模拟真实飞行条件原则实施各项心理训练技术。

（一）实战环境作战心理训练

实战环境包括战争缘由、目的、作战场景、战斗人文等因素，其目的在于提高作战官兵的战场适应能力，为了确保官兵在紧张、危险、复杂、瞬息万变的战场环境下保持镇静，思维灵活清晰，行动果敢敏捷，作战英勇无畏。建立实战化战斗精神强训场作为专项训练基地，全面开展提升职业心理效能的心理训练工作。如美军在奔赴伊拉克前线之前，所有作战一线的官兵都要前往路易斯安那州波克堡的"克隆版伊拉克"基地，进行为期 20 天的战场适应训练，使作战人员预先体验伊拉克作战环境、可能的多种模式的抵抗和心理战的攻击，使参战人员对于复杂的战争环境和更多种形式的抵抗具有比较充分的思想准备，减少了不必要的人员伤亡（Brailey K 等，2018）。

（二）实战演练一体化心理训练

军事实战演练与心理训练融合，使作战心理训练贯穿于演练科目的全程，强化了个体作战效能。如以色列军队在演习过程中经常将部队置放在单向的透明的监视之下，受训官兵遭受敌方强大的电子干扰，直接体验到暴露在敌方控制之下的艰难，体会失去通讯联络的痛苦。这种演练科目的目的是为了培养与未来战场相适应的作战心理品质。美军在军事演习过程中，受训官兵将体验强力炸弹爆炸训练，再通过理论讲授、直观演示和实际体验，对受训官兵进行心理脱敏，降低对于爆炸的恐惧心理水平，从而提高官兵执行实战化作战任务过程中的心理控制能力。

（三）导向明确的专项心理训练

按照心理学的原理，一种技能的学习对另一种技能的学习和应用会产生影响，分为正迁移和负迁移、零迁移三种情况。心理学应激理论特别强调了"认知活动"在应激反应中的作用。通过导向明确的专项心理训练，如模拟战场环境的团队和个别专项心理训练科目训练，达到影响作战品质的正向形成。英军建立了作战心理测试室，模拟炮弹爆炸、子弹呼啸、硝烟呛人、飞机和坦克轰鸣以及白光耀眼等恐怖作战场景，制造战场中人员伤、亡、残等血腥情境场面，展示直升机的空袭、遭遇强大电子干扰的残酷、播放激烈枪炮音响，创造立体化的综合战斗环境，可以提高官兵作战心理品质，为适应战场环境奠定坚实基础。

三、飞行员心理健康维护

飞行人员心理健康是飞行职业胜任能力的关键，尽管飞行人员面临着特殊的压力，但是多数研究认为该群体心理健康水平却比较高。然而，伴随军事斗争的准备，在高强度的实战化军事训练和作战战斗中，战斗应激反应会削弱部队战斗力，延长人们对战后的痛苦。有关资料表明，在第二次世界大战期间的一个战斗师中，战斗应激反应伴发精神症状的发生率是 28.5%，退出战场的人员数量超过美国所能动员参战人员的数量（Glass，1973）。外军对 21 世纪军事医学和医疗卫生保障战略的研究认为，战场应激性损伤是战争军队减员五类主要原因之一。维护飞行人员心理健康成为一项重要的确保战斗力的措施。

（一）飞行员心理能量储备与提升

心理能量与作战效率关系十分密切，它具有推动个体实现自我的力量，是获取成功与健康的最重要内在驱力。它像许多心理品质一样也常处于一个连续体上，在不同的时间里，会有高或低的变化。当心理能量由低向高变化时，处于心理动员时期。心理能量上升到适宜高度时，便进入最佳心理能量区，此时个体作业操作水平最高，思维敏捷、动作娴熟，能够全神贯注于所做的事情本身，充满活力，即使事情本身很困难，也感觉毫不费力，并感觉时间过得很快。因此，储备心理能量是一件非常重要的工作。

（二）建立大视野大格局的思维模式

美国心理学家艾里斯（Albert Ellis）在 20 世纪 50 年代创立并逐渐发展成熟的理性情绪行为理论，阐述了"个体发展成熟的制胜理论"，即 ABC 理论。A（activating event）是引起应激的事件或环境；B（belief system）是对情境的感知或看法，即认知系统；C（consequence）是情绪与行为导致的结果。ABC 理论的主要观点是，并非由 A 直接引起 C，而是因 A 引起 B，由 B 引起了 C。据此，欲控制不良结果的 C，必须改变 B，学会用合理的思维方式替代不合理的思维方式，从而控制不良情绪反应。

（三）采用格式化方法实现应激控制

应激是内外环境因素作用于机体时所产生的非特异性反应。对付应激的有效方式就是从身体上放松，使大脑皮层的唤醒水平下降，从而使促动系统功能降低，营养性系统功能提高。引用计算机"格式化"名词，并采取"格式化"方式，实现放松反应过程，有利于理解应激控制，以及心理调控目的和作用；有利于理解在心理疲劳状态、心理负荷状态下实现快速恢复心理的过程。将放松技术、生物反馈技术，以及漂浮放松技术归类为"格式化"技术，成为实现"格式化"的最佳操作方法。

第四节　飞行员心理效能研究方法

一、实验法

实验法（experimental method）是对某一变量进行系统的操作，从而研究这种操作对于心理、行为或生理过程的影响规律。实验法通常用刺激变量和反应变量来说明被操作的环境因素和所观察记录到的心身变化，同时还应严密注意控制变量的影响。实验法一般分为实验室实验、现场实验和模拟实验。

（一）实验室实验

在实验室条件下进行，严格控制各种无关变量，借助仪器和设备，精确观察和记录刺激变量与反应变量，以分析和研究其中的规律。实验变量可以是自然的，如光、声等刺激，可以是生物的，如刺激脑特定区域、注射某些生物活性物质或为改变某些脏器状态，可以是细腻的（行为的），如心理紧张刺激，甚至可以是社会情境设计等。反应变量可以是生物的，如血压、体温、皮肤电、心电、脑电等反映内脏功能改变的生物信号指标，也可以是心理行为的，如记忆、情感、操作等变化指标，甚至是社会活动功能的变化指标等。实验室实验最大的缺点就是心理活动作为一种变量时易受许多因素的影响。

（二）现场实验

在训练或某些生活情境中，对研究对象的某些变量进行操作，观察其有关的反应变量，以分析和研究其中的规律。如飞行活动中对某些生理指标的记录，观察不同任务刺激下心理活动规律；对事故后人群实施连续干预措施，记录其有关心身反应变量，并与未干预组做比较，证明心理干预方法对飞行员恢复心理能力的重要意义。

（三）模拟实验

由于航空环境和影响因素的特殊性，需要采用模拟仿真的方法，才能弄清楚它们对人心理的影响。如缺氧对人心理的影响与防护的研究，要采用低压舱模拟缺氧环境；对飞行人员在作战条件下心理稳定性的研究，就要采用虚拟现实的环境。

二、非实验法

（一）个案研究法

个案研究法（case study method）：亦称案例研究法。通过对一个独立个案进行详细分析来研究社会、心理现象的方法。个案可以是一个人、一个群体、一个事件、一个过程、一个社会或者社会生活的任一其他单位。这种研究依赖于所研究的个案得出的假设具有相同事物的代表性，所以通过详尽的分析能够得出普遍性的东西使用于同类的其他个案。

个案研究的资料可以从不同渠道获得，主要来源包括：文件（正式报告、公文、演示文稿资料等）、档案记录、访谈（开放式或封闭式问卷）、直接观察、参与观察以及实体的人造物（如技术的装备、一个工具或仪器、一件艺术作品或是其他实体的证据）等。

（二）事件访谈法

事件访谈法（event interview method）：是通过研究者与被研究者的直接接触、直接交谈的方式来收集资料的一种研究方法。访谈，可以直接了解到受访者的思想、心理、观念等深层内容，了解被访谈者对"事件的认知、记忆、感受、意见"等。访谈与"谈心"不同，谈心是为了找到问题的解决方案，或者疏导被访谈对象的心理；访谈则是在访谈过程中研究者不可以有任何形式的诱导，而是做一个忠实的听众。

访谈的资料收集一般根据不同的访谈类型，以不同的形式收集。访谈类型主要包括：①结构式访谈：主要是指研究者在访谈过程中运用一系列预先设计好的固定的问题进行资料收集的过程。这样做的目的是对所有被访谈者都采用一种问题进行刺激，研究者能够较好地接近主题，把握研究方向。②半结构式访谈：是介于结构式访谈和无结构式访谈之间的一种资料收集方式。研究者在访谈前，根据研究的问题和目的，设计访谈大纲作为访谈的方向或者提示。在访谈实际进行过程中，访谈者可以依据实际情况，对访谈问题做弹性处理，不局限于大纲的访谈程序。同时，研究者对访谈结构具有一定的控制作用，但同时也允许受访者积极参与和提出自己的问题。③无结构式访谈：是一种不需要设计一套标准化的访谈提纲作为访谈的引导指南进行的访谈。这种方法较为灵活，具有较强的适应性，在各种情况下都能够最大限度挖掘深度，很好地发挥访谈者和被访谈者的创造性和主动性，随时可以就新的思路和发现进行适度的追问。多用于探索性访谈研究和大型调查预期研究。主要形式有重点访谈、深度访谈和非引导性访谈。

（三）问卷法

问卷法（questionnaire method）是采用事先设计调查表或问卷，当面或通过邮寄供被调查者填写，然后收集问卷对其内容逐条进行分析研究。问卷调查的质量决定于研究者事先对问题的性质、内容、目的和要求的明确程度，也决定于问卷内容设计的技巧性及被试者的合作程度。

（四）心理测验法

心理测验法（psychological test method）是指以心理测验作为心理或行为变量的主要定量手段。测验法使用经过信度、效度检验形成的量表，如人格量表、智力量表、症状量表等。心理测验种类繁多，必须严格按照心理测量科学规范实施，才能得到科学的结论。

第五节　飞行员心理效能研究范围

一、作战胜任特征指标体系

针对作战飞行员心理品质指标结构开展研究。基于实战化对抗演习训练对飞行员作战心理品质的更高要求，采用工作分析技术方法获取基本指标，并通过作战行为事件访谈法，剖析参加实战化训练复杂状态下，对"红蓝方"飞行员能力特征的需求要素，按照质性编码技术提炼作战所需的飞行员战斗精神心理品质绩效特征指标，并通过差异性比较，重要度排序、浓炼形成完备的作战飞行员基于 KSAOs 指标评价体系的胜任特征模型。同时，以获取的 KSAOs 指标体系为框架，编制"作战飞行员胜任特征编码词典"，进一步探索以"质性访谈编码技术"构建"作战胜任特征指标特征库"完成具备个性特质、职业能力特质，以及成长特质的多维胜任特征模型，为精准化有效培养作战飞行员心理品质提供科学依据。

二、精准心理选拔技术方法

明确作战飞行员心理选拔的特征指标要求，为科学精准心理选拔与科学施训提供可靠依据。从既往选拔"基本认知能力"特征为主的心理选拔体系，走向选拔"职业胜任特征"的体系，奠定理论依据基础。同时，要明确作战飞行员能力特征要素的构成机制，提出具有优秀心理效能人员所拥有的 KSAOs 能力特征，展示直观的能力架构。充分利用计算机信息化技术和仿真技术，改变以往以实验室模式所实施的单一"静态选拔"方法。按照上述研究结果所确定的心理选拔指标，通过生理与心理参数在环境压力条件下工作绩效变化特点，分析指标与技术方法的适宜依从特点，探索"动态心理选拔"和"情境心理选拔"技术方法，开发"静动态心理选拔一体化平台"软硬件系统。同时，基于作战胜任特征要素的心理动力指标，通过投射与半投射技术，以及客观测验技术，开发评估作战心理动力心理工具，建立评价标准，提供量化评估手段。

三、心理效能提升训练途径

在长期的军事活动实践中，简单心理问题由军事指挥官解决，严重的心理问题以及专业化的作战心理准备能力提升，则需由心理学工作者负责按计划实施。要加强专业化作战心理训练与对每一位飞行人员的心理支持（Li WB 等，2003）。例如，为提高官兵对军事行动中可能遇到的场景的心理适应能力，美军在新兵训练阶段和日常训练中都有针对性训练科目。美海军陆战队士兵在进入加州的圣迪亚哥和南卡罗来纳州的巴利斯岛训练基地后，进行为期 12 周的"震撼训练"。在训练中，教官通过心理压力管理对士兵进行心理上的强化训练，如大声斥责、长途行军、睡眠剥夺，目的是锻炼士兵的心理承受能力，从而提高官兵的心理素质，建立牢固的心理防线（郭炎华，2002）。我国空军 1995 年将心理训练已经纳入飞行学员的训练大纲，航空兵部队心理训练需求日益增加，战斗精神强训、团体心理辅导、伴随作战训练等方法正在被广泛实践。

四、应激与风险控制策略

航空环境是高危环境，具有复杂多变多种应激源的影响。处于高心理负荷、高应激状态下的飞行活动，直接给飞行人员带来各种压力反应，并对飞行安全带来潜在威胁。从迈入飞行生涯的那一天开始到结束飞行，飞行人员在年龄上跨越了青年、中年不同阶段。在经历各种不同科目训练和实战化对抗训练中，面对的军事航空高危、高风险的复杂航空环境特征，飞行人员心理稳定性、自我控制力、应激反应调控力等问题，成为制约、确保飞行效能的重要条件。研究不同飞行阶段、不同飞行状态、不同飞行环境的应激源及应激反应特点，重大事件后飞行人员心理危机发生规律，以及飞行人员对各项风险的控制与管理策略，对减少飞行事故、保持飞行人员心理能量具有重要意义。飞行职业所具有的高风险要求飞行人员必须具有抗风险的能力素质。

五、心理健康维护调控方法

飞行人员心理健康维护是确保空军战斗力的主要内容，航空心理卫生的工作目标就是维护飞行人员心理健康。基于职业适宜性相匹配的心理健康标准、飞行人员不同时期的心理卫生特点与规律、维护飞行人员心理健康调控新技术等研究，成为亟待解决的问题。为最大限度减少飞行人员心理疾病的发生率，一是研究心理能力保持技术，二是研究快速心理调控技术，三是研究心理疾患的防治技术。同时，还需研究建立飞行人员心理防护体系，通过物联网技术手段，实现专业心理技术工作者与飞行员近距离的心理保障。

（一）个人自我心理调节

重视飞行人员个人的自我调节也是心理健康维护的最基本方法。虽然部队都建立有保障官兵心理健康的配套措施，但官兵本人仍然是自己心理健康最主要的责任人。紧张、焦虑、恐惧和畏战、怯战、厌战等不良心理在很大程度上来自认识偏差（郝唯学等，2006），如果官兵能够提前对面对战场类似场景的相关经验有所了解，就会有效减少这方面的认识偏差。美国海军陆战队在《战斗压力》条令中强调，官兵之所以在战斗中产生心理问题与危机，很大程度上在于其对行动压力不正确的理解，缺乏积极的应对策略。美军十分重视官兵个人作战心理准备，美国海军正在推行非战争军事行动心理压力控制计划，已经有 17 000 名海军士兵接受了相关的培训，这项计划向士兵提供了识别和控制压力的有效工具（Szivak Lee Saenz，2018），值得我们参考。

（二）指挥员与心理专业人员共同主导

在帮助官兵保持心理健康的过程中，军事指挥官的作用至关重要，因为军事指挥官有可能是最先发现下属出现心理问题及行为异常的群体之一。美军认为，各级指挥官都有保持下属心理健康，促进下属心理应战能力及行为能力提高的责任，美军要求指挥官应早期介入，帮助官兵做好充分的作战心理准备。以色列军队的心理健康军官负责帮助官兵更好地适应军队生活、增强作战效能，担任军事指挥官的重要助手。以军设置有心理健康军官，有效地发挥了作用。心理健康军官受双重领导，行政上由军事指挥官负责，专业上由卫生部门负责，这与我军当前的航医管理模式类似（刘娟，2017）。

六、灾难后危机干预

随着我军军事变革的快速发展的现阶段，多样化军事行动中航空心理卫生勤务的建立与完善凸显重要。一是研究航空心理卫生勤务组织体系；二是研究航空心理卫生支援分队力量建设；三是研究战时心理损伤及救助原则、技术方法；四是研究非战争军事行动中心理保障、心理救援、心理支援等技术，如演习中航空心理卫生保障、与外军联合飞行训练中心理支援、突发灾难事件心理救援等。

军事飞行事故危机干预是国际军事航空领域都十分重视的工作，研究切实管用好用的明确专业干预策略十分迫切，这是一项重要的灾难后危机干预的工作。美国航空心理专业灾难后危机干预以"应激接种、连贯性原则、萨蒙原则和任务报告"模式，值得我们借鉴和研究。Meichenbaum（2009）指出，应激接种的核心是：培养个体对适度压力的应对技能，以帮助个体建立起应对更多要求应激因素的技巧和信心。研究解决增加个体应对灾难的措施、提高抗应激能力、减轻个体应激水平的技术，建立一套标准方法，以确保在飞行事故后危机干预更规范、更有效。

第六节　基于飞行人员心理效能研究与应用的展望

以战斗力标准衡量飞行人员心理能力素质结构，是航空心理工作的重要思考。将航空心理研究与应用工作统一规划至提升飞行人员作战心理效能，是一种必然趋势。

一、构建具有特色的航空心理效能理论框架

"效能"一词在我国军事航空医学领域的使用不断增多，激发了我们对建立具有我军特色的航空心理效能理论研究与应用的思考。从航空心理学角度分析，飞行人员心理选拔、飞行人员心理训练、飞行人员心理防护，飞行事故后心理危机干预、飞行人员心理评估，以及重大任务的心理保障等工作，都在于促进和提升飞行人员的作战效能，其核心是促进和提升飞行人员心理效能。构建军事飞行人员作战心理效能的标准体系，制订评估飞行人员心理效能评估的技术方法和标准，建立军事飞行人员作战心理训练效能提升模式，以及开展各项飞行应激情境调控技术方法与标准、作战心理保障的模式等体系建设，才能满足提升军事飞行人员作战效能的需要。

二、加快科技创新进程，增强学科发展动力

航空心理学科研究中，既有成熟的心理选拔工作经验，也有相对薄弱与科技发展节奏跟不上的困惑；既有开展的各项心理训练工作，也存在关注形式不注重效能提升的现象；既有应用特色明显且走在国内前沿的事故后心理危机干预工作，也存在总结不到位规范标准滞后情况；既有各级组织高度重视官兵心理健康维护，也存在心理健康维护组织体系缺失等问题。

以上状态，主要是重点问题、突出问题及实用问题研究不深，解决不够，必须提高危机意识，瞄准国际前沿，着眼部队需求，攻坚克难。加速建立中国军事航空心理效能理论研究与应用技术研发的整体规划，一是加强航空心理效能理论研究。重点在航空心理选拔新技术研发、多样化军事行动心理危机干预、飞行人员心理能量储备训

练和心理训练效能提升、军事航空环境应激心理防护技术发展等领域，找准突破口，通过理论创新带动航空心理效能研究整体跃升。二是加大应用技术研发力度。通过搭建我军航空心理应用技术平台，借鉴和引进国内外先进技术，开展研究和研发，创新发展具有我军特色、拥有独立知识产权的先进成果，为部队开展心理服务工作提供实用高效的技术支撑。

三、创新服务新手段，保障飞行人员心理效能

一是建立技术帮带制度。充分发挥全军心理卫生研究中心、指导中心和服务中心的学科优势和辐射作用，进一步落实技术帮带制度，明确研究机构与部队卫生机构帮带关系和帮带指标，进行绩效考核，整体提升部队航空心理卫生服务保障能力。二是利用信息化手段。发挥信息技术优势，通过远程医学信息网、军事综合信息网等，开展视频教学、专家在线、远程辅导、模拟训练等服务，研发部队适用的心理卫生管理软件系统，提高心理卫生工作质量效率。三是抓好航空心理卫生支援分队建设，使心理卫生支援分队成为拉得动、作用突出的突发事件心理干预的主体力量。四是充分利用公共平台、微信等科技新媒体手段，从阈下刺激角度传播中实现它的影响作用。让心理辅导工作从被动接受到主动寻求。五是采取新技术模拟战争环境，建立接近真实的战争环境，模拟坦克、火炮、飞机等战场目标对象，设置逼真、多变的战场环境，让作战人员在接近真实的、具有硝烟味道的立体战场环境下参加作战训练，取得良好的作战效果（Yu R 等，2018）。

四、加速支撑条件投入，心理训练向基地化迈进

作战心理训练科目的设置要向基地化、模块化发展。目前，美国、英国、德国、意大利、奥地利等多个国家都意识到训练基地对于提高官兵在未来战争中心理适应能力的重要作用，设立了专门的心理训练基地。同时，以模块化心理训练科目的展开更有利于提高组训效率、节约成本。以色列军队将"城市建筑物攀登""天梯""空中过桥""空中抓杠"等项目放到基地建筑物中，组成特定的"作战勇气"心理训练模块。这些模块化的心理训练既可分开组织，又可多人同时参训，既可将模块中的所有科目连贯实施，又可单列某一科目重点训练，强化训练效果（王可定，1999）。具有高度灵活性、全方位进行训练的基地化、模块化心理训练科目的设置，也必将成为我军未来实战化心理训练的新趋势。

一些战斗精神强训场的建设，正是基地化、模块化训练的充分展现。通过系统化的心理训练提升战斗精神，值得注意的是，基地化、模块化实施心理训练研发的各种设备、装备应以提高训练效能为目标。必须按照部队"野战""机动""携行"特点，设计规划确定配装标准，明确产品功能需求，定制有特色，能够满足部队急需。

第二章　航空心理学发展历程及发展趋势

自 1903 年 12 月 17 日莱特兄弟发明飞机，完成了举世瞩目的"升空 12 秒"的飞行开始，航空心理学的诞生就初露了萌芽。12 秒的升空飞行，许多飞行先驱们高度重视的是如何提高飞机性能，也将全部精力放在了改变飞机性能方面，而莱特兄弟则认为飞行员则是飞机上最有能动性的主体，提出"飞行技术是飞行核心"的思想。这种致力于研究航空航天工程中"人"的作用，是引领和开创后来的航空心理学的启蒙。

第一节　飞行员心理选拔发展历程

伴随着飞行器的快速发展，对驾驭飞行器人员的标准要求不断提高，对"人"作用的研究不断深入，航空心理学的概念也逐步形成。至 1941 年，Razran 等研究认为："飞行人员（包括飞行员、机组成员和地勤人员）的心理选拔、训练和维护，以及乘客的保健和教育工作都属于航空心理学科范畴。"如今，在航空心理学工作内容中，飞行员的选拔和评估成为一项重要的内容，"人"的作用在飞行效能中越来越居于极其重要的地位。

一、国外飞行员心理选拔的发展历程

（一）第一次世界大战期间

第一次世界大战期间（1914—1918），莱特兄弟发明了飞机，战争又促使驾驭飞机"人"的能力研究更加迫切。在第一次世界大战期间，驾驭飞机"人"的飞行能力成为关注的重点，促使人们开始研究选拔什么样的人成为飞行员，航空环境对飞行员有哪些影响。以德国、美国、意大利和英国为代表，在以心理选拔为牵引下，开展了航空心理学的研究与应用。

1915 年德军"军队心理测验中心"率先对飞行员进行选拔工作，这成为航空心理学的真正开端。时任美国心理学协会（APA）会长 Robert Yerkes（1917）致信所有会员："全国心理学家应联合起来共御外敌。我们所掌握的知识和方法对军队十分重要，与军队展开全面合作是我们的责任，将直接有利于提高我陆、海军效率。"由此，美国国家研究理事会（NRC）牵头成立了心理学委员会，从事特殊领域研究的各分委

员会也相继成立。考虑到当时已有的非体格检查标准尚无法有效区分优秀飞行员，航空心理问题委员会开始致力于研究适用于飞行员选拔的身心测验。这是美国历史上第一次由专业心理学家组织，应用心理学原理进行的飞行员选拔工作。他们在工作早期发现了一些因素，如智力、情绪稳定性、空间知觉、心理警觉性和飞行熟练度，与飞行成绩有较高的相关性。

意大利研究者通过对比优秀、一般和不合格飞行员的表现，得出结论：优秀飞行员应具有良好的知觉能力、注意广度、协调的心理运动能力、出色的情绪控制力。法国研究的重点是反应时和情绪稳定性。英国学者则更关注动力协调性和飞行员态度所带来的影响。同时，他们也将注意力放在一些老观念上，认为飞行应变能力是无法改变的。

到了战争后期，关于战斗飞行员的心理健康问题的信息开始显现。英国皇家海军军医 Anderson（1919）将飞行压力、飞行病和飞行员神经衰弱统称为航空神经症。他观察到一些飞行员在训练过程中会因无法克服学习压力或飞行恐惧而早早被淘汰，而另一些经验丰富的战斗飞行员则败于战斗中目睹或亲历飞行事故所致的飞行压力反应的累积。Anderson 认为，在下列情况下飞行学员易患航空神经症：①处于双重控制指令情境时；②处于放单飞行前期（常见）；③处于机种改装时期（较常见）；④经历飞行事故后，无论事故是否带来实质性损伤；⑤目击飞行事故后；⑥遭受坠机所致的严重身体损伤后。

（二）两次世界大战之间

"一战"至"二战"期间，美军飞行员在军事训练中的折损率仍高居不下（40%～73%），但航空心理学的发展却陷入了低迷（Flanagan，1942）。随着航空工业的发展，航空心理学的研究主要集中于完善现有的才能、智力纸笔测量技术，并对个体适应航空环境的能力进行研究，以确保飞行人员比以往任何时候都飞得更高更快。美国海军军医局并不满足于这些现行的方法，他们在佛罗里达州彭萨科拉组织了一场关于个体是否能成功完成飞行训练的心理指标测验，共有 628 名候选人参加了这次测试（McGuire，1990）。测验中，面试官通过面试候选人，评估他们身上是否具备与飞行训练有关的品质，如勇气、稳定性、侵略性、智力和反应时等。评估结果认为有 212 名候选人适合航空飞行，而跟踪调查显示，这些人中有 70% 通过了飞行训练；被认为不适合飞行工作的 416 名候选人中，则有 83% 的人被淘汰。这是航空心理学史上首次尝试通过对照飞行训练结果来验证选拔方法的有效性。

基于欧洲心理学家对"一战"时期王牌飞行员的个案研究，特别是德国心理学家对人格特征方面的研究，以及关于考察情绪稳定性作用的一些早期研究，一小部分美国心理学家也开始了对成功飞行员人格特征的探索。如 Parsons（1918）和 Dockeray（1920）根据一项对海军飞行教练的调查结果，描述了成功飞行员的基本素质，包括压力下冷静应变的能力、快速的反应时、稳定性（或震颤小）、可靠性、坚持、坚韧、冷静、沉着、能够抑制自我保护本能。

德国军队自1927年起开始广泛应用心理测试，要想成为德国军官，必须通过心理检测。这套选拔方法在德军各军种间快速衍生应用（Fitts，1946）。至1939年，德军心理学家开发了一套德国空军专用非标准化心理选拔系统，并聘用了150名心理学家参加了招飞选拔工作。根据航空专业以及战争阶段的不同，心理检测将持续1～3天，其中飞行员和领航员需要的测试时间最长。检测的主要目的是临床评估个体的领导力、性格和个性。有报告称这一过程主观性很强，与候选人考试期间的行为表现高度相关，而与心理测验分数相关性却不大，而客观的测试应是在全面测量个体的智力、判断力、知觉能力、感觉运动协调、性格、领导力、专业技能的情况下，结合临床访谈所做出的最终评定。整体而言，相较于心理测验得分，努力和动机在此评估中被赋予的权重比更大；"极端的性格类型通常被认为是不符合要求的"；"飞行员应具有良好的警惕性、聪明、协调性和积极性高、定向能力强"，炮手"应该有强健的体魄、反应时和协调性应达到一定的标准"（Fitts，1946）。

美国陆军卫生队（现医疗服务队）在选拔飞行员时增加了基于心理学理论的传记式问题，包括出身、教育、工作经验、运动能力及所承担的责任，并要求候选人提供至少3份推荐信证明其道德品质。至1935年，美国陆军和海军一直在探索更规范的个性和动机心理评估，如兴趣量表和本罗特人格量表（测量神经质倾向，自我满足感，支配/服从型，内/外向，自信，社交能力六因素）。值得注意的是，所有这些工作都是围绕飞行员选拔展开的，而关于如何对训练有素的飞行员进行能力维护方面的研究却很罕见。1983年，Ferree等提出，学界对飞行员在事故中所扮演的角色一无所知，"奇怪的是，在一架飞机投入使用前，人们都十分关注飞机本身是否完美，但对于飞行员的状况却几乎无人关心"。他们建议为军事和商业飞行员建立一套快速测试方法，以评估飞行员的视觉跟踪能力、年龄的潜在影响、飞行前后的疲劳程度（测量飞行引起的应激反应）。

（三）第二次世界大战期间

第二次世界大战期间（1939—1945），航空心理学经历了巨大的发展，建立了现代飞行员评价和选拔基础。较有代表性的是，英国航空部在战争爆发前9个月建立了飞行人员研究委员会，研究重点是运用心理学方法选拔和训练飞行员。他们的工作被认为是成功的，尤其是海军科学研究顾问小组着眼于将心理学和生理学应用于海军中所进行的科学研究。无论是战前或战后，航空心理学在英军中的作用都得到了进一步加强。

1945年，Grinker等对心理选拔和精神选拔做了区分。心理选拔被定义为"选出那些能够花费最少功夫学会飞行操作的个体"，而精神选拔则是要选择"那些最能够承受战斗飞行压力的个体"。这一时期，军事心理学家基本没有承担什么临床任务。在英国，这种情况一直持续到"二战"之后。而在美国，到"二战"末期，军事心理学家的任务却陡然转换，由纯粹的评估转变为战争中的精神性伤员提供临床护理。航空心理学家的作用也随之扩展，开始承担心理干预者的角色。"二战"期间，临床心理学家也开始应用所学为陆军航空队（AAF）服务，帮助改善飞行训练方法，选择适合战斗飞行的教练和飞行员，并协助做好"退役飞行员的再分配和善后"工作。心理学家亦开始治疗与飞行有关的应激反应，包括恐惧、焦虑、反应性抑郁症、神经衰弱综合征、转换症状，以及包括晕机在内的心身失调，对飞行疲劳的问题也给予了充分关注。

"二战"期间，空中力量得到了完全认可，各国对高技能飞行员的需求大大增加，关于飞行员与新装备、新系统间的相互作用的研究也得以发展。为满足需求，1939年，美国国家研究理事会航空心理学专业委员会成立，两年后，美国陆军航空心理学项目（US army Air force Aviation Psychology Program，AAAPP）组建。AAAPP致力于改进已有的智力及飞行能力测试，强调客观测验的发展能够更加经济地管理和鉴别优秀的机组人员（包括射击员、飞行员和导航员）。到1947年，AAAPP共出版报告19份，对项目组在战争时期的开创性工作进行了汇报，涵盖的主题包括飞行员分类甄选、资格要求、培训、研究以及装备设计。陆军航空队的成套测验随后被改编应用于法国和英国皇家空军。

此外，心理学家还获批加入了美国航海局（海军人事局），以管理、评价和解释在海军飞行员选拔中使用的各种心理测试。这些心理学家在许多重要领域做出了贡献，如运用量化和分析能力开发引进了改良的培训记录表单，编写并完善了培训教学大纲和材料，进行了关于飞行训练损耗的原因分析，并设计了航空环境下研究项目的调查和沟通技术（Ames等，1948）。

1940年，海军心理学家直接参与了一项重要的海军飞行员招飞研究项目——由民用航空局（CAA，前身是民用航空管理局）和NRC牵头的彭萨科拉项目。当时，CAA负责督导36 000名飞行员（其中包括约1 000名军事飞行员）每年的主要飞行训练。彭萨科拉项目对大量的心理测验进行了分析，并从中选出了三个最有预测力的测验用于海军飞行员的选拔，分别是温德利人事测验、贝内特机械理解测验和普渡传记式量表。专家在航校和航空预备学校所进行的调研表明，基于这三项测试所得出的复合分数，以及飞行能力评级（FAR）、航空分类测验（ACT）、温德利人事测验修订版都具有良好的预测效度，这些量表于1942年正式投入使用。

研究项目还验证了众多心理选拔工具的信效度，淘汰了那些不成功或不切实际的测验及技术，并制订了飞行员选拔标准。心理学家在观察现有基本飞行训练的基础上，研究了更能有效开展训练的方法，并以此编制了训练手册，形成了统一的训练程序，同时，飞行员绩效考评新技术也得到了发展，如俄亥俄飞行员清单和普渡飞行员能力评定量表。其中胜任特征量表的因素分析结果认为，与飞行员胜任特征相关的因子是技能、判断力和情绪稳定性。另外，心理学家还对飞行员的情绪和生理反应进行了研究，包括睡眠、唾液分泌、呼吸变化、肌电、紧张感、皮温、出汗、肌群、噪声和振动、晕机。CAA-NRC 项目的另一研究重点是飞行事故的预防。在当时，有 65% 的致命飞行事故与失速有关，而失速多由低空水平转弯引起，也常见于爬升、滑翔、尾旋、下降和测滑过程中。研究建议在飞行员训练中增加避免失速和失速改出方法的训练。

尽管早在"一战"时期，德国和意大利就将个性因素纳入飞行员选拔标准，但美国的相关工作是在"二战"时期才展开的。"二战"期间，AAAPP 与美国陆海军通力合作，对已有的个性测量工具进行了研究，如新明尼苏达多项人格测验（MMPI）对飞行学员的预测效度。战争部（1940）强调了行为和个性因素与航空学的相关性，并发表了包含神经精神病学知识的技术手册。战争部（1941）还建议对候选飞行员进行详细的精神检查，以淘汰那些心理脆弱的、有神经质的候选者，包括喜怒无常的和有人格缺陷的，如有怪癖、滋扰他人、神经过敏、孤僻、怪异、说长道短、自大，以及其他一切不适合航空作业的个体。为了达到目的，（担任面试官的）航空军医应创造一种类似于治疗的气氛，使候选者在面试中感到放松和亲切，有利于合作和真诚表达。有专家估计，在"二战"期间，90% 的飞行训练事故与飞行员情绪不稳定有关。正是意识到这一点，Armstrong（1943）指出，航空军医应掌握完备的心理学和精神病学专业知识，有耐心、擅于分析、能够区分出那些在心理上可能不适合航空作业的个体。在飞行员体检中，为了及时发现病态人格（包括不健全人格、偏执型人格、边缘型人格、反社会人格、表演型人格、性心理变态、流浪癖），候选人在接受精神检查时应提供详细的履历资料。同时，精神检查的重点也包括气质、智力和意志力测评。

然而，尽管调查研究显示出人格与训练成绩有关联，但相关结果却并不支持将人格测试用于飞行员选拔，即人格测试无法预测出飞行员训练是否成功。之后的一些研究也支持这一观点，如 1948 年 Ellis 等完成的人格问卷预测效度检验，以及 1957 年 Voas 等以 2 000 名海军航空兵学员为样本对明尼苏达人格量表、吉尔福德 – 齐默尔曼气质调查表、泰勒显性焦虑量表、Saslow 筛选实验、Hanneman 焦虑量表进行的检验等。越来越多的证据表明人格测试无法预测飞行员训练是否成功，但心理学家仍在努力研究人格对飞行员表现的预测作用。直到 1950 年，空军的一系列研究才重新评估了人格测试在预测航校成绩时的作用。尽管人格测量无法预测短期的训练效果，但却可以准确区分出在精神上不适宜飞行工作的候选者，从长远来看，比天赋和能力测量具有更准确的预测性。这一发现改变了人格测试在美国飞行员选拔中的地位。

除了人格特征，航空军医还关注了飞行员其他心理问题。Kafka（1942）建议航空军医注意飞行员的焦虑、信心不足、经济不安全感、情绪不安和性交困难。关于飞行员疲劳的概念也得到了扩展，不再仅仅指传统概念中的体力消耗，还包括以焦虑、易激惹和以判断力缺失为特征的操作疲劳。

（四）第二次世界大战之后

"二战"后的数十年间，飞机的飞行速度、复杂程度和数量仍在持续增加，商业航空公司在飞行员及其他员工的选拔中也开始使用心理测试。至1959年，仅美国就拥有约11万架飞机（其中通用700 000架，军用37 000架，民用1 900架）和约70万名获得资格认证的飞行员。

"二战"结束后，许多研究回归民用，学者都努力将其所学运用于和平时期的事业，航空心理学也不例外。许多商业航空公司聘用军事航空领域的专家，为其在机组人员选择、教育、训练、应激控制，尤其是飞行安全相关领域提供专业知识和帮助。受聘心理学家如 Alex Cassie，曾供职于英国皇家空军（RAF），为英国空军的选拔工作做出过卓越的贡献，其研究涉及人格因素、动机和态度；Sipke Fokkema，阿姆斯特丹自由大学心理研究实验室主任，荷兰皇家空军顾问，曾将罗夏测验应用于飞行员选拔……这些专家在航空心理学领域内，通过高标准的研究和实践发挥了至关重要的作用。1956年，西欧航空心理学协会成立，标志着航空心理学的研究进入鼎盛时期，这一阶段一直持续至冷战结束。

"二战"后，人们逐渐认识到，航空环境中存在许多特殊的应激因素。20世纪50年代，人们第一次将飞行员的年龄视为因素之一。1953年，约有1%的美国民航飞行员年龄在60岁以上。研究表明，随着飞行员年龄的增长，其在记忆、听力、视觉，尤其是夜视能力方面的表现均有所下降，至1959年，研究最终确定了"60岁"规则。

人们也越来越认识到，一个具有良好认知力的个体并不一定具备管理压力的能力。基于此，科学家们尝试沿着不同的道路进行探索，持续不断地研究潜在的飞行员心理特征。其中一部分心理学家致力于研究飞行员选拔是否能达到在训练中成功，并能预测飞行员成绩的目标，以及研究比较战斗机飞行员在飞行训练中的心理测试结果，考察这些结果是否与在战斗中的实际表现相关。

测验的制订与实施仍是科学家的关注重点，测验内容包括智力、机械与空间能力、心理运动能力及其他有利于提升飞行能力的资质。此外，受"大五人格理论"模型的启发，心理学家在这一领域的工作由研究人格量表的编制和使用，转向研究个体在一个"常规"工作群体中的变化趋势。这些心理学家采用了更多的临床方法，重点考察飞行员心理特点，如个性特征、气质和应对机制等，将飞行员在航空环境中所表现出的安全有效的机能和适应不良的机能作为一个整体进行研究。这一概念被称为航空/航空医学适应性，迄今仍是航空心理学家评价航空人员心理素质的基石。

20世纪50年代，随着航空航天时代的到来，一套前所未有的、全面的心理选拔程序问世。在美国，参与水星计划的第一个宇航员候选人接受了12–动机和人格测验、

12- 认知功能测验、精神科访谈以及各种压力测试（即压力服测试、隔离测试、行为模拟器测试、加速度测试、噪声和振动测试、高温测试）。一些心理测试被翻译（如MMPI）并用于苏联宇航员选拔，其选拔工作也包括精神访谈，以及个人和团体的心理和压力测试。随着时间的推移，更多的国家加入载人航空计划，太空任务发生变化（如由短期任务变为长期任务），商业太空旅行计划正逐步实现，宇航员选拔程序也在持续不断地发展和变化。

目前，航空医学心理学家通过广泛参与活动继续为军事和民用航空业做出贡献，包括选拔航空人员，协助航空事故调查和航空医疗委员会评估工作，为航空航天人员提供有关压力识别和健康促进的专业知识，以及为航空人员的心理评估、干预和治疗提供咨询服务。在英国，皇家空军拥有卓越的航空医疗中心，在这里，航空心理学在为全英军范围内的飞行员评估、选拔、训练以及飞行员去留标准的制订中发挥着重要作用。而航空精神病诊所（其前身是 Brize Norton 建立的英国皇家空军精神卫生部）专家的临床服务又进一步强化了航空心理学的作用。与此同时，德国国家航空航天医学研究所航空航天心理部也开始了飞行员心理调适能力的研究，用于选拔飞行员、宇航员、空中交通管制员。此项工作也推动了欧洲和其他地区航空心理学水平的提高。King（1999）总结称，这是在数十年国际研究的基础上，整合了临床心理训练以及在对航空环境全面理解，为航空医学心理学家提供能够提高航空绩效和航空安全性的独特技术。

二、国内军事飞行员心理选拔发展历程

在人民空军的初创阶段，对飞行员的选拔，除了严格的政治条件和身体条件以外，也意识到心理品质的重要性。我国航空心理学的发展历史始于 20 世纪 50 年代，1954年空军第四研究所（即后来的空军航空医学研究所）组建后，设立由陈祖荣领衔的航空心理学教研室，从飞行错觉、视觉功能、脑认知功能和心理选拔四个专业方向开展研究工作。在 80 年代之后，航空心理选拔研究与应用达到顶点。随之，航空心理学工作不拘泥于既往研究内容，在航空心理卫生保障、飞行员心理训练、飞行事故后心理危机干预等方面，开始了系列化工作，为我国军事航空心理学科发展做出卓越贡献。

（一）初步探索阶段（1958—1965）

陈祖荣（1913.9—1988.4）是我国积极开展航空心理应用研究的奠基人。1958 年他开创了我国飞行员心理选拔研究工作，从此空军第四研究所（以下简称"空四所"）与中国科学院心理研究所合作开展了招飞心理选拔研究的初步探索。曹日昌、陈祖荣等针对航校飞行学员在学习飞行过程中表现的个体差异大的问题，开始着手研究从心理品质方面去选拔具备优秀学习飞行能力的学员，以填补当时心理检查方法的空白

（陈祖荣等，1958）。经过航校调查及参考国外文献，初步找出了与飞行密切相关的一些心理品质，确定了10个心理选拔实验项目。他们于1958年对入学未飞的119名学员进行了实验，1959年将检查成绩和这批学员的初教机结业成绩进行对照，确定了其中与飞行技术掌握快慢有一定关系的5项检查，即①手足动作协调确；②动作量控制；③复杂动作反应；④注意力分配和转移；⑤飞机图形辨认。最后，1960年对这批学员的高教机结业成绩与5项检查结果作了对照复查，发现不能完全相符。进而分析受试者中飞行优异学员和被淘汰学员，以及考察实验阶段成绩为差等而最后飞行成绩变为良好或中等学员的心理品质特征，提出应增加模仿能力与动作学习、深度视觉判断、反应时间的考察项目，以及对情绪、意志、个性（特别是勇敢）鉴定的项目。但由于当时条件所限，对一些检查项目，还没有很好的方法，因此研究结果都未能推广使用，仅作为今后改进实验的参考资料。

在陈祖荣1958年提出"飞行能力"的概念的基础上，空四所孟宪惠结合我国的特点，提出飞行员培养的"三级选拔"设想：第一级筛选，即初选，拟在招飞时使用纸笔测验检测静态认知能力，目的是将检测成绩最差者首先淘汰，淘汰率定为7%～15%；第二级筛选，在飞行预备学校阶段，使用仪器检测注意品质和动作反应的灵敏协调性，结合医学鉴定、预校中的心理观察以及一级选拔的结果，做进一步的深入精选，累积淘汰率为15%～25%；第三级筛选，在航空学校阶段结合仪器检测和飞行练习进行，淘汰率视情而定，目的是避免于航空学校毕业后，进入飞行阶段时被淘汰（图2-1）。

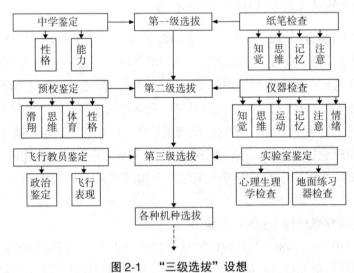

图2-1 "三级选拔"设想

与此同时，也着手进行了初选检测方法的准备。根据前期课题组的现场观察和研究，发现飞行学员在思维灵活性、运动协调能力、注意稳定性和灵活、记忆（特别是视觉记忆和运动记忆）、知觉广度和速度、情绪稳定性等六个方面具备较适宜的品质，才能较好地学习飞行。结合以往研究、自身设计和国外现有方法，共筛选提出合乎标准（与飞行成绩相关系数 0.2 以上）的检查方法 15 项。考虑到推广的方便提出了 10 项方法的汇选，其效果与 15 项的比较并不降低。检查时间缩短为约 4 小时，国外一般需 5～6 小时，但检查效果大致相同，且更符合我国的特点，因此推广上采用了 10 项方法（表 2-1）（孟宪惠，1964）。

表 2-1　各项心理选拔检查项目

序号	检查项目	检查内容
1	注意稳定	检出规定的数字
2	注意分配	在注意稳定测验的基础上，附加简单加法心算
3	交替加法	两种方式的"加法"不断变换
4	连续加法	两种方式"加法"的条件下，数字连续累计相加
5	空间定向	根据实验条件造成的定向进行判断
6	注意广度	测验单位时间内视觉感知的数量和准确性
7	图形记忆	对呈现的视觉刺激物进行再现
8	知觉鉴别甲	检查知觉速度和鉴别能力
9	知觉鉴别乙	检查知觉速度和鉴别方位
10	方位知觉	检查数点的位置关系

1965 年，在 10 项心理学检查方法的预测效果的基础上，为进一步验证和提高心理选拔的效果，根据提出的"三级选拔"的原则，增加了数字认读速度、译码两项检查，共计 12 项心理学纸笔检查方法，对 2 212 名预校学员进行了预测性检查（孟宪惠，1965）。周家剑还根据国外图片资料，仿制了旋转跟踪仪和黑红数字仪。以上工作奠定了我国招飞心理选拔方法的基础。但由于随后开始对心理学的错误批判和"文革"的影响，国内心理学专业纷纷取消，空四所的飞行错觉、视觉功能、脑认知功能等专业也从航空心理学范畴转为生理学范畴的前庭功能、视力和脑功能专业，大部分科研工作陷入停顿，飞行员心理选拔设想未能实际实施。

（二）渐入正轨阶段（1976—1986）

1976 年，在国内心理学专业尚未恢复的时候，空四所依旧对飞行员心理选拔工作默默研究。陶桂枝等通过跟踪对照 501 名预校学员，发现 12 项心理学检查方法与飞行新生实际飞行训练成绩相关性非常显著（$r=0.192\,5$），对预测飞行新生的飞行成绩有一定的效果。同时，从 12 项方法中筛选出有代表性、相关性显著的 5 项检查方法（注意广度、视觉鉴别、运算能力、地标识别和图形记忆），经对比分析发现其结果与 12 项检查方法预测效果之间无显著差异。并于 1976—1977 年，选用 5 项检查方法对 441 名飞行新生进行检测，以进一步验证其预测效果。结果显示，检测总分和初级教练机单飞成绩的相关系数为 0.481 2，检测淘汰率为 9.0%，预测淘汰符合率为 76.3%。对 156 名滑翔学员的可靠性检查结果显示，5 项方法综合评定的复测信度为 0.71（陶桂枝等，1976）。

5 项检查方法经 1978 年试用，全国平均淘汰率为 8.9%。从 1979 年开始，中央军委批准纸笔测验在各省、市招收飞行学员体检中正式推广应用。并于 1979 年作了改进，加上过去研究中表明较有效果的三项检查方法（交替加法、数字划销、数字认读）共 8 项纸笔检查方法。经过试验研究，将 8 个单项检查组合成 5 种配套检查方法，淘汰率在 5% ～ 11%，淘汰符合率为 64.1% ～ 67.9%，有效系数为 0.29 ～ 0.36（陈祖荣等，1978）。但在推广后的 4 年中，由于检查内容相似性高，致使淘汰率逐年下降。因此，1982 年，陶桂枝等在原有检查方法的基础上，重新设计了 16 种检查方法，从中筛选出效果较好的 10 项（表 2-2）。根据飞行所需的心理品质，组成三套内容不尽一致、等效的纸笔测验，每套含 4 项测验方法，以取代旧的 5 项测验。经检验效度系数为 0.26 ～ 0.31，淘汰率在 8.7% ～ 10.2%，预测淘汰符合率为 75.0% ～ 88.9%，这与美国陆军 1966—1980 年招飞用纸笔试验水平大致相当（陶桂枝等，1982）。

表 2-2　10 项心理学纸笔检查方法

序号	检查项目	考察内容
1	计算四数和	
2	连续加法计算	通过计算考察思维的灵活性、视觉辨别与判断能力及
3	连续计算	瞬时记忆能力
4	判断刻度	
5	识别图形甲	通过寻找相同图形考察图形辨别能力和形象记忆能力
6	识别图形乙	
7	数字译成符号甲	通过译码考察记忆能力、知觉灵活性和动作快慢
8	数字译成符号乙	
9	判别数字	通过寻找一定量的数字或判别数字考察视知觉与辨别
10	数黑点	的速度和准确性

1979—1980 年，陈祖荣等采用自然观察法，研究观察学员在基础训练和航空理论学习阶段以及初教机 7 个带飞日中的表现，并由教员和队干部从学员的学习主动性、记忆力、思维判断力、动作协调性、动作反应速度、动作准确性、注意分配、飞行意志和性格特点方面的 5 级评分作为效标，取得三个阶段的效度分别为 0.35、0.46 和 0.76，以 1 分为淘汰学员的淘汰符合率分别为 60.0%、87.5% 和 98.9%（陈祖荣等，1979）。

1981—1982 年，针对飞行训练阶段二级选拔的要求，陈祖荣、周家剑等研制了灯光信号反应仪、手动作反应仪和手足运动协调仪，李良明设计了大地标图检查法，加上旋转跟踪仪和黑红数字仪，共6项方法。与用于检测与智力有关心理品质的纸笔测验不同，这些方法可以考察与飞行劳动有重要关系的其他心理品质，如视觉信号辨别、判断反应、注意的全面性和灵活性、动作的协调性等。通过对2 000余名预校学员的试验检查，6项方法复测信度均在0.80以上，与初教机单飞成绩对照的相关系数在0.13~0.34之间，预测淘汰符合率60.0%~86.0%。6项综合评定的相关系数达到0.47，已基本接近美国相似综合评定的0.50和日本的0.52。且淘汰率在9.5%，预测淘汰符合率达90.7%，合格检验符合率达98.5%，可作为预校学员转航校时的心理学检查（陈祖荣等，1979）。

1986年周家剑为解决实验仪器无法完全标准化等问题，在国内首次将计算机技术用于仪器检查方法，研究了与飞行训练相关较高的方位辨别反应和手足控制光点运行两种方法。对434名学员初教机放单飞的成绩进行了追踪调查，两种方法的复测信度为0.77~0.78，有效系数为0.15~0.34，经分析可使航校飞行学员技术淘汰人数减少27%，提高飞行训练符合率4%。

（三）"筛选－控制"体系（1987—1994）

1987年国家招飞体制改革，空军飞行学员、海军歼强击机航空兵飞行学员以及后来的陆军航空兵飞行学员由空军组织招飞，海军运输航空兵飞行学员由海军组织招飞，明确心理品质为飞行学员的必需条件，心理选拔成为招飞的必经环节。空、海军分别设立招收飞行学员工作办公室，空军在各个军区设立招飞选拔中心，组织实施招飞工作。

从1988年开始，根据空军领导机关的要求，空四所王辉等在"三级选拔"设想的基础上，提出了飞行员"筛选－控制"选拔体系的宏观构想。筛选是指对被检者就学习飞行必需的心理品质进行心理选拔；控制是指对某些暂时缺乏但可塑性较强的心理品质进行心理训练，以干预心理品质的发展。在控制的同时，可根据学员心理发展情况作进一步筛选。可以说，该体系是将心理选拔看作从招飞初选至后期训练连续的筛选和控制的动态过程，并将与飞行有关的心理素质概括为智能效率、行为控制能力和人格因素三个方面（王辉等，1988）。招飞阶段主要进行筛选，飞行基础学校和飞行学院阶段既有控制又有筛选，二者融为一体，相辅相成（图2-2）。

李革新等研究的智能效率测验，用于检测注意力的分配、信息处理能力、剩余注意能力、应变思维能力和运动协调能力。此项测验采用微机化的双重任务范式，主任务为电脑屏幕二维光点补偿式跟踪，次任务为即时数字划销。通过测试388名飞行学员，复测信度为0.78，同时性效度为0.36，预测效度为0.34，符合率为83.0%。在给定淘汰率为30%时，筛除率为52%，损失率为18%。此外，他们采用生物反馈和双重任务联机的方式进一步探讨作为情绪和行为控制能力的心理训练方法的可行性（李革新，1988）。武国城设计的半结构化心理会谈方法，拟定了10个基本问句和46个补充问句的会谈题库。会谈后从外观与举止、智能与体能、意志品质、气质与性格4个方面按三级分评定，给出了各个项目的操作性定义与评分标准。266名飞行学员经检查后，评分者信度为0.91，与飞行成绩对照的同时性效度为0.32，预测效度为0.67，预测总符合率为95.0%（武国城，1988）。

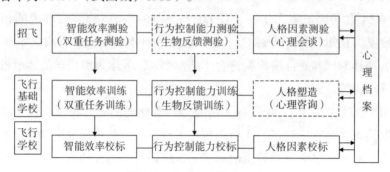

图 2-2　飞行能力评定方法

在此期间，李良明等吸取了当时欧美、苏联心理测量的一些经验，注意结合了一般认知能力和特殊职业能力倾向测量，设计出新的12项纸笔测验方法，包括分级加算、判别规律、译码解数、执行指令、序列规律、选词配对、模拟输入、模拟刻度、识别异图、分割图形、判别方向和译码解字。它们可以组合成4套等效测验，较为全面地模拟了飞行人机系统中的认知、动作结构，反映了飞行操作的特点和要求，更为切合实际。新的纸笔试验不仅扩充了与飞行有关的检测内容，而且引进了难度梯次，突破了以往方法中均衡难度的题目编排格式，提高了测验的区分度。与飞行成绩单项相关系数为0.25 ~ 0.55，复合相关系数为0.50 ~ 0.70，复测信度大于0.70（李良明，1988）。

1970年，原第四军医大学空军医学系研究卡特尔16种人格因素问卷（16PF）检测飞行员个性因素，武国城在此基础上进一步研究了16PF和艾森克人格问卷（EPQ）应用于招飞工作。通过对照407名飞行学员的飞行训练成绩，结果发现EPQ的效度不能满足招飞要求，而16PF的B（聪慧性）、E（恃强性）、L（怀疑性）、Q1（实验性）4个因素与初教机成绩显著相关，4因素组成的判别函数预测总符合率为70%，可作为招飞会谈的辅助工具（武国城等，1991）。陶桂枝等则以优秀飞行员个性特点为依据，采用经验标准，配合因素分析，研制了两套"飞行员个性特点问卷"（FGW-1，FGW-2），分别由175个和140个条目组成。包含外向敢为、忧虑多疑、稳定理智、刚毅进取、自信沉着5种与飞行有关的个性因素。经335名飞行员测验，该问卷检测成绩与初教机成绩的相关系数为0.34 ~ 0.37，与高教机成绩的相关系数为0.35 ~ 0.43。当淘汰率为13.7% ~ 16.7%时，选对率为87.6% ~ 88.9%，估计可使技术停飞率降低1/3（陶桂枝，1988）。

上述智能效率测验、心理会谈、12 项纸笔测验于 1989 年推广应用，飞行员个性特点问卷于 1994 年推广应用。

（四）"招飞心理选拔测评系统"（1994—1997）

1994—1997 年空军招飞办公室由傅双喜负责，组织中科院心理所、北大心理系、北师大心理系、原第四军医大空医系和原空军航空医学研究所等单位的心理学家研制了"招飞心理选拔测评系统"。该系统包含三个检测平台、一个主检平台和面试专家组，总的预测效度为 0.56，并以国家军用标准（GJB 3725—99）的形式颁布实施。

（五）其他飞行人员心理选拔研究（1991—2008）

1. 飞行指挥员

飞行组织指挥工作，是一项工作内容繁多、情况变化复杂、心理负荷较大的实践活动。从事这项工作的飞行指挥员是否具有良好的心理品质，是提高训练质量、保证飞行安全的最直接因素。随着机型的更新和训练内容的充实，以及飞行骨干的交替，对飞行指挥员的要求也越来越高。为此，1991 年刘乃杰等对飞行指挥员的能力品质进行调查，发现飞行指挥员与飞行员相比存在独特的心理品质，应需要对飞行员指挥员进行必要的心理选拔，因此，提出了作为飞行指挥员应具有的最重要的心理品质，如应变能力、组织能力、预测能力、意志品质、自制力、事业心、决策能力、开拓精神、空间知觉能力和计划能力，并初步探讨了评价飞行指挥员指挥水平的项目应满足的 8 个重要条件，这 8 个重要评价飞行指挥员的条件是：①飞行指挥员的飞行技术；②飞行指挥员的飞行安全情况；③飞行指挥员制订飞行计划的时间；④飞行计划预计占场时间与实际占场时间的吻合程度；⑤能否正确指挥每次特权；⑥能否同时处理两批特情，并不间断指挥其他飞机；⑦是否给飞行员下达过其不胜任的飞行任务；⑧在放飞条件上，是否有过勉强放飞。通过试用证明有一定的评价效果，可以作为心理测量学标准对飞行指挥员进行有效的选拔和评价（刘乃杰，1991）。

2. 空中交通管制人员

2001 年，民航华北空管局与空四所进行协作，研制了空中交通管制人员心理选拔系统（郝学芹，2001）。该系统通过了解与空中交通管制的工作性质和环境状况，以及与胜任该岗位密切相关的认知能力，提炼出 28 项空中交通管制人员必须具备的心理品质，排在前 10 项的空中交通管制人员心理品质是：①迅速做出决策和下达指令的能力；②迅速做出判断的能力；③紧急情况下冷静果断地处理问题的能力；④短时记忆力；⑤注意分配能力；⑥工作责任感；⑦快速反应能力；⑧对数字的敏感度；⑨同时处理多项任务的能力；⑩语言表述（简明扼要准确）能力。并采用 4 个分测验对这些心理品质进行测量，包括生存分测验、双声测验、面试任务和 16 项个性因素测验。经试验，系统的测试结果与现役管制员的工作业绩基本吻合。并于 2002 年开始应用于新管制员的选拔中，发挥了重要的作用。

3. 空中战勤人员

空中战勤人员担负着空中指挥引导、雷达情报、电子侦察与对抗、心理作战等任务，是我军预警机、电子侦察干扰机、心理作战飞机等出现后不同于飞行员、领航员的空中新型力量。2003年邓学谦等通过工作分析，确定了空中战勤人员灵活性、快速反应和鉴别能力、工作记忆能力、语言表达和理解能力、集中注意和抗干扰能力等心理品质需求，编制了包含图形识别、延迟工作记忆、雷达目标跟踪、语音理解和听觉抗干扰能力、综合调度处理能力测验的心理选拔系统，信度为 0.764 ~ 0.827，效标关联效度为 0.186 ~ 0.445（邓学谦等，2002）。该成果于 2008 年作为各军兵种同类型战勤人员的心理选拔标准正式颁布实行。

第二节　国内军事航空心理应用发展

除了飞行员心理选拔的一些专项研究外，早期的学者们还围绕心理选拔的有关内容，通过开展对飞行相关心理品质的分析、评估和训练，以及影响飞行绩效因素等研究，完善和改进心理选拔体系研究工作的理论和实践。

一、航空心理其他相关应用的发展

（一）飞行错觉

飞行错觉是复杂气象和夜间飞行中经常发生的问题，严重时可能会因此发生事故。1960 年，陈祖荣等通过座谈会调查和个案访问分析了飞行员产生错觉的心理因素，包括习惯形成（既往经历形成的知觉）、注意力未集中或分配不当、遗忘等（陈祖荣等，1960）。2009 年，谢溯江等提出飞行员发生错觉后主要依靠仪表来克服，认为仪表定向能力是其抵抗错觉的关键能力，并建立了针对多机种的仪表定向能力测试方法与指标体系（谢溯江等，2009）。

（二）心理健康

心理健康的鉴定与评估，是心理选拔工作中的重要环节。美军早已把心理健康评估部分纳入飞行员的选拔标准中，我国在这方面也在进行相关研究。郭小朝等通过研究特质焦虑和初教机学员飞行差错率及技术停飞率间的关系，认为特质焦虑对飞行人员操作存在显著影响。并进一步得出其状态 – 特质焦虑调查表（STAI）特质焦虑表的常模分数，认定 STAI 特质焦虑分数处于中等是飞行学员所应当具备的、比较适宜的特质焦虑水平，为飞行人员心理选拔和健康鉴定提供有用的参考（郭小朝等，1991）。郑力通等对 327 名飞行员平时和重大行动或突发事件进行了 90 项症状清单（SCL-90）、军事应激症状核查表（PCL-M）的检测，得出了飞行员平时与重大军事行动和突发事件时 SCL-90 与 PCL-M 参考常值，可以实时评估飞行员的心理状态，是进一步开展心理工作的有力依据（郑力通等，2007）。张力新等根据空军飞行人员精神心理疾病的综合分析，以及对明尼苏达多项人格测量表（MMPI）在多领域应用概况的回顾，提出 MMPI 作为航空心理健康评估及筛选的重要检查手段，具有良好的信度和效度，有必要应用于为空军精招、精选优秀飞行人才的领域中（张力新等，2009）。

（三）心理训练

心理训练是按照心理学的原则和方法提高人的行为能力，发挥技能训练的潜力，以保持最佳的心理状态，保证职业活动成功的一种训练方法。心理训练作为航空心理效能的重要组成部分，其发展脉络独立、清晰，但同时又与心理选拔相辅相成，共同提高飞行训练的成功率。这部分内容仅介绍在心理选拔发展史中与选拔体系息息相关的心理训练研究。

1985 年武国城对国内外航空心理训练的现状和趋势进行了系统的调查研究，提出当前的工作重点是尽快研究用来提高感知、判断、操纵能力、应变思维能力和心理稳定性的专项心理训练方法。他认为，第一步可先研究表象训练、注意分配训练、生物反馈和放松训练等方法。经过实验表明，放松训练和生物反馈训练有控制血压、心率、肌电反应，进而具有控制情绪反应的作用（武国城等，1985）。随后，1986 年李革新等首次把心理训练的方法应用于空军训练，将生物反馈放松训练和表象训练相结合，提高了实验组的飞行训练成绩，证明其能改善飞行训练中的精神紧张，有利于促进飞行技能的学习。这些都为 1988 年提出的"筛选 – 控制"选拔体系提供了研究基础。

1990 年李革新为进一步完善和验证该选拔体系，在以往研究的基础上，制订了一套心理训练方案，采用双重任务训练作为心理模拟训练，采用生物反馈放松训练作为情绪——行为控制训练，表象训练作为飞行程序和知觉——运动活动的认知训练，其中尤以生物反馈训练加表象训练效果最好，并提出了开展心理训练的最有效时机是在改换机种和新课目训练之前，以便取得最佳效果。

（四）心理干预

我军的心理干预工作起步较晚，正式有组织的心理干预工作始于 2005 年。当年因山洪暴发致某部 86 名学员牺牲，总部派出原空军航空医学研究所武国城等心理专家赴一线执行危机干预任务。以此为标志，灾难后心理干预逐渐成为军队心理卫生的一项重要性工作，心理危机干预工作也成为一项常态性任务。空军原邓政委对心理专家的现场心理支援工作做出重要批示："在部队遭受重大突发事件的挫折冲击后，心理疏导工作对于稳定部队、振奋精神具有不可替代的重要作用。"

心理干预任务成为航空心理卫生保障中的重点内容之一。十年来，航空心理专业人员以执行飞行事故后心理干预为主，不断在空军心理卫生保障过程中发挥了积极重要的作用，有效地缓解了事故当事单位群体压力，经过对飞行灾难事故后幸存者进行规范的心理干预，有效地控制了急性应激反应程度，防止了创伤后应激障碍的发生，灾难后飞行员恢复飞行的案例逐年增加。至今，原空军航空医学研究所共执行心理干预任务百余项。

同时，在重大演习、特大地震、新疆维稳、国庆阅兵和世博会召开等军内外重要事件中，空军均派出相关单位心理专家，赴现场执行心理支援、心理救援和心理保障。特别是 2008 年汶川特大地震后，按照原总后勤部、原总政治部要求，原空军航空医学研究所派出两支分队赴汶川灾区第一线参加抗震救灾心理救援。武国城、郭小朝受到军委领导的高度好评。宋华淼因在 2008 年汶川特大地震心理救援中成绩突出、获得一等功而载入史册。总部赋予原空军航空医学研究所、原空军大连、杭州疗养院"心理卫生救援队"任务，重大灾难事故后实施心理危机干预工作已经成为航空心理专业机构的一项重要职责。2014 年由原空军航空医学研究所宋华淼撰写的著作《灾难心理救援》正式出版，填补了国内该领域学术著作的空白。

二、航空心理学科建设的发展

航空心理学科建设主要由三个主体机构承担，一是空军特色医学中心，二是空军军医大学军事医学心理系，三是战区军种医院或疗养院系统。

（一）组织建设

在 20 世纪 50 年代原空军航空医学研究所前身空四所组建之后，就设立有以心理专业组为主的研究室，开展系列心理学工作的研究和应用。1983 年原空军航空医学研究所在原有的心理专业组基础上，重组第六研究室，赋予心理选拔、心理训练和心理卫生职能。2013 年组建"航空心理中心"开展相应的研究与应用工作。原第四军医大学空军医学系，自 1962 年组建了航空心理教研室，对航空医学专业本科生开设航空心理学课程。2017 年，原第四军医大学转隶属空军，更名为空军军医大学极大地加强了空军航空心理学科的建设发展。在医院疗养院系统，1986 年 2 月原空军大连疗养院率先组建了心理室，成为我国航空卫生保障领域的历史上，第一个面对面直接为飞行人员心理健康服务的机构，也标志着航空心理卫生工作进入了一个新的阶段。时任空军卫生部长李志刚，亲自对刚组建的原空军大连疗养院心理室予以检查指导，并给予极大期望。之后，原空军杭州疗养院也在 1991 年设立了心理室，开展心理卫生服务工作。1995 年原空军总医院正式组建临床心理科，开展临床心理工作。航空医学领域心理学科的组织建设，走在了全军医疗范围的前列。目前，空军各特勤疗养中心均有正式心理训练科编制，开展心理训练等各项工作。空军系统医院单位均建立有心理科室，开展相应的航空心理工作。

（二）学科建设

1992 年 11 月，全军航空医学专业委员会在杭州召开了首次航空心理学术研讨会，由原空军航空医学研究所刘桂昌副所长主持，来自军内外的航空心理专家、学者共商中国军事航空心理的发展事业。会议回顾近些年来我国航空心理的成就，讨论了存在的问题，展望了今后航空心理卫生的发展。这次会议成为启动我国航空心理学术全面发展的标志性会议。

1993 年 6 月，空军卫生部批准在原空军大连疗养院组建了"空军航空心理康复中心"。作为航空医学领域的一件盛事，它标志着我国航空心理卫生学科建设的正式启动，是空军心理卫生工作发展的重大标志。

2003 年 1 月，在"空军航空心理康复中心"学科发展建设基础上，原总后卫生部批准组建了"全军航空心理医学研究中心"，成为全军医疗保健系统第一个心理专科重点中心。

2005 年，空军党委在原空军航空医学研究所成立了"空军心理教育疏导中心"，时任空军政委邓昌友亲自参加成立仪式，进一步明确了原空军航空医学研究所在空军心理卫生服务工作中的地位和作用。

2009 年，原总后卫生部召开了全军心理卫生工作研讨会，次年在相关单位组建了 6 个"全军心理卫生研究中心"，6 个"全军心理卫生指导中心"和 3 个"全军心理卫生服务中心"。至此，我军心理卫生工作得到蓬勃发展，又迈上了新的台阶。原空军航空医学研究所、原空军总医院和原空军杭州航空医学鉴定训练中心分别被总后卫生部授予"全军心理卫生研究中心""全军心理卫生指导中心""全军心理卫生服务中心"。

（三）专家队伍

以陈祖荣为代表的我军航空心理工作的开创者，奠定了我军该领域的发展基础。原第四军医大学陈南宜、皇甫恩等老前辈在 20 世纪 80 年代至 90 年代为航空心理学科建设、人才培养做了大量务实的工作。进入 20 世纪 90 年代后，以武国城研究员、苗丹民教授为代表的心理专家，在全军心理学科领域具有举足轻重的地位与作用。郭小朝研究员在担任原空军航空医学研究所第六研究室主任期间，不断发展壮大心理专业队伍，深入开展航空心理学研究。邓学谦、胡文东等在飞行员心理选拔技术发展中发挥积极重要作用。宋华森、董燕、娄振山等深入开展航空心理卫生保障、重大事件心理危机干预实践中，做出了出色的成绩。

（四）学术成果

自 20 世纪 90 年代初，航空心理研究成果斐然，截至 2017 年 8 月空军所属卫生机构单位先后在 1991 年完成《空勤疗养的心理学模式研究》，2000 年完成《飞行人员心身健康及心理卫生工作网络研究》，2008 年完成《飞行人员夫妻婚姻家庭的心理社会多因素研究》《J-11B 飞机座舱人机工效研究》，2010 年完成《新机飞行员视觉信息感知工效研究》，2011 年完成《新机作战信息综合优化及显示研究》，2012 年完成《预警机人机工效学要求及应用研究》，2013 年完成《飞行人员心理应激规律及其咨询与治疗技术研究》，2016 年完成《军用漂浮放松反馈训练太空舱关键技术研究》等航空心理课题，这些空军航空心理科技成果均获得了军队科技进步二等奖，在全军心理卫生范围内，处于领先地位。

（五）编撰著作

空军所属卫生机构人员先后编撰各类著作，指导工作开展。截至 2017 年底，先后编撰的主要著作包括：1995 年宋华森编著的《航空心理测验法》，为飞行人员心理测量评定提供了理论依据；2001 年由武国城主编的《飞行人员心理问题解答》，为飞行人员答疑解惑提供了指导依据；2003 年宋华森主编的《军人心理疏导理论与方法》，从理论与技术方法上为军队开展心理疏导工作提供帮助，同年伊丽主编的《军人心理测评系统使用手册》也正式出版，为基层部队使用心理测评工具提供了指导手册；2011 年董燕编著的《军人常见心理问题工作指南》和 2014 年宋华森以在汶川抗震救灾期间心理救援实践为素材，编著的《灾难心理救援》，为现场灾难心理救援实践操作模式提供了范例。2015 年由原空军航空医学研究所航空心理中心集体翻译，宋华森主译的《航空医学心理学》由军事医学出版社正式出版，为构建与国际接轨我国军事航空医学心理学体系和开展的工作内容提供了参考。此外，空军军医大学陆续出版多部用于教学的《航空心理学》著作，为培养航空心理学人才做出卓越贡献。

（六）应急分队建设

航空领域组建的若干支"航空心理卫生支援分队"，在多样化军事行动中发挥了积极作用。2008 年抗震救灾任务中，武国城和郭小朝分别带领一支小分队参加原总政、原总后组织的心理救援队伍深入一线部队开展心理救援。通过"加油减压"方式缓解官兵不良情绪，提升部队士气和战斗力，为官兵提供心理教育、心理测评、心理咨询疏导和心理行为训练，培训心理工作骨干，并圆满完成了对原成都军区陆航某部邱光华机组烈士家属的心理抚慰任务。宋华森带领一支小分队一行 3 名专家奔赴北川一线，深入重灾区心灵抚慰，并在成都人民广播电台、四川人民广播电台分别进行了 16 期和 30 期心理抚慰直播节目，缓解灾区受灾群众悲伤，为一线抗震救灾官兵提供心理支援。娄振山带领一支小分队一行 3 名专家在什邡一线帮助灾区群众解忧解难，积极培训灾区心理医生，建立长期培训计划，给灾区留下了一支永远不走的心理支援队伍。

这些年来，原空军航空医学研究所航空心理卫生支援分队，一是直接参加了重大军事任务的遂行心理服务保障工作；二是在重大事故后直接在一线实施心理干预发挥了积极作用。先后执行"红剑""砺剑""和平使命""五国军演""飞行联训""129A"等重大演习演练随队遂行心理保障任务，为官兵提供全程心理服务，在帮助缓解官兵身心压力，提高作战能力上发挥了重要作用。航空心理卫生支援分队各项任务的圆满完成，进一步提升了航空心理学科应用实践的地位。解放军出版社组织专家编写的《航空心理卫生支援分队教材》，更加细化了分队建设及相关学科内容。分队的实践活动也充分证明了航空心理卫生理论技术，在不断地成熟与进步中得到健康发展。

第三节　军事航空心理学发展趋势

从最初的选拔基于"人 – 岗"匹配原则开始，到飞行员与航空环境职业适宜性的培养训练；从建立作战飞行心理核心动力信念出发，到维护保持健康心理，抗衡、应对军事任务环境中的各种应激源，军事飞行人员作战心理效能得到最大限度发挥，而建立一整套的科学规范程序，提升飞行员心理效能，任重道远。

一、心理选拔指标与技术方法

随着现代航空器发展越来越依靠自动化，电传操纵与传统的力学操纵有着明显的不同，这对飞行人员相应的能力提出了不同的要求。新型飞机研制也飞快发展，对新机种飞行人员心理选拔指标的研究也必须与时俱进，亟待解决的问题有以下几点。

1. 飞行职业胜任特征指标体系研究

通过采用工作分析方法和技术，剖析新机种在超高负荷、超长耐力、快速反应状态下对人的心理能力特征的需求要素，明确歼击机新机种所需的飞行员心理品质各项指标要求，构建胜任特征模型，形成完备的歼击机新机种飞行员职业胜任特征KSAOs（知识、技能、能力和其他个人特征）指标评价体系。

2. 心理选拔技术方法及标准研究

基于实验室"静态模式"对基本认知能力的测评，一是迭代更新原有静态检测技术，建立静 – 动态结合一体化的飞行认知能力技术平台的心理选拔检测系统和技术方法；二是充分利用 VR 技术，开发高逼真飞行仿真系统的飞行能力心理选拔技术方法与标准，各项检测技术方法内容效度、校标效度达到要求。

3. 飞行员非智力因素检测工具研究

针对歼击机新机种飞行员胜任特征指标体系研究结果，研发基于非智力因素的检测工具，用于检测具有飞行职业需求的人格特质、心理动力特质以及压力负荷下的心理健康水平。

二、心理训练的基本要求和方法

飞行员心理训练是提升飞行效能的重要手段，伴随飞机性能的快速发展变化，与之适应的高效应对心理能力训练的需求不断加大。

1. 以飞行活动为导向的心理训练模式

以飞行活动为导向的心理训练是未来飞行员心理训练的最佳模式，是体现飞行职业生涯高绩效与飞行效能的完美结合，并成为飞行职业效能助力的推进器，能够体现出职业培养成才效率与飞行人员个性特征、心理动力方面的依赖关系。衡量心理训练效果的最佳方法就是飞行效能和心理稳定性。

2. 综合运用生物心理学指标评价

心理与生理是生物体的两个方面的统一体，相互作用和互相依赖、互相补充。从生物学角度审视生理心理过程，其实本来就是一个整体，生理参数的变化考量心理训练的效果，认识生理心理相互作用，是提高心理训练质量的关键。因此，理论训练和技能训练，都应将两者的融合贯穿于始终。

3. 基于个性化定制按需训练模式

按照提升个体心理效能的需求，依据个人特点制订相符合的定制方案，设置以模块化组合的不同心理训练内容。主要的基础是长期以来对飞行人员个性和动态医学观察，将其作为依据才能有效确定训练的程式、训练负荷、训练量的大小和持续时长，以及整体规划。

4. 虚拟设备模拟真实飞行训练模式

模拟真实飞行条件下，创建心理和生理训练模式，伴随各种飞行任务开展心理生理训练。这些模拟真实飞行条件的方式与方法不仅仅对应模拟环境，而且模拟的各项任务与现实飞行中所需的行为一致。在训练设施器材上的特殊心理训练和不同的技术手段训练，同时考虑到在完成特定任务时飞行员心理活动的特点，训练形成或提升飞行职业性关联的重要心理品质，对于成功遂行既定目标形成最为必要的适应机制，是心理训练必须思考的重要原则。

三、心理健康维护

军事飞行员心理健康维护体系建设，从常规职业心理健康维护，到灾难飞行事故后心理危机干预，是飞行人员确保心理效能有效维护和提升的重要保证。

1. 确保心理健康维护体系完备

建立"飞行人员心理健康管理委员会"，由首长挂帅，职能部门领导和专家成员组成，形成体系化、制度化、规范化的飞行人员心理健康管理制度体系。从飞行人员入门心理选拔，到职业生涯飞行健康管理，以及平战时的常规与应急心理健康评估，全面动态掌握飞行人员心理健康状况，全面规划他们的心理健康发展，实现飞行人员职业生涯全过程心理健康管理，形成飞行人员心理健康管理有效机制。

2. 建构心理健康管理有效模式

由各单位设置的心理学机构，担负相应的职能任务，赋予相关的技术工作，从"飞行人员心理健康管理的勤务理论与技术研究"到"招收飞行人员心理选拔标准方法";从"军事飞行人员心理健康常规评估技术标准制度"到"军事任务应急心理评估技术标准制度";从"飞行人员突发事故后心理危机干预规范"到"飞行人员心理疾患矫治康复相应规程";从"飞行人员职业心理训练规范"到"飞行人员心理疾患停飞鉴定标准"等,对飞行人员全程心理健康管理建档、建章立制、实现各负其责、各司其能,形成规范化的保障制度体系,确保飞行人员心理健康保障效能的全面落实。

3. 提速心理健康专业人才培养

飞行人员职业心理健康管理,是一个从飞行人员入职心理选拔,到职业心理能力塑造、心理能量储备、心理成熟稳定、技术成才的全过程。需要一支专业技术全面,具备专业能力的专职队伍。就目前而言,从事飞行人员心理健康保障的专业队伍,其知识结构和专业教育培训经历以锯齿状为多,培训单位设置的培训内容更多地侧重于心理理论与实践,忽视了航空理论与实践,不能满足系统化、专业化要求,应提速加强培训,对空军相关单位设置的心理专业学科人员,实施定项目培训计划,参照外军心理健康鉴定工作制订相应的计划,建好一支基于飞行人员心理健康管理全程的专司职专业队伍系统体系。

第三章　心理效能指标依据：
工作分析与胜任特征

按照飞行职业对人的心理需求的特点，选拔什么样的人才能适合飞行职业，哪些飞行需求的指标可以通过心理训练提升，以及飞行职业生涯中哪些指标是不断与职业需求交融固化的指标，都需要航空心理研究与应用给予明确的回答。只有科学地选择飞行员心理效能指标才能满足心理选拔、心理评估和心理训练的需求。通过工作分析和职业胜任特征指标确立及模型的建构，才能明确飞行员心理效能指标体系，为进一步完善心理选拔、心理训练和心理健康维护提供科学指标依据。

第一节　飞行职业工作分析

工作分析（job analysis）又称职务分析、岗位分析。从概念上说，它是通过全面系统地对特定工作有关信息进行收集，并明确特定工作对人的知识、技能、能力和个性要素需求过程，以决定工作任务、责任和职责，为人员选拔、训练和绩效评价提供信息依据（Noe 等，2004）以提高职业工作效能为目的。同时，工作分析是构建胜任特征模型的重要基础性方法。工作分析就是通过一定的程序，确定某一工作任务和性质，以及具有哪些技能与特质的人，适合从事这一工作的过程（Gary，1996）。

工作分析的基本内容主要围绕"6W1H"进行，即 6 个"W"，1 个"H"。6 个"W"是：做什么（What）、由谁做（Who）、在哪里做（Where）、何时做（When）、为什么做（Why）、为谁做（Whom），1 个"H"是：如何做（How）。工作分析的主要内容是 Who 的问题，即需要具备怎样的资格条件的人做这项工作，如技能、经验、生理心理的要求等。基于职业或岗位的工作分析主要有问卷法、关键事件法和能力需求分析法三种。

随着现代航空器的快速发展，从传统的力学操纵到现代电传操纵，以及飞行作战样式的根本变化，新机种所承担的工作任务、职责与责任对飞行员的知识结构、技能与能力和个性特征的需求要素信息，都需要详细分析提供信息依据，以满足驾驭新机种人员的选拔、训练和效能评估的需要。

一、飞行职业对工作分析的需求

（一）新机种快速发展的需求

1. 飞行环境更加复杂

航空环境是高危复杂环境，随着航空技术的发展，战斗机自20世纪80年代开始，已经快速进入三代、四代机发展期，新机种的不断升级使高技术迅速转化为高战斗力。高能量作战的能量机动性和快速持续机动，以及座舱显示／控制区的信息"爆炸"与战术信息爆炸融合等新问题，使得"高过载""高认知负荷""高应激状态"加倍增长，多种因素成为影响飞行员心理活动的直接应激源。

2. 飞行活动加剧风险

当航空飞行器的发展进入三代、四代的时候，飞行活动的风险依然存在，主要有三方面的风险，即环境风险、技术风险和决策风险。同其他劳动相比，军事飞行活动仍然是一种冒险性较高的活动。四代机的"超机动性""超音速""超视距空战"特征，加大了对职业飞行员的素质能力的要求，必然加剧飞行活动的风险。

3. 飞行责任越加重大

飞行职业责任重大。战时打仗、平时巡航，守卫国土，飞行员都是冲在一线的战斗员。军事飞行员能打胜仗，体现在飞行员高超技术的作战能力水平，空中作战作为制胜的关键，飞行员肩负着捍卫祖国领空、维护世界和平的职责，飞行员的责任重大显而易见。从经济角度而言，据有关资料报道，一架F-15E飞机价值4 350万美元，F-117A隐形轰炸机1.1亿美元，E-3A预警机1.5亿多美元。我军三代机、四代机逐渐列装至部队，飞行员从起飞开始，就要担负安全驾驭飞机的重大责任。

（二）作战模式变化的迫切需求

随着各类高技术军事武器在军事领域的不断应用，现代空中战争以及空中作战模式已经发生了深刻的变化。打赢一场现代化的高技术的局部空中战争，需要飞行员具有更高超的技术能力和驾驭先进战机的空中作战能力。空中力量由"航空型"向"空天一体"转变，空中力量基本职能由"制动"向"制空天"转变。作战模式由"顺序作战"向"并行作战"的转变。都对飞行员提出了更高的要求。当前，正处于一个信息、空天同步到来的时代，"空天一体、空防兼备"的战略要求，需要飞行员不仅仅是心理认知能力，更需要非智力因素中的忠诚责任、战无不胜的优秀意志品质才能满足现代战争对空军飞行员的要求。

飞行职业本身是一项探索性、冒险性很强的职业。这种职业特点对飞行员的心理品质提出了特定的要求。自1903年莱特兄弟发明的飞机开始，到今天不断换代、新型战斗机逐渐替代老式战斗机，对操作飞机者的生理心理需求在不断变化。与此同时，作战模式的变化，对飞行员的要求在变化，选拔能够"能打仗、打胜仗"作战飞行员需要加速研究现代作战模式下的心理选拔指标，培养合格优秀飞行员的心理能力结构，需要按照打仗需求的心理品质加以科学训练，因此，飞行工作分析已经成为航空心理专业的一件急迫而不间断的重要研究工作任务。

二、工作分析的思想由来及历史回顾

（一）工作分析思想诞生早期

工作分析的思想由来已久，其奠基者甚至可以追溯到公元前 5 世纪的古希腊苏格拉底（Socrates）。他在对理想社会的设想中指出社会的需求是多种多样的，每个人只能通过社会分工的方法，从事自己力所能及的工作，才能为社会做出较大的贡献。18 世纪，狄德罗（Denis Diderot）策划进行了一次大规模的工作分析，这是他为法国一家翻译协会编撰一本百科全书时所做的工作。工业革命之后，科学管理之父泰勒 1903 年在《工厂管理》（*Shop Management*）一书中详细地介绍了通过把工作分成若干部分并进行计时而提高了劳动效率的案例。在军队工作分析的应用历史更长，早在公元前 1115 年，古代中国的军队开始运用任务分析法，要求参加政府职位应聘的人员必须通过骑术、射箭、书写、算术、音乐（称为"5 艺"）的考试，并制订了不同职位要求达到的水平标准。这些要求就是基于一种最早的工作分析的基础上的，可以认为是工作分析在军队和政府里最早的运用。

（二）征兵促进工作分析发展

第一次世界大战前夕美国在大规模征兵过程中利用工作分析为人员测评选拔服务，也促进了工作分析的发展。例如，宾汉在"一战"期间进行了对以解决人员配置为目的的工作分析方法论的研究，后来又与其他专家组组建研究所，通过收集各类数据资料来指导职业介绍和培训课程。在"二战"开始的时候，宾汉成为美国国防部军队人事职位分类所主席与首席心理学家，继续其在工作分析方面的突出影响。当然，在这个时期，斯考特着重研究人的标准，在其研究中，同等级的军官将按照工作中所表现出来的能力进行排列，对每个级别的军衔资格条件进行分析。他对工作内在质量标准研究得到了军队首长与大多数军官的欢迎，并获得了军队的承认，在 1917 年成为军队组建人员测评委员会主席。这个委员会主要任务之一是招募士兵，为了提高招募工作的质量，提出了将"工作分析服务于前线需要"的要求。

"二战"以后工作分析得到进一步发展。20 世纪 70 年代，工作分析已被西方发达国家作为人力资源管理现代化的标志之一。1989 年，Randall SS 认为，由于工作分析可以具体描述和记录工作的目的、职责和活动、工作条件以及所需的技能、知识和态度，能够得出工作所需的关键心理品质，所以在对军事人员的心理选拔、训练等方面得到了广泛应用。

三、飞行职业工作分析基本情况

飞行职业特点对飞行员的心理品质提出了特定要求，已有的研究表明，飞行员应具备的心理品质是一个多因素、高水平的复合型结构，因此并非每一个身体健壮的人都适合从事飞行职业。从人力资源管理的角度说，飞行职业工作分析即了解飞行职业及对人的要求，是飞行员选拔与培训中不可缺少的环节。

飞行职业工作分析，是人们对飞行职业对飞行员要求的认识，随着第一次飞行而产生。人们意识到飞行员职业的特殊性，只有那些敢于冒险的、勇敢的人才能从事该行业，这是对飞行职业工作分析的雏形。1909年，军方开始进行飞机用于军事用途的试验，第一次世界大战使得军事飞行迅猛发展，对飞行员的需求量剧增，大量的应征者开始被严格的体格检查所淘汰，这也是人们最初对飞行职业要求的认识。

初期工作分析并不规范，多数是经验型和实践需求推动的，依靠航医的直觉和经验。随着航空业飞行实践的发展，人们对飞行职业的认识逐渐加深。1918年Backman RA研究提出，在战斗情况下飞行，机械故障和瞬间意识丧失都会给飞行员带来灾难，在飞行中没有迅速精确地做出反应，对于后继操作控制适应缓慢、呕吐、眩晕甚至晕厥，根据这些实际观察中与遇到的问题，航空军医制订出心理选拔的方法，然后通过各种实验验证工作分析的结果。

同年Yerkes RM研究指出，由于通过体格检查的入选者在后期训练中的淘汰率依然很高，因此，美国国家调查顾问小组成立了航空心理问题委员会，在对飞行职业进行详细分析的基础上，制订标准的心理测验程序，用于辅助选拔军事飞行员，形成制度化的飞行员心理选拔，飞行职业工作分析由此开始规范化、科学化。美国陆军1942年开始使用一种客观的计分制的能力测试（ACQE），这是基于工作分析的基础上形成的测评系统。接着1947年Davis FB提出了美国空军以此为基础形成了美国空军资格考试（Air Force Officer Qualifying Test，AFOQT）系统，并在使用中不断修订，形成了相对稳定的结构体系。

目前，在设计符合军队需要的考核办法之前，必须进行工作分析，已成为各国飞行选拔、培训、系统设计工作的基本做法。

四、西方国家飞行职业工作分析系统

（一）基于工作任务导向的工作分析系统

通过工作分析研究和实践，对飞行员能力的认识形成了稳定的结构，建立了知识、能力、技能和其他特征（KSAOs）为基础的工作分析过程和理论框架。1999年Peterson NG等研究认为，知识、能力、技能和其他特征是对从业者的工作需求的描述。美国军事飞行学校一直采用1988年的飞行能力选拔系统（Alternate Flight Aptitude

Selection Test，AFAST），随着选拔技术的发展和飞行性能的提升，需要对其进行改进。2006年Kubisiak C负责了一项直升机飞行员心理选拔系统的研制，首先开展的工作就是对飞行工作进行了工作分析，在《U.S. Arimy Aviator Job Analysis》一文中描述的工作分析过程，也是目前飞行职业典型的工作分析过程。此次工作分析采用问卷调查的方式，针对飞行学校主要的学习项目，分析需要的工作能力。包括四个基本步骤：①针对直升机飞行员的工作特征收集资料，包括文献资料调研和以往工作分析的资料调研；②在这些资料的基础上编制初步的任务和知识、技能、能力、其他人格特征目录；③通过该领域专家访谈修订初稿；④确定工作分析问卷，利用该问卷进行调研，确定工作能力需求等级目录。

KSAOs初始目录，初始目录的原则是尽可能包含广泛的能力，以免遗漏潜在的能力特征。然后邀请资深飞行教员组成专家组，召开专题讨论会，对初稿进行审定，主要看编写的陈述的可理解性、意思是否清晰，根据意见反馈，对表单进行修订，使用词、行文更符合军事航空专业，同时增加了一些条目。之后专家组对工作分析问卷初稿进行了讨论，由21名资深飞行教员代表逐条进行修订。最后一步是请军事航空和工作分析均熟悉的专家再次进行修订，确保问卷符合军事指南。最终形成的问卷包括101个任务项目，分为11类，92个KSAOs项目，要求对这些项目进行0～4的5级评分。确定了问卷之后，开始进行工作分析调查，共调查212名飞行员。通过分析各个项目的得分，按照重要程度进行排序，确定飞行员工作能力需求表，作为制订选拔、训练方法的基础。

（二）基于飞行效能导向的工作分析系统

强调成功完成工作任务和行为所需的个体工作者的知识、经验、技能、能力、天赋和性格特征等。通过标准化、结构化的问卷形式来收集工作信息，表现了一般的工作行为、工作条件或者职位特征。职务分析问卷（Position Analysls Questionnaire，PAQ）、Fleishman工作分析问卷（Fleishman Job Analysis Survey，F-JAS）比较常用。

Fleishman工作分析问卷用于调查职业能力情况，包括能力（认知21项、心理运动10项、身体运动9项和感觉能力12项），知识和技能（11项），社交能力（9项），共有72个项目，每个项目包括能力名称、定义、7点评分量表，例题见图3-1。Fleishman和Reilly（1992）编制了详细的实施指南和职业能力手册，介绍了理论基础和效度验证试验。飞行员最为重要的能力需求变化是想象能力，未来的航空任务需要把抽象任务进行视觉化想象，这在现在的飞行员选拔系统中是没有的。另一个重要的能力需求是敏捷性，可能和飞行员的高操作需求有关。在有关学术讨论会中，认为操作监控是很重要的一种能力，其中包含了随时接管自动控制系统的功能的意思，尤其是在系统出现故障时，这都需要在未来的能力需求和测试选拔中进行验证。

口语理解 听到并理解口语单词和句子的能力

口语理解能力与其他能力有什么区别	
口语理解：包括听到并理解他人说的单词和句子 与	**书面理解**：读并理解书面单词和句子
	口语表达和书面表达：说或者书写单词和句子，使别人理解

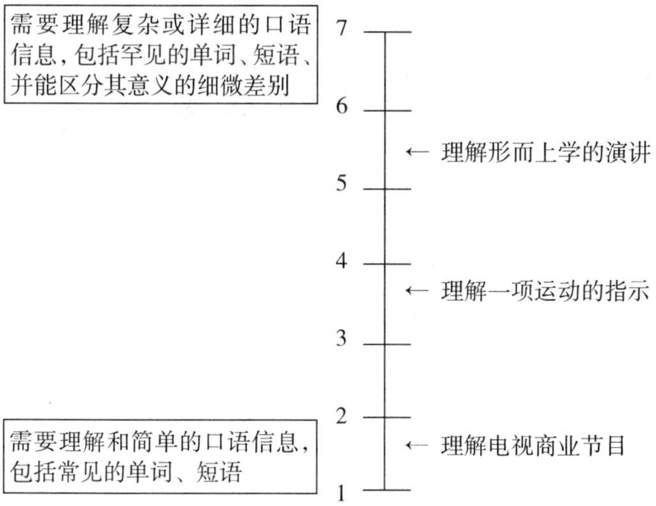

需要理解复杂或详细的口语信息，包括罕见的单词、短语、并能区分其意义的细微差别	7	
	6	
	5	← 理解形而上学的演讲
	4	← 理解一项运动的指示
	3	
需要理解和简单的口语信息，包括常见的单词、短语	2	← 理解电视商业节目
	1	

图 3-1 F-JAS 工作分析问卷举例

（Fleishman EA., 1992）

以 F-JAS 问卷进行工作分析方法不断改进，曾用于空中交通管制员的工作分析。1995 年版的 F-JAS 工作分析问卷包括 52 个项目，分为认知、心理运动、体格和感知觉能力几个部分。1996 年，F-JAS Kit 第二部分发表，包括 21 项社交、人际关系能力，更多的是基于机组资源管理能力的内容（表 3-1）。

表 3-1 Fleishman 工作分析问卷社交 / 人际关系部分

原始 F-JAS 内容	DLR 增加部分
社会敏感性	交流
口头答辩	合作
说服能力	领导力
营销兴趣	果断
坚持性	动机
心理弹性	抗压能力
行为的灵活性	自我意识
口头事实调查	情境意识
拒绝成熟的判断的能力	决策

Eibfeldt H 等（2009）采用该问卷对飞行员和空中交管员予以分析，提出 2030 年的工作岗位的能力需求。针对飞机系统和空中交通管制系统未来的迅速发展趋势，2007 年欧洲航空一体化组织（Single European Sky，SES）提出，人力资源（具备合适技能和胜任能力以及资格）是航空的核心，需要应对高密度飞行、高复杂飞行任务和高水平的自动化系统，未来航空系统对人的能力提出了新的要求，这将会影响系统设计、人员选拔、训练以及胜任标准和相关规则。因此在对 2030 年航空系统对人的要求的合理预测基础上，进行工作分析，提出人的能力需求很有必要。首先组织了两次专题讨论会，参会人员包括 8 名飞行员和 7 名空中交管员。讨论会主题是对未来的航空系统进行预测，对人的能力需求变化进行探讨，在此基础上，与会者完成 Fleishman 工作分析问卷，评估未来航空系统对人的能力需求以及当前航空系统对人的能力需求。飞行员评估的前十位的能力见表 3-2。

表 3-2　未来飞行能力需求

能力	未来排序	现在排序
空间定向	1	5
警觉	2	2
想象	3	7
发现问题	4	12
决策	5	9
多任务	6	10
语言识别	7	8
抗压能力	8	11
听觉注意	9	1
知觉速度	10	15

五、O*NET 工作分析系统在国外航空中的应用

O*NET（Occupational Information Network）是一项由美国劳工部组织发起开发的工作分析系统，综合了多种工作分析问卷的优点，能够将工作信息和工作者特征等统合在一起（Peterson N G 等，2001），Erich（2009）指出 O*NET 在美国乃至全世界的公共部门和商业界都得到了广泛应用，是目前最为权威的工作分析工具之一。

O*NET 设计了多重指标系统（如工作行为、能力、技能、知识和工作情境等），不仅考虑职业需求和职业特征，而且还考虑到任职者的要求和特征。更重要的是，它还考虑到整个社会情境和组织情境的影响作用。同时该系统具有跨职位的指标描述系统，为描述不同的职位提供了共同语言，从而使得不同职业之间的比较成为可能。

O*NET系统综合了问卷法和专家访谈法等多种工作分析方法，能够将工作信息（如工作活动、组织情境和工作特征等）和工作者特征（如知识、技能、兴趣）等统合在一起（图3-2）。

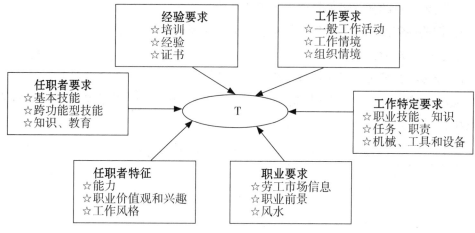

图 3-2　O*NET 的内存模型

O*NET的最大特点是包含丰富而全面的要素，几乎覆盖个人和组织心理学家对每一个职位感兴趣的所有方面，它围绕6个系列的要素建立，内容包括：任职要求、经验要求、工作特性、职业要求、职业特定要求、职业特征。

目前，O*NET系统在民航飞行职业中应用广泛，关于任职要求、经验要求、工作特性、职业特定要求及职业特征等5方面研究成果很多，区分了飞行职业重要与不重要的前5项工作要求。分述如下：

（一）任职要求

1. 知识和技能

知识和技能前5项重要指标排在第一位的分别是运输和操控。不重要指标排在第一位的分别是建筑学和程序设计（表3-3）。

表 3-3　知识和技能任职需求

名次	知识		技能	
	重要的	不重要的	重要的	不重要的
1	运输	建筑学	操控	程序设计
2	公共安全	哲学和神学	操作监控设备	技术设计
3	地理学	外语（非英语）	批判性思维	设备选择
4	英语	美术	判断和做出决策	设备安装
5	物理学	食物生产	解决复杂问题	维修

2. 教育

大部分需要 4 年制的学士学位。

（二）经验要求

1. 需要大量的相关工作技能、知识或经验。

2. 需要多年的相关工作经历，在职培训和实习期。

（三）工作特性

1. 能力、价值观、兴趣、工作风格

能力、价值观、兴趣、工作风格前五项排在第一位的分别是精准控制、独立、现实、注意细节（表 3-4）。

表 3-4　能力、价值观、兴趣、工作风格等工作特性

排名	能力		价值观	兴趣	工作风格	
	重要的	不重要的	（由高到低排列）	（由高到低排列）	重要的	不重要的
1	精准控制	驱赶力量	独立	现实型	注意细节	主动性
2	问题敏捷性	力量的持续	支持	常规型	可靠性	社会导向
3	反应调整能力	身体的弹性	职业环境导向	研究型	自我控制	关心他人
4	深度知觉	爆发力	成就感	事业型	承受压力	独立自主
5	空间定向能力	耐力	回报	社会型	领导	创新

（四）职业要求

包括工作活动、工作情境、职业特点要求及职业特征（表 3-5）。

表 3-5　工作活动、工作情境、职业要求特征

名次	工作活动		工作情境		职业要求	
	重要的	不重要的	重要的	不重要的	重要的	不重要的
1	操纵交通工具、机械装置或设备	一般性体力工作	团队共事	暴露于轻度烧伤割伤、咬伤或刺伤	能见度不好时使用仪表进行飞行	进行较小的维修工作或为较大的维修工作做准备
2	决策和解决问题	修理和维护机械设备	联系他人	跪、蹲、弯腰或爬行	对飞行中的紧急情况和故障进行反应并报告	对其他飞行员和飞行学员进行飞行操作及飞行原理的教学工作
3	获取信息	销售或影响他人	决策频率	花费时间保持或重获平衡	作为飞行团队中的一员和其他同事进行合作，特别是起飞和降落阶段	评价其他飞行员或飞行驾照申请者的操作熟练程度

名次	工作活动		工作情境		职业要求	
	重要的	不重要的	重要的	不重要的	重要的	不重要的
4	控制机器和工序	起草、设计和详述各种专业装置、零件和设备的相关文件	准确或精确的重要性	花时间爬梯子、脚手架或柱子	使用无线电设备和控制塔台进行联系，获得起飞许可、抵达指示和其他信息	递送乘客行李并监督加注燃油
5	辨析事物、行动和事件	人力资源管理	当面讨论	处于开放式的交通工具或设备	驾驶飞机沿规定航线飞行，能使用自动驾驶仪及飞行管理电脑	规划飞行活动、检查时间表并准备飞行评估报告

六、我国空军的飞行职业工作分析

（一）历史发展的基本情况

1. 经验主导阶段

我国空军的飞行职业分析发展既借鉴了国外的先进经验，又有自己的独特特点和优势。20世纪60年代，原空军航空医学研究所和中国科学院心理研究所合作，研究飞行职业能力需求，通过借鉴国外研究成果和国内调研的方式进行，提出了飞行能力的概念。其中陈祖容、孟宪惠等参考国外资料设计出30余项方法，通过实验验证进行筛选，最后形成注意广度、视觉鉴别、运算能力、地标识别和图形记忆5项方法（武国城，2002）。在随后的研究中基本也是采用这种方法，即借鉴已有成果、通过试验筛选的方式进行工作分析，可以看作经验主导的阶段。

2. 系统研究阶段

1994—1997年，空军组织了科研力量进行飞行员心理选拔系统研究，对420名飞行员进行了比较正规的飞行职业工作分析调查，为招飞心理选拔系统的建立提供依据。依据以往挑选和培养飞行员工作的经验教训，明确提出飞行学员应具备10项心理品质：积极的飞行动机；良好的性格；良好的感知能力；良好的记忆能力；良好的思维能力；良好的注意能力；良好的空间定向能力；良好的操纵动作能力；良好的情绪品质；良好的意志力。以此为基础，进行了访谈调研和问卷调研的方式进行专项能力的工作分析。根据文献和以往经验编制了《飞行员认知心理品质调查问卷》，包括6个子量表，共60个调查题目。调查飞行员在飞行中对空间知觉、推理、双手协调、记忆、感知和注意分配能力的需求程度。通过招飞专家采用半结构式访谈和多重职务分析，了解飞行员心理结构需求。职务分析采用中国科学院心理所修订的PAQ职务分析问卷。该问卷通过191个职务要素从6个方面进行分析。在调查400余名飞行员

的基础上，最终确定了飞行员所需的心理品质可分为能力、动机、情绪、性格、意志
5个方面共24个小项。这是目前比较正规的大样本的飞行员工作分析工作，是招飞
心理选拔系统的理论基础。

（二）新机种飞行职务工作分析

2012年空军组织了大规模调研，目的是全面了解高性能战斗机飞行人员身心素
质现状。空军组织了一线飞行员、院校飞行教员、研究机构专业研究室和空军总院空
勤科专家组成"空军飞行员素质研究专家组"，经过多次反复研究讨论，修订完成
O*NET问卷，形成专家共识的"中国飞行员职业工作分析调查问卷"，建立了新的
飞行职业工作分析系统。该系统包括7个部分：知识（22项）、能力（30项）、技
能（21项）、工作活动（17项）、工作风格（16项）、价值观（19项）、特质（10
项），共计135个项目。飞行职业工作分析调查问卷详见附件4：中国飞行员职业工
作分析调查问卷。问卷中对指标分别设定"不重要、有点重要、重要、非常重要、极
其重要"5个等级和"非常不同意、不同意、有些不同意、不确定、同意、非常同意"7
个等级评定。问卷以幻灯显示题目，采用遥控器方式集体作答。宋华淼等（2012）对
181名三代机飞行员和171名二代机飞行员实施了调查，对今后飞行员的选拔与训练
提供了客观依据。调查显示，三代机飞行员在KSAOs的各项一级指标中，显示不同
机种飞行员对各项指标重要度的要求不同。分别对135项指标按照其归属进行了排序，
以重要度平均数确定其飞行职业特征顺序，5项指标作为其飞行职业所需重点特征，
6个项目中，排序为前5项指标及重要度平均数分别如表3-6所示。

表3-6　三代机飞行人员工作分析问卷结果（N=150）

项目	排序	平均重要度	项目	排序	平均重要度
知识	1. 航空理论	4.50	活动	1. 检查设备或仪表状态	4.34
	2. 飞行错觉	4.42		2. 团队协作	4.24
	3. 抗载荷	4.39		3. 决策及解决问题	4.16
	4. 安全	4.35		4. 自主管理	4.08
	5. 预防和处理高空缺氧	4.21		5. 收集与利用信息	4.01
能力	1. 抗错觉	4.50	风格	1. 忠诚	4.33
	2. 空间定向	4.32		2. 正直诚信	4.31
	3. 抗载荷	4.30		3. 事业心	4.28
	4. 抗飞行疲劳	4.28		4. 关注细节	4.25
	5. 记忆力	4.22		5. 合作	4.23
技能	1. 判断决策	4.35	价值观	1. 行动	6.35
	2. 发现并修理故障	4.29		2. 牺牲精神	5.90
	3. 主动学习	4.21		3. 战友	5.86
	4. 人际交流与沟通	4.19		4. 使命感	5.83
	5. 团结协作	4.12		5. 责任	5.76

项目	排序	平均重要度	项目	排序	平均重要度
	1. 责任性	4.71			
	2. 独立性	4.38			
特质	3. 自信	4.35			
	4. 忠诚	4.33			
	5. 事业心	4.28			

目前，对飞行职业的工作分析方法很成熟，形成了比较稳定的程序和理论结构，但是随着飞行职业的发展，新的飞机对人的能力提出新的需求，工作分析仍将继续发展。

第二节 飞行职业胜任特征

胜任特征的概念，可以追溯到古罗马时代，当时人们就曾通过构建胜任剖面图（Competency Profiling）来说明"一个好的罗马战士"的属性。不过，直到 19 世纪末或 20 世纪初，人们才开始采用科学的方法来研究胜任特征。20 世纪初，"科学管理之父"——泰勒的"管理胜任特征运动"（Management Competencies Movement），被人们普遍认为是胜任特征研究的开端（Sandberg J，2000）。但是，对胜任特征具有开创性贡献的还属美国哈佛大学心理学家 McClelland 博士，他在进行美国外事局甄选驻外联络官（Foreign Service Information Officers，FSIO）的研究中发现，传统能力测验预测效率低会导致不公平，采用了行为事件访谈（behavioral event interview，BEI）方法发现，FSIO 应该具有 3 种核心胜任特征（competency）：跨文化的人际敏感性、对他人的积极期望和快速进入当地政治网络。他发表了《测量胜任特征而非智力》（Testing for Competency Rather Than for Intelligence）一文，成为正式提出胜任特征的概念的第一人。

一、胜任特征的基本概念

1973 年，美国心理学家 McClelland 提出，决定工作绩效高低和个人职业生涯成功的关键素质不是以往单纯的智力素质和工作绩效，而是诸如"成就动机""人际理解""团队影响力"等胜任特征（McClelland，1973）。基于此，McClelland 主张用胜任特征评估来代替传统的学业和能力倾向测试，并提出基于胜任特征的有效测验的原则，他将直接影响绩效的个人特质和行为特征称为胜任特征（McClelland，1973）。自此，胜任特征概念成为全球研究者的关注焦点。胜任特征就是针对相同的岗位而言，能够将绩效优异者与绩效平平者进行区别的个体潜在的深层特质

（Sandberg，2000）。真正使研究者开始广泛接受胜任特征概念的是 Boyatzis，1982 年，Boyatzis 出版了著名的代表作《胜任的经理人》，归纳出优秀管理者的胜任特征集，并将胜任特征定义为一个人所具有的内在的、稳定的特性，它可能是动机、特质、技能、自我形象、社会角色或者能够运用的某项具体知识，该书的出版使胜任特征研究成为管理学和心理学领域等的热点课题。

Spencer 夫妇（1993）深化发展了胜任特征这一概念，认为胜任特征是将某一工作(或组织、文化)中有卓越成就者与表现平平者区分开来的个人潜在的、深层次特征。它可以是动机、特质、自我概念、态度或价值观、某领域知识、认知或行为技能等，核心是可以被可靠测量或计数，并能显著地区分优秀与一般绩效的个人特征。

（一）胜任特征深层次涵盖的内容

在胜任特征概念中，"深层次特征"是指人格中深层和持久的那部分特征，它具有跨情境和跨时间的稳定特点，能够预测工作中人的行为表现。按照 Spencer 的解释，深层次特征包括五点，具体有以下几个方面的内容：

1. 动机（motives）

指推动个人为达到一定目标而采取行动的内驱力。动机会推动并指导个人行为方式的选择朝着有利于目标实现的方向前进，并且防止偏离。McClelland 认为："动机是一种对目标状态或情形的关注，它表现为一种重复发生的幻想，从而持续驱动、引导着人的行为。"例如，具有成就动机的人常常为自己设定一些具有挑战性的目标，并尽最大努力去实现它，同时积极听取反馈以便做得更好。

2. 特质（traits）

指一个人对外部环境与各种信息等的反应方式、倾向等特有的内在特征。可以说是一个人对情境和信息的一种惯性反应，它可以预测一个人在长期无人监督情况下的工作状态。例如，反应敏锐与灵活性是对一个飞行员的基本特质要求。

3. 自我概念（self-concept）

指个人自我认知的结果，它是指个人对其自身的看法与评价。一个人对自我的评价，主要来自将自身与他人比较，而比较的标准即是自己的价值观。这种价值观既受到个人过去与现在观念的影响，也与其所处的生活、工作环境中他人的观念不无关系。例如，自信就是一个人坚信在任何情况下自己都可以应付各种事情，它是一个人对自我概念认知的一部分。

4. 知识（knowledge）

指一个人在某一个特定领域所拥有的信息。例如，三代飞行员与二代飞行员所掌握的有关信息是不同的；机械师与飞机驾驶员所掌握的信息也不相同。

5. 技能（skill）

指一个人结构化地运用知识完成某项具体工作的能力，即对某一特定领域所需技术与知识的掌握情况。

（二）胜任特征具有因果关联之关系

胜任特征能够引起或预测行为和绩效。这是一种因果关联之关系，只有能引发和预测某岗位工作绩效和工作行为的深层次特征，才是该职务的胜任特征。

（三）胜任特征是优秀绩效的参照校标

胜任特征可以作为衡量或预测工作优劣的参照效标，即效度标准。它是胜任特征定义中最为关键的方面。一个特征品质如果不能预测什么有意义，则就不能称之为胜任特征。一般讲胜任特征研究中最常用的效度标准是，优秀绩效和合格绩效。合格绩效，通常是指最低限度可接受的绩效标准，低于此标准的则认为不能胜任该项工作。

二、胜任特征类型与应用

人的胜任特征存在很大差异已经被广泛认知，合适的人，安置到适合的岗位才是科学的人才观。许多事实表明，同是军事院校毕业的学员在分配工作之后，其成长的路线和结果不尽相同。一些人具有较强的军事素质，摸爬滚打、披荆斩棘、身手不凡、勇夺第一；而另一些人面对军事生活与紧张的训练，唯唯诺诺、退缩不前、缺乏勇气。这些差距表明，职业对人要求一样，但是胜任职业者并不是所有的人。依据胜任特征的基本概念，可以将胜任特征可分为"门槛"和"差异"两种应用类型。

（一）门槛胜任特征

也称基准胜任特征，是指满足进入职业或岗位的基本需求特性，也是最低限度的能力特征，不对优秀和一般加以区分。军事职业与其他职业不同，"服从""忠诚""坚韧""果敢"等决定者一个人能否作为一个军人的基本条件。人力资源管理理论所述，能力发挥的最大效益化是人－岗匹配，当一个人的能力特征与其所从事的岗位需求相匹配的时候，人－岗的适宜性才能稳定，否则将是相反的结果。作为飞行职业而言，基准胜任特征提供心理选拔指标依据。

早在 1903 年，莱特兄弟成功地使一架比空气还重的自动飞行器在空中停留了 1 分钟，这标志着现代航空的诞生。与此同时，当第一名飞行员诞生的时候，飞行员选拔的问题就由此开始。这个时候，主要是那些愿意飞行的人进行自我选拔和体格检查。当飞机被用于军事用途，尤其是在第一次世界大战中，入选的应征者在训练中的淘汰率很高，就此情况，美国国家调查顾问小组成立了航空心理问题委员会，制订了一套标准的心理测验程序，用于辅助军事飞行员的选拔。飞行职业入门的门槛胜任特征的思想，从此开始了制度化的飞行员心理选拔。今天这项工作不断演变，如何采用新技术将门槛胜任特征指标提升选出率成为一项重要工作内容。

（二）差异胜任特征

也称鉴别胜任特征，是分辨被观察者表现优秀与表现平平的关键要素。理论研究与实践都已经证明，卓越人才的成长，除了环境因素，也即"时势造英雄"之外，更多的在于优秀人才所具备的那些常人所不具备的某种特质，成为某一岗位的绩效基础，这些特质正是鉴别胜任特征。挑选与培养飞行员成为能打仗、打胜仗的人才，关键在于鉴别胜任特征元素容量与等级的辨别。鉴别胜任特征为飞行人才的培养提供了具体、明确的效能指标，是评价或考核优秀和一般者的重要指标依据。

德国心理学家 Fitts（1946）认为，一个应征者的心理特征与第一次世界大战德国空军的王牌飞行员 Richthofen 越相似，他就越可能成为一个优秀的飞行员。这种观点和胜任特征的概念不谋而合，但是这种相似仅仅是用在面试中，没有规范地提取优秀飞行员的特征。诸多原因导致在飞行人员胜任特征的研究应用过程更多地关注了基准胜任特征，这样确实保证了选拔人员的数量，而对于鉴别性胜任特征，即如何区分优秀飞行员和一般飞行员的胜任特征关注不多。

（三）飞行员胜任特征的应用

军事飞行员"能打仗"，这是职业合格的基本要求，即基准胜任特征；"打胜仗"则是优秀绩效的核心标准，属于鉴别胜任特征。胜任特征模型的研究，分解细化基准胜任特征和鉴别胜任特征指标要素及其等级，将为军事飞行职业人员的选拔、训练、职业规划以及战斗力素质的提升提供科学依据。

飞行职业的特殊性决定了飞行职业胜任特征的研究和应用实践远远早于"胜任特征"这个名词的产生和理论研究。第一次世界大战之前，主要依靠医学检查选拔飞行员。飞机被用于军事用途后，尤其是第一次世界大战，入选的应征者在训练中的淘汰率仍然很高的情况下，美国国家调查顾问小组的航空心理问题委员会，制订标准的心理测验程序，用于辅助军事飞行员的选拔（Yerkes RM，1918）。"一战"结束时，增加了简单反应时和前庭功能测试，以及空间能力和肢体协调能力测试，这些工作都应该说是胜任特征的最早实践和应用。

简言之，飞行员胜任特征，就是指飞行职业中优秀飞行员所具有的综合能力。一种能够达到飞行职业绩效最大效能的能力特征，或者说是从事飞行职业所具备的"成功特征"。它是胜任或获取飞行职业与飞行活动优异绩效的基础和前提条件，包含了深层次特征中的驱动力、特质和能力，以此构成优秀飞行员的心理品质要求。

三、胜任特征指标及模型研究方法

胜任特征模型（competency model）是指承担某一特定的职位角色所应具备的胜任特征要素的总和，即针对该职位表现优异所要求结合起来的胜任特征结构。胜任特征模型主要包括三个要素，即胜任特征的名称、胜任特征的定义和行为指标的等级。特别强调的是行为指标的等级是从基本合格的行为等级水平到最优秀表现的等级水平，都应有详尽的描述。只有明确表现平平者与表现优秀者在行为水平上的差异究竟是什么，才能为飞行员选拔、训练以及职业生涯发展提供准确的依据。

（一）典型胜任特征模型回顾

1. 冰山模型

McClelland 首先提出了著名的"冰山模型"（图 3-3）。它是将胜任特征看成一座漂浮在水面上的冰山，知识和技能属于冰山以上部分，而社会角色、自我认知、特质和动机则是深藏在冰山以下的部分。整座冰山从上往下，表明了这些胜任特征要素的显现程度和被挖掘的难易程度。图 3-3 中所示，动机是推动个体为达到目标而采取行动的内驱力；特质是个体对外部环境及各种信息等的反应方式、倾向与特性；自我认知是指个体对自身的看法与评价；社会角色是个体对其所属社会群体或组织接受并认为是前当的一套行为准则的认识；态度是个体的自我形象、价值观以及社会角色综合作用外化的结果；知识是个体在某一特点领域所拥有的事实型与经验型信息；技能是个体结构化地运用知识完成某项具体工作的能力。

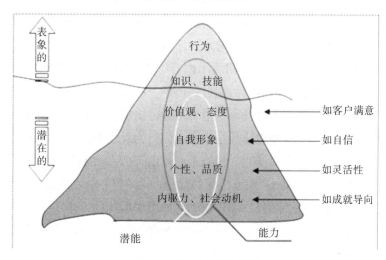

图 3-3 "冰山模型"理论

（McClelland，1971）

2. 洋葱模型

洋葱模型是在冰山模型基础上演变而来的。Boyatzis（1982）提出"洋葱模型"，展示了素质构成的核心要素，并说明了各构成要素可被观察和衡量的特点。模型主要包括三个层次，最核心的是动机和特质，中层包括态度、社会角色、自我形象与价值观，最外层包括知识和技能。模型越向外层，表明构成要素越易于培养和评价；而越向内层，构成要素则越难以挖掘和评价（图 3-4）。

（1）外圈内容：代表相对表层、看得见的个人特征，是易于培养和评价的部分，如知识和技能，是倾向于看得见以及表面的特性。知识和技能比较容易发展，教育训练是最佳的良方，可以发挥其成本效益，以便切实让官兵提升在这方面的能力。培训是获得这些能力的最经济有效的方式。

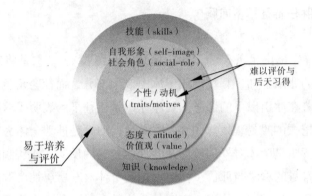

图 3-4 "洋葱模型"理论

（Boyatzis，1982）

（2）内圈内容：是难以评估和改进的部分，如动机和特质、自我概念。这些特征隐藏于人格的中心，较难以探索与发展。可以认为这些特征是与生俱来的特质，最具有选拔价值。因此通过"甄选"来选才，才合乎成本效益。

（3）中圈内容：表层与深层之间所示内容，基本来源于个人特质在后天成长中，与环境不断交融而形成的习得结果，如自我形象、社会角色、态度和价值观等。虽然这些内容属于难以评估和改进的特征，但可以通过培训、心理训练和成功励志的影响来改变。中圈与内圈所示内容的特征是决定人们行为及表现最关键的因素。

"洋葱"最外层的知识和技能，相当于"冰山"的水面上部分；"洋葱"最里层的动机和个性，相当于"冰山"水下最深的部分；"洋葱"中间的自我形象与角色等，则相当于"冰山"水下浅层部分。洋葱模型与冰山模型相比，本质一样，都强调核心胜任特征或基本胜任特征。对核心胜任特征的测评，可以预测一个人的长期绩效。

3. 金字塔模型

Manus 认为，胜任特征模型应该包括天生的能力及后天获得的能力，这种胜任特征模型基本上形成了一个金字塔（图 3-5）。

图 3-5 "金字塔模型"理论

（Manus，1993）

（二）胜任特征模型构建方法

1. 研究方法

以扎根理论为基本思想，定性与定量研究相结合。定性研究主要是采用国际公认最有效的胜任特征模型建构方法，实施 BEI（behavioral event interview）访谈、质性编码、360°评价、问卷调查和德尔菲法等获取胜任特征行为指标。定量研究方法，采用探索性因素分析和验证性因素分析方法，获取胜任特征维度并构建模型。

（1）BEI 法：又称关键事件访谈法，是通过对绩效优秀和绩效一般者的访谈，获取与高绩效相关的能力特征信息的一种方法。它是目前构建胜任特征模型采用最多且最有效的方法之一，由美国心理学家 McClelland 结合关键事件法和主题统觉测验而提出来的一种开放式、行为回顾式的探察技术。行为事件访谈法认为一个人过去的行为能预示将来的行为，通过访谈可以从中发现那些对未来工作能够真正产生高绩效的素质根源，即着重考察其过去的工作绩效，而不是依靠被访者对将来的工作所做出的承诺，可以有效地引导被访者将自己的真实想法和能力暴露在访谈内容中，访谈者则从中挖掘被访者的相关特质，特别是隐蔽在"冰山"下的潜在部分，从而得出相关胜任特征。

访谈要求被访谈者举出 2 ~ 3 个具体的行为事件例子来说明导致他们成功（或失败）的关键要素，具体包括：这个事件是怎样引起的？牵扯到哪些人？当时是怎么想的，感觉如何？在当时事件中最初想完成什么，实际做了什么？结果如何？同时，对访谈的全过程进行录音。然后，由专业人员对访谈资料进行系统分析，并根据胜任特征编码词典进行精确的编码，通过统计分析找出绩效优秀和一般组存在区别的特征要素。具体过程是首先通过与工作绩效优异者和一般者访谈，让其回忆并描述岗位中的关键事件，包括最成功的事件和最失败的事件各 3 件，并详细报告每一件情境中发生了什么。

对关键事件进行描述通常采用的方法是 STAR 法，S 代表的是 Situation，即事件发生的情境；T 代表的是 Target，即为什么要采取这样的行为，也就是出于什么样的目的；A 代表的是 Action，即采取了怎样的行为；R 代表的是 Result，即采取这种行为的结果是什么。然后对这些关键事件做定性和定量分析，最后总结出该岗位的胜任特征，以此作为人力资源管理活动的依据。行为事件访谈法是一种专业性很强的访谈分析方法，可以在有限的时间内全面、深入地了解被访谈者，挖掘大量有价值的信息，是揭示胜任特征的主要途径。McClelland 等对美国国务院外事局两组情报信息官员分别进行了行为事件访谈，发现所建立的胜任特征模型基本一致。有研究表明访谈长度不会影响胜任特征的记分。

（2）质性编码：通过 BEI 访谈所获得的录音资料获得的录音文稿，由专业人员对访谈资料进行系统分析，通过编码软件 Nvivo 2.0 编码，就是对访谈的资料对有意义的部分进行切割，提取意义所含的指标特征，即将访谈中涉及的行为描述，"翻译"为胜任特征，从而获得标准化的词条信息，这就是"编码"。编码是为了获得各种胜任特征的证据而用来分析访谈所得的描述性信息的一种记分技术。编码应根据胜任特征编码词典进行精确的编码，并通过统计分析找出绩效优秀和一般组存在区别的特征要素。

（3）问卷法：问卷法是一种以书面形式，便利、快速收集数据的方法。主要通过综合文献、结合访谈等方法，编制为胜任特征调查问卷，对足够大的样本进行调查。

通常采用结构化访谈、半结构化访谈或是开放式问卷的方式来收集胜任特征的项目，其次是对所获得的胜任特征项目进行筛选。筛选的过程可以运用问卷初测或是专家评定的方式进行。问卷的编制先是将经过行为事件访谈提取的胜任特征指标，作为问卷"指标名称"，然后赋予"指标定义""重要度等级"形成问卷。初测将保留下来的胜任特征项目编制成问卷，进行施测。最后是对问卷进行统计分析。一般对问卷数据进行探索性因素分析和验证性因素分析，从而得到胜任特征的结构模型。

采用问卷法来研究胜任特征的优点在于用团体方式进行，效率较高，客观统一，可以相对便利和快速地收集到大量数据，也有助于同时开发胜任特征水平的测量工具；结果统计高度数量化，规范化；经济便捷训练施测人员；由于使用匿名调查问卷，使得答卷人更加开放、真实地反映自己的各种观点和态度。然而，使用这一方法研究胜任特征同样存在着不足，比如由于事先没有区分绩优组和普通组，较难保证所提取的胜任特征要素（指标）都是与高绩效相关；多数问卷要求从固定框架结构方式回答问题，使人感觉不能充分表明自己的态度，有时还会由于许多项目没有回答而使问卷失效。此外，问卷的回收率低、漏失数据、答问卷时随机反应都是问卷法在胜任特征研究中存在的问题。

（4）情境测验法：是通过设置一个实际工作（生活）的问题情境，并提供几个解决这一情境条件下具体问题可能产生的行为反应，令被试者针对这些行为反应进行判断、评价与选择，选出其中最有效（最无效）或被试者最愿采取（最不愿采取）的行为反应，或对每一行为反应在有效、无效，最愿意、最不愿意等级量表上评定等级，然后根据被试者的判断、评价与选择予以评分，并推论其实有的解决工作（生活）问题实践能力水平的测验。

胜任特征与工作职位是紧密相连的，其评价和测量离不开实际的工作情境，因此情境测验就成为胜任特征评价的一种重要的研究方法。由于情境测验不能单靠纯抽象逻辑推理，所测的东西是实践性智力或智慧，而这恰好符合胜任特征的内涵。从情境提供方式来看，情境测验一般可以分为文字描述、录音口语描述与影视短片展现三种。而现阶段对胜任特征的研究主要采用文字描述式的情境测验。

（5）团体焦点访谈：也叫专家小组访谈，是由该研究领域权威专家组成的小组通过对每个胜任特征项目作详细分析和比较，然后再由专家们经过几轮删除或合并获得胜任特征指标的方法。

收集相关胜任特征条目是团体焦点访谈的首要步骤，可以采用收集大量研究文献对涉及的条目进行详细的分析、归纳、合并来获得胜任特征条目，也可以通过开放式问卷来进行收集。其次，要注意选择合适的专家来进行评定，参与访谈的专家的成员组成通常包括高层管理者、人力资源岗位优异者、胜任特征分析专家、直接上级、同事、下级、其他等。

团体焦点访谈是胜任特征模型构建不可缺少的环节，其优点是可以检验问卷调查、行为事件访谈所得信息的真实性，并结合部门的发展战略目标、核心竞争力、独特要求、未来需要和组织文化特征，对于前述环节获得的胜任特征的共性要求（问卷法调查结果和行为事件访谈结果）进行最后裁定和补充，使形成的职位胜任特征模型具有战略性、未来性、独特性和文化性的特点。该方法同样也存在着不足之处，一方面，在专家的选择上，怎样才能保证专家的权威性和专家小组组成的合理性是在实际研究中需要解决的问题；另一方面，由专家们来对胜任特征项目进行筛选必然带有一定的主观倾向性。这也是采用专家小组评定法来研究胜任特征需要注意的问题。

（6）德尔菲法：也称专家意见法或专家征询法。用适当方式征询专家小组成员的预测意见，最后做出符合实际情况的结论意见。这种方法要求专家小组成员之间不得相互讨论，发生横向联系，只能对调查人员表达自己的意见。

（7）其他方法：如心理测验、评价中心技术方法等。心理测验法按其内容可分为智力测验，人格测验、成绩测验、能力测验以及动机测验等种类。然而根据McClelland的观点，胜任特征最核心的内容就是动机，所以对动机的测验是胜任特征模型建立的关键。由于动机的内隐性，对其测验一般采用投射技术。评价中心技术方法，包括无领导小组讨论、文件筐测验、角色扮演和管理游戏等具体方法。

2. 研究步骤

胜任特征模型构建步骤按照文献调研、获取指标、浓炼指标、构建模型和模型应用等阶段实施，如图 3-6 所示。

四、胜任特征调查问卷样例介绍

指导语：您好！您的参与极其重要，请您为本次调查提供真实、准确、详细的信息。本问卷调查所得任何信息将仅用于研究。请结合自己工作岗位和自己的情况，按照定义的描述和程度等级，选出自己担任的岗位所应该具有的各项指标的程度。

对各项特征指标进行 5 级评分，1= 不重要，2= 有点重要，3= 重要，4= 非常重要，5= 极其重要。填答时没有时间限制，认真回答并将答案填写在答题卡上（表 3-7）。

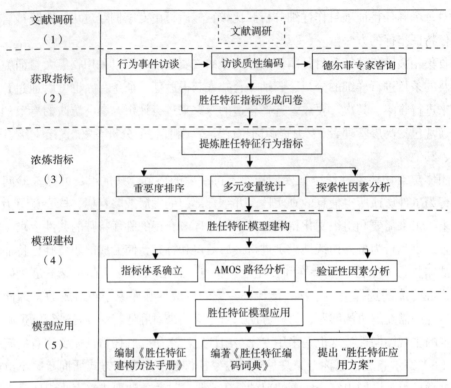

图 3-6　胜任特征模型构建步骤

表 3-7　胜任特征调查问卷样例

1. 团队领导	凝聚和激励所带的团队实现已经制订的共同目标的能力；或制订发展目标并能授权其他人员权力的能力；或能使所属单位战友之间进行良好的沟通，彼此建立和增强信任的能力
	不重要　　　　有点重要　　　　重要　　　　非常重要　　　　极其重要 1----------2----------3----------4----------5
2. 协调能力	具有较强的交往能力，能与上级处理好正常的工作关系，与下属比较融洽，营造良好的内外工作关系的能力
	不重要　　　　有点重要　　　　重要　　　　非常重要　　　　极其重要 1----------2----------3----------4----------5
3. 有效沟通	能及时向上级、同级和下级人员表达自己的观点和想法，能倾听他人意见并做出恰当的反应，听取他人的观点并及时提供反馈
	不重要　　　　有点重要　　　　重要　　　　非常重要　　　　极其重要 1----------2----------3----------4----------5
4. 压力应对	遇到与自己意愿不同、遭受阻力或压力时，能保持冷静并抑制负面情绪、行动，即使在较强的刺激环境中，或受到有意挑战时，也能保持冷静

续表

	不重要　　　　有点重要　　　　重要　　　　非常重要　　　　极其重要 1----------2----------3----------4----------5				
5. 学习能力	能认识到学习对做好本职工作的重要性，利用各种学习机会、资源，持续地提升 自我。善于向他人学习或总结经验				
	不重要　　　　有点重要　　　　重要　　　　非常重要　　　　极其重要 1----------2----------3----------4----------5				
6. 信念	对赋予的组织任务、职业要求等有深刻的理解和认识，对组织、单位、集体的各 项标准有信仰和追求				
	不重要　　　　有点重要　　　　重要　　　　非常重要　　　　极其重要 1----------2----------3----------4----------5				

五、研究军事飞行职业胜任特征的意义

研究飞行员潜在的优秀绩效特质，建构新机种飞行员胜任特征指标体系结构及胜任特征模型，对建设一支高绩效飞行队伍，保证飞行安全和飞行作战能力的提升具有极其重要的意义。

McClelland（1973）指出：人的选拔测评其核心就是"胜任特征"。Spencer 所建立的胜任特征"冰山模型"直观而明确地显示了两部分结构特征。"水上冰山部分"代表了知识和技能，即基准胜任特征，是对胜任者基本要求，它无法区别优秀绩效人员和一般人员，属于准入门槛的选拔指标。"水下冰山部分"包括了社会角色、自我概念、个性和动机等深层次特征，是优秀绩效者与一般人拥有的差异特征，通过训练与培养可以逐步固化提升，称之为鉴别胜任特征。

（一）明确心理选拔与训练的指标要求

1. 心理选拔

军事飞行员是空军战斗力的主体，随着军事航空飞行器趋于高技术与信息化发展，对飞行员能力的需求已经从选拔人的操作能力，跨越转变为选拔人的操控能力，即是从选拔飞行"驾驶员"，走向选拔飞行"驾驭员"；从选拔"基本认知能力"特征为主的体系，走向选拔"职业胜任特征"的体系。这两者的区别就在于，除了"水上冰山部分"所涉及的知识与技能要求之外，还需要"水下冰山部分"赋予的深层次的特征，才能实现在源头上选拔出具有职业胜任特征的飞行操控员。

2. 心理训练

美国心理学家说："成功飞行员是精力旺盛、无忧无虑的智慧性人才，他们常常把低空扫射看成是一场游戏。"由此可见，这是一种智慧型飞行员在与航空环境交融达到极致的状态。达到这一状态的过程，就是一个培养与训练的过程。

优秀飞行员的成长，涵盖飞行技术与深层次的心理特征的双重进步与融合。胜任

特征模型的意义就在于它明确了"易于培养与评价"和"难以评价与后天习得"指标，这对于规划设计提升与固化飞行心理能力的技术方法，提供了明确指向。深挖影响与飞行器融合达到极致，并相适宜的各种心理训练技术方法，以此构建激发潜能、培养智慧型人才的心理训练模式，既是飞行员培养的有效技术途径，又能够实现事半功倍之效。

（二）确保素质结构培养科学依据充分

对军事航空职业飞行员胜任特征的研究，是细化素质结构培养飞行员职业能力能够达到极致状态的一项主要责任。优秀绩效人员所拥有的 KSAOs 能力特征，无论是 Spencer 建立的冰山模型，还是 Boyatsiz（1982）建立的洋葱模型，所展示的都是一个直观的能力架构，十分明确地指出了胜任特征具有能够直接观察到和不能直接观察到的指标特色。Boyatsiz 建立的洋葱模型显示了由内到外胜任特征的各个构成要素，回答了哪些是易于培训与评价的指标，哪些是难以评价与后天习得的指标。由此借鉴展开研究明确这些问题，才能准确把握飞行员培养的重点内容。

第三节　作战飞行员胜任特征

恩格斯说："赢得战斗胜利的是人而不是枪。"（《马克思恩格斯军事文集》第 2 卷，229 页），毛泽东提出："武器是战争的重要因素，但不是决定的因素，决定的因素是人而不是物。"（《毛泽东选集》第 2 卷，第 469 页）。纵观中国革命的历史，我军始终攻无不克、战无不胜、所向披靡，重要的因素就是一种压倒一切敌人的英雄气概，也就是战无不胜的战斗精神。面对现代信息技术的迅猛发展，信息技术在改变着战争状态的情形，人在战争力量中的主体作用依旧不能改变，所不同的是对作战人员品质要求更高。

一、作战飞行员胜任特征指标结构

作战飞行员胜任特征是作战取胜的基本要素，选拔与培养军事飞行员主要目的就是作战能力选拔与培养。各国对军事飞行员的选拔与培养十分重视，尤其以 KSAOs 作为评价指标以及越来越得到各国广泛应用。

（一）战斗机优秀飞行员胜任特征

Youngling 等（1977）关注了识别哪些飞行学员可以成为优秀的战斗机飞行员，他采用访谈、问卷调查、文献综述和对成功案例分析等多种方法相结合的手段，来识别所需的 KSAOs，而不是让受访者仅仅对 KSAOs 进行评分或排序。他对文献综述的文献选择和分析尤其全面，包括了许多国外的资料。在通过访谈和问卷的方式识别 KSAOs 的过程中，分几个阶段进行，将前期访谈的结果用于后续问卷项目的开发。

因此说，在 KSAOs 的整个识别中，是严谨而有效的。最终结果获取了一份列有 51 项"特征和关键技能"的清单，这些被认为是一名有效的战斗机飞行员所必需的特征。这其中有 17 个属性属于医疗因素或其他。Youngling（1977）等依据 KSAOs 所报告的战斗机飞行员成功必需的 29 项心理品质如表 3-8 所示。

表 3-8　战斗机飞行员成功必需的心理品质（Youngling 等，1977）

个性和其他品质	能力品质
冒险	运动协调
压力下的效能	空间定向
情绪调节	空间知觉
承受心理压力	知觉速度
焦虑耐量	数值能力
进取性	口语能力
信心	机械能力
为他人着想	选择性注意
真我个性	决策时间
勇气	警觉性
战斗中对士兵的责任	
魄力与打仗型领导	
团队协作	
乐群性	
团队忠诚	
决心 / 愿望	
自律	
满足感	
航空信息	

由此表所见，个性和其他品质因素占有 19 项，能力品质占有 10 项，合计 29 项。个性和其他品质是战斗机成功飞行员的主要特征。

（二）北约战斗机成功飞行员的特征

Cartta 等（1993）在另一项研究中，记录了北约工作小组的一项努力，以确定作为一名战斗机飞行员取得成功的关键能力和特点。研究取自 43 名美国的战斗机飞行员和加拿大、挪威飞行员，要求对高性能战斗机特有的 12 项主要任务的 20 种能力和 7 种特质的重要性进行打分。这些特征被认为是成功执行任务的关键，每项能力和特质都按 5 分等级制进行评分，数字越大，重要性越高。虽然作者从未具体引用过这些能力和特征的来源，但 20 种能力中有 17 种与 Fleishman 和 Reilly（2001）的能力相匹配。另外 3 种能力是态势感知、时间分配和多任务处理能力，即注意分配力，与 Fleishman 和 Reilly（2001）的时间分配相匹配。20 种能力有 19 种可以识别，如表 3-9 所示。

表 3-9　美国空军战斗机飞行员与主要任务相关能力的平均排名与评级（Csrretta，1993）

能力	平均排名顺序	平均等级
态势感知	2	4.44
时间分配	3	4.43
记忆	4	4.42
知觉速度	6	4.37
选择性注意	7	4.29
分配性注意	9	4.19
空间定向	10	4.14
反应定向	11	4.13
闭合灵活性	12	4.12
信息排序	13	4.04
心理运动能力	14	3.95
控制精度	18	3.59
口语理解	20	3.37
口语表达	21	3.35
可视化	22	3.21
书面理解	23	3.00
数学运算	24	2.70
速率控制	26	1.54
书面表达	27	1.23

（三）美军战斗机飞行员 KSAOs 指标

Agee 等（2009）关注修订空军军官资格测试（AFOQT）工作，研究评估飞行员的胜任特征的准确性，使其能够达到准确评估 KSAOs 指标，实现对空军飞行员"完全合格"的评价。Agee 等通过互联网分发给现役空军飞行员问卷，研究合格飞行员的特征问题。共收到了 1 092 份有效问卷，获得的 15 种认知能力、6 种个性特质、6 种"其他"、6 种心理运动能力、4 种知识和 15 种人际属性特征与合格飞行员有关。

1. 飞行员具备的 15 种基本认知能力

Agee 等（2009）的研究获得成功飞行员具备的 15 种认知能力，具体指标及飞行资格测验的平均分数如表 3-10 所示。

表 3-10　美国空军飞行员认知能力与飞行员资格测验平均分数（Agee 等，2009）

能力	平均等级
态势感知	4.88
空间定向	4.83
任务管理	4.74
记忆	4.71
听力理解	4.69
数学计算	4.38
警觉性	4.37
阅读理解	4.24
口语表达	4.12
可视化	4.11
演绎推理	3.90
归纳推理	3.86
模式识别	3.62
数学推理	3.56
书面表达	3.32

　　比较 Cartta 等（1993）和 Agee 等（2009）不同年代所报告结果，以等级 4 划线的话，相同认知能力类别有：态势感知，空间定向，记忆，任务管理与时间分配、选择性注意、分散注意、反应取向，感知速度与感知警觉。不相同的认知能力，分别是闭合灵活性、信息排序，以及听力理解、数学计算和阅读理解、口语表达。从概念上讲，基本认知能力，是指人类获取、存储、加工和利用信息的能力，亦称智力因素。智力因素，即指知觉、记忆、注意、思维和想象等一般智力，是人们在对事物的认识中表现出的心理特性，是人的认识活动的操作系统（车文博，2001）。

　　2. 飞行员具备的 7 种非智力因素特质

　　非智力因素是指智力以外的一切心理因素，它对人的认识过程起直接制约的作用，主要包括兴趣、情感、意志、性格、道德、思想和态度等方面的心理活动，是人的认识系统的动力系统。基于胜任特征 KSAOs 指标类别中，除了能力、技能之外，知识、特质、风格、动机等均称之为非智力因素。

　　Cartta 等（1993）的研究获得的 7 种特质是，进取性（攻击性）、冒险性、自信、情绪稳定、合作精神、领导能力和成就动机。结果如表 3-11 所示，成就动机成为排名第一的重要特质，其次是进取性（攻击性）。各项目获取的 5 分制等级按照四舍五入选取，除了领导力之外，其他 6 项均获得 4 等级评分。不过遗憾的是，在总计 27 种项目中，自信竟然排名 25。这一通常我们认为十分重要的指标排在末端，或许在美军战斗机飞行员对任务的理解，其他指标更为优先。

表 3-11　美国空军战斗机飞行员非认知特征与主要任务相关性的特征平均排名和评分

特质	平均等级排名顺序	平均分数
成就动力	1	4.51
进取性	8	4.20
协同性	15	3.94
情绪稳定	16	3.92
冒险	17	3.89
自信	19	3.58
领导力	25	2.52

3. "其他"等特质

包括"其他""心理运动""知识""社会属性"4 个方面。各类别获取的 5 等级评分，结果见表 3-12。

表 3-12　美国空军飞行员非智力因素特征与飞行员资格测验平均分数（Agee 等，2009）

其他		心理运动		知识		社会属性	
类别	平均等级	类别	平均等级	类别	平均等级	类别	平均等级
适应性	4.78	速率控制	4.45	航空知识	4.75	诚信正直	4.51
优先次序	4.46	选择反应时	4.33	机电科学	3.26	担当责任	4.47
预见性	4.36	手眼协调	4.31	技术素养	3.23	弹性	4.46
批判性思维	4.14	手指灵活	4.22	地球、气候科学	3.13	响应性	4.44
规划	4.00	多肢体协调	3.86			自律	4.35
透视	3.91	手臂稳定性	3.51			果断	4.34
谋略	3.78					自我评估	4.24
						教学	4.13
						协同	4.01
						在不舒服情况下工作	3.80
						忘我无私	3.75
						说服 / 影响	3.47

续表

其他	心理运动	知识	社会属性	
			在独立设置环境下工作	3.43
			中介	3.27
			同理心	2.95

以上 Agee 等研究中所述的"其他"特征，与 Spencers（1993）胜任特征 KSAOs 指标框架有所区别。在 KSAOs 模型框架中，这些潜在深层次的特征中的"其他"，指的是动机、特质、自我形象、态度或价值观、社会角色。Agee 等研究类别的来源主要依据是"美国空军军官资格测试"（AFOQT），两者有各自不同的特征。同样，把所有非智力因素指标类别四舍五入提取 4 等级以上的特征，结果显示，"其他"有 7 项指标，"心理运动"有 6 项指标，"知识"只有 1 项指标，"社会属性特质"有 11 项指标。

二、我军新机种飞行员胜任特征指标研究

宋华淼等（2012，2016）认为飞行职业胜任特征指标体系是飞行人员职业素质指标体系的组成部分，是飞行员绩效优异与绩效一般的关键核心区别要素。采用经空军组织的专家组集体讨论形成专家共识的"中国飞行员职业特征调查问卷"，对 150 名新机种飞行员进行问卷调查，并采用行为事件访谈、综合座谈及高端访谈等综合方法予以研究。

（一）新机种飞行职业对人的需求特征

依据 AF-KSAOs 问卷对新机种飞行职业进行工作分析，获得具有军事职业特征需求指标。按照 5 等级重要度排序，在"知识""能力""技能""工作活动""工作风格""价值观"等方面获得重要度最高的前 5 项指标，如表 3-13 所示，显示了新机种飞行职业对飞行员的需求特征。

表 3-13 前 5 位飞行职业需求的重要 KSAOs 特征指标

排序	知识	能力	技能	工作活动	工作风格	价值观
1	错觉	处置错觉	判断与决策	观察仪表状态	忠诚	荣誉
2	抗荷动作	空间定向	逻辑思维	决策与解决问题	尊重他人	责任
3	安全	快速反应	主动学习	团队协作	正直诚信	道德
4	计算机	记忆力	交流与沟通	交流与合作	自信	成就
5	心理学	抗载荷	发现并处理故障	收集与利用信息	勇敢	事业心

在"知识"一项需求中，显示了伴随航空器的发展带来的知识需求结构的变化。

计算机和心理学知识进入前 5 项重要需求内容，凸显了新机种对驾驶员的基本需求。对"能力"的需求，更加清晰表明这 5 种能力正是新机种飞行员的主要能力要素。在"技能"需求方面，凸显了新机种与新型作战训练模式特点，比如航空器数字屏显、自由空战训练模式的应用等，使得判断与决策、逻辑思维、主动学习、交流与沟通和发现并处理故障成为主要技能要求，彻底改变了以往飞行员固化思维模式，期待地面指挥的需求特点。在"工作活动"方面，团队协作、交流与合作的人际环境需求成为亮点，显示了新机种操作活动、训练模式的新特点。此外，新机种飞行员的个人品质以忠诚、尊重他人、正直诚信和勇敢获得了重要认同，以荣誉、责任、道德、成就、事业心成为主流价值观体系。

（二）军事飞行员职业胜任特征指标架构

军事飞行职业胜任特征指标体系由三个维度，11 个指标构成，是飞行员绩效优异与绩效一般的关键核心区别要素。三个维度分别是心理动力、个性特质和心理能力，11 项指标分属三个维度，体系构架如图 3-7 所示。

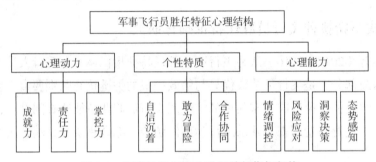

图 3-7　军事飞行员职业胜任特征指标架构

1. 心理动力

心理动力对成功具有驱动作用。作为牵引行动的一贯思考并以获得成效为目的，是一种内在对目标实现的驱动力。它隐含于思想和意识之中，既是一种激发个体获得成功的相对稳定或持久的特质，更是一种支配行为的驱动力量，也是一个人最大价值取向。

心理动力由"成就力""责任力""掌控力"三个要素指标构成。使其构成了一个导向动力系统。"成就力"是一种惯性行为模式。总是能为自己设立有挑战性的目标，并为达到目标而不懈努力。属于追求卓越、希望杰出或超出优秀，实现目标的能力。"责任力"是一种担当的行为。反映了对工作有明确目标、全身进取、尽职尽责、舍得自我牺牲，勇于承担重任，并对结果负责的一种自我价值取向的能力。"掌控力"是一种行为意识。反映了具有获得组织信任和他人尊重的愿望，一种基于战略思考与宏观意识的组织协调、给予他人力量，问题解决导向的主动行为能力。

优秀绩效飞行员应具备较强的心理动力，有明确的目标导向和充沛的原始动能。

对追求的目标坚定、永恒，即使遇到来自外部"环境"的障碍，也能一如既往，从而获得成功，心理动力应成为选拔与培养飞行员的重要指标。

2. 个性特质

个性特质与职业特征匹配具有增效作用。作为个体的一贯行为模式，在各种情境下所表现本质、稳定、独特、一致性的基本行为特征。个性特质属于与生俱来的先天特质，在与所从事的职业环境相互碰撞，逐渐固化而形成的一种稳定心理行为特征。

新机种飞行员胜任特征所属个性特质，由"自信沉着""敢为冒险""合作协同"组成。"自信沉着"指对自己的一种积极评价，对自己的观点、决定和完成任务的能力、以及有效解决问题能力的自我肯定。即使在挫折、危机与险情状态下，也能够坚信自己能够通过一定的策略和机制有效应对。"敢为冒险"指具有冒险精神，少有顾忌，不掩饰，不畏缩，能经历艰辛而保持刚毅的毅力，甚至在危及生命时，也毫不犹豫。"合作协同"指在目标实施过程中，通过沟通促成相互配合，达到战斗单元成员之间的协调与合作，共同完成任务。

在人力资源管理中，特别强调"人－岗"匹配，力图使个人的特质与从事的职业相吻合，激发最大效能，个性特质是心理选拔的重要指标。

3. 心理能力

心理能力是职业能力水平的重要保障。它通过专业技术培训，逐渐获得专业技能和专业气质，从而形成固化的职业特质心理能力，是飞行心理品质的直接体现。广义上心理能力含两部分，一是基本认知能力部分，二是专业融合后形成的飞行心理能力部分。前者通过选拔获取，后者通过培养获取。

飞行心理能力由"情绪调控力""风险应对力""洞察决策力""态势感知力"4项指标构成。"情绪调控力"，指在情绪受到无端干扰情况下，能保持冷静并抑制负面情绪与行动，合理调整情绪状态，采取积极有效行动的能力。"风险应对力"指在遇到逆境或应激突发危险事件时，能够临危不惧、不放弃，积极努力争取成功所体现的适应、容忍、耐力、勇气的能力特质。"洞察决策力"是一种特殊的思维能力。在没有手段直接观察到事物内部时，透过事物表面现象，准确地认识到事物的本质，并能够拿定主意、明确方向，做出决断的综合能力。"态势感知力"指对飞行状态下能够精准控制输入量，精确操控飞行姿态，自身融合与飞机状态，以确保连续机动能量、在高机动环境条件下能够快速、准确判读处理数字信息和多源信息的能力。

飞行心理能力，是新机种的性能对操控飞行员所赋予的能力要求。这4种能力充分反映了新机种优秀绩效飞行员所需的心理能力结构，是衡量绩效优秀飞行员的行为特征的客观依据。

（三）军事飞行员胜任特征模型构建

以因素分析获得的指标结构，构建了军事飞行员胜任特征模型，采用同心圆模式予以设计。更加直观、容易解释理解。如图 3-8 所示。

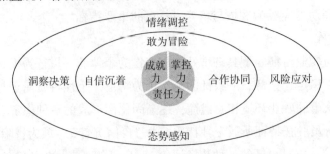

图 3-8　军事飞行员胜任特征同心圆模型

同心圆模型从圆心到外围，显示了胜任特征由深及表的特征。最内核为心理动力，是绩效之动力之源，最难评价但最为重要，埋于最深处，需要挖掘、耕种，才能客观评估；中圈为个性特质，与先天素质有关，是选拔重要指标，非后天能够训练获得；外圈为心理能力，是与新机种相匹配的能力特征，属于经过心理训练不断提升的素质能力。构建的同心圆模型与 Boyatsiz（1982）建立的洋葱模型所不同之处在于，洋葱模型呈现的是剥离特征，一层一层剥离才能发现次层的结构特征，同心圆模型以平面结构呈现，层次之间独立存在，各司其职，各为所用，更便于深化理解胜任特征的实质，便于展望未来对胜任特征指标的应用。

（四）军事飞行人员胜任特征编码词典编制

飞行员作战心理品质联合研究基地（2019）在开展作战飞行员胜任特征模型的过程中，编制完成了《军事飞行员胜任特征编码词典》，为胜任特征模型建构提供了依据。同时为今后进一步拓展研究工作提供了理论支撑。这项工作的顺利完成得益于空军某训练基地与空军特色医学中心联合组建的具有特殊意义的研究基地的建立。基于对抗作战任务条件下，专业研究机构的前移，联合组成作战心理品质研究团队，研究飞行员实战化训练中作战心理结构特征，能打仗与打胜仗的战斗精神心理品格要素，构建作战飞行员胜任特征模型，开发基于战斗精神心理品质评估工具，为建立作战优质飞行员胜任特征评价系统，完善我军飞行员培养体系提供科学依据。《军事飞行员胜任特征编码词典》见附录 5。

三、作战飞行员所需 KSAOs 指标特征

（一）实战化作战飞行员胜任特征指标

宋华淼等（2018）在对实战化演练期间针对作战军事飞行员的研究结果显示，基于 KSAOs 的胜任特征中，智力因素包括 9 项、技能 3 项、非智力因素包括了 15 项。与外军研究结果极为相似，如表 3-14 所示。

调查指标来源于对参加实战化演练的飞行员采用"新机种飞行职业 ONT 问卷"

调查，还通过对参训飞行员以"行为访谈"方式采集他们过去飞行活动的成功事件的详细内容，组织专门人员编码分析，提炼"performance"指标，最后形成上述28个指标，其中认知能力因素占10项指标，因素分析表明由"态势感知""心理调控""运动控制"三个维度构成。

表3-14 中国空军作战军事飞行员 KSAOs 的胜任特征

序号	知识	能力	技能	其他
1	战法训练知识	处置错觉	团结协作	忠诚
2		抗载荷	主动学习	事业心
3		飞行应激适应	判断与决策	自律
4		快速反应		正直
5		思维敏捷		团队协作
6		记忆力		自信
7		控制的精确性		毅力
8		清晰表达		主动性
9		动作协调性		自我控制
10				适应性 / 灵活性
11				顽强
12				可靠性
13				责任性
14				勇敢
15				关注细节

（二）作战飞行员非智力因素结构分析

宋华淼等（2018）对我国空军作战飞行员胜任特征指标研究统计，结果显示非智力因素15项，经过因素分析统计分析，按照特征根大于1，提取了两个因子，其载荷情况如表3-15所示。

以上结果，为评估作战飞行员心理品质特征提供理论基础和指标评价依据。同时，也为招收飞行学员非智力因素的心理选拔提出了具体的指标类别。

非智力因素涉及15项指标，经过因素分析提取的两个因子，可以命名为"心理动力"和"个性特质"。在突出以作战为背景的调查中，非智力因素多达15项，是引起研究者高度重视的明确导向。这与以往重视智力领域的认知能力研究和应用形成差异。在既往的招飞心理选拔中，对非智力因素的考核几乎很少顾及，一些学者认为非智力因素的难以评价，可以忽略，比如认为动机是在环境变化之后，也随之会发生变化，所以在招飞中难以应用。这种"推动人从事一定活动朝向某一目标进行的内在历程的心理动因"的动机说，应该理解为是以需求活动为基础，为满足需求的"驱力""动力"。成就动机，就是一种推动个体努力获取成就的需要。一些所谓飞行动机会发生变化，应该理解为是飞行兴趣的变化。招飞中飞行动机的测试，改为成就动机的测试，对选拔作战飞行员尤为重要。

表 3-15　飞行员 15 项非智力因素指标进行因子分析旋转后因子载荷

指标类别	因子 1	指标类别	因子 2
关注细节	0.818	毅力	0.805
可靠性	0.816	主动性	0.800
事业心	0.796	顽强	0.794
正直诚信	0.793	勇敢	0.755
适应性/灵活性	0.791	团队协作	0.749
自我控制	0.752	责任性	0.696
自律	0.740	自信	0.508
忠诚	0.733		

四、飞行职业胜任特征模型应用展望

作战飞行员心理品质是作战取胜的重要基础，各国军事领域对战斗机或作战飞行员胜任特征都有广泛的研究。认知能力类别及指标从第一次世界大战开始，就针对胜任飞行提出了心理选拔的指标系统，到第二次世界大战伴随飞行武器装备的改进，对飞行员能力特征需求的变化不断推进了飞行员心理选拔理论与技术的发展。

综合历史文献来看，在战斗机飞行员能力特征研究中，这样一个基本共识越来越清晰。作战飞行员的能力结构特征，分为两个大的部分，即认知能力和非认知能力，两者构成了战斗作战能力群，即人的因素。正如毛泽东指出的"决定战争胜负的因素，是人而不是物"。认知能力与技能、知识同属于智力因素的范畴，非认知能力部分均属于非智力因素范畴。越来越多的研究证明，非智力因素在作战心理品质中是不可缺失的重要方面。在作战飞行员心理品质评估中，非智力因素评估是一个重要的内容，在飞行员心理选拔中任何忽略非智力因素的心理指标类别选拔，均可能存在重要的缺失。作战飞行员胜任特征的评估，关键是识别基于作战为目标的飞行员 KSAOs 指标结构。

（一）文献回顾及启示

Youngling 等（1977）依据访谈、问卷调查、文献综述和对成功案例分析等多种方法相结合的手段，识别所需的 KSAOs。他提出战斗机成功飞行员的主要可识别的10 项能力特征和 19 项个性或其他特征，合计 29 项。前五项能力特征：运动协调、

空间定向、空间知觉、感知速度、数字能力。前五项个性或其他品质特征：承担风险、压力下工作效能、情绪控制、承受心理应激能力、焦虑忍耐力。

Cartta 等（1993）报告的战斗机飞行员取得成功的关键能力和特点，在评分 4 等级以上的有 12 项认知能力，排名前五位的是态势感知、时间分配、记忆、感知速度、选择性注意。有 6 项非认知能力，排名前五位的是：成就动机、攻击性、合作性、情绪稳定、冒险敢为。

Agee 等（1991）依据美国"空军军官资格测试"识别的 KSAOs 类别指标，评分等级在 4 以上的类别指标合计 40 项，其中认知能力有 14 项，非认知能力 26 项。认知能力的前五项是：态势感知、空间定向、任务管理、记忆和听力理解。非认知能力包括有四个类别，各类别分别是："其他"有 7 项指标，排名前五位的是适应性、轻重缓急、远见、批判性思维和规划。"心理运动"有 6 项指标，排名前五位的是速率控制、选择反应时、手眼协调、手指灵活、多肢体协调。"知识"类别中只有"航空知识"1 项在 4 等级以上。"社会属性特质"中有 11 项指标，排名前五位的是：诚实、责任、弹性、响应和自律。

宋华森等（2012）对新机种飞行员胜任特征研究，奠定了类别指标分类的基础，这项工作依旧任重道远。2018 年在研究作战飞行员心理品质特征时，结果显示认知能力的前五位分别是处置错觉、抗载荷、应激适应、快速反应和思维敏捷。非认知能力中前五位分别是：忠诚、责任、自律、诚信和协作。

需要指出的是，能力特征的分类依据不同学者在研究中有所差异，由于定义问题和分类在识别 KSAOs 方面的不同用途，尚缺乏对特定属性重要性的研究有一致性的结论。因此，必须加速对军事作战飞行胜任特征指标类别与定义的研究，并做出一致性的专家共识，才能更加准确识别作战飞行员 KSAOs。

（二）飞行职业胜任特征指标体系与模型应用展望

新机种飞行职业胜任特征模型的研究，以及指标体系的建立，无疑对未来新机种飞行员的心理选拔、心理训练，以及能力培养提供了明确的方向。宋华森等（2016）对新机种飞行职业胜任特征模型的研究系统获取了 AF-KSAOs 各项重要需求指标，建构了飞行员胜任特征模型及指标体系，为科学选拔、培养优秀飞行员提供了标准依据。

1. 基于 KSAOs 指标体系的职业评价标准

KASO 是胜任特征所涵盖的知识、技能、能力和其他个性特征的缩写，构成了职业需求和胜任特征结构的基本元素。针对新机种飞行群体，借助工作分析法，系统梳理的 KSAOs 指标体系，是未来制订新机种飞行员心理选拔、心理训练，以及飞行员人才培养战略规划的重要依据。

国内以往相关能力特征研究，更多强调基于认知心理学观点的飞行能力及其意义，对非智力因素的研究甚少。通过 AF-KSAOs 获得的飞行职业素质结构，涵盖了"知识""技能""工作活动""工作风格""价值观"内容，凸显了对飞行职业整体素质要求。以此建立基于新机种 KSAOs 指标体系的选拔标准和技术方法，是实现新机种"人－岗"匹配、飞行队伍新质战斗力提升强力的重要基础。

2. 基于胜任特征指标结构的效能衡量标准

胜任特征是飞行效能衡量指标，按照研究获得的新机种飞行员三个维度 11 项指标体系，形成了优秀绩效飞行员的衡量指标，清晰而明确的飞行员素质结构的指标体系，奠定了选拔培养优秀绩效飞行员的重要指标依据。

（1）心理能力是与职业匹配的关键能力：优秀效能飞行员心理能力的形成与固化，是不断与航空飞行环境交互作用实现的。它是确保稳定发挥技术能力水平的心理保证，也是飞行心理品质的直接体现，是操控飞行技术的关键能力。新机种所需的 4 项飞行心理能力，与以往对飞行能力的要求的差异，突出表现了满足驾驭新机种的需求和对新训练模式的相容。

（2）个性特质是职业发展的重要基础：飞行职业对个性的需求与新机种相匹配，是个体的一贯行为模式，在各种情境下所表现出的本质、稳定、独特、一致性的行为特征。属于与生俱来的先天特质，在与所从事的职业环境相互碰撞，历经职业锤炼与捶打而逐渐固化的一种稳定心理行为特征。在人力资源管理中，特别强调"人－岗"匹配，力图使个人的特质与从事的职业相吻合，激发最大效能，对事业发展具有推进作用。

（3）心理动力是职业成功的核心动力：心理动力指引行动思考、以获得成功为目标的驱动力，隐含于思想和意识之中，是一种相对稳定或持久的特质，更是一种支配行为的驱动力量，同时也是一个人最大价值取向。心理动力更是优秀绩效飞行员的驱动力量，表现为所追求的目标坚定、永恒。在飞行员选拔与培养中，加重"心理动力"的培养，使其应成为职业生涯培养的重要内容，对飞行员心理素质的评价与考核、培养与塑造才能更趋于完整。

3. 基于胜任特征模型的心理选拔、训练应用展望

从第一次世界大战后，Damos 发现飞行体格检查并不是万能的飞行员选拔方法，突出了需要修改飞行员选拔系统（2007）。1917 年所建立的陆军航空勤务队医学检查的非医学要素中，包括了责任感、工作经验的内容。从第一次世界大战后到现在一百年来在飞行员选拔方面的发展，仍然认定认知能力、航空工作知识和心理运动能力三项指标经得起时间的考验。但是，预测飞行员绩效的最好办法是了解他们的训练经历。目前美军的每一个军兵种都有其独特的飞行员选拔系统，用来预测预期特定任务的相关实际绩效。例如，陆军飞行能力倾向选拔测验（Army Flight Selection Test, FAST），海军航空选拔系列测验（Naval Aviation Selection Test Battery, ASTB），空军飞行员候选人选拔方法（Air force Pilot Candidate Selection Method, PCSM）等内容

中都显示了KSAOs指标特征。

（1）新机种飞行员心理选拔体系的建立：基准性胜任特征是选拔进入飞行职业人员的最低门槛特征要求，KSAOs重要指标体系实质就是飞行员选拔要素。鉴别性胜任特征，则是优秀绩效人员所具有的特征指标，包括非智力因素的特征，属于高绩效者在职位上获得成功所必须具备的条件。前者关注的是合格绩效，后者关注的是卓越绩效。

心理选拔的关键是指标的确立，通过剖析飞行职业对人的需求要素，判别和明确飞行员所需的知识、技能、能力和个性特质，以此建立"中国空军飞行员基本特质数据库"，形成适用于心理选拔指标的基准性胜任特征，可以作为飞行职业或新机种准入的筛选心理指标。同时，静态与动态相结合的心理选拔方法已经成为未来飞行员心理选拔的基本趋势，依照基准性胜任特征而设计的静、动态心理考评手段，有望作为选拔方法的核心要素，真正选拔出具有飞行职业所需的核心动机和特质的人员。

（2）心理评估与鉴定体系的规划：对于飞行职业生涯实施常规与应急心理评估还不够完善。通过胜任特征维度指标与职业适应性、心理健康水平，以及应急心理储备能力之间的关系，分别建立飞行职业适应性评估标准、心理健康水平评估标准和应急心理评估标准，进而研发具体的实操评估方法，是建构飞行员心理评估和鉴定体系的新发展。飞行职业适应性、飞行员心理健康水平，以及应急任务条件下飞行员心理能力等评估，是职业作业的基本要求。职业适应性评估分别在飞行职业选拔或改装阶段、停飞评估阶段进行。飞行员心理健康水平评估作为常规心理评估，可以和年度大体检同时进行，其目的是告知飞行员自身在心理健康的维护方面应注意哪些问题。应急评估专指在多样化军事行动中对参加人员的例行评估，以确保参加人员有足够的心理储备能力。此外，对飞行准备阶段也应建立放飞心理学指标并予以评估，确保飞行员不带重大心理应激问题参加飞行。

（3）心理训练与维护体系的形成：心理训练的目的是满足新机种作战需求，飞行员发挥最大效能提升作战能力的关键。心理训练所遵循的原则是投入最小化、收益最大化。通过胜任特征模型的建构，十分明确的外圈心理训练指标，是后天培训可以提升的指标特征。经过训练而获得熟练动作行为，形成自动化反应机制，从而提高飞行绩效。基于胜任特征模型，针对飞行岗位要求并结合先天潜质与后天发展交互形成的指标，来量身定做相应的心理训练计划、心理维护范式，最终使其成为飞行职业生涯配套的内容，从而建立健全飞行员心理训练和维护体系，更好地提高训练效用，取得培养效果。

五、与成功飞行员胜任特征相关的指标

针对文献的回顾性分析，无论是Fleishman、Youngling、Agee，还是Cartta等，

都有各自对心理能力品质的不同分类和相关能力品质的定义。所涉及的这些相关能力品质指标结果类似，但不完全相同。这对选取同一标准来识别成功飞行员的胜任特征带来一些困难，建立通用的能力框架尤显重要。回顾我国研究军事飞行员心理选拔工作，无论是能力品质类别，还是品质定义，尚缺乏专家共识的权威定义和对飞行能力品质框架结构及定义定论性结果。宋华森团队（2016，2019）在研究我国新机种和作战飞行员心理品质中，按照胜任特征 KSAOs 结构框架，对作战飞行员能力特征的分析，所提炼的能力品质指标，其定义与框架来源于修订的 O*NET 问卷，并据此研究编制了按照"特征名称""类别""定义描述"的《飞行员基准胜任特征编码词典》（附件5）。

第四章 质性研究及行为事件访谈法

质性研究是科学研究方法其中之一。与量性研究方法相比，该方法在我国军事航空心理研究领域尚未普及。本章就质性研究的基本问题及其中重点研究类型之一——行为事件访谈法予以介绍。

第一节 质性研究的基本问题

质的分析作为一种定性分析的方法被心理学调查和社会学调查重视，它能够考察所采用研究方法的效度，以及弥补量化分析的弊端。在飞行员胜任特征模型研究课题中，我们采用访谈法，对 67 名飞行员以行为事件为内容进行了访谈，并通过质性分析的编码技术，获得了胜任特征模型的行为指标。以下概要介绍质性分析研究的方法。

一、质性研究概念

从 20 世纪 90 年代开始，质性研究方法逐步建立。简言之，质性研究就是对"用文字，而不是数字"的资料予以分析研究，做出有实据的、丰富的描绘与解释。传统的量化分析即为对数字的分析，质性分析的文字资料来源可以是观察、访谈、文件，但这些原始资料需先做某些处理才能用于分析，比如，访谈的录音要转为文字，要校对、编辑与录入。

对数字资料的采集与分析过程中，难免由于数据收集费时费力、数据过多、研究者偏失、数据处理的误差会导致一些问题存在。在心理测验中，由于被试者对题目的不理解或某种动机驱使，也会导致数据收集的不可靠。而质性资料的获得，往往是一个从自然情境中自然获得的，其特色就是"真实的全貌"。因此，分析"真实的全貌"资料就为诠释其意义提供了保证。比如，在质性研究常用的资料获得方法"行为事件访谈"中，被访谈者所提供的就是"成功事件"的全过程。

全过程分析是在研究分析其全过程中对其事实的诠释，即通过对其发生了什么事情的诠释，及对其如何做的诠释，研究者所希望达到的目的是从中找到在被访谈者一贯的行为特征，来解释行为背后的特征。由于资料质性资料具有扎根性的特点，也就是说，不同于设计好的问题的回答，也不同于纸面上的解答，它完全来自深入某个专题，细节，是贴近特定的原汁原味的某个个案所得。因此，全过程分析可以解释资料中具有潜在的、隐藏的问题，也就是说，质性资料有更高的可采用性。此外，质性资料具有"丰富性"与"整体性"的特点，是被试者提供的"活生生的经验"，对这样完整的资料的分析，往往对研究所得的结论更有说服力。

对质性研究的概念，学者们有两种说法。一是从研究策略的层次来阐释质性研究的含义，二是从质性研究所具有的动态与意义的特点来进行解释。从研究策略的层次来看，质性研究是一种研究者进入到自然情境中通过各种方式（如深度访谈、参与式观察）来收集资料并对研究结果进行深入诠释的活动。纽曼（W.L.Neuman 1997）指出："质性研究是一种避免数字、重视社会事实的诠释。"斯特劳斯（A.Strauss 1997）对质性研究的过程与策略进行了相当完整的说明，认为"质性研究的目的不在验证或推论，而是在探索深奥、抽象的经验意义，所以研究过程非常重视被研究者的参与及观点之融入；同时，质性研究对于研究结果不重视教学与统计的分析程序，而是强调借由各种资料收集方式，完整且全面性地搜集相关资料，并对研究结果做深入的诠释"。

邓津（N.K.Denzin）和林肯（Y.S.Lincoln）把质性研究看成是一种在自然情境下，对个人的生活世界以及社会组织的日常运作进行观察、交流、体验与解释的过程。迈克斯威尔（J.A.Maxwell 1996）将质性研究定义为一个对多重现实的探究和建构的过程，研究者在此过程中将自己投身到实际发生的事件中来探究局内人的生活经历和意义。我国学者陈向明（2002）认为："质性研究是以研究者本人作为研究工具，在自然情境下采用多种资料收集方法对社会现象进行整体性探究，使用归纳法分析资料和形成理论，通过被研究者的互动对其行为和意义建构获得解释性理解的一种活动。"实际上，从质性研究所具有动态与意义的特质来看，质性研究含有意义、概念、定义；其本质是非常含糊的。邓津和林肯也认为"质的"概念，隐含着"过程"与"意义"双重意义。

综上所述，质性研究的概念应该为：在自然情境下采用多种方法收集的资料，对现象进行整体性的探究，使用归纳方法分析资料和形成理论，通过与研究对象互动对其行为和意义建构获得解释性理解的方法，称为质化研究。

二、质性研究方法及资料的获得

（一）个案研究法

个案研究法是"一种通过对一个独立个案进行详细分析来研究社会现象的方法。个案可以是一个人、一个群体、一个事件、一个过程、一个社会或者社会生活的任一其他单位。这种研究依赖于所研究的个案得出的假设具有同事物的代表性，所以通过详尽的分析能够得出普遍性的结果使用于同类的其他个案。"

个案研究的资料可以从不同渠道获得，来源主要包括：文件（正式报告、公文、演示文稿资料等)、档案记录、访谈(开放式或封闭式问卷)、直接观察、参与观察以及实体的人造物(如技术的装备、一个工具或仪器、一件艺术作品,或是其他实体的证据)。

(二)观察法

观察法是"有计划、有目的地用感官来考察事物或现象的方法,是对某个对象、某个现象或事物有计划的知觉过程"。这个知觉过程不仅仅是"看"还包括了"想"。做一项研究,首先要确立一个研究目标,然后围绕着这个目标去观察和思考,这就是科学观察。观察法有多种类型,有实验观察与实地观察,有结构式观察与无结构式观察,直接观察与间接观察,参与观察与非参与观察等四种观察方法。

观察法获取资料一定注意以下几点:一是明确观察目的;二是制订观察计划,包括观察谁(who)、观察什么(what)、观察时间(when)、观察地点(where)。同时,采用什么观察工具、如何记录,以及观察中可能遇到哪些问题,都需要考虑。

(三)访谈法

访谈法是"通过研究者与被研究者的直接接触、直接交谈的方式来收集资料的一种研究方法"。访谈,可以直接了解到受访者的思想、心理、观念等深层内容,了解被访谈者对"事件的认知、记忆、感受、意见"等。它与"谈心"不同,"谈心"是为了找到问题的解决方案或者疏导被访谈对象的心理。质性研究的访谈在访谈中不可以有任何形式的诱导性,而是做一个忠实的听众。

访谈的资料收集一般根据不同的访谈类型,以不同的形式收集。①结构式访谈:主要是指研究者在访谈过程中运用一系列预先设计好的固定的问题进行资料收集的过程。这样做的目的是对所有被访谈者都采用一种问题进行刺激,研究者能够较好地接近主题,把握研究方向。②半结构式访谈:是介于结构式访谈和无结构式访谈之间的一种资料收集方式,研究者在访谈前,根据研究的问题和目的,设计访谈大纲作为访谈的方向或者提示。在访谈实际进行过程中,访谈者可以依据实际情况,对访谈问题做弹性处理,不局限于大纲的访谈程序。同时,研究者对访谈结构具有一定的控制作用,但同时也允许受访者积极参与和提出自己的问题。③无结构式访谈:是一种不需要设计一套标准化的访谈提纲作为访谈的引导指南进行的访谈。这种方法,较为灵活,具有较强的适应性,在各种情况下,都能够最大限度挖掘深度,很好地发挥访谈者和被访谈者的创造性和主动性,随时可以就新的思路和发现进行适度的追问。多用于探索性访谈研究和大型调查预期研究。主要形式有重点访谈、深度访谈和非引导性访谈。

(四)历史研究法

历史研究是"以过去为中心的研究,它通过对已存在的资料的深入研究,寻求事实,然后利用这些信息去描述、分析和解释过去的过程,同时揭示当前关注的一些问题,或对未来进行预测"。历史研究中资料的来源包括:①利用各种工具书收集史料。

目前供科学研究的工具书越来越多，最常用的是书目、牵引、年表等。②通过平时读书积累史料。一是依据研究课题确定遵循课题所需范围，有目的、有计划地查阅与积累资料；二是根据自己的研究方向或长远目标，在读书过程中随时积累。③注意从考古发掘中收集新史料。④透过调查和采访搜集口碑资料。利用亲自采访调查来的活资料，能够写出的历史更加丰富、饱满、生动逼真。不少人物传记或回忆录之类的史料书，都是运用这种调查方式所得，这些资料均可以作为研究之用。

（五）扎根理论研究法

扎根理论是用归纳与演绎方法，在系统化收集、整理、分析经验材料基础上，验证已有理论或发展出新的理论成果的研究方法。它作为一种质性研究方式，其目的在于克服理论与资料之间长久存在的隔阂，试图在经验资料基础上建立与创新理论。它"与一般的宏大理论不同的是，扎根理论不对研究者自己事前设定的假设进行逻辑推演，而是从资料入手进行归纳分析。理论一定要可以追溯到其产生的原始资料，一定要有经验事实为依据。这是因为扎根理论者认为，只有从资料中产生的理论才具有生命力"。

扎根理论的研究整个操作程序和过程，一般由选题和资料收集、资料分析、备忘录、理论抽样，检验与评估标准等部分和阶段构成。其中，资料收集更多地采用参与式观察、访谈、田野调查来获取资料。当然，文献研究也是扎根理论资料收集的方式之一，例如，年鉴、政府统计数据、传媒、传记、信件与日记等都可以作为资料收集对象。

（六）内容分析法

内容分析法是对内容进行客观的、系统的、量性的描述和分析，是为模式、主题、倾向识别的目的而针对某个题材内容进行详细而系统的审视。内容分析通过人们交流的形式来进行，包括书籍、报纸、杂志诗词、歌曲、绘画、演讲、信件、电视电影、艺术、录像和谈话等。内容分析也是一种高度结构化的方法，其主旨在于把一种用语言表示而非数量表示的文献转化成数量表示的资料，而结果采用了与调查资料相同的方式，如用频次或百分比列表进行描述。

（七）德尔菲法

德尔菲法是"一种结构式团体沟通过程的方法，在整个沟通过程中将参与者对议题的讨论限制在一定范围内，让成员针对一项复杂的议题进行充分判断、预测的一种方法，也称专家调查法"。

德尔菲法的研究过程，首先，必须先确定主题；其次，由于参与研究专家的选择往往是整个德尔菲法研究的关键，所以必须谨慎考虑参选成员的名单，以确保德尔菲法研究能圆满完成；此外，问卷的设计、发放、回收与分析也是德尔菲法研究的重要步骤。通常第一轮的德尔菲法问卷是以开放式问题为开端的，借以提供参与者足够思考空间并以能引起其兴趣为原则。在第二轮的德尔菲法问卷中，主要以第一轮问卷结果整合而成，加上简单明了的统计分析，作为此步骤中参与意见整合参考之用。第三轮德尔菲法问卷的制订，也是与第二轮问卷编制过程相似的，主要是以第二轮问卷的成果，加上更进一步统计资料而成。

第二节　行为事件访谈法

目前在胜任特征模型研究中，最流行的访谈方法就是行为事件访谈法，由美国哈佛大学心理学教授麦克利兰（David C.McClelland）开发，通过对绩效，以及对人的访谈，获取与高绩效相关的素质信息的一种方法。"行为事件"的意义在于通过访谈者对职业生涯中的某些关键事件的详尽描述，揭示与挖掘当事人的素质，特别是胜任特征隐藏在"冰山"下的潜能部分，用以对当事人未来的行为及其绩效产生预期，并发挥指导作用。这种方法实际上也是一种结构式访谈法。

一、行为事件访谈的关键

（一）行为事件访谈的关键

行为事件访谈的灵魂在于被访谈者讲述"真实的故事"，访谈成功的关键又在于"追问"方式，所以访谈专家们可以分别请被访谈者具体回忆他在本岗位工作中几个成功以及不成功的事例。由于许多被访谈者的回答往往会比较笼统、泛泛，重要细节又简单带过，使得访谈不能收集到足够的、有价值的信息。经验丰富的访谈专家就会采用一系列的追问来刨根问底，从而采集到大量具体而翔实的信息。

（二）行为事件访谈的要素

STAR 是访谈的关键核心要素，具体字母如下：

S（situation）：当时的情况怎样？是什么原因导致这种情况发生的？有什么人涉及其中？周围的情形怎样？

T（task）：您在当时情况下的实际想法、感受怎样？您当时希望怎么做？出于什么样的背景考虑？

A（action）：您对当时的情况有何反应？您实际上做了或说了什么？你都采取了什么具体的行动步骤？请描述您在整个事件中承担的角色。

R（result）：事件的结果如何？产生了什么样的影响？您得到了什么样的反馈？

例如，当一位连长谈到他曾经在石油泄漏后为那次的抢险做出过贡献时，访谈专家就立刻追问，"当时的情况是怎样的？"（S）、"您当时怎么样想的？"（T）、"这件事情有哪些人员参与了？你在其中是什么角色？"（A）、"你采取了哪些具体措施？最后效果怎么样？"（R）、"在整个事情中遇到了哪些困难？如何解决的？"等。

同时，专家组还可要求被访谈者提供领导、同事或群众等见证人名单，这样做的目的是，通过进一步的深入了解，可以避免被访谈者在访谈中没有必要地发挥和夸大其词。

二、行为事件访谈被试者分组

一般选择两组被试者，一组为绩效优秀者，一组为绩效一般者。如何正确区分两组非常重要，关键是绩效考核技术及其标准。科学的绩效考核一定是遵循了一定的规则，采取了合适的技术。比如"业绩评定表法""特征导向评估法""行为导向评估法"等技术方法，其评估结果客观实际，区分效度很好。绩效考核标准越是客观准确，就越能够作为参照绩效标准。

1. 绩效组的确定

绩效是一个系统过程。个人绩效是由个体胜任特征以及职业化行为决定，属于个人胜任特征的包括知识、技能和才干，属于职业化行为的主要是个体从事某种职业的行为和方法。前者为投入，后者为过程，两者的最终结果是产出。这里所指的绩效评估只要是产出评估。

2. 两组人员的确认

挑选绩效优秀人员与一般人员。选择原则为：按照绩效评估方法，实施360度的选择，分别选择两组人员。可以采用两种方法评价绩效。一是"图尺度评价法"（表4-1），这种方法最简单，要求考核者针对每一个绩效指标、管理要素按照给定的等级进行评估，然后再给出总的评估。这种方法关键是领会评价等级说明。二是强制比例法（表4-2）。这是为弥补"图尺度评价法"可能出现的误差，结合使用的方法。强制比例法可以有效地避免由于考核者的个人因素而产生的考核误差。比如，同单位的不同领导对下属进行考评过程中松紧程度不一样，最终可能导致人为的不公平，这时就需要强制比例法进行校正。

表 4-1　图尺度评价法

等级符号	等级	评价尺度
Q	杰出	100 ~ 90
V	很好	90 ~ 80
G	好	80 ~ 70
I	需要改善	70 ~ 60
U	不令人满意	60 以下
N	不作评价	

表 4-2　强制比例法

等级	对应绩效状况	比例分布 / %
Q	绩效最高的	15
V	绩效较高的	20
G	绩效一般的	30
I	绩效低于要求水平的	20
U	绩效很低的	10

三、访谈需要注意的问题

1. 要求被试者描述事件的来龙去脉，并且是事实上做了什么，而不是假设性的回答或是纯粹的想法；关注谁做了什么，而不是"我们""他们"之类的代词。

2. 避免被访谈者做出抽象的回答（包括假设性的回答、抽象的哲理思考、倾向性的结论等）；除非遇到对方情绪波动的情况，否则不要替被访问者回答问题或进行解释性、引导性的补充说明；不要问闭合式问题、限制性问题。

3. 当被访谈者列举不出具体事件时，访谈者可以列举自己亲身经历的事例或其他被访谈者列举过的成功事例感染并引导对方；当被访谈者对所举事件心存芥蒂时，要尊重并想法消除对方的疑惑；要将注意力集中在事件而不是相关的人；不要让访谈的话题偏离，及时纠正"跑题"现象。

四、怎样设计访谈问题

一般以行为性描述的题目作为访谈问题，它能够有效引发被访谈者的信息，也就是让被访谈者描述自己亲身经历过的事件，根据过去的做法来预测其将来的行为。其实，一个正常人的行为在类似情境中一定是一贯的，也就是说今天他能够助人为乐，明天同样也会以这种行为出现在其他场合。他过去如何解决问题，将来也差不多如此。因此，我们的编制的行为描述性问题时，要注意使用一些"最大限度"的形容词，例如："你在训练管理中遇到最困难的一次难题是什么？"其中"最困难"限定了他的举例范围，问题所引发的信息也最能代表他的能力倾向。另外，要问最近发生的事件，不要问多年以前的事件。

对问题的设计一般都是首先用一个引导性的问题引发被访谈者讲述一个重要的事例，然后再根据被访谈者的回答进行适当的提问。比较常用的引导性询问方式有：

"请描述一次在您过去的工作经历当中_____的经历。"

"请给我们举一个例子，说明一下……"

"请告诉我您的一次有关_____的经历。"

"请描述一件您感到印象最深刻的关于_____的事情。"

"请告诉我您最_____的一次经历。"

在访谈中，有两种情况是经常遇到的，必须做到心中有数。一是"我没有特别的成功事件。"确实，不是所有问题被访谈者都有经历，因此，在提问时要留出余地来。如可提问自己最值得回忆的事情，可以让他举例说明值得回忆的经历。二是举例太简单。性格偏内向的人不愿意展开来谈，举例时过于简单。这时候就需要进行恰当的追问，把被访谈者完整的经历了解透彻。

五、访谈结果处理

访谈过后，对访谈获得的信息进行整理与分析，"整理与分析"在专业术语中叫"编码"（coding）。简单地说，编码是将访谈中涉及的行为描述"翻译"为胜任特征。

假设通过对访谈信息的分析发现，业绩优秀的连长在叙述其成功经历时多次描述他们用真诚感动战士的事例，而业绩普通的连长则鲜有提及者，因此我们可以初步断定真诚是连长的重要胜任特征之一。

在此之后，需要对选定的胜任特征进行定义、分级，针对每一等级进行行为描述。将这些胜任特征要素及其定义、分级描述集合在一起，就构成了这类岗位的胜任特征模型。

六、行为事件访谈的优缺点

（一）行为事件访谈的优点

行为事件访谈的优点是：① BEI 观察识别访谈对象胜任特征的能力及效度优于其他资料收集方法，或者说，BEI 方法在发现访谈对象胜任特征方面具有极高的价值。② BEI 方法不仅描述了行为的结果，并且说明了产生行为的动机、个性、自我认知、态度等潜在方面的特征。因此，采用 BEI 方法解释胜任特征与行为的驱动关系是非常有效的。

（二）行为事件访谈的缺点

行为事件访谈的缺点是：①一次有效的 BEI 访谈需要花费 1.5 ~ 2 个小时，另外还需要几个小时的准备与分析时间。②访谈人员必须经过相关的专业培训，必要时要在专家的指导下才能通过访谈获得有价值的信息。从这一意义上讲，培养一个合格的 BEI 访谈人员需要前期投入。③ BEI 方法通常集中于具有决定意义的关键事件及个人胜任特征上，所以可能会失去或偏废一些不太重要的但仍有用的信息和特征。

七、行为事件访谈步骤及提纲

在飞行员胜任特征模型研究课题中，采用的"行为事件访谈"技术进行行为事件访谈包括以下步骤。

（一）介绍和打消疑虑

第一步，自我介绍并打消访谈对象的疑虑，时间 5 ~ 10 分钟。

（1）迎接和自我介绍："×××同志（或其他敬称），您好，欢迎您参加本次访谈。我叫×××，是×××单位人员（根据个人情况），非常荣幸能有这样的机会向您当面请教。"

（2）说明访谈的目的和程序："本次访谈，主要是想了解您在当前工作岗位上的典型工作情况，为我们研究飞行员在军事训练或演习中会有什么样的心理过程，或会出现什么样的心理反应提供依据。我们的谈话时间大概将持续一个小时"。

"首先，我想知道您参加军事训练或演习等活动的情况；接下来，我将请您具体描述在参加军事训练或演习活动以来的亲身经历、参加的 4 个'重要事件'。其中两件是自己记忆深刻，且值得自己认为是成功的事件，两件结果未达到您的期望或者比较遗憾的事件；所谈的事件应该是在军事训练中关于危急事件、紧急任务时的过程中自己的深刻感受。这些事件都对您产生了深刻的影响，留下了深刻的印象。对于我所提出的每一个问题，您都可以要求适量的时间整理思路，再做出回答。"

（3）消除疑虑："为了更好地集中精力听您谈话，更好地保证信息记录的完整性，请允许我对本次访谈进行录音。您放心，我们将严格遵守研究人员的道德准则，以人格向您保证，对所有录音材料保密，访谈记录仅供我们研究人员分析使用，对您所谈到的每一句话，我们绝对不向任何人扩散；在整理谈话内容时，不仅不会含有您的名字，也不会含有您所谈到的任何单位、部门和个人的名字。请您对所有提问，畅所欲言。"

"那下面，我们是不是可以开始转入正题？"

（4）注意事项：尽量保持低姿态，不要让对方感觉你是一个专家；适当寒暄，融洽信任和谐的气氛；鼓励对方畅所欲言；强调保密和自愿原则。

（二）了解访谈对象的工作职责

第二步是了解访谈对象的工作职责，时间 15 ~ 25 分钟。

（1）提出的问题可参考以下问题：

问题一：您目前的职务是什么？

问题二：您在执行任务时主要做哪些具体工作？承担什么样的责任？

问题二：您的工作环境（包括物理环境和人际环境）如何？

（2）注意事项：让被访谈者谈具体的工作行为；要求被访谈者解释指代不清楚、

不准确的字词。

（三）行为事件描述

第三步是行为事件描述，时间视情况而定。

1. 成功的事件

首先从"最成功的两件事中您的心理感受"谈起。"作为一位飞行员，工作中是很辛苦的，在您从事飞行员职业的这段工作中，您肯定经历过一些您自己认为做得非常成功，并使您产生深刻体会的事情。请您详细地介绍其中最为有代表性的两件。"

第一件事　"您可以先用几分钟来考虑将要谈到第一件事（停顿，给受访者留出思考时间）。下面，请您根据我的提问来详细介绍这件事。"

问题一：这是一件什么样的事情？请简要说明。

问题二：事情从什么时候开始？在什么时候结束？

问题三：从事件开始到结束，可以分为哪几个主要的阶段？

问题四：为什么会有这件事件发生呢？

问题五：事件发生后，您面临什么样的情境？

问题六：整个事件所主要牵涉的人有哪些？

问题七：当时，您是怎样看待这件事的？

问题八：您当时怎样看待所牵扯到的人？

问题九：您当时的感受如何（是否恐慌、自信、激动）？

问题十：最初，您打算怎样来对待这件事？为什么？

问题十一：随后，您采取了什么样的实际行动来对待这件事的？

问题十二：您为什么会这样做，而不采取其他的办法？

问题十三：在处理事情的过程中，你又碰到了哪些挫折和困难？

问题十四：您当时的感受是怎样的？

问题十五：您又采取了什么样的行动来克服困难？

问题十六：您的行动达到了什么样的结果？

（尝试循环提问：问题十三至问题十六……）

问题十七：整个事件最后的结果如何？

问题十八：事件过去后，您的感受如何？当时有什么样的想法？

问题十九：您从该事件中所得到的经验和教训有哪些？

第二件事　"您所提供的第一个事件非常生动。接下来，请您花一些时间来思考您所亲身经历的第二个成功事件（停顿，给受访者留出思考时间）。好，我们来继续谈论这件事。"

问题一：这是一件什么样的事情？请简要说明。

问题二：事情从什么时候开始？在什么时候结束？

问题三：从事件开始到结束，可以分为哪几个主要的阶段？

问题四：为什么会有这件事件发生呢？

问题五：事件发生后，您面临什么样的情境？

问题六：整个事件所主要牵涉的人有哪些？

问题七：当时，您是怎样看待这件事的？

问题八：您当时怎样看待所牵扯到的人？

问题九：您当时的感受如何（是否恐慌、自信、激动）？

问题十：最初，您打算怎样来对待这件事？为什么？

问题十一：随后，您采取了什么样的实际行动来对待这件事的？

问题十二：您为什么会这样做，而不采取其他的办法？

问题十三：在处理事情的过程中，你又碰到了哪些挫折和困难？

问题十四：您当时的感受是怎样的？

问题十五：您又采取了什么样的行动来克服困难？

问题十六：您的行动达到了什么样的结果？

（尝试循环提问：问题十三至问题十六……）

问题十七：整个事件最后的结果如何？

问题十八：事件过去后，您的感受如何？当时有什么样的想法？

问题十九：您从该事件中所得到的经验和教训有哪些？

2. 未达到期望、遗憾的两件事

"所谓'不经历风雨，怎么见彩虹'，任何人的成长都必然要经历失败的磨炼。作为一位飞行员，您是否在军事训练及管理中也经历过一些遗憾的事件呢？请您详细介绍两件在工作当中您所亲身经历且留下深刻印象的'遗憾'事件。"

第一件事 "还是和前面一样，请您先花几分钟思考第一个事例（停顿，给受访者留出思考时间）。好，请您根据我的提问来详细介绍第一件。"

问题一：这是一件什么样的事情？请简要说明。

问题二：事情从什么时候开始？在什么时候结束？

问题三：从事件开始到结束，可以分为哪几个主要的阶段？

问题四：为什么会有这件事件发生呢？

问题五：事件发生后，您面临什么样的情境？心理发生什么反应？

问题六：当时，您是怎样看待这件事的？

问题七：您当时的感受如何（是否恐慌、自信、激动）？

问题八：最初，您打算怎样来对待这件事？为什么？

问题九：随后，您采取了什么样的实际行动来对待这件事的？

问题十：您为什么会这样做，而不采取其他的办法？

问题十一：在处理事情的过程中，你又碰到了哪些挫折和困难？

问题十二：您当时的感受是怎样的？

问题十三：您又采取了什么样的行动来克服困难？

问题十四：您的行动达到了什么样的结果？

（尝试循环提问：问题十一至问题十四……）

问题十五：整个事件最后的结果如何？

问题十六：事件过去后，您的感受如何？当时有什么样的想法？

问题十七：您从该事件中所得到的经验和教训有哪些？

第二件事 "请您再花几分钟思考您在过去两年中所亲身经历的、在您的脑海中留下了深刻印象的第二个'遗憾'事件（停顿，给受访者留出思考时间）。好，我们继续。"

问题一：这是一件什么样的事情？请简要说明。

问题二：事情从什么时候开始？在什么时候结束？

问题三：从事件开始到结束，可以分为哪几个主要的阶段？

问题四：为什么会有这件事件发生呢？

问题五：事件发生后，您面临什么样的情境？

问题六：整个事件所主要牵涉的人有哪些？

问题七：当时，您是怎样看待这件事的？

问题八：您当时的感受如何（是否恐慌、自信、激动）？

问题九：最初，您打算怎样来对待这件事？为什么？

问题十：随后，您采取了什么样的实际行动来对待这件事的？

问题十一：您为什么会这样做，而不采取其他的办法？

问题十二：在处理事情的过程中，你又碰到了哪些挫折和困难？

问题十三：您当时的感受是怎样的？

问题十四：您又采取了什么样的行动来克服困难？

问题十五：您的行动达到了什么样的结果？

（尝试循环提问：问题十二至问题十五……）

问题十六：整个事件最后的结果如何？

问题十七：事件过去后，您的感受如何？当时有什么样的想法？

问题十八：您从该事件中所得到的经验和教训有哪些？

3. 注意事项

①要求被访谈者按时间顺序展开事件；②让被访谈者详细描述实际发生的具体事情；③不要赞同、评价或主观解释对受访者的描述；④采用"具体化"的方法应对受访者的抽象论述；⑤当受访者拒绝回答，或回答"不知道"等时，及时追问；⑥要探

究被访谈者所谈事实背后的情感、动机经历；⑦合理运用言语和非言语行为鼓励受访者说出更多的东西；⑧当受访者言语模糊或不易理解时，要求采用重复、回问的方式应对；⑨当受访者述说思路不畅时，采用小结、重构的方式帮助其理清思路。

（四）成功的素质和条件

第四步，谈谈成功的素质和条件，时间视情况而定。

问题一：您认为，作为一名飞行员应该具备哪些心理方面的知识？

问题二：您认为，要成为一名飞行员应该有哪些方面的自我心理疏导技能？

问题四：您认为，要成为一名优秀的飞行员应该具备哪些方面的个性特征（如性格、动机、态度、道德、价值观等）？

（五）补遗和结束

第五步，访谈的补遗和结束，时间视情况而定。

"鉴于您的工作的特殊性，我想肯定还有一些问题没有问到。您如果觉得还有什么重要信息需要补充的话，请不吝赐教。"

"非常感谢您能抽出宝贵时间接受我的访谈，非常感谢您给我提供了这样好的了解您的工作和您个人的机会。这不仅为本研究提供了宝贵的信息，也使我个人学到了很多东西。在以后的研究中，可能还会有一些事情需要向您请教，到时希望您不嫌麻烦。谢谢！"

结束的时候主要注意的问题是：①千万别忘了征求受访者是否还有需要补充的重要信息；②如果必要，为进一步的合作埋下伏笔；③忠诚地感谢受访者，以温暖、友好的方式结束。

第三节　行为事件访谈信息编码技术

在行为事件访谈结束之后，需要处理访谈的资料，即所谓"信息整理分析"，专业术语称为"编码"（Coding）。编码，就是对访谈的一组资料有意识切割它们，提取指标特征，将访谈中涉及的行为描述"翻译"为胜任特征，是一个信息整理分析的过程。

本章中介绍针对行为事件访谈方法获得的数据信息，如何进行分析处理。以已完成的"作战部队飞行员胜任特征模型"课题中应用的案例，介绍研究中获取信息材料的过程（图4-1），包括有前期调研（包括文献研究和现场访谈）的文本资料，个人作品资料（工作日志等），行为事件访谈录音资料，以及问卷调查资料等方面。

在该工作的前期阶段，主要是进行现场的实地调查，围绕胜任特征相关内容，获得经验性的描述资料。采用了质化编码技术对这些没有任何明显规则的文本资料的处理及研究。

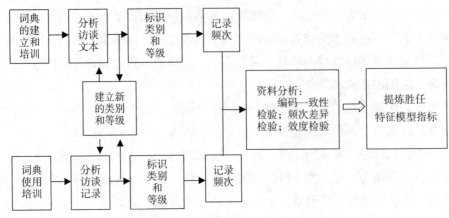

图 4-1　胜任特征编码技术流程

一、质化编码

编码是为了获得各种胜任特征的证据而用来分析访谈所得的描述性信息（或数据）的一种记分技术，比如通过分析行为事件访谈获得的录音文稿，从而获得标准化的词条信息。编码有两种类型，即根据已有胜任特征词典编码，或创立新的编码标准，进行编码。

胜任特征包括了特征的名称，对特征的定义，该特征的构面（facets），行为等级，以及与其他能力特征的关联这几个方面。它是按照潜在的行为意图进行分类的，而这些意向可以分析深层的社会动机和导致不同绩效的复杂的行为等级。行为中若没有隐藏的意图就不能定义为胜任特征。

二、编码流程

编码的流程大致经过三个阶段：一是编码词典框架的建立，二是编制编码词典，三是编码（图 4-1）。

（一）编码词典框架构建

1. 编码词典是胜任特征研究的基础

要分析归纳用于建立胜任特征模型的访谈质化资料，使之成为一套完整的胜任特征条目群，必须首先建立用于归纳和分析资料的框架——编码词典。这也是质化分析研究中最为重要的一个步骤。最终建立的胜任特征模型的实效性，可操作性和可接受性等方面都有赖于一套客观、完善的编码词典的建立。

目前国际上已经获得大家比较广泛认可的词典主要有 Spencer 通用胜任特征词典、Robert P.Tett 管理者胜任特征模型、Quinn 领导者胜任行为模型、Hay group 职业素质编码辞典。这些词典均是建立在对多个企业管理者的研究基础上的通用胜任特征描述词典，有较好的稳定性，在国内的事业单位的研究也有较好的有效性。由于质化编码技术非常强调对象的实效性，即在研究对象发生变化的情况下，必须根据对象的特点调整甚至重新建立编码系统，以保证所有编码条目是符合研究对象本身的真正性质和特点。军人具有与众不同的职业特征，因此以上胜任特征编码词典不能够用于军队，为了研究效果的准确性，为建立飞行员胜任特征模型奠定良好的开端和基础，我们编制了一套编码词典系统，即《军事飞行员胜任特征编码词典》见附件5。这里仅介绍编制的过程。

2．编码词典编制原则

①所有词条应该"相互独立，完全穷尽"，即各个用于特征编码的码词应该是互不相同的词汇，并且在意义的理解上没有和编码词典里其他的词相互交叉或包含的情况。②所有的词条应该是属于汉语语法体系内的词语，每个词条都能够被解释或说明。③所有的词条都能够代表属于研究对象的某项特征。④以假设为导向，以事实为依据。

（二）编码词典建立过程

在研究飞行员胜任特征过程中，访谈内容要经过编码这一步骤，这就需要适合于军事飞行员的编码词典。

1．建立前期调研小组

调研小组人数最好在6～10人，并且这当中应该包括军事飞行职业专家、人力资源专家和心理学专家三方面的队伍。要注意的问题是，小组成员的教育背景和工作经历应该各不相同，这种多样性能够保证从不同的角度对建立模型进行考虑，并在词典编码的时候提供多方面的意见。

以本研究"作战部队飞行员胜任特征模型的研究"为例，课题初期进入小组的包括有多年工作经验的飞行领导、两位从事多年心理学和人才测评研究的专家、有多项项目研究经验的专业研究生。从年龄结构上看，有从事研究工作20多年、年近60岁的权威专家，也有富有研究经验、年富力强的40多岁的中青年专家，还有年轻的研究生学者。从专业经历上来看，有军内的多年干部工作经验的领导，也有富于创造性思维的研究人员；有一直在军内发展自己职业生涯的人员，也有地方的研究学者。这些都是促成在编码词典建立和模型形成的过程中引入多元化的思考和丰富经验的主要因素。

在小组建立后应该对小组进行统一的培训。统一思想，明确目的，规范方法，确保小组成员的每个人形成一种共识，能够促使在后面的研究工作更多把自身的知识经验投入到编码词典的建立工作，进行多元化的分析。培训过程要学习所要调查的组织文献材料，以保证调研的时候能够采用"内部语言"沟通，收集到最为真实的第一手资料。

这一阶段工作要注意的是，小组的成员要多元化，在时间上保证从调研开始到总结结束全过程中每一步工作中。并且在培训学习的时候要保持小组平等开放的气氛，以保证每个人的合理观点能够为我们进行编码系统建构，模型建构等工作所采纳。

2. 现场调研

现场调研的目的是为后面所要进行的质化编码建立编码词典而收集第一手信息和资料。当然，在现场调研的过程中还包括了对岗位特征等工作分析的内容收集资料的过程，在这里我们关注的是建立编码词典系统，不对工作分析进行详述。

在此过程中，需要深入到所要了解的对象中去，采用观察，访谈，会晤等多种手段，围绕项目研究目的进行调查。所有的现场调研资料要完整记录，可以合理地采用访谈记录或录音，观察表记录，会议记录等资料收集方法。

我们选择了两个建制团进行了为期5天的现场调查。在调查过程中反复围绕"您所在的岗位有哪些特点？"和"您认为什么样的特点能让您（或他人）在这个岗位上做好（出成绩）？"这两个核心话题同该团所有的飞行员及其上下级进行讨论，并同期深入到他们生活中进行体验和观察。将所有信息记录在案形成文字资料带回。

3. 资料整理与分析

（1）整理资料：所有的录音调研资料，组织了10名研究生和心理学本科生经过20天的转录，形成了正式的文本资料。

（2）抽取条目：从原文资料中抽取飞行员具有针对性、代表性的职业条目，如坚持、公平、自律等。经小组讨论认定这些条目成为飞行员编码条目的雏形，并将结果全部打印成文本。

（3）修正条目：依据部队相关文件资料，结合汉语词典解释，对所有条目进行注释，并对意义相近的条目进行简单的归类。同时，约请相关干部工作领导对条目进行增删和注释的批改，形成新的文本资料反馈到调研小组，再次召开框架会议，重新讨论建立新的文本。对条目词汇按照本身描述的属性，结合前期调研的经验进一步归类到一般胜任特征模型结构的各个层面中去。如传统冰山模型中包括了知识（K）、技能（S）、能力（A）、价值观（V）、态度（AT）、个性（P）、动机（M）等多个层面，我们则结合具体调研结果将条目归纳到各层面中去，反复讨论达成一致后形成词典条目，之后再进一步对词典条目进行验证性的编码。

（4）对词典条目的验证和完善：编码组分为两组，每组2人。分别选取2份访谈文本资料，第一组采用封闭式的归纳编码，即不给任何词典信息，根据前期调研经验进行编码，自设词条。这步工作最好由具有调研经验（相关岗位经验）但无词典编制讨论经验的人员来完成。第二组同时对另外两人的归纳编码完全按照词典雏形进行。归纳后进行比较分析，所有不同结果在小组内进行讨论，获得取舍一致性。两组材料编码一致性（从意义理解上一致）达到20%以上即可以认为词典有效。

4. 修订完成飞行员胜任特征编码词典

在此基础上，结合前述的Spencer通用胜任特征词典，Robert P.Tett管理者胜任特征模型，Quinn 领导者胜任行为模型，Hay group 职业素质编码辞典，以及军队相关文献再次讨论完善词典条目，对词典条目进行适当的扩展，以保证信息的完整性。最后形成针对特定调查对象的胜任特征编码词典。在我们的课题中，最后形成了《军事飞行员胜任特征编码词典》，这即是我们在后面对研究资料进行质化编码的框架系统。建立了词典后，要进行编码操作当然还需要编码工具，即编码软件。

三、编码及编码软件的使用

（一）编码

最早的质化编码的手段就是原始的"剪刀加糨糊"，即把所有的文本资料剪切出来，然后按照同一类别粘贴在一起。随着计算机技术的飞速发展，在质化研究中已经引入了计算机软件技术来帮助我们简化和加速这一"剪切"和"粘贴"的过程。

现有的可以用于质化编码的软件主要有两大块：传统的电子表格软件和专业的质化分析编码软件。传统的电子表格软件包括 EXCEL、CCED、Lotusl-2-3 等，当然比较常用的是 EXCEL 电子表格。在该软件中，我们可以建立多个表单（sheet），并且每个表单作为一项编码词条，然后将所有认定是该词条下的文本信息复制粘贴到表格中。

由于电子表格软件不是专门为编码开发的软件，所以我们只能通过简单的"复制—粘贴"来进行归类，并且在编码结束后还要手工计算编码的频次和数目，虽然比起最初纯手工剪报和粘贴方便了不少，但仍然费时费力。随着质化研究工作日益的发展，出现了多种不同的专业质化分析软件，可用于对描述性的文本、图片、影音等不同格式的资料进行编码。大大地简化了我们的工作进程，使质化编码操作起来更为方便和简捷。

（二）常用编码软件

目前市场上可以见到的专业质化分析软件主要有 ATLAs.ti，MAXqda，Nvivo，AnSWR，CISAID，QDAminer，askSam，Folio Views，Idealist，Info Tree32XT 等，这里主要介绍有关 ATLAs.ti，Nvivo，MAXqda 三种使用最为广泛的编码软件。

1. ATLAs.ti 编码软件

由德国柏林科技大学的跨专业质化研究团体开发的一套专业质化分析软件，1993年发行商业版，到 2004 年已经开发出第五版。它不仅能对文本信息进行编码，还能对影音资料（包括图片、影像声音资料）进行质化编码，同时支持多人交互式编码。是目前市场中功能最全面的编码软件。但是由于功能复杂，其易学习性和可操作性也打了折扣。是三大质化分析软件中相对来说最难学习和操作的软件。

2. Nvivo 编码软件

Nvivo 是新一代的质性研究软件，由澳大利亚国际质化研究团体（International QSR）开发。具有窗口化的接口，可以弹性地探索以及解释。可以针对文字数据进行编辑及编码，提取和弹性地记录，自动化的历程，搜寻文字或编码的功能，连接统计数据以及撰写备忘录，具有较弹性的编码系统。大部分是运用现场调研方法的研究者所使用。其对于处理中文数据，大体上没有问题，需注意在报表输出时，应将文字设定为中文字形，如宋体或国标楷体，才不会出现乱码的现象。它可以透过鼠标的拖曳功能改变节点在树状结构中的位置。此外，可以在文件的右边将编码的范围以长线条标示出来，另可以用反白的方式将编码的段落显示在屏幕上，让使用者很清楚地知道自己在文章中的编码情形。

3. MAXqda 编码软件

MAXqda 是德国某商用公司开发的一套质化编码软件，可以让访谈、观察或文件之文本资料进入、储存、分析等一连串的过程，同时也可以运用量化与质性数据。可以输出变项表至统计软件或 EXCEL，也可以从 SPSSE 或 EXCEL 输入变项表。将备忘录印出时，作者部分，若用中文会产生乱码。可以将编码用鼠标拖曳，改变编码的层次及位置。

上述两种软件在处理访谈、个人作品等文本资料的时候比较容易，所要注意的问题就是在对中文资料提取的时候可能会出现乱码，还有待于软件设计公司对中文系统支持的开发。国内北京师范大学正式引进了 Nvivo 2.0 版，在我国学术界流传比较广的也是 Nvivo 这套软件。这里则以 Nvivo 软件为例介绍一下编码软件的具体操作。

（三）Nvivo 软件编码操作及使用注意

1. 安装及启动软件

启动的桌面图标项启动后，可以在窗口中看到建立项目（create project）、打开其他平行项目（open a tutorial project）、打开项目（open project）、退出（exit Nvivo）。

2. 创建项目

在该界面中能够看到多个菜单操作项，包括项目（project）、工具（tools）、文件（documents）、编码（nodes）、分析（analysis）、窗口（windows）、帮助（help），通过菜单项，能够对所创建的项目进行多功能的操作，在这里不详述。

3. 建立项目文本

首先要将已经转录好的资料文本存储成 RTF（rich text file）格式。以保证该软件能够识别。然后点击上图界面中的文件操作窗口中的"建立项目文本"（make a project document）选项。在弹出的对话框中选择您所希望编辑的文本 RTF 文件。然后按照提示点击下一步，文本就自动导入到编码软件中了。

4. 建立项目词典

接下来是将建立好的编码词典框架输入到软件的词典框架里，点击界面中的词典编辑操作窗口（nodes），然后点击"建立项目词典"（make a project node）选项，出现对话框。在没有明确编码框架宏观结构的情况下，通常采用自由编码方式，点击"Free"选项。然后在该对话框中的"题名"（title）中输入一条你的词典条目，然后将相应的词条注释内容输入到下面"描述"（description）中。如在"Tide"中输入"谈判能力"，然后在"Description"中输入"在复杂的利益冲突中，缩小各方分歧，谋求本方利益最大化。"所有词条输入完成后，点击"Create"按钮。则项目词典建立完成，可用于编码。

5. 编码

在界面中点选"浏览，更改，链接和编码文本"（browse, change, link, and code a document）选项。则出现文本编码界面，在该界面中可以采用词典活动窗口（下）对文本进行编辑，即点击选中文本后选取词典活动窗口中的相应的编码条目，然后点击"Code"即给这段文本编辑上了特定的归纳编码。

在编码的同时，要给出自己为该段文本建立该编码的理由，可以采用 DB 按钮来进行，选中所编码文本，点击 DB 按钮，则出现为所编码文本加载注释的 Data file 窗口，在里面填入说明就行。文字则以含下划线的链接形式出现在文本框中。

（四）Nvivo 软件使用注意事项

1. 选择"GB 楷体"或"宋体"

在导入 RTF 文本进入软件，打开浏览文本窗口后，全选文本，在文字格式框内选取"GB- 楷体"或"宋体"等中文字符，否则文本则是以不可识别的乱码形式出现。注意不要在简体中文 Windows 操作系统中选择"◎ GB 楷体"等台湾字符。

2. 添加时注意点击"Code"按钮

编码中涉及添加新的自由编码的时候，在文本编码窗口下方的 In-vivo 框中输入您要建立的词条，然后点击旁边的"Code"按钮。

3. 文本的选择要有意义

要符合编码技术操作原则，因为软件只是机械的读入你所选入的编码内容，而不会进行进一步加工，所以在选取编码段的时候要慎重考虑，不要将没有前后文意义的断句编码进来，这会给随后的工作造成很大的麻烦。

4. 导入格式

软件可能识别 TXT 文本文件，但是为了保证识别率，最好以 RTF 格式导入文本到质化软件中。

5. 修改

①在文本窗口中对文本修改，删除字符的时候不要采用"Backspace"而采用"Delete"键。因为所有修改文本是以插入的形式进入的。②如果要修改，可以选中所编的文本，然后再点击所编的胜任特征词条，再点 uncode 就可以了。③如果要修改 DB，即做的 DB 要删除，先选中原来做的 DB，点击右键，在下拉列表中点击

remove link 就可以了。

6. 乱码

在文本中会出现乱码的情况，首先考虑的是重新选择修改，然后考虑在 Word 文档中重新粘贴。

四、编码的具体操作方法

有了编码词典和软件，具体操作的工具就齐全了。对编码本身的认识，对编码理论基础的把握和对研究目的明晰等方面都直接影响到编码的质量。如何有效地对文本赋予编码，需要了解和掌握以下几项质化编码的技术要点。

（一）编码资料确认

在获得访谈、会晤等调查方法获取的文本资料后，首先要做的是对资料进行整体的分析。对所有资料进行统一编号，以方便进行多人编码同一材料的时候统计一致性。采用小组讨论分析，把诸多材料中文本资料偏离研究目的较远的，没有太多实际意义的失败资料单独列出，暂不做编码，可以作为后期对比参考。在访谈资料较少的情况，可以保留这些资料进入到编码中。但要特殊注明，防止该份无效资料对所有编码的影响。

（二）编码层次

对全文进行编码可以按照 4 个层次进行编码：语义单元编码；语句编码；段落编码；全文编码。

1. 语义单元编码

根据具体的短语意义所指代或描述的内容进行编码即为语义单元编码。编码的对象主要是在特定语境中的有实体意义的短语。例如：

"我的工作时间不规律，但是，我总是把大量的时间花在电脑上（懂电脑）以及应对各种不同的紧急情况上（解决问题）。例如，有一天，一个其他科室的同事在慌乱中打电话给我，他在他的系统中把某个信息化训练的重要数据给输入错了，结果使得单位训练的计划不能如期落实。我帮他找出问题所在（解决问题）、改正数据（懂电脑），并且收集他们连队最近训练的全部背景资料。我也从我的数据库（懂电脑）里提供给他一些相关的信息，然后提出同他一起召开连队主官会议来帮他解决这个危机（支持）。重要的是我们承认问题的存在，并快速地制订了解决方案（承担责任）。但是，更重要的是从一开始就要避免电脑数据错误（懂电脑）——关注细节并且很好地了解各种不同的电脑程序，对这项工作来说非常重要（懂电脑）。"

上面文本中采用楷体字所标注的地方则是对语义的编码，我们可以注意到所编码的内容都是没有完整句子结构（主谓宾）的词组或短语成分，但在这个特定的语境下都有其实际的意义和深层属性特征的体现，并且绝大多数为对行为的描述。

2. 语句编码

针对具体的句子进行编码即为语句编码。在特定的语境环境中，语句常常能够明晰地描述事物的某些属性，比如在我们的研究中，针对行为事件访谈资料的编码过程中，可以分析到在特定情境中，对自己感受的描述采用一两句简短的句子，但是在这个特定的事件情境下，这种描述就显得非常有编码意义，我们可以结合情境分析内在感受变化。

3. 段落编码

针对文本中的段落进行编码，段落资料所包含的信息一般比较完整，尤其是在访谈资料中，问答组成段落能提供一个完整事件的很多信息。比如在研究中，通常会根据结构化的访谈问题来明确该段落描述的主体内容或核心实质是什么，然后根据回答中的描述对段落进行整体的编码，这里编码需要编码者能结合访谈问题和回答所描述的胜任特征内容，事件情境，发生行为和结果去归纳出整体表达出的属性，根据这种归纳出的属性进行编码。

4. 全文编码

是对整个文本的总体归纳性编码，需要在充分熟悉整个文本内容的基础上，归纳出全文核心内容所要表达的属性特征，然后依据此属性特征进行编码。而在我们实际研究经验中不太赞成采用全文编码的方式，因为行为事件访谈涉及个人特征属性的很多方面，而这些方面往往是并列的，所以全文编码往往无从下手。在这里要推荐的是对行为事件访谈资料中常用的对特定事件进行编码的方法，这是对全文资料的变通。行为事件访谈资料中往往包含了多个事件材料。而很多事件材料是有任务性质的，并且在这种特定的任务情境下，往往会使个人趋向于反应某种特征来寻求任务或问题的解决。我们则可以通过对特定任务情境下所需要个人的特征和整个事件中个人所最趋向表现的行为特征进行归纳编码。

（三）编码路线

根据所列出的编码层次，编码的路线主要有两条：（a）具体—部分—整体；（b）整体—部分—具体。胜任特征编码的过程往往是从上面语义逐渐过渡到整体编码的过程，通常是首先对资料的通读，根据简单语义，词组的字面意义等方面来进行细节上的编码，同时积累编码的经验水平。然后过渡到对语句和段落的编码，这个时候需要对事件情境，具体的行为，所引发的结果，中间包含了什么样的意图等内容进行分析，所包含的胜任特征编码要素（STAR model）已经比较完整。最后是对具有典型意义的行为事件进行整体的编码。

一个事件可能跨越很多段落，对事件的整体编码应该建立在前面对部分语句、段落编码深刻理解的基础上面，再经过对事件的仔细推敲和讨论再进行特征属性的归纳，然后形成质化编码。比如前面示例文本整体所反应的属性是"强调计算机专业知识技能在以客户为中心的服务中的重要作用"，那么对文本整体的编码就应该是"计算机专业知识技能"和"服务支持"两项。

（四）编码实施的环节

掌握了编码的基本技术以后，就应该操作一下，加深对编码技术的领会和掌握。编码实施的具体环节包括4项：①分解：分解受访者反映特定技能、知识、特性和行为的叙述；②归类：将分解出来的叙述分类；③命名：给得到的每个类别定义一个名称，在前面已经建立了比较完善的编码词典，所有的命名工作则改变成将文本叙述赋予词典条目的过程；④分级：根据最小识别原则将各类所涵盖的代表性叙述分入不同级别，通常在进行初次自由编码的时候只编入正性和负性两级；⑤标示：根据所创立的各类胜任特征的内容和级别在文本中对相关叙述进行标示。接下来，应按照上述环节要求，在编码软件上对文本进行编码。

（五）可编码信息

1. 主要编码信息

什么样的信息可以编码需要由研究目的决定，同时也受编码词典的影响和限制。在胜任特征研究的质化编码中，主要涉及8类信息可作为可编码信息的参考：①与所选胜任特征词典中的某行为指标存在逻辑联系；②以第一人称"我"描述了当事人所做、所思、所想；③以第一人称"我"描述了当事人当时所面临的情境；④描述了当事人在特定情境中的个体参与；⑤描述了当事人在特定情境中的详细活动；⑥详细描述了是什么导致了特定行为和当事人当时的独特反应方式；⑦是当事人自愿陈述的想法、感觉和言语；⑧描述了当事人过去确实做了什么和在特定情境下反复做了什么。

2. 参考编码信息

在研究过程有时也将胜任特征所具有的行为指标要求作为编码的参考信息，主要包括：①描述可直接观察的行为，或特殊证据；②仅描述一种行为或证据；③不重复出现在其他胜任特征项目中；④包含动词短语，即描述行动；⑤包含充分的情境信息，使行动具有意义。

3. 注意问题

胜任特征编码需要注意的关键点包括：①一个地方编几个码：要把最明显的1～2个编出来，不要过分考虑而编入太多的编码，否则会在后面整理时出现问题。②哪些东西编：参考根据您研究目的制订的编码工作手册。胜任特征编码则以本手册描述的内容作为参考，以STAR model为准。③区分对工作职责的描述与胜任特征：例如，做思想工作的能力不是一种胜任特征，应该是做思想工作这一工作职责反映出个体的胜任特征。④区分策略方法与胜任特征：例如，在工作过程中树立典型是部队基层工作常用的一种策略，但是到底反映了何种胜任特征则需要对当时的情境、当事人的意图具体分析。

五、编码讨论和一致性统计

（一）编码讨论

首先是所有编码成员共同完成同一份文本资料的编码，然后进行小组会议讨论编码，成员针对同一文本提出自己的编码条目和编码理由，并相互印证。不一致的地方应该由编码者自己阐述理由，获得一致认同后该编码有效，在无法获得一致认同的情况下，该编码记录为不一致编码。最后统计一致编码个数占总编码数的百分比，即编码一致性程度，如果低于 20%，则重新讨论。经过反复讨论达到足够的编码一致性后，再进行下一步独立编码工作。

在胜任特征模型构建的质化编码工作中，通常将文本资料进行分层随机分配，首先将小组成员两两随机配为一个小组，然后将编码文本均匀地随机分到各个小组成员手中，每份资料以双份形式分配，以保证每一份资料都能同时到两个编码者手中以形成最后的编码讨论，并确定编码一致性。所有编码者独立完成文本的编码，然后与持有和自己相同文本内容的编码者进行讨论。两人一致性最低应该在 20% 以上。达到足够的编码一致性后所编码文本通过，在编码软件中输出编码报告，保存。反复展开上述讨论过程，完成所有的编码文本资料。

（二）编码一致性的统计

编码一致性（CA）即编码者之间对相同资料的编码归类的相同个数占总个数的百分比。采用 Witer（1994）动机编码手册提供公式，S 为评分者编码归类相同的个数，A1 为甲编码个数，A2 为乙编码个数，公式为 $CA=2 \times S/（A1+A2）$。

同样还可以采取肯德尔和谐系数与 Pearson 相关系数。计算平均等级分数的评分者一致性系数。给出评分者对每一胜任特征的记录频次、最高等级分数的一致性相关系数。

现在最新的观点是采用概化理论的方法来评估编码一致性信度，在这里做出简要的介绍。胜任特征模型建构的质化编码研究中，用概化理论计算一致性，通常采用 $p \times i \times r$ 交叉设计（可采用 GNOVA 软件包完成），对编码者、被访谈者和胜任特征项目（词典条目）三个面进行 G 分析，得到各面的 G 系数，然后根据 G 研究得到的各种变异分量，可以对不同条件下的 G 系数计算，以了解不同情况下评分一致性的情况，即 D 研究。具体相关内容可以参阅相关的统计学教材。

一致性达到要求后，编码工作完成。最后则是将所有的编码从质化分析软件生成编码报告导出。

（三）生成编码报告和编码总结数据表

质化分析软件 Nvivo 可以直接生成编码报告，点击菜单"Document"选项中"Make a coding report"，根据提示生成编码报告。将报告储存为 TXT 格式，然后调整格式，导入到 EXCEL 数据表中，形成所有编码的最后报告。报告包括了调查对象、编码文本、DB 内容、编码总结几个部分。在填入数据表的时候需要再次根据编码和讨论的内容与经验，对所编码的文本进行进一步的归纳总结，形成比较概要的文字，以方便下一步团体专家访谈来制订这些编码的行为等级。

第五章　飞行人员胜任特征深度评价

胜任特征深度评价实质是对飞行员职业发展过程中，基于胜任特征 KSAOs 各项指标的全面评价。它建立于心理测量学、管理学、行为科学及计算机科学基础上的一种科学评估方法，是飞行人员飞行职业发展过程了解自我、发展自我中的重要内容。

从第一次世界大战心理选拔历史起步，以至之后的大部分时间里，飞行员心理效能预测及评价，在军事研究和发展领域发挥了突出的作用。科研人员探索了各种个人特征和飞行员效能之间的关系，目的是为寻找到适合飞行的个人特征，并能够早期预测。第一次世界大战时，对精神警觉性和情绪稳定性的测试被认为可以预测飞行员的成功（North 等，1977）。在之后针对飞行员的心理评估研究日益完善，特别是近些年来使用大量复杂过程的技术（Miller，1981），识别作战飞行员所需的 KSAOs，成为各国应用研究重点，对其进行深度评价也是航空心理领域重中之重的工作内容。

第一节　飞行人员胜任特征深度评价的概述

胜任特征深度评价依赖于心理测量学、管理学、行为科学及计算机等科学技术，是针对飞行员胜任特征指标，如知识、能力、个人特质、技能和成就驱力的综合测评，其科学性是评价效果的关键。

一、胜任特征深度评估的目的

任何一种测评，其目的都是寻找被评者心理属性的差异。胜任特征测评工具采用的就是心理测量技术，是测量人的心理现象的工具。换言之，是对人的心理和行为在不同方面实施测量并区别差异的一种测量程序。

人的心理属性和行为特征是不能直接测量的，对人的心理特征的评判，只能依靠标准化的方法和手段，即根据一定的法则用数字加以确定。这种测量与医学检查是完全不同的。从生物学的观点剖析人体的结构，人的生理、生化以及体液、免疫等参数指标，人们的指标值是基本相同的，这些相同被认为是正常，否则被视为异常。这些指标的测量，通过一些血液、尿液或其他液体便完全可以达到测量目的。而人的心理、行为却必须依靠具有反应行为特征代表性样本的一些题目，工具或专门器材才能实现测量。为此，心理学家编制了各种不同的心理问卷及工具，以达到测量的目的，在编制每一个题目（或项目）的时候，都经过了严格筛选，以符合心理测量学的规范。

二、胜任特征深度评估的作用

（一）深度评估的作用

1. 全面了解评估对象情况

全面了解被评估对象情况，以便做出切合实际的决定。准确地评估一个人的胜任特征各项指标和临床心理问题，才能有效地帮助被评估对象职业发展，这对发现、解决问题十分必要。

2. 获得被试者心理信息

通过评估获得被试者心理信息，一是指导被试者了解自己、发展自我；二是个性化制订心理建设方案，帮助其更加完善自我，有的放矢地修正自我，从而成为合格的飞行员。

（二）深度评估的功能

1. 选拔人才

人的能力特征与和岗位之间的相符性或适合性越高，则事业的成功就越大。研究表明，不同的个性特征、不同的岗位和角色需要不同特征的人去做，通过胜任特征深度评估，能够测查人才的能力素质，用于人才选拔和培养。不同职业需要不同个性特点的人去做。个性特点适应其工作需要时，才能充分发挥个人的作用，因此做到因材施用，才能相得益彰。做好现职工作，必须纠正其个性中不足的方面，了解和掌握一个人的个性特点就非常必要。

2. 问题诊断

胜任特征深度评估能够有效地对人的能力特征发展及差异进行诊断，以发现在胜任特征构成上存在的主要问题和不足。尤其是在紧张的军事环境与未来军事斗争准备过程中，各种压力可能会导致一些人出现心理疾患，问题人群已经不适合军事职业。因此，需要客观地提供被测者的个人素质信息，以诊断分析其人格特征、情绪反应、社会适应性等是否处于正常状态。

3. 效能预测

能力分为实际能力特征和潜在能力特征。实际能力特征代表个人已有的知识、经验和技能；潜在能力特征是个人将来可能达到的能力水平。两种特征都对个人的心理发展及其能力表现具有重要影响作用。通过测评所揭示的人的能力发展特征，尤其是一些特殊的能力发展特征，可以有效地预测个人未来发展的基本趋势。

4. 咨询服务

测评的关键性指标包括个性倾向性（态度、兴趣、需要、动机、价值观等）、个性特征（能力、性格、气质）、智力水平、意志品质以及自我认知能力、交往能力等。人才素质测评最大的效果在于能够帮助发现自己的性格特征、能力素质、兴趣培养以及意志品质等方面存在的缺陷和不足，有助于更加客观、准确、深刻地了解自己和认识自己。

心理咨询多用来探查就诊对象的某些心理特点及潜在的困扰，以便有针对性地提供一些指导。此外，各种学业、能力、兴趣和性格测验可以服务于升学、就业指导，还可以在非医学心理的咨询中探察人际障碍、情绪困扰，为当事人的自我决策和行为矫正提供参考意见。

三、胜任特征深度评估技术方法

胜任特征深度评估通过多元评价活动，了解从事职业活动所必备的胜任特征及相关个性，达到对被评价者的全面深入了解。该方法主要依赖评价中心技术。

（一）评价中心技术

1. 评价中心技术的定义

评价中心技术（Lan Taylor，2007）是应用现代心理学、管理学、计算机科学等相关学科的研究成果，集合多种测试方法，由多位考官对被试者在测试过程中的行为表现进行共同评价，以情境模拟技术为主体的综合性测评技术。广义的评价中心包含了心理测验、面试技术、投射测验和情境模拟技术；狭义的评价中心是指以情境模拟技术为核心的系列测评技术。

2. 评价中心技术起源

评价中心技术最早起源于1929年德国心理学家为部队挑选军官所建立的一套非常先进的多项评价技术。在第二次世界大战期间，美国特工经常在敌后进行活动，需要承受巨大压力，为此，战略情报局使用评价中心技术中"无领导小组讨论"和"情境模拟"选拔情报人员，并且获得了很大成功。英国模仿德国的评价活动，也成立了陆军部评选委员会，制订的方案包括精神病学面谈、智力测验以及情境模拟测验，先后对14多万人进行评价，并取得成功。美国心理学家Douglas Bray于1956年对该项技术进一步研究，用于管理人员的选拔。近60年来，该项技术在企业界不断发展，成为一种针对高级管理人员选拔最有效的测评方法。美国电报电话公司年年使用该技术提升管理岗位员工，78%与评价中心的评价鉴定一致。这项技术，从军队军官选拔起步，到情报人员精准选拔，再到大公司企业大规模使用。这种方法已经成为高级管理人员选拔和考评的重要技术方法。

3. 评价中心技术的特点

评价中心技术的主要特点是：①测评手段多元化。评价中心技术综合利用多种测评技术手段，把被试者置于一系列模拟的工作情境中，从而考察被试者是否具有某种能力、特质，并预测其职业效能。具体测评手段主要有结构化面试、无领导小组讨论、公文筐作业、角色扮演、案例分析和管理游戏等。②测评以团体测评为主。评价中心技术以团体测评为主，可以节省很多时间，通常 2 ~ 3 天就可完成群体评估内容。③测评结果比较客观有效。评价中心技术由于综合应用了多种人才测评技术，使得各种测评技术之间互相弥补，扬长避短，从而确保测评结果的客观有效。④评价中心技术属于动态测评，强调在动态中考查被试者的能力，从而使被测试的积极性和主动性得到了充分的发挥。⑤评价中心技术缺点表现在过分依赖测评专家，从评价中心设计到实施都需要专家投入大量的精力，且在考评中如果专家不能很好地把握标准化要求，这会带来评分者的差异，影响评估效度。

（二）评价中心技术使用的主要方法

广义的评价中心技术包含了心理测验、面试技术、投射测验和情境模拟技术；狭义的评价中心是指以情境模拟技术为核心的系列的测评技术。其中，心理测验包括个性测验、能力测验、价值观与动机测验、职业倾向与职业兴趣测验。面试技术包括结构化面试、半结构化面试和非结构化面试。情境模拟测验包括无领导小组讨论、公文筐测验、案例分析、角色扮演与模拟面谈等。

（三）评价中心技术的基本依据

一是环境对行为产生影响。要准确客观地测评一个人的素质特点，就必须将其纳入特定的环境中，由考官观察记录被试者的语言和行为，所以评价中心强调基于工作分析的情境模拟技术的应用。二是特定的行为能够代表特定的素质。特定行为所表现的特定素质，可以用于预测被试者未来的效能状态。三是遵从 S-T-R 模式。通过对被试者在情境模拟中施加的行为刺激（stimulate，S），观察被试者在特定情境中的行为表现（reprsentation，R）来推断被试者的素质特点（trait，T）。

第二节　面试技术概述

招飞心理选拔、现役飞行员改装心理评估，以及人力资源招聘、重要岗位的人才选拔和干部考核等，都用到面试这一技术方法。在选拔人才的过程中，科学应用这一技术可达到量化客观的目标，能准确、有效地发挥面试技术的重要功能作用。

一、面试技术的概念

1. 面试的含义

所谓面试就是一种事先经过精心设计、明确目的和程序，考官与应试者之间的双方面对面地观察、直接交谈或置应试者于某种特定的情境之中进行观察，从而对应试者的知识、工作能力、工作经验、性格、态度和待人接物的方式等素质特征、能力状况以及求职动机，进行考察的一种人员选拔甄选与测评技术。

通常面试需要是在特点的时间、地点进行。90%以上的组织，在其人员招聘与选拔的工作过程中，是借助于面试这一重要手段完成的。它作为一种常见的人才测评技术之一，广泛地适用于人才的选拔、考核、晋升等各方面。

2. 面试的本质

主考官与被考者交流的过程本质是一种"交互"，涵盖了口头言语的交流、肢体语言的交流、目光的交流，表情的交流等。因此，面试过程是一个主考官获得被试者某种基本能力与特质信息的过程。考官往往结合其他手段来实现对被试者的全面评价，以获得较好的效果。但是，由于面试的标准化过程难度大，如果主考官的问题也随性而发，被试者对问题的回答也会漫无边际，这个面试的效果就难以掌控。因此，在面试时主考官应该对问题的设置有依可循，可采取医学测验题目，认知测验题目和人格测验题目等设置问题。

3. 面试的起源与应用

西方面试是 20 世纪 50 年代在美国兴起的一种测评技术。在英国，文官考试录用中面试分数占全部考分的 1/6 以上，以后上升到 1/3；在日本的 14 种公务员录用考试中，几乎每种都有面试。在我国面试是一种最为古老，同时也是最具生命力的一种人才素质测评的方式。其产生和发展的历史可以追溯到先秦时期的孔子甚至更远。汉代时期的著名学者刘劭对面试有更深入的研究。当时刘劭把面试称为"接论"。他主张通过"接论"而"取同体"。三国时期的诸葛亮对于面试中的言谈与观察，提出了一套系统的方法，这就是著名的七观法：问之以是非而观其志、穷之以词而观其辩、咨之以谋而观其识、告之以难而观其勇、醉之以酒而观其性、临之以利以观其廉、期之以事以观其信。

直到今天，面试技术越加发展成熟，在人力资源领域应用广泛。选拔、招聘、培养人才诸多方面应用非常之广。在军事领域，军官晋级晋升考核、年度考核，以及招收飞行人员、文职人员、士官提干等工作中，面试也是一个重要环节。因此，对面试技术的掌握，是面试效果的重要保证。

二、面试技术的种类

（一）面试技术的种类

面试方法，通常分为两种：一种为传统面试法，另一种为结构性面试法。传统面试法，通常是自由提问和做出回答。面试之前没有确定的标准化问题，面试之中没有遵循标准化程序，面试之后缺乏系统化的评估，整个过程中主考官拥有非常大的自由评价权利。结构性面试，则是指面试的内容、方式、程序、评分标准及结果的分析评价等，均按统一制订的标准和要求组织实施。

在结构性面试法中，又按结构化程度、目的、内容和实施的方法等不同标准可将面试分成很多种类，按面试的结构化（亦可称标准化）程度来划分，可分为结构化面试（structured interview）、半结构化面试（semi-structured interview）和非结构化面试（nonstructured interview）三种。非结构性面试没有固定的模式和测评内容，也没有固定的评分程序，以总体印象和判断作为选人的决策依据；结构化面试也称为标准化面试，是根据岗位胜任要求，运用特定评价内容，方法和评价标准，严格遵循固定程序，通过测评人员与受试者面对面的言语交流，对受试者职业素质进行评定的标准化测评技术。由于结构化面试时在吸取标准化心理测验的科学方法基础上发展起来的测评方法，因此，结构化面试更具有更高的信度和效度。半结构化面试是介于这两种之间的一种方法。

（二）面试技术的形式

面试技术的形式依据应用目的区分，在飞行员招飞选拔中，通常有以下几种可以使用。

1. 问题型

事先拟定好问题提纲，要求被试者回答。其目的在于观察被试者在特殊环境中的表现，考核其相关知识层面问题、判断其解决问题的能力，从而获得第一手资料。

2. 压力式

有意识地对被试者施加压力、就某一问题或某一事件作一连串的发问，详细具体、追根问底，直至对方无以回答。这种方式在于观察被试者在特殊压力下的反应、思维敏捷程度和应变能力。

3. 情境式

事先拟定一个情境，提出一个问题或一项计划，请被试者进入角色模拟完成，其目的是在于考察其分析问题、解决问题的能力。

4. 综合式

视需求而制订，通过多种方式考察被试者的综合能力和素质。需要考察被试者外语能力的时候，可以用外语与其交流，要求被试者即时作文或即兴演讲；需要考察文学能力时，可要求被试者即兴作诗、演讲等。

（三）面试的组织实施

1. 面试实施的要素

面试由五大要素构成，即被试者（应试者或被面试者）、主试者（评委）、测评内容（试题、评分标准等）、实施程序、面试结果。

2. 面试测评的要素

通常通过面试能够测评的要素主要包括：综合分析能力，言语表达能力，应变能力，计划、组织、协调能力，人际交往的意识与技巧，自我情绪控制。

在组织实施中，具体面试几种要素，需要具体情况具体设计。挑选其中的几个或多个要素作为面试考核重点，需要设计好面试问题、记分表、评分标准等。

三、存在问题

目前各种面试存在的问题主要有以下五个方面：①随意性较强，缺乏明确的指导思想和周密的设计。②操作过程不规范、程序不合理，有的根本没有实施程序。③考官水平低，将面试看得过于简单，未认识到能力、个性本就难测，不像知识那样容易测量。④用人单位不愿在面试上投入相应的时间与经费。⑤面试不适宜测量某些内在的心理特点和思想状态。

我国面试技术的应用也比较普及，但存在结构化程度偏低问题，一方面由于对岗位的工作分析不完善，或者就根本没有进行工作分析，导致了内容不全面；另一方面由于操作程序不规范，导致测评结果出现误差，同时对评分标准，由于考官随意性提问的影响因素难以消除。因此，采用结构化面试技术时，应该严格操作程序，根据岗位的素质要求，就能力特征、行为动机、需求抱负等设计问题，最后依据设计问题，对受试者的举止仪表、言语表达、综合分析、应变能力等建立量化的行为指标体系，并结合个人简历等资料，对受试者的心理行为以及心理状态客观综合评价。

第三节 结构化面试

所谓结构化面试是对面试的内容、方式、评委构成、程序、评分标准及结果的分析评价等构成要素，按统一制订的标准和要求进行的面试；半结构化面试对面试构成要素中有的内容作统一的要求，有的内容则不作统一的规定；非结构化面试则对面试的构成要素不作任何具体规定。

结构化面试可以减少盲目性和随意性，其特点是客观，有效性高。半结构化面试和非结构化面试的特点是简单、容易组织，但主考官的随意性较大。

一、结构化面试基本概念

结构化面试，核心问题是按照考评目的确定标准化过程。通俗地说，就要依据要做的事情选定面试内容。如果是招收飞行学员，就要确定与飞行相关的指标要素；如果是士兵提干，就要面试那些可以作为评价士兵具备干部的指标要素。通过事先确定提问方式、组织程序、评分要点及评分标准组织实施。如果是干部考核，就要依据某一职务岗位的胜任特征指标，逐一选定能够面试的要素，确定面试方式，如采取情境面试，还是行为面试。在每一个测评维度上预先编制好的面试题目并能够制订相应的评分标准，在面试过程中，遵照一种客观的评价程序，对被试者的表现进行量化分析，给出一种客观的评价。不同的评价者使用相同的评价尺度，以保证判断的公平合理性。

二、结构化面试应用情况

目前在飞行员选拔，以及在部队各类人员选拔、干部管理中，结构化面试已经逐渐被广泛应用。这种方法建立在细致全面的职位分析和胜任特征分析的基础上，针对岗位要求的要素提出一系列设计完备的问题，参考被试者的举止仪表、言语表达、综合分析、应变能力等多方面的行为指标，观察其在特定情境下的情绪反应和应对方略，并做出量化分析和评估。结构化面试还结合个人简历等资料，提出对每个个体需要着重考察的工作经验、任职动机等方面的问题，全面把握被试者的心态、岗位适应性和个人素质。

三、结构化面试具有的优势

相对于传统的面试，结构化面试有以下优势：

（一）目的性明确

结构化面试具有很强的目的性。进行结构化面试的首要工作是进行针对所要组织进行的面试目的，查阅相关资料。如调查以往所进行的胜任特征研究或进行的工作分析确定指标有哪些，然后在充分理解岗位特征、岗位需求的基础上，确立需要考察的要素。

（二）标准化程度高

结构化面试是一种标准化的测评方法，针对具体考评目的采用标准程序，面试的题目、提问方式、计分和评价标准都是相同的。这大大提高了评价结果的客观性、准确性和实用性。

由于评分标准具体明确，为多个主考官的评价提供了一致性信度的条件。面试题目多具有相配套的面试评价表，列出了评价要素、权重以及具体标准。"测评要素"是对每一测评要素的描述；"权重"是该要素的水平刻度；"评分标准"是观察要点标准与水平刻度的对应关系，是每个测评要素不同表现的量化评分指标。同时，在每一面试题目后，给出该题考查要点，并给出答题参考答案，以供考官评分时参考，更好地把握面试标准。

（三）有较高信效度水平

笔试的问题对于一些深层次的能力和个性特征难以发现，传统的面试由于考官提问的随意性大，以及考官与被试者之间会相互影响，误差不易控制。结构化面试具有传统面试与笔试的优点，既保持了传统面试的双向交流、综合评价、与实际情况结合紧密的优点，又吸取了笔试的客观化、标准化的特点，使面试的效度与信度得到显著提高。

四、结构化面试对考官的要求

结构化面试要求考官需具备的能力包括：熟练运用不同的面试技巧；有丰富的工作经验和专业知识；具备较强的把握人际关系的能力和良好的自我认知能力；具有正直的品格和良好的修养，评分公正、客观；明确组织情况及空缺岗位的要求；具有人才选拔方面的专业修养，熟悉心理测评技术。

五、结构化面试实施程序

（一）预备阶段

提倡通过一种轻松的、熟人似的交谈，使面试人员自然放松地进入面试情境，以消除应试者的紧张心理，使面试在和谐、友善的气氛中进行。考试题目可通过抽签形式确定，让被试者有个初步的准备。这一阶段中安排的结构化问题一般是导入性的，基本不涉及正题，也较易回答。

一般以导入语和指导语的形式开始，可以事先拟订好书面的指导语，例如："下面我们会向你提一些问题，你可以根据自己的实际情况回答。有些问题和你过去的经历、工作有关，有些要求你发表自己的见解，请你仔细思考问题后再回答。请你仔细听好问题，把握问题的实质，尽可能简明扼要地回答。现在，请准备好，提问开始了。"

（二）面试阶段

面试进入实质性阶段，考官还可以有所分工，分别就不同的方面提问，如语言方面、工作经历方面、管理潜质方面、人际关系方面等。被试者回答，一般采取一问一答的形式。

（三）结束阶段

结束要顺畅、自然，如果所提问题有一些带欺骗性的设计意图，需要加以简单解释，避免被试者对考官产生不必要的误会，否则，会给被试者留下不好或太突然的感觉。在这一阶段，一般安排被试者对自己的情况做出补充。

六、结构化面试注意事项

考官组成中要有本单位以外的考官，以保持中立，确保评分客观、公正；确定面试题目时，同一类应试人员使用同一试卷，便于对不同被试者的应答进行比较，确保公平；面试开始前，考官应集体熟悉面试题目，统一评分标准；考官应善于听取被试者的陈述，避免打断被试者的思路，避免发表个人武断的价值性判断，防止被试者投其所好，影响测评结果；控制面试过程，把握面试时间；提问要简洁明了，吐字清晰，语速适中，要把握好面试进程，特别是在一些陈述不清的问题上不要与被试者长时间纠缠。

七、结构化面试试题

结构化面试试题见表 5-1。

结构化面试在我国军事飞行员胜任特征模型构建中得到应用。以下列举在研究应用中部分指标要素的面试问题供参考。

表 5-1　结构化面试样题

编号	面试指标要素	问　　题
1	成就力	（1）请介绍一个你主动为自己设立的具有挑战性的目标，你是如何实现这个目标的 （2）请谈谈你认为最成功的一段工作经历，当时的情况是怎样的？你都做了哪些工作 （3）请讲一个你在工作中追求完美的例子 （4）请给我讲一个你没能实现的目标，为什么没能实现 （5）请讲述一个你为了实现目标而付出巨大努力或牺牲的例子 （6）请讲述一个你在工作中不满足于现状，力求把工作做得更好的例子
2	坚韧性	（1）持之以恒、坚持不懈是成功所必需的宝贵品质，请讲一个你在工作中坚持了很久的习惯，这个习惯是如何帮助你获得成功的？在这个过程中，你遇到过哪些困难 （2）请描述一次这样的经历：当你在做一个项目时遇到了巨大的挑战或困难，你是怎样设法去克服困难并完成项目的 （3）请谈谈你做过的最有挑战的项目或工作，你是如何克服各种阻碍的？你有过这样的经历吗？你的意见不能被上级或同事所接受，你努力说服了他们。请讲述一个实际的例子 （4）请讲一个你中途放弃的项目或工作，为什么会放弃 （5）请描述一次你很努力地去做一项工作，但没有成功的经历
3	主动性	（1）你认为你所在的单位有哪些规章制度或流程需要改变？你为此做了什么 （2）请描述一次你主动改变，从而使你的工作变得更有效率或更轻松的经历 （3）请讲一个你在信息不充分、缺乏指导情况下完成的项目或任务 （4）请举一个由于你的努力而使一个项目或想法得以成功实施的例子 （5）如果作为单位领导，你将如何促进单位工作绩效改进？你都会做些什么
4	责任心	（1）请举一个你主动承担非自己职责范围内的工作的例子 （2）在你的日常工作中，有没有为了更好地完成任务而付出了很多额外的努力的经历？请详细描述 （3）你所在单位的目标是什么？你是如何理解的？为了达成这个目标你做过哪些努力 （4）工作中难免会有挫折。遇到困难时，你是怎么做的？请举一个具体的例子 （5）请讲述一次你主动帮助他人进步的经历

编号	面试指标要素	问　　题
5	组织忠诚	（1）你所在组织的价值观或目标是什么，你对此有什么看法，你是如何调整自己以帮助组织实现目标的 （2）您是否有过上级要求工作而不被下属欢迎，但你力挺完成的经历，你是如何做的 （3）当你发现某些有悖于组织目标或价值观的行为时，你是怎么做的？请举例说明 （4）当个人或专业上的利益与组织的目标发生冲突时，你会怎么样处理？请举一个例子 （5）你是如何为组织的发展献计献策的？请举一个实例
6	学习动力	（1）请谈一次在你的工作当中需要掌握新知识的经历，你是如何做的 （2）你最近学习了哪些新知识？为什么要学习这些知识？如何学的？有什么收获？如何应用到工作中的 （3）你在学习过程中遇到过的最大的困难是什么？如何解决的 （4）与别人相比，你有什么特殊的学习方法吗？请举例说明这种方法对你的帮助 （5）请讲述一次你努力学习专业知识，从而帮助团队提高工作效率的经历
7	追求卓越	（1）请谈谈你在工作中不甘平淡、追求卓越的一个实际事例 （2）为达到卓越的绩效，需要你付出巨大的努力，请讲一次你在这方面印象最深刻的经历 （3）请讲述在领导对你负责的某项工作已经非常满意的情况下，你仍然给自己提出更高标准的实际例子 （4）请回忆一次你所承担的工作遇到困难，领导决定放弃的情况下，你仍能努力尝试新方法的经历 （5）当你的业绩表现已经达到优秀时，你是如何超越自我，实现更大的成绩的？请举例说明
8	正直	（1）请讲一个你曾经遇到某人不顾他人利益，强加他人做某事的事情，你是怎样对待他的 （2）你曾经遇到过有存在违反相关规定的现象，请讲讲你遇到这样的例子，你是如何处理的 （3）请你讲一个这样的经历：别人让你撒个谎以便争取一个很重要的任务，你是怎么办的 （4）在工作环境中，个人的价值观会受到巨大的挑战，请讲述一次这方面的经历 （5）请回想你一直坚持的一个价值观受到很大挑战的实际经历。请举一个你的战友做了很不道德的事的例子，你发现后做了些什么

编号	面试指标要素	问　题
9	公平公正	（1）每个人都会有自己的喜好，但是对待下属应"一碗水端平"，请你回忆一下，有没有过努力克服个人喜好，公平对待所有下属的经历 （2）请讲讲你是如何在团队中营造一种坦诚、公开的气氛的 （3）有些下属会比较难缠，你会如何保证自己能够公平地评价这些下属？请举例说明 （4）请讲一个由于某些原因你没能公正地对待你的下属的经历 （5）请谈谈你在绩效考核方面的经历，你是如何确保自己能够公平地评价所有下属的
10	诚信	（1）请讲讲你因为信守诺言而赢得同事、战友们信赖的例子 （2）有些诺言实现起来会比较困难，请回忆一下你遇到的最难实现的诺言 （3）孔子说："人而无信，不知其可也。"请结合你的经历谈谈对这句话的认识 （4）请结合你的亲身经历，谈谈当你所领导的团队在一项重要工作中出现差错时，你是如何处理的 （5）请回忆一次你在工作中与人发生冲突的经历，当时你是如何处理的
11	遵守规则	（1）"按规则办事"说起来简单，做起来却有很大的难度，请谈谈你在这方面遇到的最大的困难是什么，当时你是如何处理的 （2）请谈谈你在工作中没有遵守规则的经历，当时的情况是怎样的，你是如何做的 （3）有没有过这样的经历：你的下属或同事为了更好地完成工作，提出了一个有违规定的方法，你当时是怎么处理的 （4）请讲一次你在工作中发现现行某些规定的不合理之处，及时提出，并加以改进的经历 （5）请谈谈你在遵守规则方面遇到阻力、印象最深刻的一件事
12	自律	（1）请回想你自己坚持的一个习惯得不到外部环境支持时的经历 （2）他人在场或不在场时，你都能够坚持的一个原则是什么？请以一个事例予以说明 （3）在组织并没有提出某个要求时，你也能够做到的事情是什么？请分享一个实例 （4）你有没有这样的经历：多亏你当时没有按照自己的本性做事，否则事情就会变得很糟糕。请回想一个这样的事例 （5）许多人并不按照规矩办事。你遇到过这种事情吗？你当时做了些什么
13	自我效能感	（1）请讲一项你最近接受的有挑战的任务，你是怎么做的 （2）如果有一项很困难的工作，你所在团队的成员都不愿承担时，你是否会主动接受这项工作？请举例说明 （3）请讲述一次你的失败经历。你认为是什么原因造成了这样的结果？你是如何重建自信的 （4）在绩效考核中，你是否收到过一些负面的反馈？面对这些信息，你是如何做的 （5）如果你和上级的意见发生了冲突，你会如何处理？请举例说明

编号	面试指标要素	问　　题
14	自我监控	（1）请回忆一下，当你独立去执行某项任务时，在置身于一个陌生的环境或不同的文化环境中时，你有什么样的反应 （2）谈谈你是如何尽可能适应新环境的，请举例说明 （3）有没有这样一种情境：当你被临时借调到一个新的单位时，发现工作氛围和方式与以前的完全不同，你是如何适应的 （4）请谈谈你刚刚被提拔到管理岗位的经历，当时都遇到了哪些困难？你是如何克服的
15	自我认知	（1）你是如何改进自己的不足的？请举例说明 （2）请谈谈你最近一次较深刻的自我反省 （3）你的同事或领导是如何评价你的？你同意他们的观点吗？有什么事例来支持他们的观点吗 （4）你在工作中是如何做到扬长避短的？请举一个最近的、印象比较深刻的例子 （5）请讲讲最近一次同事或同学给你的最坦诚的建议。你是如何看待的
16	独立性	（1）歌德曾说过：独立性是天才的基本特征。请结合你的经历谈谈对这句话的理解 （2）请举两个在你的工作经历中最能体现独立性的例子 （3）回忆一次你独立承担的最大的或最困难的项目，请完整描述那次经历，并告诉我你的感受 （4）请详细描述一下你所遇到的让你感到最无助、最困难的一段工作经历 （5）你在工作中有没有这样的经历：你在自己职权范围内做出的决定受到了他人或上级的质疑。你当时是如何处理的
17	决断力	（1）在你的工作中有没有过需要迅速做出决定并采取行动的经历？请详细谈谈当时的情况，你都做了什么 （2）在遇到突发情况时，你还能够坚持原来的计划吗？请举例说明 （3）请谈谈你在压力下快速做出决定的经历，之后你立即采取行动了吗 （4）当你的决定不被大家接受时，你是如何坚持自己的决定的？请举例说明 （5）你最善于在什么样的情况下迅速做出决策？请讲讲这方面的例子
18	细心	（1）有些工作是很容易出错的，你是如何尽量避免出错的 （2）不论从事什么样的工作都会有重复性的、比较单调沉闷的部分，请讲讲你的工作中这样的任务有哪些？你是如何处理的 （3）请回忆一个由于你的细心而避免了错误发生的经历 （4）有没有由于你的粗心而导致失败的经历，当时你是如何做的 （5）你从事过的最需要细致耐心的工作是什么？你是如何完成的

编号	面试指标要素	问　题
19	适应力	（1）在你的工作经历中最重大的变化是什么？你是如何在适应变化的同时保持工作的效率的 （2）与来自不同背景或文化的人共事是很有挑战性的，请回忆一下你有没有遇到过来自这些人的挑战或是不同意见？你是如何处理的 （3）你认为前几任领导在管理方式上有什么不同？你是如何调整自己来适应他们的 （4）请讲述一次你为了达到他人的要求而改变自己的工作优先顺序的经历 （5）有些突如其来的变化会彻底改变你的计划和安排，请谈谈你在这方面印象最深刻的一次经历
20	情绪稳定性	（1）你记得的最近一次因为工作灰心或不耐烦是什么时候？当时都发生了什么，你是如何处理的 （2）在面对突如其来的压力或指责时，你会如何应对？请举一个实际的例子说明 （3）请讲讲当你的工作没有得到领导的认可时，你是如何做的 （4）在你开始现在这项工作后，你的工作内容发生了哪些变化？哪个变化最让你感到不安 （5）所有的工作都会有一定的压力，你目前的职位主要面对什么样的压力？这些会对你完成工作有哪些影响
21	压力管理	（1）工作中难免会遇到一些危机，请讲述你印象最深刻的一次突发事件，当时是怎么处理的 （2）有些事情是我们无法控制的，领导临时交给你一项紧急而重要的任务，而你可能刚好也有很重要或紧急的工作要处理，请举例说明你在这种情况下是怎么做的 （3）你有没有过工作压力大到让你觉得自己应付不了的经历，请详细讲讲你当时是怎么处理的 （4）请谈谈当你被要求提前完成某项工作时你是怎么处理的 （5）请讲一个你在很大压力下完成的任务
22	灵活应变	（1）有些事情的发生并不在我们的预料之中。请讲述你遇到的一个事例。你当时是如何应对的 （2）请回想你需要应对一个棘手问题的经历 （3）你遇到过过比较紧急的情形吗？当时，你的感受如何？你做了些什么 （4）请回想你需要同时处理多项紧急事情的经历，你是如何应对的 （5）你遇到过面对困境大家都束手无策的情况吗？你当时做了些什么
23	分析思维	（1）请告诉我你所分析过的最复杂的问题是什么，结果如何 （2）请讲一个你所做过的最能反映你的分析能力的项目或任务 （3）请谈谈你对最近工作中最难的一个任务的工作思路 （4）当你面对一个复杂的局面时会如何处理？请举一个具体的例子 （5）请回忆一个最近解决的较难的技术问题，你是怎样解决这个问题的

续表

编号	面试指标要素	问　题
24	创造性思维	（1）请谈谈最近两年你在工作中主动实施的一个新方法 （2）请举一个事例来说明你是如何打破常规，用新的方法来解决工作中的难题的 （3）请讲述一次你发现传统方法的不足，尝试新的解决问题的方法，并取得成功的经历 （4）请谈谈你在新的训练方法展开中印象最深刻的一件事 （5）请讲讲你在创新方面遇到的最大的困难是什么。当时的情况是什么样的？你是如何处理的
25	问题解决能力	（1）请回忆一次你必须要去探索问题的深层原因的经历，当时是如何做的 （2）请讲述一个你发现问题，并提出有效解决方案的例子 （3）请讲这样一个经历：你经过慎重的思考才做的一个决定或解决的一个问题，你当时都做了什么 （4）请谈谈你到目前为止遇到的最难解决的问题，当时你是怎么考虑的？又是如何做的 （5）请讲一个最近两年中你认为自己解决得不太好的问题或难题，当时的情况怎么样？你都做了什么
26	冲突管理	（1）请讲一个你印象最深刻的、与他人发生矛盾或出现意见不一致的经历，你当时是如何解决的 （2）在团队中大家常常会有意见不一致的时候，请讲一次你成功说服所有团队成员达成一致意见的经历 （3）请举一个例子来说明你在工作中是如何预防冲突的发生的 （4）请讲一个你提出了很好的建议，成功地解决了两个同事之间的矛盾的事例 （5）请回想一下你遇到的最难相处的人，谈谈你最近一次和他接触的情况，你是如何处理的
27	合作性	（1）请你讲述一次最愉快或最成功地与他人合作的经历 （2）取得他人的信任与合作是比较困难的，请讲述一次你所经历的最不愉快的合作经历 （3）作为团队成员，有时为了团队目标的实现，不得不放弃一些对个人来说很重要的东西，请讲述一个你在这方面的经历 （4）你遇到的最难合作的团队或部门是什么样的？你认为影响你们合作的因素有哪些？你当时是如何处理的 （5）有些人是很难相处的，要与这样的人合作会是一个很大的挑战，请讲述一次你成功与这种人建立合作关系的经历

续表

编号	面试指标要素	问 题
28	口头沟通能力	（1）倾听有时会帮你更好地与人沟通，请讲述一次你通过倾听达到更好的沟通效果的经历 （2）请讲述一次你成功说服他人或团队接受你的意见的经历 （3）当谈话气氛变得很紧张时，你会如何处理？请举例说明 （4）请举一个当你向上级反映重要信息时，他误解了你的意思的经历。你当时是如何处理的 （5）你在与人沟通中曾遇到的最大的困难是什么？当时你是如何处理的
29	书面沟通能力	（1）工作中会有很多需要书面沟通的时候，请讲一下你做过的最重要的一次书面沟通 （2）请描述一次你觉得对于提升你的能力最有帮助的写作经历 （3）书面表达与口头表达有很大的不同，请谈谈你遇到的最大的困难是什么，你当时是怎么解决的 （4）请举一个你运用自己的写作能力很好地表达了一个重要信息的例子 （5）请讲一个由你写的且得到过大家认可的报告
30	说服力	（1）说服他人接受不同的意见往往是一件比较困难的事，请讲一次你成功劝说他人采取某种行动的经历 （2）当你认为自己的想法、计划或解决方案更有效时，你会如何来说服你的同事和上级？请举例说明 （3）有没有在与其他部门合作时，你成功说服他们改变意见或工作方式的经历？你当时都做了什么 （4）在你的工作经历当中，最不成功的一次劝说经历是怎样的？请讲述一次你成功劝说他人接受一个并不被广泛认可的想法的经历 （5）你是如何劝说他人接受或遵从不受欢迎的政策、措施或流程的？请举例说明
31	激励他人	（1）有没有这样的经历：由于你对未来的发展设想非常的吸引人，从而使那些总提意见的人接受了你的观点，成为你的支持者 （2）请讲讲你为自己单位建立愿景目标的经历。过程是怎样的？还有其他人参与吗？这个目标对于单位的发展有什么贡献 （3）请谈谈在军事变革发展，军事训练超常紧张的环境中，你是如何把握好单位发展方向的？请讲讲在这方面你都做了哪些工作 （4）作为单位技术领头者，你需要从全局的角度出发考虑单位未来的发展，请谈谈你在这方面做得最成功的一个案例

续表

编号	面试指标要素	问　题
32	影响力	（1）你是如何使别人参与、支持你的工作，并最终达到预期目的的？请举例说明 （2）当你的领导要求你去落实一些大家并不认同的训练方式时，你采用了什么样的方法来说服大家？请举例说明 （3）你是否遇见过这样的情形：某人不愿意干自己的工作。你会采取什么措施来改变这种情况？如果他不得不继续从事这些工作，你会如何说服他？请举例说明 （4）说服领导改变他的观点是一件比较困难的工作，请讲讲你在这方面的经历 （5）请回忆一下这样的经历：你通过对第三人或专家或上级领导施加影响而达到影响某人的目的
33	团队领导力	（1）请谈谈在你的管理工作中最有挑战的一次经历 （2）当单位士气低落的时候，你会怎样鼓舞士气？请讲一个具体的事例 （3）作为单位领导，在公平对待每位下属方面必定要花些心思，你在这方面都做了哪些工作？效果如何 （4）你是如何确定自己在单位的领导地位的？请讲讲你最近在这方面的经历 （5）请回忆一下，在你的单位中有没有过合作性很差或工作业绩很差的同事，你是如何处理的
34	计划和组织	（1）有时候你能利用的资源是有限的，你会如何利用现有资源来完成工作？请举例说明 （2）请讲一个最能体现你计划和组织能力的例子 （3）你在时间管理方面有什么技巧吗？请讲个例子来说明它们确实有效 （4）你的工作中有没有这样的情况：在同一时间内必须完成几件事，或在时间紧迫、资源有限的条件下完成工作。请讲一个具体的事例 （5）请讲一次你没能按时完成某项工作的经历
35	培养下属	（1）在最近的一次训练考核中，你是如何帮助下属确定需要提升的能力，并制订相应的培训计划 （2）当你单位下属中有一位表现一般时，你会怎样帮助他提升业绩？请举例说明 （3）对于那些工做出色的下属，我们会很容易忘记及时给他们提供反馈和发展建议。给我讲给你们单位最能干的下属，你如何和其进行绩效沟通？与其他人相比有什么不同吗 （4）请讲一个你的指导或辅导确实帮助下属提升了工作绩效的例子
36	授权	（1）在你的工作中，分配或布置给副手或下属有哪项重要的职责？你是如何授权的？效果如何 （2）如果在你授权后，下属的工作表现较差，你会怎么你会怎么处理？请举例说明 （3）某管理者说过，一位称职的管理者应该"只做自己该做的事，不做部属该做的事"。请结合你的经历谈谈对这句话的理解 （4）当一位下属不愿接受你安排给他的任务时，你会如何处理？请举例说明 （5）你有没有这样的经历：你本应该把一项工作授权给别人做，但你却还是自己来完成了？请举一个具体的例子

编号	面试指标要素	问 题
37	控制	（1）请结合一个实际发生的例子，谈谈你是如何确保由下属承担的工作任务落实到位的 （2）请谈谈你在监督下属完成工作方面遇到的最大的挑战是什么，当时情况是什么样的？你是如何处理的 （3）当你发现下属在完成一项任务时，其工作表现和原来计划有较大出入，你是如何处理的？请举一个具体的事例 （4）当一项任务涉及多人时，你是如何确保工作按照计划完成的？请举例说明 （5）请谈谈你在给所属某成员布置任务时最不顺利的一次经历
38	协调	（1）请谈谈最近的一件工作任务期间所遇到问题，你是如何与相关部门协调解决的，怎么确保了工作任务的顺利完成 （2）很多工作会涉及多个人来共同完成，在这样的情况下你作为负责人是如何协调好各方利益，使任务顺利完成的？请举一个具体的例子来说明 （3）请讲一个这样的经历：你和你的上级领导在解决问题上有不同的看法，你是怎样弥补你们之间的分歧的 （4）当你所管理的团队有两位骨干出现了矛盾，不配合工作时，你是如何解决的？请举一个具体的事例 （5）当你的工作需要其他单位配合，而这个单位的人却以各种理由来推托时，你会如何处理？请举一个类似的经历
39	激励他人	（1）请谈谈你是如何激励所属人员的，遇到过哪些困难？又是如何解决的 （2）请结合自己的经历谈谈激励他人最有效的方法有哪些 （3）团队中有时会有些人表现平平，不愿付出太多的努力，你是如何激发他们的工作热情的？请举例说明 （4）你是如何鼓励下属在他们的职权范围内自己做决定的？效果如何？有没有不太成功的例子 （5）请回忆一下，你有没有在非常困难的时候也鼓励他人自己去解决问题的经历
40	领导愿望	（1）请讲述你主动承担团队的管理工作的经历 （2）请谈谈你是如何赢得下属的信任和尊重的？请举一个具体的例子来说明 （3）如果作为管理者，你是如何提升集体团队士气的？请举例说明 （4）"不想当将军的士兵不是好士兵"，请举例说明你是如何努力成为团队的管理者或领导者的 （5）请结合一个具体的事例，谈谈你是如何成长为优秀的团队领导的
41	决策能力	（1）在目前的职位上，你最近所做的一次决策是什么？请告诉我你所面对的决策情境 （2）请谈谈你必须做出的一个有挑战性的决策。当时的情况是怎样的？效果如何 （3）有时人们会凭一时的冲动而做出决定，请举个例子来说明你会努力克服这种情绪，在获得所有的相关信息后才做出决策 （4）请给我讲讲你在工作中做出的最糟糕的决策

八、结构化面试记录表格

结构化面试记录表格见表5-2。

表 5-2　结构化面试记录表

面试职位：	考官姓名：			被试者姓名：被试者编号	
评分规则	1. 面试采用五级评分方法：1 分—差，2 分—较差，3 分—中等，4 分—较好，5 分—好 2. 面试要求考官对被试者的典型行为表现做简要记录，作为评分依据。请考官认真填写，要求简明准确，字迹清晰 3. 考官评分时要求遵循正态分布原则				
序号	评价指标	指标构成	评价等级	问题	典型行为表现记录	得分
	团队协作	1.建立信任 2.善于沟通 3.角色调适 4.集体荣誉感	1 分：合作意识淡薄，与团队中成员沟通不畅达，不懂得欣赏他人、信任他人	请您讲述一件在工作当中，你与大家协同合作，圆满解决问题的一次经历		
			2 分：具有一定团队合作意识，但只能被动地与团队成员沟通、配合			
			3 分：能以团队利益为重，与团队成员能够较好地沟通、协作，在自己的职权范围承担起责任			
			4 分：尽可能与团队成员配合，能够利用自己的特长为团队的目标做出贡献，尊重每个人为团队所做的努力			
			5 分：对团队的适应能力极强，能够在短时间内与团队成员建立信任，积极协作，主动承担责任，积极维护团队利益			

评语：

第四节　无领导小组讨论

无领导小组讨论（leaderless group discussion，LGD），属于评价中心技术中采用的一种很有特色、比较经典的情境模拟技术。它在评价中心技术中最常用、最具特色。

一、方法概述

（一）基本情况

在评价中心技术中，用于评估和选拔人才的情境模拟测试可以分为两种，一是小组作业（Group exercise），参与者完成任务需要其他参与者的密切协作。二是个人作业（Individual exercise），参与者完成任务只是独立进行。无领导小组讨论属于前者，是评价中心中常用的一种对被试者进行集体测试的方法。通过给一组被试者一个基于选拔目的的相关问题，让他们进行一定时间长度的讨论，来检测被试者的能力，以及自信程度等个性特点和行为风格，通过比对确定被试者之间的优劣。

无领导小组讨论由一组被试者组成一个临时工作小组（一般是 5 ~ 8 人为一组），讨论给定的问题，并做出决策。临时工作讨论小组不指定谁是负责人，谁主持会议，所有参与讨论的人没有领导与被领导之分。目的就在于考察被试者的表现，尤其看谁会脱颖而出，成为自发的领导者。评价者知识通过安排被试者的讨论题目，观察每个被试者的表现，给被试者的各个要素评分，从而对被试者的能力、素质水平做出判断。

（二）讨论题目的设计

无领导小组讨论的设计首先要有一套可供讨论的题目，题目要有很强的现实性和典型性，能够充分反映出实际情况以及当前形势，使每一位应试者对题目本身没有陌生感，均可以发表自己的观点。

题目要做到一题多义，一题多解，使参与讨论的人能够产生多种意见，以便大家在观点上出现交锋，有利于形成讨论的气氛。考官可从讨论的过程中考察和评价应试者的各种素质。领导小组讨论开始之前，考官要给应试者提供必要的资料，考官要向应试者交代问题背景和讨论要求。无领导小组讨论一般以 5 ~ 8 人为宜，时间大约为 1 小时。

（三）讨论方法的优缺点

1. 优点

无领导小组讨论作为一种有效的测评工具，与其他测评工具相比，具有以下几个方面的优点：①能测试出笔试模式和单一方面面试所不能检测出的能力或者素质；②能观察到被试者之间的相互作用；③能依据被试者的行为特征来对其进行全面、合理的评价；④能够涉及被试者的多种能力要素和个性特质；⑤能使被试者无意中显现自己各个方面的特点，因此在预测其在真实团队中的行为时有很高的效度；⑥能使被试者有平等的发挥机会，从而很快地表现出个体间的差异；⑦能节省时间，并且能对竞争同一岗位的被试者的表现进行同时比较（横向比较）；⑧应用范围广，能应用与非技术领域、技术领域、管理领域和其他专业领域等。

2. 缺点

在实施无领导小组讨论工作中，注意它存在以下缺点：①对测试题目的要求较高，设计题目比较难；②对考官的评分技术要求较高，考官需要接受专门的培训；③对被试者的评价易受考官各个方面，特别是主观意见的影响（如偏见和误解），从而导致考官对被试者评价结果的不一致；④被试者有做戏、表演或者伪装、装好的可能性；⑤指定角色的随意性，可能导致被试者之间地位的不平等；⑥被试者的经验可能影响其能力的真实表现。因此，需特别注意被试者是否有多次参加无领导小组讨论的经验。

（四）组织过程

无领导小组讨论组织实施分为三个阶段进行。第一阶段，应试者了解试题，独立思考，列出发言提纲；第二阶段，应试者轮流发言，阐述自己的观点；第三阶段，应试者发言、辩论，继续阐明自己的观点，或对别人的观点提出不同的意见。

二、无领导小组讨论试题类型

无领导小组讨论的试题，一般都是智能型的题目，不同类型和不同风格的讨论题目有其自身的优缺点，在应用无领导小组讨论时，应特别注意它的类型和形式。

（一）开放式问题

开放式问题的答案范围可以很广，主要是考察应试者思考问题时是否全面、是否有针对性、思路是否清晰、是否有新观点和见解等。例："你认为什么样的领导是好领导？关于这个问题，大家都可以对此发表自己的观点，并从不同的认识角度来回答这个问题。"对这个问题，被试者可以从很多方面回答，如领导的人格魅力、才能、亲和力、管理取向等。它的优点在于题目容易出，缺点在于不太容易引起被试者的争辩，测试能力的范围有限。

（二）两难问题

两难问题是让应试者在两种互有利弊的答案中选择其中一个。主要是考察应试者分析能力、语言表达能力以及说服能力等。例："你认为以工作取向的领导是好领导，还是以人取向的领导是好领导？"一方面这类问题对应试者来说通俗易懂，而且能够引起充分的辩论；另一方面对于评价者而言，不但在编制题目方面比较方便，而且在评价应试者方面也比较有效。此类题目需要注意的是，两种备选答案一定要有同等程度的利弊，不能显示出其中一个答案比另一个答案有很明显的选择性优势。

（三）多项选择问题

此类问题是让被试者在多种备选答案中选择其中有效的几种或备选答案的重要性进行排序。主要考察应试者分析问题实质、抓住问题本质的能力。例：① "飞行职业光荣且有危险，要求被试者提出自己选择飞行职业的种种理由。" ② "如果我是领导，调动他人的工作积极性，我能够采取的措施。" 要求被试者按照有效性进行分类。

（四）可操作性问题

可操作性问题是给应试者一些材料、工具或道具，让其利用所给的这些材料，设计出一个或一些考官所指定的物体，主要是考察应试者的主动性、合作能力、人际协调能力以及在实际操作中所扮演的角色。例如：做游戏、堆沙盘等操作中，考官给应试者一些材料，让他们构建一个楼房的模型、一个机场的模型。此类问题就是考察他们在面临任务时的表现，以及在此无领导的情况下能否担当起领导的责任，看谁能去充分利用资源、谁在发号施令、谁在积极配合……同时，通过设计机场、飞行等问题考察被试者的有关飞行知识。

（五）资源争夺问题

资源争夺问题适用于指定角色的无领导小组讨论。先是让处于同等地位的应试者就有限的资源进行分配，从而考察应试者的语言表达能力、分析问题能力、概括和总结能力，思维反应的灵敏性等。例如：让被试者担任分队小队长执行抗震救灾任务，就有限的资金进行分配，必须要有理有据，能够说服他人。考官观察个人的立场、观点、态度、表达、性格、对别人的态度……此类问题可以引起被试者的充分辩论，有利于考官对被试者的评价，但是对试题要求比较高，即试题本身必须具备角色地位的平等性，准备材料的充分性。

三、题目设计的两个基本原则

无领导小组讨论作为应用普遍的情境模拟技术，题目质量非常重要。主要有两项基本原则。

（一）题目难度适中原则

题目若是太容易了，大家在很短的时间里就能达成一致意见，难以全面考察被试者，如果太难了，大家更多的时间是在思考，需要较长的时间才能进入讨论的状态，思考行为是看不见的，也不利于对被试者进行考察。况且题目太难容易给被试者带来较大压力，被试者也可能因为压力过大而表现失常，表现得比平常激进或者消极，不能真实呈现平日应有的行为和状态。

（二）题目有一定的冲突性

题目必须要能够引起争论。争论的目的并不在于区分出争论双方胜负，而在于让聆听争论的考官看到被试者更真实的行为。当然冲突不能太大，否则大家很难达成一致。

此外，在实际操作过程中，田效勋等（2015）还提出7项具体要求或注意问题：①逼真性。题目必须结合实际工作，能够反映现实和典型事情。②针对性。针对现实中已经发生过或相似的问题，能够体现具体的现实工作情境特点和所具备的各种技能、品质要素等。③熟悉性。题目必须是所有被试者所熟悉的，这样才能激发被试者的讨论兴趣，充分展现自己的能力，表现真实的自我。④具体性。题目立意一定要从大处着眼，含义要深刻；内容一定要具体、实在、不空谈，避免导致玄妙、抽象、言之无物的讨论或争论。⑤适应性。指的是题目的难度问题，与前述相同。⑥多元性。题目一定要一题多解，每一种答案或方案均有利有弊，做到仁者见仁、智者见智。⑦平等性。如果题目中涉及角色分工，则不同的角色之间一定要保证平等，不能造成被试者之间有等级或优劣之分。

四、无领导小组讨论的实施程序

（一）准备阶段

在组织实施开始前，需要做好以下准备工作。

1. 场地布置

实施环境要求安静、整洁、明亮。场地要有足够大的面积，以便安排测试者与评价者的位置。座位的安排也要符合一定的要求。①参评者座位之间的距离应该远近适中。如果距离过近，会让人感到不舒服；距离太远，又不利于交流。②理想的测评环境应该是使用具有单向玻璃和录像设备的专门测评室。空军特色医学中心航空心理研究室专门为飞行员改装选拔和试飞员心理选拔，设置了专门"评价中心室"，按照标准化规定配置了选拔专用桌椅，使其成为目前空军心理选拔机构唯一的"评价中心"标准配置。参评者与评价者之间的距离远近适中，便于记录为准。距离太远，不便于观察；距离太近，会给被试者带来压力和不适。场地安排一般以图5-1为适宜。

图 5-1　无领导小组讨论场地座位安排示意图

☺：评价者　✡：被试者

2. 材料准备及其摆放

在讨论开始前，需要在房间内准备被试者所需的笔、草稿纸、桌签及其用于控制时间的钟表，以及记录被试者在讨论中表现的设备器材，如录音笔、摄像机等。

3. 评价者培训

评价者按照一组配置4个人为合适，能够观察到位、确保不遗漏细节，并保证评分的公正性。由于评价者的观察是一项注意力高度集中的工作，对所评价的能力需要有一定的理解能力和经验。通常没有经过培训的人员不得安排参加此项工作。评价者在事前必须安排培训，掌握无领导小组讨论的设计原理、目标岗位需求要素、关键效能的衡量指标等，特别是要对评价维度的定义和操作定义有清楚的认识，对记录内容和方法、评分过程和方法、注意事项等都需要进行培训。

（二）实施阶段

通常实施阶段包括：讨论前准备、个人观点陈述、自由讨论、汇报讨论结果和评价者提问等几个阶段。以下以60分钟时限的无领导小组讨论实施安排为例，简要说明实施过程。

1. 测评前准备

主持人宣读和讲解指导语，被试者进行独立思考，形成个人的独立意见（10分钟）。

2. 个人观点陈述

每位成员用2分钟时间向评价者陈述个人的观点（12分钟）。

3. 自由讨论

对设定的题目进行小组讨论，不指定领导（30分钟）。

4. 汇报讨论结果

推选一名代表就小组讨论的过程进行总结（3分钟）。

5. 评价者提问

评价者针对小组整体的讨论特点提出挑战，请小组成员自由发言（5分钟）。

五、无领导小组讨论题目举例

（一）例题1：飞机失事爆炸前逃生

情境：在11月的某一天，你所乘坐的航班在绵延起伏的大山飞行，突然遭到恶劣天气，飞行折毁于半山腰之中，随时可能有爆炸的危险。机组人员全部遇难，仅幸存旅客7人，其中4名男性，3名女性，并且来自不同的国家，所使用的语言有英语、德语和汉语，但每个人都能或多或少说一些英语。现在大家并不知道所处的位置在哪里，对周边情况不了解。既不知道周边是否有村庄，也不知道是否周边有伤害人的动物。

请注意，此刻大家身穿比较单薄的衣服，外面漆黑寒冷。飞机上能够看到的有以下物品：一个打火机，一把机组人员使用的瑞士军刀，一本航空地图，一个指南针，几件厚的外套，一本英汉德词典，一块大塑料布，一块手表，每个人平均有三瓶饮用水、五袋饼干、一瓶盐、三瓶带有德文说明的药，每人一副太阳镜、一面镜子、一些粗绳子。

任务：飞行预计可能还有半小时就会爆炸，你们的任务是根据这15件东西对你们求生的重要性，迅速进行排序取出飞机，并说明理由。

首先给你们10分钟的时间各自独立对这些东西的重要性进行排序，在这阶段注意不要互相讨论，接下去用1小时的时间进行讨论，排列这些东西的重要性，最后拿出小组一致的结果来，由一个人向主考官进行汇报，并陈述理由，时间为1分钟，其他人可以进行补充。

如果到了规定时间你们还不能达到一个统一的意见的话，飞机就将爆炸。那么，你们每个人的成绩要减去一定的分数。

好，现在开始。

（二）例题2：飞沉船求生

背景：一艘在海上航行的轮船不幸触礁，还有约1小时就要沉没了。船上有15个人，但是唯一的一只救生小船只能载6人，哪6个人应搭乘小船呢？需要团队成员讨论并达成小组的一致意见：从下面15个人中选出6人，并对选出的6人按照获救的优先顺序进行排序。

（1）船长，男，36岁。

（2）船员，男，38岁。

（3）盲童（音乐天才），男，17岁。

（4）某公司经理，男，34岁。

（5）副省长（博士），男，42岁。

（6）大学校长，女，42岁。

（7）省委书记的儿子（研究生、教学尖子），男，24岁。

（8）某保险公司销售员（少数民族），女，20岁。

（9）生物学家（获国家重大科技进步奖），女，51岁。

（10）生物学家的女儿（弱智），15岁。

（11）因抢救他人而负伤的重病人（昏迷），女，25岁。

（12）某外企外方总经理（白种人），男，38岁。

（13）罪犯（孕妇），女，25岁。

（14）医生，男，38岁。

（15）护士，女，25岁。

六、无领导小组讨论的评分方法

无领导小组讨论的评价办法有两种，一种主要对测评要素进行评价，另一种是对应试者的行为表现进行评价。

在第一种情况下，我们设计出讨论中需要对应试者进行的评价要素（表5-3），考官在通过观察应试者在讨论中的表现进行打分（表5-4）。

在第二种情况下，我们通过分析，设计出在无领导小组讨论中应试者可能出现的行为，并将其编码，考官通过记录应试者相应行为出现的频数，进而计算出相应测评要素的得分（表5-5），对应试者的有关特征做出评价，第二种办法的优点，可以尽量避免考官的主观因素。

表 5-3　无领导小组讨论评价要素观察点

评价要素	观察要点	评价等级
团队精神	——很快融入小组活动之中 ——为小组整体利益着想 ——有独立的观点，但必要时会妥协 ——为他人提供帮助	1. 2. 3. 4. 5
影响力	——观点得到小组成员的认可 ——小组成员愿意按照其建议行动 ——不靠命令的方式说服别人 ——小组成员认同其做事方式	1. 2. 3. 4. 5
沟通能力	——口头表达清晰 ——敢于主动打破僵局 ——能够倾听他人的合理建议 ——遇到人际冲突能保持冷静，并想缓和的办法	1. 2. 3. 4. 5
分析能力	——理解问题的本质 ——解决问题的思路比较清晰 ——能够综合不同的信息，深化自己的认识 ——有悟性，领会新问题的速度快	1. 2. 3. 4. 5
应变能力	——遇到压力或矛盾时积极寻求解决办法 ——情境条件发生变化时能够调整行事方式 ——在遇到挫折时仍积极乐观 ——在难题面前能够多角度思考	1. 2. 3. 4. 5

评价等级共分为5级：0级为不好，3级为中等；5级为优秀

表 5-4　无领导小组讨论评分记录表

评价者姓名＿＿＿＿＿＿＿＿＿＿　　　　　　　　　　　评价日期＿＿＿＿＿＿＿＿＿＿

测评维度	被试者 A	被试者 B	被试者 C	被试者 D	被试者 E	被试者 F
团队精神						
影响力						
沟通能力						
分析判断						
自信心						
应变能力						
……						
总体评分						

表 5-5　无领导小组讨论评分记录表

评价者姓名＿＿＿＿＿＿＿＿＿＿　　　　　　　　　　　评价日期＿＿＿＿＿＿＿＿＿＿

编号	被试者 A	被试者 B	被试者 C	被试者 D	被试者 E	被试者 F
发言次数						
发言先后						
倾听他人意见						
支持或肯定他人意见						
发表不同的意见						
坚持自己的看法						
消除紧张气氛						
鼓励他人表达						
主动成为领导者						
深入推动						
采取策略影响他人						
非言语表情						
反应灵敏						
妥善化解矛盾						
主动寻求合作						
提出新的见解和方案						

第六章　飞行员心理健康状态及特质评估

随着航空技术的快速发展，航空心理的作用日益显现出更加重要的意义。它涉及航空飞行事故调查、飞行员心理选拔与心理训练，关系到飞行人员心理健康维护和飞行任务相关的健康鉴定，对作战能力的提升十分重要，亟待与航空武器技术同步快速发展。尤其是飞行员心理健康问题，是制约飞行员技术能力发挥的重要内容。2017年空军卫生局专门下达通知，在相关机构全面实施飞行员心理健康评估工作，明确组织管理、实施办法和使用工具，标志着我军飞行员心理健康评估工作已经从问题探索、实验研究、应用验证阶段，走向标准化常规实施阶段，对军事飞行人员战斗力培育将发挥重要作用。

第一节　飞行员心理健康评估问题

飞行员心理健康的评估本质是对飞行安全负责的核心问题。飞行员除了对飞行技能要求外，必须在心理上适合飞行，定期接受航空医生体格检查以验证其对飞行的适合性。飞行体格检查过程中必须重视任何关于飞行员心理适应性的疑问。如果飞行员心理健康适应性受到质疑或者飞行员承认存在心理健康问题或状况，则在心理健康鉴定时应该停飞，至少是暂时停飞。在这种情况下实施飞行员心理评估，需要进行全面的心理健康检查。

一、美国飞行员心理健康评估依据

美国联邦航空条例(Federal Aviation Regulations, FARs)和航空医学鉴定指南(Guide for Aviation Medical Examiners)，美国联邦航空管理局中规定了美国飞行员医学资格标准，两个规则均是每年修订一次。当进行飞行员医学资格鉴定时，FARs 的标准服从于美国联邦航空管理局的标准，其他的诊断标准对于决策过程也是有益的。

美国关于心理障碍诊断最可靠的标准是 Diagnostic and Statistical Manual of Mental Disorders，Fourth Edition，Text Revision（DSM-IV-TR），由美国精神病学会（American Psychiatric Association）2000 年发布。DSM-IV-TR 是依据支持心理健康问题的综合征状进行诊断的，个体必须符合一系列的特征才能做出心理障碍诊断。该系统包括用于分类的 5 个不同的轴，分别为心理障碍或者心理健康状况、人格障碍、智力障碍、并发医学障碍、影响个体的应激源，还有一个评定量表用于识别个体功能的整体水平（Federal Judicial Center 2011）。其他诊断标准，如 International Classification of Diseases，Ninth Revision，Clinical Modification（ICD-9-CM），由美国疾病控制和预防中心 2011 年发布，提供了所有疾病的诊断标准和清单，包括所有的心理障碍。

（一）心理健康问题

航空医学心理学家进行鉴定时，进行心理健康测试，重要测试飞行人员当时的行为和情感状态。其中一项内容是测试飞行人员人格和精神病理状态是否会对飞行适应性有不良影响。其依据是 FAR/AIM（Federal Aviation Adiminstration 2013a）。明确指出："某些情感困扰事件，包括严重的争吵、家庭成员死亡、分离或者离婚、失业、经济困难会影响飞行安全，这些事件导致的愤怒、抑郁和焦虑情绪不仅会降低警觉状态，还会导致自杀的风险增加。任何经历情绪困扰事件的飞行员都应该停飞，直到从事件中完全恢复"。

（二）心理健康评估

美国航空体检医师在飞行体格检查中会对飞行员心理健康状态进行简要的评估，根据申请的医学资格等级不同情况，体格检查每 6 个月至 5 年进行一次。

以下症状是影响飞行适应性和飞行安全的主要问题，应当引起航空医生足够警觉的症状是：鲁莽行为、情绪变化、座舱内错误和分心、无助感、不幸福感、睡眠紊乱、不明原因的体重变化、兴趣减退、酒精或安眠药增量，以及面容、情绪、行为、记忆和（或）认知的变化或者限制。

Bor 和 Hubbard（2006）提出，要注意以下问题通常是影响导致心理健康变化的主要原因：应付方式、工作负荷、个人问题、潜在医学不合格情况而担心丧失飞行医学资格、日常心理挑战。

（三）美军常用心理量表

美军通常在心理健康检查中使用的测试包括 Miller Forensic Assessment of Symptoms Test（MFAST）（Miller，2001），Minnesota Multiphasic Personality Inventory-2（MMPI-2）F-K ratio（Greene，2011），MMPI-2 Fake Bad Scale（Greene，2011），Millon Clinical Multiaxial Inventory-Ill（MCMI-III）X and Z scales（Strack，2008）和 Trauma Symptom Inventory-2（TS1-2）（Briere，2010）。

二、我国飞行员心理健康评估情况

我国军事飞行员心理评估主要分为常规心理评估和应急心理评估两个部分，涉及常规心理评估主要由航空医学鉴定训练中心在飞行员年度大体检时同步进行，采用专门的"飞行员心理健康量表"组织实施。评估有问题者则转介相应医疗单位或精神专科医院进一步检测诊断。因心理健康问题住院治疗者或精神障碍问题者，则按照医疗程序实施全面心理评估鉴定。心理评估主要依据中国精神障碍分类与诊断标准（CCMD-3）（由中华医学会精神分会制订），由具有精神科医师资质人员做出鉴定诊断。

（一）常规心理评估

常规心理评估是指在飞行员年度大体检健康鉴定工作中实施的心理评估工作。飞行员本身并不存在主观心理评估、心理咨询与心理治疗需求，也不存在直接的飞行隐患，但在我军航空卫生工作体制中，飞行员年度身体全面检查中，常规心理评估是一项重要的工作内容，是保证飞行安全的一项重要工作。

心理评估加入年度大体检，是 20 世纪 90 年代初期从部分承担飞行员年度大体检机构开始，逐步扩展的一项工作，并列入了飞行员大体检常规工作中（注：这一时期我军飞行员年度健康体检工作安排在飞行员每年一次的疗养中，由空军疗养院组织实施）。在同期出版的《疗养常规》中，明确了使用工具和评估细则及使用标准（陈义勤，1993），工具为"飞行员心理健康量表"（宋华森，1993）。该表经过 20 多年来的应用，对维护飞行人员心理健康发挥了重要作用。近年来，由原空军航空医学研究所进一步修订使用工具的常模，空军卫生局在 2017 年下达相关文件通知，进一步明确规定"飞行员心理健康量表"成为飞行员年度体检心理健康评估工具。这项工作是空军航卫保障的一项重大举措，是我国航空保障心理卫生工作历经 30 多年发展的标志性事件，也是进一步做好飞行员心理身心保障，提升战斗力的重要举措。

"飞行员心理健康量表"包含 12 个因素，也即依据飞行员心理健康标准设定，内容中能够反映与飞行成绩相关的因素，也能够反映与飞行员身体健康相关的因素。该量表自 1990 年编制完成后，在航空医学领域得到广泛的应用，其信度、效度指标良好，是评估飞行员心理健康水平性能稳定的良好工具。还有一些其他心理测量工具，依据实际工作需要都可以采用，比如 MMPI、16PF、EPQ、SCL-90、SAS 和 SDS 等。依据具体目的采用合适的量表评估。目前宋华森团队（2019）依据脑电、眼动、语音结合虚拟现实等新技术评估飞行员心理健康问题，也已经获得进展。

此外，除了伴随年度大体检飞行人员所进行的心理评估外，当执行任务前或单位组织心理健康普查等情况下，尽管当事人不存在直接的安全隐患，所进行的心理评估均属于常规心理评估范畴。

（二）应急心理评估

在飞行工作中，当事人反应出现适应不良、抑郁、飞行困难或者焦虑等问题，以及出现自杀倾向时，所组织的心理评估为应急心理评估。以下问题均可列入应急评估范畴。

（1）无法预料的沮丧、暴躁、悲伤或者抑郁。

（2）反复的"冲动行为"，如虐待配偶、赌博和滥用药物。

（3）不按单位的纪律行事，让人觉得"他们看起来并不在乎自己会面临什么状况"。

（4）违法行为、情绪突然变化，或者原来是积极分子，现在绩效明显下降。

（5）令他人担惊受怕的"古怪行为"。

（6）无法学习工作所需的材料，提出有关缺乏学习能力或者多动与注意障碍的问题，尤其当事人提到了先前学习困难的现象。

（7）经常睡眠不好，以致当事人不能圆满履行完成飞行职业，包括体能训练、技能训练。

三、心理精神健康问题评估鉴定

（一）心理精神疾患评估

心理精神疾患问题评估是指具有某种心理疾患需求，或因心理疾患入院治疗需求所实施的心理精神健康评估。通常由航空医生转介于心理精神专科医院门诊，或体系医院住院期间由心理医生实施。需要做出诊断结论时，由所住医院的健康鉴定专家委员会集体评估。据有关资料显示，近些年来，在飞行员群体中，也存在一些因心理疾患住院而需要进行心理健康评估的案例，也有因心理疾患停飞的案例。

需要指出的是，心理精神健康问题的评估诊断，是一项十分谨慎严肃的问题。它的难点是客观检查的证据不多，一些症状性的表现属于共病，还是专病，难以区分。受到自身对飞行职业发展的动机影响较大。

（二）心理精神评估依据

美国针对这个问题，有专门的研究论述，有以下常见原因需要接受心理健康鉴定：①发现与神经认知和（或）心理健康有关的心理状况；②飞行相关的困难；③训练困难；④工作或者工作之外的行为问题；⑤一系列的特定状况，包括：物质滥用、注意缺陷/多动症（ADHD）、神经病状态、使用认可的抗抑郁药（SSRI）。FARs 中规定的飞行不合格心理健康/精神病情况，包括临床诊断为人格障碍、神经症、双向障碍或者精神病，或者相应病史。

除了以上潜在飞行不合格的心理健康情况外，飞行员也可能因为以下情况被建议进行心理健康评估：①评估是否存在情绪问题及其本质和严重程度；②形成或者确定一个诊断；③心理健康情况相关的治疗过程中的辅助评估；④复杂临床情况的鉴别诊断；⑤认知、情绪、情感随时间变化的跟踪测试或者基线信息测试；⑥可能会导致心理障碍的亚临床心理健康症状的识别；⑦辅助飞行训练部门用于支持飞行员技能发展或提高的训练；⑧描述功能局限性。进行心理健康评估时，特别需要识别或者确定是否存在可以识别的心理健康情况，如果心理健康情况确实存在，应重点考虑这个情况是否具有航空医学意义。

我国情况类似，常规心理评估在飞行员大体检时同步进行，只有在评估后临床心理访谈出现心理健康问题，或者需要专项飞行结论评定时，才转送至上级医疗机构由飞行员健康委员会组织专家专项做出心理健康鉴定。最终做出心理疾患停飞的权利也仅仅由设在空军特色医学中心飞行员健康鉴定委员会具备。这些年来，这类问题空军卫生主管部门予以高度重视。

四、飞行人员心理健康评估步骤

（一）常态化心理评估

1. 常规评估基本步骤

在我国对飞行员实施心理健康评估通常有 4 个步骤：①查阅年度体检本；②集体组织心理测试；③间接信息；④临床心理访谈。这 4 个步骤主要目的是评估人格特质、情感功能、行为和认知能力，测试结果用于辅助心理状态评估及临床心理诊断，制订心理训练和心理咨询治疗方案，识别干预过程中或干预后的变化，对是否需要转介相关咨询治疗机构，以及是否适合继续飞行提出建议。在实施 4 个步骤之后就是提交心理健康评估书面报告。报告的主要内容有：阐明来访者的问题和相关论点，列出实施用于解释心理测试结果的所有的心理测试。所有相关测试分数的综合表格应该附于报告中，提交给上级主管部门的报告应该包括测试的原始分数，阐述意见时应该考虑所有查阅的信息，而不仅仅是考虑测试分数。

2. 疗养期年度评估步骤

对飞行员实施心理健康评估严格按照《疗养技术常规》（1999）规定步骤实施。通常分为两种情况：一种情况是入院之后集体心理测试，与身体检查同步进行，即按照相关规定组织实施。测试结束后，一方面由心理科提交报告给飞行员所在疗养科室，下一步的工作由疗养科结合其他身体情况或疗养员本人要求做出进一步处置安排。另一方面，是飞行员心理评估处于正常状态，飞行员自身需求主动预约实施的心理辅导。可由飞行员本人与心理科协商确定时间自行安排，通常是集体心理测试之后的具体步骤。另一种情况是飞行员自我感到压力过大，处于焦虑或抑郁状态情况下的预约心理咨询治疗。目前在该项工作中在不同单位步骤方法略有不同，基本要素需符合《疗养技术常规》所规定步骤。在实施心理评估之后，均向所在疗养科室提交测评书面报告。报告的格式分为基本情况、原始分数、标准分数和结论。结论按照"适应好""适应良好""适应一般""不适应"4 种情况提交。凡是"适应一般"以下者均是咨询与辅导的重点对象。

（二）注意分数的真实性

由于飞行员心理测试工作还没有列入年度体格检查结论部分，大部分接受心理健康鉴定的飞行员有恢复工作的动机，通常在测验时总是试图有恢复飞行的最大意愿。当受检者不努力参与测试或者假装绩效不佳时，就存在装病测试问题，此测试也被称为效度测试。由外部动机导致的故意欺诈或者夸大身体或者心理症状。DSM-IV-TR指南对于装病的可疑情况包括：①代理人（律师）的建议；②客观数据和声称的问题或者疾患之间的显著差异；③鉴定过程中不合作，或者治疗中不合作；④反社会人格障碍诊断。因为在鉴定过程中努力程度会变化，所以在需要涉及测试结果效度的个案中，症状效度测试应该贯穿鉴定过程。

第二节　心理健康状态评估工具

一、军人心理健康评估调查问卷

由原解放军第 102 医院等单位研制的"军人心理健康量表"为军人心理健康状况的评估、心理障碍及精神疾病的筛查提供了有效的手段。该量表共 101 题，调查方法为：用这份问卷来了解近 1 个月的心理健康状态，所列问题主要指被测者在平时的情况，请依次回答所列问题，回答不要写字，如情况符合，请在答卷上该题目的"是"字下的方格内打勾；如情况不符合，请在答卷上该题目的"否"字下的方格内打勾。根据您的实际情况回答，每一条都要回答，这里不存在正确或错误的问题，将问题的意思看懂了就快点回答，不要花很多时间去想。根据被试者回答的"是"或"否"分别计 1 分或 0 分。T 分计算方法：T=50+10（X−X′）/SD（公式中 X 表示原始分数，X′表示平均分数，SD 表示标准差）。最后以 T 分数作为划界，T 分数 ≤ 70 分提示正常，T 分 > 70 分说明有心理障碍。分值越高，说明心理障碍越重。

二、康乃尔医学指数

康乃尔医学健康问卷（Cornell Medical Index，CMI）是 1949 年美国康乃尔大学布朗等设计制作并首先用于军人的心身自觉症状的调查表。我国 1982 年从日本引进并予以修订。CMI 最主要的作用是用于帮助神经症的诊断并能做到一定程度的定量化。对空军飞行人员的调查表明，我国飞行人员诊断为神经症（包括接近神经症、神经症）的为 11.04%，其心理自觉症状以紧张、社会不适应、易怒心理为主。

CMI 共 195 题，由躯体自觉症状和心理自觉症状问题两大部分组成。躯体自觉症状包括A：眼和耳；B：呼吸系统；C：消化系统；E：肌肉骨骼系统；F：皮肤；G：神经系统；H：泌尿生殖系统；I：疲劳度；J：对疾病的关心程度；K：既往病史；L：习惯。心理自觉症状包括M：社会不适应性；N：抑郁；O：易怒；P：过敏；Q：易怒；R：紧张。

CMI 的各系统的症状按无症状、偶发症状、轻度症状、中度症状、重度症状 5 个等级予以评定。该量表是疗养员心理诊断最重要的辅助量表之一。

三、军人适应不良自评量表

军人适应不良自评量表由张理义等研制。研究证明，适量的刺激对于个体的生存和发展是有益的，但过多、过强、过长的心理压力或刺激可影响人的身心健康：如致心因性精神障碍、心身疾病、神经症以及诱发或加剧内因性精神病和躯体疾病。适应性障碍，就是指遭受日常生活的不良因素刺激，又由于具有易感个性，加之适应能力差，而导致的心理障碍，其主要表现为行为或生理功能的障碍使学习、工作、生活及人际交往等受到一定程度的损害。

该量表适合于 15 岁以上、小学以上文化程度者应用。军人适应不良自评量表共由 40 个条目组成，主要内容包括：行为问题；情绪障碍；人际关系不良；社交不良。

四、焦虑自评量表

焦虑自评量表（Self rating anxiety scale，SAS）适用于具有焦虑症状的成年人。它包含 20 个项目，即使没有精神科知识的一般人也易于理解，而不是一些外延广泛的专门定义。SAS 采用 4 级评分，主要评定项目的定义症状出现的频度，其标准是：①没有或很少时间；②小部分时间；③相当多时间；④绝大部分或全部时间。SAS 应在开始咨询或治疗前、后各进行一次自评，通过总分的变化来分析自评者症状的变化情况。

五、症状自评量表

症状自评量表（The self-report symptom inventory，SCL-90）是反映病人心理症状及其严重程度和变化的实用、简便而有价值的量表。共 90 题，包括 10 个项目：躯体化、强迫、人际敏感、抑郁、焦虑、敌意、恐怖、妄想、精神病性以及附加量表。

六、心理健康筛选量表

采用心理健康筛选量表进行分类，有助于战时心理评估分析，及时发现并诊断心理疾病人员。

（一）量表构成

该量表的构成分为三大部分，第一部分为基本情况，包括飞行人员的姓名、性别、年龄、单位、机种、飞行时间、联系方式等；第二部分为问卷本身，由 60 个项目构成，其中 4 个项目是测伪尺度，其余 56 个项目是反映飞行人员心理症状及与身体症状有关的问题；第三部分是附加题，主要是了解被试者对身体健康状况的总评价，以及是否接受过心理咨询与治疗，有什么咨询要求。

（二）筛选标准

通过该问卷可以进行分类筛选，确定其是否属于心理咨询关注的对象。第一类筛选标准（可能有心理问题者）：满足下列条件之一者：①总分在 25 分（包括 25 分）以上者；②第 25 题做肯定选择者；③辅助题中至少有两题做肯定选择者；④明确提出咨询要求且属于心理问题者。该类评估为 A 类，即需要继续进行心理咨询或心理治疗。第二类筛选标准：满足下列条件之一者：①总分在 20 ~ 24 分之间者；②8、16、26 题中有一题做肯定选择者；③辅助题中只有一题做肯定选择者。该类属于 B 类，即过一段时间再联系者。第三类筛选标准：不属于第一类和第二类者应属于第三类。评估为 C 类，即没有特殊的问题者。

（三）记分方法

计算总分。问卷共有 60 个问题，其中 4 个测伪题（第 5、20、35、50）。量表采用是非式选择，肯定选择的记 1 分，否定选择的记 0 分，其总分的计算规则是将除测伪题以外的其他 56 个题的得分求总和，所以，其总分最高分为 56 分，最低为 0 分。

如果不健康尺度上有许多是画了圈的，而健康尺度上也大多画了圈，说明没有真实地、认真地填写，所以这份问卷的可信度值得怀疑；同理亦然。一般来说，不健康项目上画圈多，健康项目上打叉，说明心理健康存在问题；否则说明心理健康状况比较好。

（四）项目组成

①关键项目（4 项）为 8、16、25、26；②鉴别神经症有效的项目（18 项）；③鉴别抑郁状态有效的项目（12 项）；④鉴别精神分裂症倾向有效的项目（18 项）。

（五）对 A、B、C 分类的建议

A 类：各类神经症、有精神分裂症倾向、悲观厌世、心理矛盾冲突激烈，明显影响正常生活、学习者，这类人员可立即预约下次咨询时间，每周或隔周面谈一次，直至症状减轻。

B 类：存在一定心理问题，如人际关系不协调，新环境不适应等。这类人员有种种烦恼，但仍能够维持正常的学习和生活。提供帮助的方式是请他们有问题时随时咨询。

C 类：通过面谈可以起到预防的作用。他们的症状暂时不明显或已解决，以后出现症状时，知道咨询机构可以提供帮助。

此外，为了对 A 类人员诊断更为准确，还可以借助其他测验手段。

第三节　心理晤谈技术

飞行人员心理健康评估中的晤谈技术，实质上是与飞行人员的信息交流，实现对

彼此的认知、情感和行为的了解和影响的过程。许多文献中指出，晤谈法"是最普遍的行为评估手段"。晤谈可以帮助他人所主诉的零散信息、片段问题连接起来，通过晤谈，一是接收、理解他人或有问题人的言语信息和非言语信息；二是要做出反应，即发出言语信息和非言语信息。

一、接收信息

评估需要获取求助者的当前问题或主诉有关的背景信息。背景信息本身并不是我们所要寻求的最后结果，这些信息只是整体评估过程的一部分，接收信息往往都是从晤谈开始的，它可以帮助掌握求助者更多的情况。

接收的信息尽管有各种各样，但最重要的有几个方面：①关于被试者的身份的信息；②总体外观形象和行为举止；③与现在有关的往事；④以往的心理咨询史；⑤教育和工作背景；⑥健康和医疗史；⑦社会成长史（文化背景、隶属系统、主要的价值观、过去问题的描述、主要成长事件、军队服役背景、社会和休闲活动、目前社会状况）；⑧家庭、婚姻、性历史；⑨对求助者沟通模式的评估；⑩精神（或大脑）状况。

获得以上信息的顺序很重要，一般从容易回答的问题着手，将敏感的话题放在晤谈的末尾，那时双方已建立起更大的信任，会更轻松地对一个完全陌生的人说出个人隐私。

二、接收信息的具体内容

（一）身份信息

姓名、单位、年龄，性别，文化，民族，婚姻状况，职业等，以及联系电话，紧急情况下可以联系的另一个人的姓名。

（二）总体外观形象

大约体重，大约身高，求助者的衣着、修饰、举止。

（三）现在的问题

记录所有目前的主诉。什么时间发生的？同时还有什么其他事件发生？发生的频率高低？相关联的想法、感受和行为是什么？何时、何地最常发生？有什么事件或人物促成问题的出现？它对求助者的日常工作和生活有什么影响？以前解决问题的方法或计划是什么？结果怎么样？求助者是什么原因决定寻求帮助的？

（四）以往的心理咨询和治疗史

治疗的类型，治疗的时间，治疗地点或人；当时的主诉；治疗结果和结束治疗的原因；既往的住院经历；因心理或情绪问题使用过的药物。

（五）教育和工作背景

整个受教育过程中的情况：学业优、缺点，与老师及同学的关系；工作类型，工作时间，结束或换工作的原因，与同事的关系，为工作所进行的培训和教育，工作中的哪些方面最易产生压力和焦虑感，最轻松愉快的方面是什么？对现在工作的总体满意度。

（六）健康和医疗史

儿童期的疾病，既往的重病史、手术史；目前与健康有关的主诉或疾病，如头痛、高度紧张，针对现在的问题所接受的治疗——哪种类型，由谁治疗，上一次体检的日期和结果；求助者家族（如父母、祖父母、兄弟姐妹）中的重大健康问题；求助者的睡眠状况，胃口，现在的用药情况（包括阿司匹林、维生素、避孕药、保健药）；药物或非药物性过敏情况；求助者的典型日常饮食（包括含有咖啡因的饮料、食物和含酒精的饮料）；身体锻炼的情况。

（七）社会或成长史

现时生活状况，居住条件，职业和经济状况，与他人的关系，社交和休闲时间的活动和爱好；宗教信仰，军队服役背景，主要价值观，偏好和信仰，求助者提到的以时间为顺序的重要事件，早期的回忆；在下列发展阶段发生的重大事件：学龄前（0～6岁），儿童时期（6～13岁），青春期（13～21岁），青年时代（21～30岁），中年（30～65岁），老年（65岁以后）。

（八）家庭、婚姻和性历史

1. 父母的情况

母亲奖励和惩罚的方式，父亲奖励和惩罚的方式；是否受父母、兄弟姐妹或其他人的身体和心理虐待；与母亲相处时的典型活动；与父亲相处时的典型活动；父母之间的关系。

2. 兄弟姐妹的情况

求助者在家庭中的排行顺序及地位；兄弟姐妹中，哪一个最像求助者，哪一个最不像求助者？哪一个最受宠于父亲及母亲，父亲及母亲最不欢迎哪一个？哪一个与求助者最融洽，哪一个最不融洽？

3. 直系亲属情况

直系亲属中有无患精神病者及有过住院史？直系亲属中有无药物滥用者？

4. 其他

是否结婚？有几个孩子，年龄大小情况；其他求助者在一块住的人或经常来往的人的情况；描述以前的性经历，包括第一次（注明是异性、同性或双性经历），现在的性生活情况、手淫、性交等，注明频率，对现在性态度或性行为的想法及困惑，现在的性倾向。如果是女性求助者，需要了解月经行经史（初潮、现在的月经周期、在行经前和行经过程中的紧张情绪和舒适程度）。与父母、兄弟姐妹或其他人的性接触，或受到性虐待情况。

三、接收信息的方式

接收信息有两种方式可以被传递，一是言语，二是非言语。后者是指透过姿势、面部表情、目光、语调等传递的信息。一般而论，语言性的传递可以较准确地传递认知性信息。比如说，经历过什么事，有什么情感或行为上的改变，他的看法、评价及应对方式、后果等，即事实内容。而非言语性传递，对事实内容的传递不是很准确，但对表达情感方面更真切，更生动。

接收信息的准确与否，关键在于对晤谈技巧掌握的程度。前节所述"倾听"是最关键的技巧，应该在倾听技巧方面多下功夫。

第四节　人格与气质测量及评估

心理健康评估中，人格评估是重要的一项内容，是基于 KSAOs 评估飞行人员职业胜任的重要方法。

一、人格特质及评估技术方法

（一）人格概念

人格（personality）也称个性，该词来源于拉丁文的"persona"。原意是"面具"，即戏台上扮演角色所戴上的特殊脸谱，代表人物的身份和性格特征。由此可见，人格最初是指一个人表现于外的给人留下深刻印象的特征，这种特征受个体内在的特性支配，可以间接测得和验证。

"面具"指义为人格，实际上表明：一个人在生活舞台上演出的种种行为和一个人真实的自我。把人格说成是面具那样的东西，"一方面它具有表现于外，能够给人印象的特点；另一方面还有蕴藏于内部，由于某些原因不显示的内容，但通过间接方式可以测得和验证的特点"。它的特点是在一个人身上表现出的本质的、稳定的心理特征，其行为具有一定的倾向性，表现了一个人由表及里的真实的个人。

由于每个人的行为特征有所不同，一些行为特征被认为是个人获得成功的基础，一些行为特征并不被人理解，或许隐含巨人成就，或许隐含个人障碍。选择适宜的人从事适宜、合适的岗位已经成为共识。选择怎样的人从事军事飞行职业，实质上是一个涉及军队战斗力的重大问题。我国从 20 世纪 70 年代就已经将选拔机制纳入军事飞行人员的挑选之中，实践证明是行之有效的。

作战飞行员胜任特征模型的研究，提供了优秀人员所需的人格特质，军事职业的特殊性也告诉我们，它需要具有以下特质的人员从事这一职业：①成熟的个性，稳定的情绪。②知己知彼，自律谨严。③适度的紧张水平状态。④切合实际的奋斗目标。

⑤具有坚强的意志和献身精神。⑥安详沉着，具有自信心。⑦具备战无不胜的信心及良好的应变能力。⑧具有从经验中学习的能力（宋华森，2001）。达到以上8条的指数越高，其战斗力就越强；指数越低，其心理疾病就增多。因此，识别与评价军人的人格特质，成为我们重要的责任。

（二）人格特质

1. 理论研究追溯

每个人都有与众不同的特点，之所以有不同，其原因是在每个人身上所含的特点不同，这个特点心理学称之为"特质"，也就是最有效的"分析元素"，或最有效的"分析单元"。特质广义言之，凡是作为分辨人与人之间个别差异根据的身心特征，均可视为特质；狭义言之，是指个体在行为上所表现的持久性的人格特征，亦即平常所谓的足以用来形容某人独特之处的个性。总之，特质实际上是指一个人的完整的人格结构。也就是说，当一件事情引发人的反应的时候，除了反应刺激引发的行为表现之外，也能主动地引导行为。因此，特质被认为是一种神经心理的结构，能够导致人的行为的一致性。现实中发现，都属于内向特征的人，其行为方式却不一样，这正是个性与特质的不同之处。

特质理论是人格理论中最经典、最有影响的理论，提出该理论的三大代表人物是阿尔波特（Gordon Willard Allport，1897—1967）、卡特尔（Raymond Bernard Cattell，1905—1998）和艾森克（Hans Jurgen Eysenck，1916—1997）。

第一，阿尔波特的人格特质理论。人格特质理论的鼻祖阿尔波特认为，完备的人格理论必须具有能够代表生活综合的测量单位，这种测量单位就是特质。为了有助于描述人可能具有的各种特质，阿尔波特和他的同事收集并分析了17 953个用于描写人的特点的英语形容词，提出了4 500个特质名称，试图从中提取人格特质。他还把特质定义为："一种概括化的和聚焦的神经生理系统（特定的个体），具有使许多刺激在机能上等值的能力，具有激发和引导适应性和表现性行为一致的（等同的）形式"。在阿尔波特看来，特质是一种神经生理结构，虽然我们看不见它，但可以通过观察个人的行为的一贯表现而推断其存在。特质除了反应刺激而产生行为外，还主动激发和引导行为使一个人的行动具有指向性。通过特质使许多刺激在机能上等值起来，而且反应也有了一致性。在刺激和反应的机能的变化上，特质是动力，是行为的原因。阿尔波特还对特质进行了分类，分为个人特质和共同特质。所谓的个人特质就是某个具体人身上的特质，是其独有的特质。他还将个人特质又区分为：首要特质、中心特质和次要特质，以阐明个人特质对人格所起的作用。所谓共同特质就是许多人都具有的特质。但是，阿尔波特极力主张人格心理学家应该集中研究个人特质，而不是探讨群体特质。

在阿尔波特的特质理论的研究中，有三方面的特点：①使用了"机能自主"的概念来表达对人的动机的看法。他指出，一个人今天的动机机能是完全自主的，不受过去的动机控制，目前的动机与过去的动机在机能上没有联系。②把人格理论体系定位于健康人，提出了与人本主义自我实现的要求相类似的健康人格观点，反对弗洛伊德主义所持的健康人与精神病患者之间只有量的区别，没有质的不同的观点。③认为人格是一种动力组织，由生物结构和心理结构组成，人格的各个方面都是连续的，并处于组织建构之中，不是先天的而是后天发展起来的。

第二，卡特尔的人格特质理论。心理学家卡特尔（R.B.Cattell）的人格特质理论研究主要是采用因素分析方法和自然科学方法来研究人格问题。他很重视人格结构的研究，特质也是卡特尔人格理论中最重要的概念。他认为，所谓特质是指人在不同时间和情境中都保持的某种行为形式和一致性，人格的基本结构单元就是特质，并通过因素分析的方法来提取人格特质，从而揭示了许多种类的特质。"个别特质""共同特质"和"表面特质""根源特质"可以说是卡特尔特质理论的精髓。

卡特尔首先是继承了阿尔波特的个别特质和共同特质的概念，不过认为所谓共同特质并不是人人都表现得完全一样，它们在每个人身上的强度和情况是不同的，而且即使在同一个人身上，在不同时间和场合所表现出来的强度也是不一样的。其次，他还提出了"表面特质"和"根源特质"的概念。所谓"表面特质"，是指一群看上去是关联的特征或行为，或者说只是特质原来的集合。他将阿尔波特特质表中的 4 504 个特质进行逐步压减，最后获得 35 个特质"核心群"。这些"核心群"就是卡特尔人格体系中的"表面特质"。所谓"根源特质"是内在的因素，是人格中最重要的深层次特质，被认为是决定一个人行为的最终根源，控制着个人所有的惯常行为，可以认为根源特质才是构成人格的真正元素。所以说，表面特质是根源特质的表现，根源特质是表面特质的原因。每一种表面特质都来自一种或几种根源特质，而一种根源特质则可以影响多种表面特质。每一个人所具有的根源特质是相同的，但在各人身上的程度则是不同的。此外，卡特尔还提出了动力特质的概念。他指出，动力特质就是促使人朝着一定的目标去行动，是人格的动机性元素。

卡特尔最初用因素分析方法从 25 个表面特质中提取出 12 个根源特质，又采用其他评估方法最后获得了 16 种根源特质，后来在此基础上编制了著名的卡特尔 16 种人格测验。卡特尔十分强调分类学，他根据不同的标准继续对 16 种根源特质进行分类，认为有些特质是由内部的生理状态或遗传因素决定的，称为"体质性根源特质"；而另一些是由于环境的影响而形成的，称为"环境养成特质"。环境的影响包括了构成社会文化模式的社会制度和物质状况等。在根源特质中，促使人朝着一定目标行动的特质为"动力特质"，这是人格的动机性元素。决定一个人如何有效地完成预定目标是"能力特质"。在"能力特质"中最为重要的是智力，卡特尔经过多年的研究提出了智力的液晶理论。他把智力区分为两类，即晶体智力和液体智力。前者通过学习而获得，后者是先天的一般智力，与经验无关。此外，还有一些是由遗传决定的属于体质性的根源特质，而不受特定情境因素的影响。它主要表现为一个人的风格，例如情绪性、速度、冲动性、支配性、敏感性和自信心等特征。

第三，艾森克的人格维度理论。艾森克是一位著名的人格特质心理学家。他从特质理论出发，以传统实验心理学途径长期研究人格问题，并把研究兴趣从特质转向维度，用维度取代特质，从而确立自己的人格结构模型。他在《人类人格的结构》一书中，提出了人格的层次模型，他认为特质不是各自独立的，而是互相有较高的相关，因此难以作精确的研究，而类型则是对特质的概括与归类。一种类型可包括多种特质，每一种特质则来源于习惯反应和特殊反应。这样，人格就可分解为不同层次的要素，从而构成了具有层次结构的复杂人格体系。

艾森克在对由实验、观察和问卷调查所得到的大量有关人的特质资料进行因素分析后，从而提出了多种人格维度，但他认为内—外倾、神经质—稳定性和精神质—超我机能是人格的 3 个基本维度。每个人在这些维度上都有不同程度的表现，而极少有单纯类型的人。人们在 3 个维度上的表现程度可以通过艾森克人格问卷来测定。

2. 人格特质的测量与预测

卡特尔对人格特质的研究采用的方法是因素分析方法，他将众多的人格特质的名称用因素分析方法合并为 35 个特质群，称为表面特质，又进一步分析得出 16 种根源特质，包括 15 个人格因素和 1 个一般智力因素，由此而制订了 16 因素调查表。卡特尔的 16 种根源特质如表 6-1 所示。

表 6-1　16 种人格根源特质

序号	人格根源特质	序号	人格根源特质
1	服从性对支配性	9	平静对忧虑
2	保守性对实验性	10	注重实际对富于想象
3	情绪性对稳定性	11	松弛对紧张
4	权宜性对真心实意	12	缄默对开朗
5	直率对机灵	13	胆小对冒险
6	团体志向对自负	14	清醒对听天由命
7	谦恭对武断	15	坚强对柔弱
8	低智力对高智力	16	信任对多疑

（采自 Peterson，1988，p.314）

卡特尔认为，每一个人所具有的根源特质是相同的，16 种根源特质各自独立，普遍存在于不同年龄和不同环境的人身上，但是，不同的人所具有的某一特质的强度是不同的，16 种根源特质不同强度的组合正是人格特征差异的原因。因此，如果能够测量一个人 16 种根源特质的强度，就可以知道该人的人格特征，并根据环境的不同对其的行为进行预测。

卡特尔经过多年的实践研究，在分析了大量资料的基础上，拟定出了《各种生活问题患者的 16PF 轮廓图》用于评鉴心理问题。他指出："治疗心理疾病的技巧，依赖于对人格因素的评鉴，评鉴越客观精确，治疗也就越有效。"他还运用人格量表对不同群体进行了测验，并得出了奥运冠军、杰出的研究者、飞行员、推销员等不同群体的人格曲线，进而拟定了《各种就业者 16PF 轮廓图》，成为测量各类人群人格特质的重要常模。该测验也被广泛应用于职业预测和学业预测，即"人格使人的行为具有一致性，因而能预测一个人在某种界定的情境下会做什么。""只要测量可靠，人的行为无论多么复杂都是可以预测的。"

（三）飞行员常用的人格测验

1. 飞行人员心理健康量表

飞行员心理健康量表（mental health inventory of Chinese pilot，MHI）。由宋华淼（1993）自行编制的第一份用于航空心理领域的飞行员心理个性及心理健康评定的量表，由与飞行活动业绩和躯体健康有关的因素及条目构成，共 12 个因素，196 题。量表的编制还采用了因素分析的方法，确定了量表的 4 个维度构成，既符合实际情况，又反映了构成与健康有关的根源特质的多项性特点。通过该量表的测量可以反映飞行员的心理个性特征及与健康、飞行有关的行为倾向，可以通过不同维度结构，判定他们的心理健康状况和性格特征，以及对飞行业绩和躯体健康的作用，还可以对飞行人员的行为特征与飞行职业相符性的关系进行研究。为飞行人员心理个性评定及心理健康水平的鉴别、判定提供了检测的方法和手段。

（1）量表主要的功能有 3 个：①用于飞行员心理个性评定及心理健康鉴定。从心理角度鉴定是否健康的方便又可靠的工具。它可以在飞行员年度体检中，在短时间内对飞行员的人格特征有较全面和客观的了解，从而判断其心理状况是否正常，有无偏态心理，并做出鉴定结论，即心理健康；心理健康状况良好；心理健康状况一般；轻度心理障碍；严重心理障碍。②用于心理障碍、心身疾病的预防、诊断、治疗。MHI 是了解心理障碍的人格因素、心身疾病的性质及程度的重要方法之一。通过该测验，可以明确其心理障碍的不同表现，从而有针对性地根据不同的方法予以治疗。③用于培养、训练优秀飞行员。根据量表对业绩成就因子的测量，可以反映其个性与成就的关系。进而根据不同特征，无论是在职业的相符性方面，还是在职业的成就方面，都能提供帮助。

（2）量表的内容包括：196 个问题，由 12 个因素和 1 个外加因子组成，每个因素均由 10 个之上的同质性条目组成，每个条目只对一种因素发挥作用。这些条目直接取自于飞行生活及日常生活。MHI 的 12 个因素的具体内容是：①自信性

（assertive），A；②充沛性（vigorous），V；③性格倾向性（character），C；④进取性（aggressiveness），Ag；⑤敢为性（risk taking），R；⑥律己性（self discipline），Sd；⑦过度自我关心（self-awareness），Sa；⑧情绪稳定性（emotion stability），Em；⑨焦虑性（anxiety），An；⑩乐观性（optimistic），O；⑪敏感性（sensitive），S；⑫紧张性（nervous），N；外加因子：（lie），L。

此外，在因素分析统计方法的基础上确定的4个维度是：①心理健康状况特征因子；②外显行为特征因子；③自我肯定特征因子；④业绩成就特征因子。心理健康状况特征因子反映的是：自我关心度，焦虑、紧张、冲突的内在活动程度；外显行为特征因子反映的是：精力充沛度、好胜、好强及行为的进攻度；自我肯定因子反映的是：自信、独立、沉着的心理特征；业绩成就因子反映的是：自律严谨、稳定成熟的内在因素。

（3）实施方法。以团体测验实施，目前开发的计算机系统有平板电脑方式、座机电脑方式，系统均具备测试功能、档案存储功能、查询功能、打印功能，以及统计数据功能。个人测验可以根据测验指导语和题目手册，被试者自行根据题目在答卷纸上做出反应。或在计算机上使用程序进行。

（4）对测验主试者的条件有要求，应由经过心理咨询师培训的技术人员实施，主试者必须注意自己的态度和所说的每句话，切勿因自己的疏忽而影响测验结果。在测验之前，一定要让受试者知道这个测验的重要性以及对他的好处，以便得到他的合作。

以下是一些问卷题目：

● 在一般困难的情境中，我总能保持乐观。A：是的；C：不是的；B：不一定。

● 当转场或出差的时候，我会心神不定。A：总是这样；C：从不这样；B：有时这样。

● 无论飞何种科目我都能做到不粗心大意并注意细节。A：是的；C：不是的；B：介于A、C之间。

● 这一段的飞行训练，我总是无精打采。A：是的；C：不是的；B：一般。

● 训练之余，我常常感到自己在为某些事担忧。A：是的；C：不是的；B：不一定。

● 我的飞行能力及学习能力。A：和从前相同；C：比从前差；B：不确定。

● 在获得战斗起飞信号后我总是力图保持平静。A：是的；C：不是的；B：介于A、C之间。

（5）MHI结果的解释。对MHI各因素得分高低的意义及重要性的解释，有赖于其他因素分数的高低或全体因素的组合方式，切忌孤立地、片面地看待每一因素。

4个应用维度：量表的4个维度及其反映的是：①心理状况特征因子，反映自我关心度、焦虑、紧张、冲突的内在活动程度。心理适应度好在47分以上；心理适应度良好在 48 ~ 73 分；心理适应度一般在 74 ~ 86 分；心理适应度差在 87 分以上。②外显行为特征因子，反映精力充沛度、好胜、好强及行为的进攻度。外显行为特征因子的评定：内向性格特征 36 分（包括 36 分）以下；中间性格特征 37 ~ 61 分；外向性格特征 62 ~ 74 分；典型外向性格特征 75 分以上。③自我肯定因子，反映自信、独立、沉着的心理特征；自我肯定特征因子：强自信性 34 分以下（包括 34 分）；一般自信性 35 ~ 54 分；自信不足 55 ~ 64 分；自信性差 65 分以上。④业绩成就特征因子，反映自律严谨、稳定成熟的内在因素。业绩成就特征因子：32 分以下者成就因子指数较低；33 ~ 64 分成就因子指数在一般范围；65 ~ 80 分者成就指数较高；81 分以上者具有稳定成熟的个性。

12 个人格因素：根据转化后的标准九分数，分为高分特征和低分特征。6 分以上为高分特征，8、9 分者为典型高分特征；4 分以下为低分特征，1、2 分为典型低分特征。

根据转化后 T 分数的结果，判断被试者程度上的区别。T 分数为 50 分者为平均分数；高于 60 分或低于 40 分者为轻度表现；高于 70 分或低于 30 分者为中度表现；高于 80 分或低于 20 分者为重度表现。MHI 测试结果的评价，首先根据标准九予以判断。凡具有特征表现者，再依 T 分数判断其程度，也就是说两种标准分数一种评价等级，一种判断程度。

2. 明尼苏达多相人格调查表

明尼苏达多相人格调查表（Minnesota Multiphasic Personality Inventory，MMPI）是 20 世纪 40 年代美国明尼苏达大学教授哈撒韦和麦金利编制而成的，是目前世界上用得最广泛的人格量表之一。我国由中国科学院心理所宋维真引进并主持（1989）修订。我国飞行人员 MMPI 的修订工作也已经完成。

MMPI 共有 14 个量表，全量表共 566 个自我陈述式项目，其中 16 个题是重复的。MMPI 分 10 个临床量表，4 个效度量表。

（1）效度量表。①Q：表示受试者对问题没有做出回答的题数，如果在前 399 个题目中 Q > 30，测验无效；②L：说谎分（掩饰量表），表示被试者过分渲染自己，显示道德崇高，是一个虚假的自我形象；③F：诈病分（装坏量表）：表示受试者故意装病或漫不经心地回答；④K：校正分（校正量表）：提示受试者有敏感的防御反应及不愿讨论个人事情。F 得分与 K 得分的关系是被试者防卫态度好坏的指标。F-K 粗分为正值及小于，提示是有意识地冒充坏。F-K 为负值及大于 12，则提示冒充好与否认情绪问题。

（2）临床量表。①Hs：疑病症；②D：抑郁症；③Hy：癔症；④Pd：精神病态；⑤Mf：男子气或女子气；⑥Pa：妄想症；⑦Pt：精神衰弱；⑧Sc：精神分裂症；⑨Ma：轻躁狂；⑩Si：社会内向。

做 MMPI 测验，需要有"明尼苏达多相人格测验问卷"答卷纸、模板、剖析图纸、"MMPI 临床意义"等一套完整的工具材料。

目前，MMPI 不仅用于变态人格、精神病的诊断，还扩大到正常人，如人格类型的鉴定、心理健康状况的判别。以上 10 个临床量表虽冠之以各类精神疾病或变态人格的名称，但正常人在某个分量表上分数增高，并非一定说明其有精神病，只是说明该受试者有该种人格倾向。

3. 卡特尔 16 种个性因素测验

卡特尔 16 种个性因素测验（cattel the sixteen personality factor test，16PF）由卡特尔编制完成。他通过 30 多年的研究，从许多描绘人格特质的词汇中挑选了 171 个，用因素分析法确定了 16 种人格特质，认为正是它们构成了个体人格之间的千差万别。16PF 可用于了解被试者的个性特征以及心理障碍的个性原因，是心理障碍、心身疾病诊断的重要手段之一。

此外，还可根据有关公式，得出 8 个次级因素，其中 4 个为人格双重因素，如：①适应与焦虑型；②内向与外向型；③感情用事与安详机警型；④怯懦与果断型。其余 4 个为实际运用的人格因素，如：①心理健康者的人格因素；②从事专业而有成就者的人格因素；③创造力强者的人格因素；④在新环境中有成长能力者的人格因素。

我国（宋华森，1991）飞行人员 16PF 测量的结果是：具有高恃强性、低忧虑性、高兴奋性、低幻想性、低敏感性、高敢为性、高乐群性。与飞行成绩构成显著相关的是：稳定性、恃强性、忧虑性、自律性、紧张性、敢为性。

4. 艾森克人格问卷

艾森克人格问卷（eysenck personality questionnaire，EPQ），是英国伦敦大学艾森克领导编制的有关人格维度研究的测验。我国陈仲庚和龚跃先分别主持修订了这一量表。该测验用 E、N、P、L 4 个量表分别计分。其中 E、N、P 分别代表了艾森克人格理论中关于人格结构的 3 个向度。其含义分别如下。①E：外向 – 内向；②N：情绪稳定性（神经质）；③P：精神病质；④L：掩饰性（即说谎分）。EPQ 具有题目少（88 或 85 题）、测验时间短、简明易做等特点，因而用得较为广泛。

5. 中国飞行员明尼苏达多相个性调查表

中国飞行员明尼苏达多相个性调查表（minnesota multiphasic personality inventory of Chinese pilot，CPMMPI）宋华森（1989）报告了 MMPI 在航空军事飞行员中的应用，结果表明其信度系数在 0.34 ~ 0.92 之间，平均 0.790。尽管 MMPI 中国版同样适合我国飞行人员应用，然而，在 MMPI 中国版的正常人常模取样中，却未能包含中国飞行员群体。这就需要提高 MMPI 中国版在中国飞行员中的使用效度，一方面，要建立中国版 MMPI 的飞行员常模，以利于同一民族不同生活背景下人格的比较。另一方面，要对 MMPI 中国版予以进一步的修订，以便于在群体内部建立更可靠、准确的中国飞行员 MMPI 量表。宋华森等（1993）对上述问题已经予以了研究，建立了两种版本的 MMPI 量表，分别称为 MMPI 中国飞行员常用模版和中国飞行员 MMPI 修订版。其目的是更利于中国飞行员在临床诊断、飞行员医务鉴定以及评估飞行人格特征、心理健康状况中应用 MMPI，同时也提供了一种研究飞行人员业绩与人格、心理与生理的可靠性工具。

（1）MMPI 中国飞行员常模版：在 MMPI 中国版 1989 年初正式应用之后，宋华森（1989）首先将该量表在 218 名飞行员被试者中试用，试用报告表明，各量表的基本统计与中国常模的比较，只有 Pt 无差异，其他各量表在均值上均低于常模。这种情况，研究报告指出：可能与飞行员经过特殊选拔以及均受过专科以上的文化教育，素质较高有关，从而既反映了量表的可用性，又显示了我国飞行员普遍的良好的心理素质。

在信度检验中，研究者选择被试者 15 名，在相隔 75 天后进行复测信度的检验，其两次相关平均为 $r=0.79$，与宋维真（1983）年报告的我国正常人使用 MMPI 信度基本一致。董效信（1989）还报告了对 MMPI 所进行的因素分析的结果，从结构效度上初步论证了 MMPI 在飞行员中应用的效度。结构效度检验报告指出：在因素分析中，特征值在 1 以上有 5 个因素，根据有关因素分析理论，确定 MMPI 为 5 个主要结构。与第一主成分构成高负荷的量表是 F、Pd、Pa、Pt、Sc、Ma；与第二主成分构成高负荷的量表是：L、K、Hs、D、Hy；与第三主成分构成高负荷的量表是：Si；与第四主成分构成高负荷的量表是：Q；与第五主成分构成高负荷的量表是：L、Mf。如果将不同主成分中都具有高负荷的某些量表依高值归类的话，L、K、Hs、D、Hy 为一类，F、Pd、Pa、Pt、Sc、Ma 为一类，Si 为一类，L、Mf 为一类（Q 无意义舍去），共可分为四大类。

（2）中国飞行员 MMPI 修订版（1995）：对 MMPI 量表 399 题的整个项目分析中，全部量表共有 104 个项目区分度低于 0.20，占总体 26%，尽管对飞行员的应用，从信度、效度检验中已经证实 MMPI 可以在飞行员中应用，但为了进一步提高 MMPI 的使用效度，研究者对 MMPI 予以修订，对 104 个低区分度的项目予以删除，构成了 275 题的问卷。经效度检验，所构成的 275 题问卷与原 MMPI 中国版两组分量表分数高度相关。构成了新的量表。

6. 中国飞行员卡特尔 16 种个性因素测验

中国飞行人员卡特尔 16 种个性因素测验（cattle the sixteen personality factor test of Chinese pilot，CP16PF），宋华森等（1996）根据国内李绍衣修订版本主持修订。常模取样共计 702 名飞行人员，包括飞行各机种、各职务人员。该修订版本进行了项目分析并报告了信度、效度及使用情况。修订后的飞行人员 16PF 版本共计 175 题，比原版本减少 12 题。

对 16PF 的修订，首先进行的是项目分析。以鉴别指数 0.20 为指标，低于此指标的项目共计 12 个项目。信度检验采用了分半信度确定修订量表的信度水平。各因素随机折为相对等份的两半求得两半分数的相关系数，并根据"斯皮尔曼—布郎公式"加以校正。结果显示分半相关系数除 Q1、I、N 较低以外，其余在 0.37 ~ 0.72 之间，较好地反映了修订量表的信度水平。

效度检验的研究，采用了因素分析方法予以确定测验的构想效度。各因素分别进行项目的因素分析，以构成主成分中的第一因素每一项目的负荷量，作为测验的因素效度，依负荷在 0.20 以上者视为显著因素。结果表明，16 个因素中各因素只有极少数项目低于 0.20 指标，其他均超过 0.20，最高负荷为 0.57。同时进行了因素与因素之间的相关分析。结果也表明，除 O、N 因素（忧虑性与紧张性）、C、N 因素（稳定性与紧张性）、H、O 因素（感为性与忧虑性），其相关系数分别为 0.53、–0.55 ~ 0.55 外，各因素之间相关较低，表明了各因素具有独立性。

二、气质研究与评估

气质是人的个性特征之一，是 KSAOs 的重要评价内容。气质不能决定成就，但却是影响一个人获取成就的重要因素。对飞行人员气质的研究目前我国还不多，这里主要介绍气质的基本理论和应用情况。

（一）气质的研究

1. 气质的传统研究

在心理学成为一种独立科学之前，许多中外学者就已经从哲学、医学等角度来探讨过类似的气质的问题。我国古代就有人提出类似气质分类的学说，在春秋战国时期的古代医学中，就有根据医学中的阴阳五行说，即表示人的阴、阳、强、弱关系的太阴、少阴、太阳、少阳、阴阳和平这 5 种类型，把人的心理特点分成了金、木、水、火、土 5 种类型。不同的类型就有不同的体质形态、肤色、腺性和秉性。我国伟大的教育家、思想家孔子也曾提出人分为"狂""狷""中行"三类的学说。他说："不得中行到而与之，必也狂狷乎？狂者进取，狷者有所不为也。"《子路》中孔子所说的"狂者"就是指那些具有动作敏捷、灵活好动，易于表现、善于多变、好胜等特征的人；"狷者"则是指那些具有沉着、冷静、稳重、踏实、不善外部表现的人；"中行"一类的人就相当于"中间型"。

古希腊的医生恩培多克勒（约公元前 495—435）提出了"四根说"，认为人有"四根"，即人的身体的固体部分是土根，液体部分是水根，呼吸系统是空气根，血体是火根。他认为人的差别是由于人身体上的"四根"相互配合的比例的不同而产生的。"四根"的相互配合便决定了整个机体结构的特征。"四根"相互配合得好，人的身体就会健康，形成良好的品质。例如，演说家是舌头的"四根"相互配合得最好的，美术家是手的"四根"相互配合得最好的。

古希腊著名医生希波克里特（Hippocrates，公元前460—370）发展了"四根说"，提出了著名的体液说，在他所著的《论人的本性》一书中他提出人体有4种体液——血液、黏液、黄胆汁、黑胆汁，这4种体液按比例组合，就形成了人体的特质。血液占优势的属于多血质，黏液占优质的属于黏液质，黄胆汁占优势的属于胆汁质，黑胆汁占优势的属于抑郁质。希波克里特还认为，各种体液是由冷、热、湿、干4种性质相互配合成比例产生的。血液是热与湿的配合，因此多血质的人热情灵活。黏液是冷与湿的配合，因此黏液质的人冷酷而沉静。黄胆汁是热与干的配合，因此胆汁质的人热烈而暴躁。黑胆汁是冷与干的配合，因此抑郁质的人孤僻专注。他认为4种体液的调合，人体才能健康。如果失调，人就要生病。

这些学说虽然不是专门论述气质，而且又缺乏必要的科学依据，但却是探讨人的心理特质的个别差异的初步尝试，对近现代的气质学说有较大的影响。

2. 气质的现代研究

在近现代心理学的研究中，研究气质的学说有很多，他们普遍受到古代对气质类似问题研究的影响，其中影响较大的有体型说、血型说，活动特性说。

气质的体型说是由德国精神病学家克列奇默提出来的。他根据人的体态特点把人划分为肥胖型、瘦长型、斗士型和虚弱型4种。他认为，不同体型的人具有不同气质，其若患精神病也有类型上的不同。例如，肥胖型的人，表现特点在于情绪不稳定，时而情绪高昂，时而情绪低沉，这种人容易患躁狂抑郁病。他从精神病学家的角度，把人的体型与气质以及可能导致发生的精神病类型联系起来，从对精神病人的经验研究推测的结论，应用于正常人身上。尽管是失于偏颇，没有科学道理，但也不失为一种可喜的探索，使人们对于气质问题的认识更深入。

气质的血型说由日本的古川竹二提出。他认为人的气质是由血型所决定的，血型有A型、B型、AB型和O型4种，也就形成了人的4种气质类型。例如O型的人活泼好动，热情善变、好胜，而A型的人则小心谨慎，多疑稳重。当然这种血型说由于缺乏科学根据，单凭血型的分类来界定人的气质也无法与实际相符，所以该学说未能得到人们认可。

美国心理学家巴斯根据人们对于各种活动所表现出来的倾向性的差异，把人划分为活动性、情绪性、社交性和冲动性4种类型，这便是气质的活动特性说。他认为4种类型的表现都有一定的倾向性。例如，活动性类型的人则倾向于活动性强，在婴儿期常乱动手脚；在儿童期则坐不住，爱捣乱；青年期则表现为精力旺盛，事业心强等，这是美国近年来区分人的气质的一种新动向，并不强调气质的生理基础，而侧重于它的社会表现。

以上的各种气质学说，虽然在经验上有的具有一定的可信性，但都缺乏令人信服的科学依据，都没有从根本上解决人的气质的理论问题，都没有解答人的气质的生理机制问题，都失之于过于主观、简单。

3. 气质的实验研究

（1）柏曼（L.Berman）的气质激素说：从医学的研究可以发现，人的内分泌腺分泌的不同激素对人的身体机能都有一定作用。内分泌腺的缺乏或过剩对人的情绪和行为确有不同的影响。例如：肾上腺特别发达的人，情绪就易于激动，神经质；甲状腺素分泌过多的人会表现出感觉灵敏，有很强的意志力。由此，柏曼认为激素分泌的差异是人们气质互不相同的原因，他根据人的某种腺体特别发达，分泌激素较多，把人分成各种类型。

从神经–体液调节来看，内分泌腺活动对气质影响是有一定生理基础，有科学依据的。但激素说过分强调激素的重要性，忽视神经系统，特别是高级神经系统活动特征对气质更为直接的影响，这也就是激素说受到的批评之处。

（2）巴甫洛夫神经活动类型说：巴甫洛夫在创立高级神经活动学说过程中，发现不同的狗条件反射形成过程有所不同。他根据对狗的实验得到的结果的分析，认为决定气质特点主要有 3 种神经系统的特性：神经系统的强度、平衡性、灵活性。但这些神经系统的特性并不是单独起作用，而是由 3 种特性独特的，稳定的整合来决定气质的，而神经系统的特性整合则根据其特点可分为 4 种基本类型：强而不平衡型；强而平衡的灵活型；强而平衡的迟缓型；弱型。

巴甫洛夫指出，这 4 种类型就是传统上所说的胆汁质、多血汁、黏液汁、抑郁质气质类型的神经生理基础（表 6-2）。但他同时指出，属于这 4 种典型气质的人在人群中并不占多数，多数人属于 2 种或 3 种类型结合的中间型。

表 6-2　神经系统的特性及类型

神经系统的特性及类型				气质	
强度	平衡性	灵活性	特性组合的4 种类型	气质类型	主要心理特征
强	不平衡（兴奋占优势）		不可遏制型（兴奋型）	胆汁质	精力充沛、热情、易怒、急躁、勇敢、内心外露、言语动作迟缓
	平衡	灵活	活泼型	多血质	活泼好动。善变，动作敏捷，乐观轻率，表情丰富，健谈，浮躁
		不灵活	安静型	黏液质	沉着冷静，情绪稳定，动作迟缓，坚强、淡漠、耐心，仔细
弱	不平衡（抑制占优势）		弱型（抑郁型）	抑郁质	多情善感，胆小，孤僻，易疲倦，无力

巴甫洛夫关于神经系统基本特性和神经类型的研究，大多是通过对动物的实验而得的结果。他的工作仅仅是为研究人的气质的生理机制提供了一个探索角度，是实验研究气质问题的开端。

（3）捷普洛夫对人的神经系统特性的研究：捷普洛夫和涅贝里臣等在巴甫洛夫关于动物神经类型研究的基础上，开始研究人的神经系统活动特性。通过大量的实验，他们对气质的生理基础的研究更深一步，更有科学依据。

捷普洛夫等提出了神经系统基本特性说。他们认为人的高级神经系统存在许多种特性，它们作为参数影响着神经过程中兴奋与抑制的动力学特点，它们的相互组合则构成各种心理现象及个别差异的神经生理学基础。捷普洛夫通过研究认为，巴甫洛夫4种类型学说为气质类型的生理基础创造了可能性，但并不意味着气质就只是4种类型。他们在研究就发现在各种神经特征相互结合的类型中，除了巴甫洛夫提出的4种类型之外，还发现存在一种弱而不平衡的新类型。再有，捷普洛夫等认为，神经系统特性可以分为一级特性和二级特性，其中一级特性主要是神经系统的强度、灵活性和动力性。过去巴甫洛夫学说中所提到的平衡性实际上是一般特性，它带有派生的性质，存在于各种一级特性中。

捷普洛夫等对人的气质问题进行了大量的实验室研究，其成果有很大的科学性，使对于人的气质的生理机制的研究更令人信服。其研究的方法以及所提出的理论，都大大地补充和扩展了巴甫洛夫的高级神经活动学说。

（4）斯特理劳的气质调节理论：斯特里劳是波兰华沙大学心理学教授，他博采众长，既吸收了新巴甫洛夫学派的观点，又吸收了鲁宾斯坦的活动理论和波兰托马泽夫斯基的思想，注意从人与环境的相互关系来看待气质特点。同时，斯特里劳还吸收了西方关于唤醒或激活能力研究的材料，从而提出了他的"气质调节理论"。

气质调节理论的主要思想是：气质是一种生物进化的产物，具有相当稳定的特点，在人与环境的相互作用中起着调节作用，它由反映的外部特征表现出来，而这些特征构成了行为的能量水平和时间特点，构成了气质行为的两个重要成分，从而体现了个体差异。

行为能量水平的个体差异主要是在反应性与活动性两个基本维度上产生的。反应性是有机体对不同强度刺激唤起的能量幅度；活动性也是有机体的特点，是一种决定对一定刺激产生活动的数量与范围的特性，它对提供和保持最佳活动水平具有重要的调节作用。行为的时间特点的个体差异主要表现在反应速度、灵活性、持续性、反应节奏和节律性这5类特质上。反应速度即是对刺激的反应速度。现代气质理论把它作为各种行为特点的基本要素。灵活性是一种根据环境变化转换反应的能力；持续性则表现在刺激停止作用后反应持续的时间上；反应节奏指的是一定时间内产生同质反应的能力；节律性是以同质反应的间隔规律来划分的。

斯特里劳在长期的气质研究中，对研究方法进行大胆的尝试，设计了几种针对不同对象的气质调查表，使他的研究成果更有利于实践与应用。

（二）气质的作用及其实验方法

1. 气质在实践活动中的作用

在人的实践活动中，都有不同的表现，而造成活动方式中的个人特色，很大成分都是由于人的气质特点。在这种我们通常所说的"秉性""作风""脾气"中，并不涉及活动的内容、动机和目的，而更多的是指心理活动产生的速度、强度、节奏和倾向性等特点，这些特点便是气质动力特点。由于在实践活动成中，人的表现各异，反过来就在人对于各种实践活动是否适应的问题。不同的实践活动对人的神经系统的特点与心理的动力特性都有不同的要求，如果人的气质特点与这些要求相符合，那么人在从事该活动时就能很快协调，成效就高。反之则会影响活动的成效。

当然从理论上看气质并没有好坏之分，哪一种气质类型都有其积极或消极的一面，完美的气质是不存在的。例如，多血质的人善于交际、动作灵活敏捷、精力旺盛、适应性强，但却情绪不稳定，兴趣易转移。抑郁质的人反应迟缓、冷淡、易疲倦，但感情细腻，做事谨慎。正是由于不同气质类型在各种活动中表现迥异。因此，某种活动便有其最适宜的某种气质类型。换句话就是说，某种气质类型由于其特点决定，使其在某种活动中更适于发挥其积极的一面。例如，在挑选飞行员、宇航员、运动员等都应考虑强型气质的人。而在选择精细手工业工人，资料员、护理员等则应考虑弱型气质的人员。

别洛乌斯在《气质类型在个别活动与协同活动中的机能作用》一文的研究表明，即在比较复杂的操作性作业中，不同气质类型的人所胜任的活动各有所不同。实验把47名大学生按气质特点分成强型组和弱型组，先后让他们完成两次作业。第一项活动是根据主试事前的指令尽快无误地勾掉随机排列的字母表上的字母。第二次活动是每隔3秒钟向被试者发出随机呈现的不同声音信号，让被试者用相应数字记录声音信号。其结果见表6-3。

表6-3　不同气质的大学生胜任活动的成绩

被试者	强型组	弱型组	t	P
单位时间正确勾掉字母的数	0.98	1.62	2.05	< 0.05
记录声音信号的出错率	0.130	0.241	2.38	< 0.05

统计结果显示，强型组的被试者在记录不同频率声音信号活动中成绩较弱型组的好，而弱型组的被试者则在勾除字母表符号的活动中成绩较强型组好。这个实验结果证明了不同气质类型的人在完成不同活动中各有优劣。因此在实践中，应正视根据各种活动的性质，合理地安排人员，提高活动的成效。

对于飞行员的选拔，考虑其气质特点尤为重要。这不仅在于飞行员的工作特殊性所决定，对于这种紧张且又具有较大责任的工作，需要有强而平衡型气质的人才能胜任。只有强而平衡型的人在此种紧张，心理压力大的环境中，才能够保持心理状态的正常，适应这种环境。苏联的医学家曾采用遥测手段测查了一些从事劳动量相同的人的脉搏、呼吸频率、血压等，他们发现，虽然工作量相同，但有些人的生理状态正常，而有些则不正常。如果长期处于过于紧张这种状况，就会导致各种身心疾病。这也就是说明在飞行员的选拔中，考虑到人的气质类型的差异是何等重要。能否考虑到这个问题，便涉及怎样客观地认识人自身。

2. 气质判定的观察法和谈话法

鉴于气质特点对于活动的影响，在选择某人适合某项工作或怎样针对某人进行活动时，首先必须判定其为何种气质类型。对于气质类型的判定最原始，最简便易行的便是观察法与谈话法。

（1）观察法：是判定人气质的一个主要评价方法。在进行观察之前，我们应该设计出评定的标准，如用五等级量表进行评定，对在行为中突出表现出某一特性可以评定为5，但这种方法对于气质类型研究只是定性划分，有很大的主观性和片面性，缺乏必要的信度。由于这种方法简单易行，有一定的效度，在实践中，我们可根据需要选择研究方法。

（2）谈话法：作为研究气质的方法，较多用于临床研究，尤其对于气质的病变探讨。对于特殊职业特点对人身心影响的研究，都易于用一对一的谈话方式，来探究人心理更深层次上的内容。

3. 气质的实验判定法

巴甫洛夫从对狗的神经系统特性的研究中，以条件反射现象为基础，确定了气质的生理基础就是神经系统，神经系统特性的独特结合便决定了气质的不同类型。因此，在判定气质时，就可以通过对神经系统特性的判定来确定气质类型。

对人的随意运动的反应进行测定所采用的反应时的实验是最早引入实验室来判定神经系统特性的最普通的实验。它吸收了许多新的方法，逐渐发展成利用仪器判定气质兴奋性强度的主要方法之一。在实验室中采用的判定气质的方式主要有如下几种。

（1）感觉阈限法：一般来说，感觉阈限的测量较为简单，它与生理心理学中采用的方法是一致的，人们可以测量各感觉道的阈限，具有较高的感觉阈限的被试者其神经系统被认为是强型。而低感觉阈限的被试者则被看成弱型。但也有人指出，各感觉道间的强度与感受性呈低相关，所以不能凭感觉性的高低来判定其神经系统的强度。由于这个原因，现在人们已不再把感觉阈限当作判定神经系统强度的指标，只是在效度指标上考虑。

（2）反应时曲线斜率：强度律，即随着刺激强度的提高，简单的反应时会下降。

神经系统是弱型的，其反应水平则较高，他们在对于弱刺激的反应较强型的个体的反应要强，即表现在反应时上。对于较弱强度的同一刺激，神经系统是弱型的反应时明显地比强型的人短。

作为神经系统强度的指标有许多，但最简单、最常有的指标是反应时。苏联的心理学家贝列呈在具体的简单反应时实验中，采用不同强度的听觉、视觉刺激，对被试者进行多次刺激呈现，找出其最长反应时（RT最大）和最短反应时（RT最小），并计算出最长反应时与最短反应时的比率（RT最大/RT最小），这个值越高，可认为其神经系统强度越强，这个比率可以作为反应时曲线斜率的简化指标。

这种方法起初只用于测定视或听分析器神经系统强度，受到一些人的指责，但就其对于特殊专业，如航空、计算机等领域，则具有很重要的作用。随着科学技术的进步，研究手段、研究工具更加先进，这为进一步探索人的神经特性创造了更有利的条件。

（3）诱导法：巴甫洛夫提到的诱导律认为，"呈现一个弱的兴奋过程，会出现扩散，呈现一个中等强度的兴奋过程，会出现集中，而在一个强兴奋过程时，又会再出现扩散。"捷普洛夫根据这条规律认为，由于神经系统强度的不同，从扩散转向集中和从集中转向扩散也是不同的。这个假设通过罗什捷斯文斯卡娅的实验得到了验证。她发现强型个体中的扩散很快会被集中、代替，而且在某些强型个体中根本看不到扩散发生，而弱型的个体则兴奋的扩散阈限较大。

诱导法是判定神经系统强度的一种有效方法，但由于实验程序十分复杂，只局限于对视觉神经系统的测量，因此现在已很少有人使用。

（4）闪光融合临界频率：测量神经系统的灵活性，曾采用闪光融合临界频率作为一标准指标，它只是测量视觉系统的特性，旨在测定神经过程的发动与停止的速度。

目前已有测定闪光融合临界频率的仪器，凭借仪器，可以方便、迅速地测出一个人的闪光融合临界频率。被试者的闪光融合临界频率越高，则神经系统的灵活性也就越高，而闪光融合临界频率较低，标志着神经系统的易变性较差。

（5）对快速变换刺激的反应速度：大多心理、生理学家都认为神经系统的灵活性，是表现在神经系统对环境变化的反应速度上。因此，在实验中基于这种理论，人们设计了快速呈现刺激反应，对不同刺激的分辨反应等实验来测定灵活性。灵活性的操作指标的值依赖于几个变量，即运动速度、神经过程的反应、神经系统同化所实施的节奏的能力，以及对进行新的反应的准备速度。

对于神经系统灵活性的判定，广泛应用于飞行员、运动员的选拔中，其测定的范围不仅包括了视、听、四肢运动等方面，而且也包括了思维方面。这种方法应用的前景可观。

这些实验的方法虽然各有其独到之处，但是大多还局限于对视、听神经系统的研究方面，而不同的刺激种类、不同的感觉道对于神经系统特性的判定结果都有很大影响。人们怀疑，这些方法有多大程度可使我们了解脑的皮层和皮下部分的有关神经系统特性的本质。基于对这种疑问，自 20 世纪 60 年代，英斯科学派率先把脑电图技术引入了对神经系统特性的判定之中。把脑电图技术与先前的实验研究方法结合起来，根据特定区域的脑电图振幅的变化，可以深化以前的研究方法，使对神经系统的特性判定更为科学。

虽然把脑电图技术引进了对于气质的研究中，但由于实验法的实验变量——刺激的局限，使这项技术也很难解开人们的疑团，即感觉之间的神经系统差异有多大成分代表了一个人的气质特征？心理生理的实验中，对各种神经系统类型的考察与现实中人的行为特点又有多大关联？心理特性与生理特性完全等同吗？促使人们还在不断寻找新的研究途径。

（三）气质调查问卷法及其飞行员应用

气质的特点是表现在人的整体行为当中，有很强的外显性。使人的活动具有一定的个性色彩和风貌，因此，对气质的研究可以根据气质理论，采取对外显行为测量的方法，而不是测定生理指标，对人的整体行为做综合的判定。在实际操作过程中，首先要根据气质的理论制订出测量指标、操作定义，然后按照操作定义，科学地制订出调查的题目，经过反复的测试，验证其信度和效度，进而制订一份可以作为测量工具的调查表。采用调查问卷形式进行调查，迅速快捷，方便易行，可大规模地对个体的气质特点研究。并且在实践中，已证明运用调查问卷法的可行性，而由于它具有经济、便利、快捷等优点，通过不断探索又使其在信度和效度方面有所提高。近些年来，该方法已为各国的心理学界所广泛运用，尤其在对特殊团体的气质研究，以及对就业人员的选拔当中。

1. 气质量表

我国心理学家陈会昌根据体液说的理论制订了一份气质量表，共有 60 道题目，可以分别测定被试者在胆汁质、多血质、黏液质、抑郁质各方面的得分，根据得分的多少，粗略地确定气质类型。他认为极端的气质类型是很少见的，一般气质类型大多都是 2～3 种气质类型的混合型，只是哪一种成分所占的比重有大小之别。这份调查表方便易行，便于掌握。但也由于它的简单化，只是对气质研究方面的初步探索。

波兰的心理学家斯特里劳致力于气质研究多年，他与他的助手在对巴甫洛夫等对神经系统特性的实验研究的反思中，确定了他们的研究策略，即调查问卷法，并且运用调查问卷法对气质问题进行了长期的研究。在实践中，他们编制了几份针对不同对象的气质调查量表，具有很高信度和效度，其中最具有代表性的"斯特里劳气质调查表"已被译成英、法、西班牙、俄和中文等语言，足见其应用的广泛。

2. 我国飞行员气质量表修订

在对飞行员的深入研究中，根据斯特里劳的气质理论，戈林斯卡为了判定气质的时间特点而设计出时间特质调查表。该量表旨在对气质行为的时间特质——持续性、再生性、灵活性、规律性、反应速度、反应节奏6方面进行测定。该量表共有106个题目，分6个维度计分。该调查表经我国心理学工作者魏华忠、刘蕾（1990）修订，发现其有较满意的效度和信度（表6-4～表6-6）。

表6-4　行为时间特质的内部一致性（ r ）

性别	保持性	再生性	灵活性	规律性	速度	节奏
男	0.68	0.82	0.86	0.69	0.83	0.84
女	0.63	0.82	0.79	0.61	0.72	0.63
总	0.68	0.82	0.85	0.65	0.77	0.76

表6-5　复测信度（稳定性系数）

性别	保持性	再生性	灵活性	规律性	速度	节奏
男	0.35	0.86	0.81	0.73	0.68	0.76
女	0.77	0.72	0.78	0.80	0.81	0.80
总	0.78	0.81	0.80	0.75	0.72	0.78

表6-6　经验效度（经过相互评定）

时质	效度系数
保持性（P）	0.71
再生性（R）	0.79
灵活性（M）	0.63
规律性（Re）	0.69
速　度（S）	0.74
节　奏（T）	0.79

在修订过程中，为了检验飞行群体和普通人群体的气质特质之间差异，选取159名飞行员和237名普通人进行比较，结果显示除在6种气质的行为时间特质上存在显著差异外，飞行员群体中的不同年龄组之间也存在着一定的差异（表6-7、表6-8）。

飞行员被试者与普通被试者大多数气质特质存在显著差异，飞行员被试者保持性和节奏性低于普通被试者，而再生性、灵活性、规律性和速度都高于普通被试者，这也就表明特殊的职业需要一定特性的气质。从表中也可以看出，长期从事某种职业也可以使气质发生一定变化，朝着其所要求的适应条件（刺激量）进一步完善，这也从另一个角度验证了斯里特劳的气质调节理论。

3. 飞行员气质量表问卷

此问卷是测定与气质有关的特质，这些问题包括任何生活中所能遇见的不同情境。每个问题有3种答案可供选择："是""不一定""不是"被试者需仔细阅读每

表 6-7　飞行员被试者与普通被试者（男）的气质特质比较

特质	飞行员（159人）		普通人（237人）		P
	M	S	M	S	
保持性	6.37	3.45	9.65	4.38	< 0.01
再生性	23.69	7.75	20.12	8.23	< 0.01
灵活性	27.62	6.12	25.19	6.74	< 0.01
规律性	18.45	4.76	16.32	4.24	< 0.01
速　度	22.93	5.81	21.00	4.93	< 0.01
节　奏	8.25	5.69	11.49	5.98	< 0.01

表 6-8　飞行员被试者不同年龄气质特质的比较

特质	30岁以下（62人）		30岁以上（97人）		P
	M	S	M	S	
保持性	7.71	3.78	6.33	3.22	< 0.05
再生性	22.37	8.15	24.53	7.49	
灵活性	27.18	7.25	27.90	5.28	
规律性	17.97	4.78	18.75	4.74	
速　度	22.50	5.80	23.20	5.81	
节　奏	9.42	6.90	7.51	4.76	

一个问题，答案没有所谓"好""坏"之分。重要的是能按照自己的实际情况如实地回答。

（1）有人叫你时，你往往会过一会儿才答应吗？

（2）工作（学习）受挫折后（考试得的分数不理想），你能迅速摆脱心中的烦恼吗？

（3）当在需要不断转换注意力（如一边听、一边记录）时，你会很快感到累吗？

（4）每天你都能在固定时间吃午饭吗？

（5）在学校或工厂的体育比赛中，你得到过第一吗？

（6）你常会数上楼的阶梯数吗？

（7）在街上听到救护车的鸣叫时，你会马上朝那个方向看吗？

（8）当你心情不好时，同事（同学）的幽默能迅速改变你的心情吗？

（9）当你忙于做一项工作（或作业）时，能轻易地停下来休息吗？

（10）长时间体力劳动后，你能进行脑力劳动吗？

（11）你经常吃饭很快吗？

（12）在开会或听课时，你常会心不在焉地涂写同样的东西，如字、数字、符号等吗？

　　（13）如果晚上你与某人争吵了，你会一直考虑此事而难以入睡吗？

　　（14）你能很快忘记在街上看到的车祸吗？

　　（15）在与别人谈话时，你能同时注意到几个话题吗？

　　（16）你把按时吃饭看得很重要吗？

　　（17）你时常为自己活动不迅速（反应不快，如没能迅速回答问题）而感到遗憾吗？

　　（18）当你紧张不安时，会重复同一动作吗？（来回走动、吃东西等）

　　（19）旅行之前，你需要许多时间去整理行装吗？

　　（20）听到别人说你的坏话，你会反复想着这件事吗？

　　（21）你看书时如果被人打扰，你就很难集中注意力看书吗？

　　（22）你每天早晨总是在相同时间醒来吗？

　　（23）当绿灯亮后，你总是最后一个走过路口吗？

　　（24）你认为自己理解问题较快吗？

　　（25）接到一项重要的指令时，你常常等一会儿才执行吗？

　　（26）与你的上司（或老师）激烈争论后，你能平静地吃饭吗？

　　（27）当你疗养或度假之后，你需要一段时间才能适应新生活规律吗？

　　（28）你经常有许多办法来度过闲暇（业余）时间吗？

　　（29）别人常要求你说话慢些吗？

　　（30）在家里，你会长时间地做同一件事（如喝茶）吗？

　　（31）如果一天中你没有按计划完成某事，你会一直惦记着吗？

　　（32）如果某人使你不愉快，你会很长时间想着这事吗？

　　（33）当你开始工作（或上学）时，你能迅速适应新要求、新职责吗？

　　（34）如果可以自己支配时间，你会有规律地工作和休息吗？

　　（35）你下楼梯很慢吗？

　　（36）你常会不由自主地数数吗？

　　（37）当你听到身后有汽车鸣笛时，会立即躲开吗？

　　（38）在下班（放学）路上，你会一直想着在工厂（或学校）中的事吗？

　　（39）你有工作状态最佳的固定时间吗？（如早上或晚上）

　　（40）任何时间上床，你都能很容易入睡吗？

　　（41）你会一遍又一遍地哼着一个曲子吗？

　　（42）大庭广众之下，当听到有人提到你的名字时，你会马上做出反应吗？

　　（43）你乐意对你已决定的事再加以考虑吗？

　　（44）在与一重要人物会面之前，你还能安心学习（工作）吗？

（45）你认为让你做倒班（上夜班）的工作，会有什么困难吗？

（46）当电影结束时，你常常是第一个站起来走出电影院的吗？

（47）你能快速浏览报纸吗？

（48）你会刻不容缓地打开你的邮件吗？

（49）你做事总是三思而后行吗？

（50）你能很快地转怒为喜或转喜为怒吗？

（51）睡一宿后，你在第二天会感到精神饱满吗？

（52）即使时间宽裕，你洗东西也会很快吗？

（53）你常在心中重复默念一些词或句子吗？

（54）听到敲门声，你会过一会儿再开门吗？

（55）当你做家务时，会忘掉这天工作中发生的不愉快的事吗？

（56）课间休息之后，你重新学习一项新科目有困难吗？（如学完数学后再学英语）

（57）你经常会在每天的同一时间感到饥饿吗？

（58）与你的同学相比，你跑得快吗？

（59）有时你会不由自主数你走的步子吗？

（60）如果早晨因某事而不高兴，你会整个上午情绪都不好吗？

（61）争吵后，你会很快平息怒气吗？

（62）打完球后，你能马上平静下来看书吗？

（63）工作（学习）时突然听到外面有嘈杂声，这会立刻打断你的工作学习吗？

（64）当与他人一起吃饭时，你常常是最后一个吃完吗？

（65）与别人谈话时，你会不由自主地重复同一动作吗？（如折纸、摆弄钢笔等）

（66）当某人突然走进你的办公室（工作室）时，你会马上扭头看他（她）吗？

（67）如果在单位或学校受到打击，你会总想着这事吗？

（68）你能很快地转移话题吗？

（69）你会介意吃饭时间突然改变吗？

（70）你能迅速回答问题吗？

（71）你总是试图凡事都得第一吗？（如第一个上汽车，开会第一个到）

（72）为了上班（上学），你早上需要长时间梳洗打扮和吃饭吗？

（73）在与上级（教师）进行重要的谈话后，你能很快地不再想这件事吗？

（74）如果有人打断你的工作（学习），你得需要一段时间才能重新集中注意力吗？

（75）你经常在同一时间上床睡觉吗？

（76）横过马路时你比别人快吗？

（77）你发现自己会一遍又一遍地做同一件事情吗？（如整理衣服、洗手等）

（78）即使出席重要会议，你也常是在快开会时才到吗？

（79）如果有要解决的问题，你能一直想着它吗？

（80）度假之后，你能迅速地恢复工作吗？

（81）解决问题时，你经常会有几种办法来解决它吗？

（82）在学校做限定时间的作业，你比别的同学慢吗？

（83）经常整天进行一项内容的谈话，你介意吗？

（84）你会很快地忘掉曾侮辱过你的人吗？

（85）考试后，你会一直想着这件事吗？

（86）你对于适应新环境感到困难吗？（如转场、搬家等）

（87）如果由你自主安排，你在一天当中的任何时间都能工作（学习）而不是在固定时间吗？

（88）你说话的速度比别人慢吗？

（89）在学校，你能立即对铃声做出反应吗？

（90）当交谈的话题改变时，你常会仍想着前一个问题吗？

（91）很长时间没上班（上学）之后再上班（上学），您会感到不适应吗？

（92）您的生理功能正常吗？

（93）你能适应睡眠时间的突然变化吗？（如坐车远行）

（94）你能背下来某些东西（课文、词汇）时，会整天不由自主地重复它吗？

（95）如果某人说话伤害了你，你会立刻回敬他吗？

（96）你常会对一件事想来想去吗？

（97）在进考场之前，你还能安心做其他无关的事情吗？

（98）你能很容易地适应日常生活规律的变化吗？

（99）你走路的速度比你的同龄人都快吗？

（100）你在讲话时，常有重复一句话的时候吗？

（101）你会一口气看完一本有趣的小说吗？

（102）你常会对你无法立刻回答的问题进行深入的思考吗？

（103）当你情绪激动时，能很快平静下来吗？

（104）你常在夜里醒来吗？

（105）有时你会对别人的话感到困惑不解吗？

（106）即使时间充裕，你穿衣服也常是很迅速吗？

第七章　飞行人员心理健康促进与维护

飞行人员的心理健康促进与维护工作是一件十分重要的工作任务，越来越受到广泛关注，主要因素涉及飞行安全的问题，有研究显示，70%的飞行事故是因为飞行员的心理和决策问题（McClellan，2010）。从目前飞行人员存在精神心理疾患问题停飞的实际，以及待停飞鉴定中存在心理疾患诊断分析，加强飞行人员心理健康促进与维护，防范飞行人员队伍精神心理疾患问题，已经成为亟待解决的问题。

第一节　飞行员心理健康存在的问题

一、国外有关飞行人员的心理健康问题

尽管心理健康问题在普通人群中相当常见，由于飞行职业是经过医学检查，包括心理学检查均为合格的人才能被选为飞行员，因而飞行员具有良好的心理健康状况。但心理健康崩溃情况时有存在。国外民用航空公司飞行员发生心理崩溃问题均有公开报道，2012年捷蓝航空公司的一名机长在飞行中出现错觉、语无伦次、躁狂和身体危险，在数名乘客通过对机长的身体限制，在空管员控制飞机后才有效化解危险。虽然这种情况罕见，但飞行中也曾经发生过其他心理健康问题。2008年在一次国际航行中，加拿大航空公司的一名副驾驶出现崩溃现象之后，被强制带离座舱并采取了人身限制措施；1996年Maersk Airline的一名副驾驶在飞往欧洲的飞行中出现大汗淋漓的情况，他告诉机长自己恐高，当时飞机上有49名乘客，飞机最后紧急着陆。

依据NTSB（美国国家运输安全委员会）报告，1983—2003年，21年间37名飞行员驾驶飞机或试图驾驶自杀，造成了至少1人死亡。另据美国联邦航空管理局（FAA）报告，1993—2012年发生的所有24起飞行自杀事件中，除了2起原因不明外，其余22起均与心理问题乃至疾患有关。13名飞行员存在家庭或感情问题，7名存在因犯罪被调查担心坐牢问题，6名存在明确诊断的抑郁症，12名有过自杀想法，3名尝试过自杀，10名留有遗书，11名存在酒精或抗抑郁/抗焦虑药物滥用。显然这24起飞行自杀事件心理疾患成为主要问题。

近些年来，全世界范围内疑似因飞行员自杀而引起的空难已经发生8起，据报道，

1982 年日航空难从黑匣子的录音可以听出，副驾驶和随机工程师曾试图制止机长的行为。日航后来承认，在 1980 年晚些时候，该机长曾被诊断出"心理疾病"，但之后又被认为完全适合飞行。对 1994 年摩洛哥皇家航空空难的调查显示，也是机长自杀或蓄意谋杀所致。该飞机从摩洛哥的阿加迪尔起飞后，机长就关掉了自动导航系统，然后撞向了山腰。1997 年末发生的胜安印度尼西亚空难在该飞机起飞后，飞机却突然高速俯冲，最终坠毁于印度尼西亚的穆西河中，调查委员会认为"失事原因是有人蓄意操控飞机坠毁，此人极有可能是机长"。调查还发现，该名机长在这一年的下半年在工作上曾遭受过挫折；而他近来在股票上亏损大约 100 万美元。1999 年埃及航空发生的空难更是离谱，该 MS990 航班从纽约肯尼迪国际机场起飞 30 秒后，急剧下降，从 36 000 英尺急剧下降至 19 000 英尺，最终导致飞机解体。美国国家运输安全委员会（NTSB）调查认为，在正机长离开驾驶室时，备勤机师控制了飞机，他关掉自动导航系统，有意把飞机坠落在大西洋上。2013 年莫桑比克航空空难，调查报告显示，飞行员蓄意行为导致了此次事故发生。坠机前，副驾驶离开驾驶舱去厕所后，机长独自在驾驶舱。飞行数据记录仪的录音显示，客机骤降时有人试图进入驾驶舱，有使劲敲门和撞击声，但没有成功。2014 年马航失联事件，至今未找到飞机残骸，马来西亚警方已经确定机长是最大嫌疑，他被认为离婚导致严重抑郁。最为险恶的是 2015 年 3 月 24 日，德国之翼 9525 号航班，由西班牙巴塞罗那飞往德国杜塞尔多夫，途经法国南部上普罗旺斯阿尔卑斯省上空时失事。飞机上载有 150 人，包括 144 名乘客和 6 名机组成员当场遇难。调查发现，该航班副驾驶安德烈亚斯·卢比茨涉嫌故意毁灭飞机，据驾驶舱的语音记录器，在飞机急速下降时，该航班的机长被锁定在了驾驶舱之外，拼命敲门没能进入。警方排除了他的政治或宗教动机，怀疑他的心理问题是导致此次空难的主要原因。

二、国内飞行人员有关心理健康问题的警觉

从我国近十来年的现状看，飞行人员体检结论中由于心理疾患导致的停飞状况有增加的趋势，心理问题尤其以恶劣心境为主。这些情况给航空心理卫生保障带来很大的挑战，无论是已经明确精神心理疾患诊断，并且已经停飞飞行人员的心理健康问题，还是待鉴定停飞的飞行人员心理健康问题，都已经给飞行员队伍建设发展提出了严重警示，同时给航空心理卫生保障提出新的要求。进入 21 世纪以来，有关主管部门多次召集军事航空心理卫生专家专门研讨飞行员心理健康问题，给军事航空医学研究机构心理团队下达指令性任务开展专题研究。宋华森团队（2016）针对这一需求特征，开展飞行员心理健康维护和心理疾患防护研究，针对存在的问题专项报告呈送相关主管部门，为进一步加强飞行员队伍建设提供建议。从现状来看，军事飞行员发生心理健康问题的根源主要涉及的影响因素，有些来源于高强度高载

荷飞行训练，飞行员处于持续高应激状态；有些来源于对转型训练变化的不适应，心理适应性问题的存在，或者说来源于自身心理品质存在着某些职业缺陷，难以适应转型时期的高强度训练。飞行员心理健康问题在我国军事航空事业历史的发展中，从来没有像现在面临亟待关注，需要认真研究亟待提出解决方案，它已经成为飞行人员队伍建设的重大问题。

第二节　心理健康及精神疾患的判断

涉及国外所发生航空事故中有关飞行人员精神心理疾患问题，主要是抑郁及其导致的自杀问题，而国内相关停飞的精神心理疾患问题中，心境障碍成为主要的共性问题。上述问题值得广泛的关注，追溯其原因，并在早期能够判断分析发生这类问题的可能概率。同时，在实际工作中，面对一些混沌不清的诸如思想问题，还是心理问题，应该有一个基本认知，有利于提高预防意识。

一、思想问题与心理问题的区别

思想是人们思维活动的产物，是客观存在反映在人的意识中经过思维活动而产生的结果。思想问题是因为对客观世界的看法有偏差而产生的各种不正确的想法和观念，往往涉及世界观、人生观、价值观，如奋斗目标、工作态度、生活作风、处事原则等。比较明显的表现有：斗志衰退、理想信念动摇、事业心责任感弱化、对社会发展问题的看法有偏差。

心理则是人的头脑反映客观世界的过程，如感觉、知觉、思维、情绪等。心理问题的发生，是因为神经、生理变化或外界刺激而引发的心理创伤、心理障碍等心理疾患。人由于遇到干扰或阻碍，使自我需要得不到满足，心理活动就会偏离正常并产生一定的心理困扰。如失恋后的痛苦、落榜后的抑郁、工作不顺心时的焦虑、受到批评或指责后的怨恨难过，它以自卑、虚荣、嫉妒、沮丧、疑惑等情绪表现出来，严重的可以形成焦虑症、抑郁症、强迫症、神经衰弱等心理疾病。

二、心理问题与心理疾病的区别

按照国家心理咨询师培训教材所述（郭念峰，2012），心理问题分为一般心理问题和严重心理问题两类，心理疾病属于严重心理问题一类。

（一）一般心理问题

一般心理问题，也称心理失调或心理失衡。有明显的偶发性和暂时性。常为一定的情境所诱发，在脱离诱发情境的条件下，心理活动则完全可以正常，心理状态没有病理性变化。也就是说，它是由现实因素诱发、持续时间较短、情绪反应能在理智控制之下，精神活动是正常状态。比如工作压力大的时候失眠、烦躁。事情处理的有结果后，就自然恢复以前状态了。

（二）严重心理问题

严重心理问题，可以认为是一种心理异常，也可称之为心理失常。通常是一般心理问题累积、迁延、演变的表现和结果。或者由相对强烈的现实因素激发，初始情绪反应强烈、持续时间较长，与一般心理问题比较，它已经转变为"与特定情境没有必然联系""持久性与特异性""有心理状态的病理性变化"3 种特征性特点。所谓"与特定情境无必然联系"常常无缘由发生症状的起伏，并且很难用特定情境加以解释。当然，特定的情境出现有时会加重心理障碍。严重心理问题症状表现不是偶发、暂时的，而是持久、特异的，并且常常经久不消，按照诊断标准往往"以持续时间在半年之内"，如超过半年则考虑心理疾病问题。发生严重心理问题，实质上是心理状态的变异和心理能量的衰退或丧失，以及心理能力下降的表现。这些都属于"心理状态的病理性改变"问题。

（三）心理疾病

按照我国《心理咨询大百科全书》（车文博，1991）的定义，心理疾病（mental disease）是由各种内外因素引起的心理或行为障碍，常损及社会功能、人际关系和生活能力的一类疾病，划分为"神经症"和"精神病"两大类。比对国家心理咨询师教材的定义，将心理疾病区分为轻性心理疾病和重性心理疾病，两者概念基本吻合。神经症一类疾病，即轻性心理疾病，是"常存在各种心理冲突，焦虑、抑郁等不愉快的内心体验和躯体不适，但与现实环境仍有较好的接触，病人多主动求医，迫切要求治疗"。精神病患者，则表现为"常有较严重的认知、情感和行为紊乱，不能正常适应社会环境，现实检验能力往往受到损害，不承认自己有病，不主动求医，甚至拒绝治疗"。此外，按照美国精神医学会对"mental disease"或"mental illness"的分类，它包括焦虑症（anxiety disorder）、躯体化（somatoform disorder）与离解症（dissociative disorder）三大类。由此可见，心理疾病即是属于能与现实环境有接触的一类疾病。

在现实生活中，通常我们谈到的"心理疾病"指的就是能够与现实良好接触、主动求医、迫切要求治疗的一类人员所发生的疾患，属于神经症一类的疾病，不包括精神病。所谈到的"精神病"，是指是重型精神病，即指那些不能正常适应社会环境、不承认自己有病、不主动求医、拒绝治疗的人员所发生的。

对于普通人而言，"心理疾病"常常是一个混淆而难以评鉴的疾病概念。有人看轻，视而不见，没觉得有什么需要关注问题；有人看重，甚至有人如谈虎色变，直接等同精神病，忽略了轻型心理疾病与重型心理疾病的特征区别。两种不同的评鉴都会给工作与生活带来影响。

第三节　心理疾患问题产生的原因

心理疾患的发生是一个极为复杂的问题，既不能以某种单一因素一概解释全部，又不能将原因解释得太复杂。大体上可以从以下几个方面分析。

一、心理学因素

（一）应激因素

著名生理学家 Walter Cannon 将应激定义为"由有害的或威胁性的情境所导致的生理性反应"。那么，应激源指的就是"能引发应对反应的刺激事件或情境"。应激反应就是"机体遭遇刺激性事件，或体会某种事件刺激时，与之相适应而不断调整、付出生理与心理能量的应对过程"。在付出生理与心理能量的应对过程中，应激反应的结果一是有效应对，二是应对失败。

在给予"应激源"的精确识别时，人们会注意到，发生的同样事件，人们的反应截然不同。其原因在于大脑对"应激源"的评价，即大脑的过滤系统发生作用。所谓的过滤系统，简言之，就是认知识别系统，就是对问题的看法的系统。例如，当看到一个小猫的时候，非将其看成是老虎不可，那自然就会惊慌失措。除了应激源事件本身强度大小之外，过滤系统决定了应激反应的强弱。对应激源的过滤存在 3 种结果，一是挑战，二是威胁，三是伤害。在面对应激源的时候，挑战是个体感到有能力去应对，情绪保持在一种兴奋和正性的期待状态，并付出或准备付出应对的行动；威胁是对发生事件强度的判断，已经感到超过了自己的应付能力，感受到了面临着的险情；伤害是应对过程的失能状态，感受或意识到应激源的强大，将带来的致命损伤。以下我们分析讨论有关飞行应激的问题。

1. 飞行应激源

飞行应激源是飞行中引发飞行员应激反应的各种刺激或情境。飞行职业是一个高风险职业，当飞机离开了地面之后，所有危险的可能都会存在。归纳起来，飞行应激源有这么几种：①飞行意外事件。飞行中的意外事件尽管比率不是很高，但造成的飞行事故比率较高。如发动机突然推力不够或停车；无线通信突然故障，空间定向发生问题；远程飞行迷航，导致油料不足；穿云飞行后天地混淆；空中遇候鸟相撞等。②特殊情况下的飞行。高速、高载荷和高机动性等飞行环境，所有能够带给机体评价系统"生命威胁"信号的飞行训练都会成为应激源。诸如改装飞行、高原飞行、海上飞行、超低空飞行、跨区域飞行、夜间复杂气象飞行等，在适应这些特殊飞行训练环境过程中，飞行员脑力与体力不断输出，并增加应对负荷，降低了对应激源的耐受阈限，导致特殊飞行成为最大可能的飞行应激源。有研究报道（Nelson，1974）飞行员在飞行中肾上腺素皮质水平升高，而领航员有较高的主观焦虑，但只有轻微并不显著的肾上腺水平升高。③战斗飞行。激烈的战斗中，空中激战、地面炮火、远程导弹等威胁了飞行员生命安全，成为战场应激源。战场上任何威胁生命安全的一切因素均为战场应激源。

2. 应激的生理反应

当应激事件出现，刺激小丘脑的时候，引起了4种反应变化。①下丘脑激活了自主神经系统的活动；②下丘脑刺激促肾上腺皮质激素分泌；③下丘脑刺激分泌血管紧张素；④下丘脑刺激释放促甲状腺素，分泌甲状腺素。了解这些变化，有利于应对应激事件，有利于防控心理危机的发生。自主神经系统由两部分组成，即副交感神经系统和交感神经系统。它支配内脏器官，包括心脏、血压、消化、泌尿和肠道系统等。大多数情况下，交感与副交感神经主要起到引发与拮抗紧张作用。当某一激动时，另一则相对平静或波动，反之亦然。

交感神经兴奋的作用功能在于唤醒有机体，具有调动有机体能量的作用，是"战斗与逃跑"。比如，在危险情境出现后，人体本能存在一个防御反应。通常需要充满精力的行为反应，以便应对危险。此刻的机体，信息来自下丘脑的报警信号，会激活肾上腺髓质分泌肾上腺素和去甲肾上腺素。肾上腺素的作用导致了心率加快、心肌收缩力和心输出量增加，以此促使血压升高，血液重新分配流向大块肌肉群，从而增加了肌肉力量，整体能量增加。肾上腺素还影响了葡糖糖代谢，导致血糖浓度升高，促进精神兴奋。由于心、脑和肌肉获得充足的血液，肌肉内的营养储备以便于为体力消耗提供能量。

副交感神经的功能则是使机体恢复或维持安静放松状态。当危机过去后，下丘脑就会兴奋副交感神经系统，躯体就开始从危机中修复，使躯体在能量高水平消耗后获得积极的休息和恢复，促进血流集中于内脏器官，用以消化和有机体能量储备，维持有机体的机能平衡。比如副交感神经能够使呼吸平稳缓慢，心率适中，血压降低，体温降低，肌肉放松。

（二）心理特征

前述论述了有关应激的定义，定义了刺激性事件称之为"应激源"，不断调整与处理过程称之为"应激反应"，付出生理和心理能量过程称之为"应对"。人们注意到，发生的同样事件，人们的反应截然不同，早前 Richard Lazarus 的研究认为，应激是种交互作用，应激只有在环境超过了个人处理问题的应对能力时才存在。如果某人应对能力很强，应激就不会产生。应激的发生及其强弱，依从与刺激源成正比，与生理与心理能量（即个人特质、认知识别系统）成反比。除了应激事件本身外，对应激事件的评价成为主要问题。对应激源危险的认识，来源于3个方面。

1. 认知方式

所谓"认知"是指一个人对某一事件的认识和看法,包括对事件的评价、对当前事件的解释,以及对未来发生事件的预期。心理学上有个 A、B、C 理论,A 是事件,C 是结果,B 就是看法。对大家而言,面临着生活与工作很多同样的问题与发生的事件,但是结果截然不同。有人享受遭遇的困难,认为是生命中经历的成长;有人在困难面前黯然失色,原本的能力水平直线衰落,追其原因就是 B 的问题。在遭遇某些突发事件来临时候,茫然不知所措,认知评价系统不能正确过滤,夜间硬是把猫看成了老虎,把竖耳朵的狗看成了狼,因而造成了对死亡的恐惧。生活中的事件也是如此,常常小事放大、好事看坏。如偏激、宿命、阴暗心理、自卑等非理性认知,如抑郁心境、失望、情感脆弱等负性情感反应,以及如社会适应能力差、冲动行为等负性意志行为,都会带来重要的负性影响。

2. 个人经历

经历就是财富,成为人们普遍的认知。有过遭遇危险的经历,有过面临艰苦的历程,往往在面对新危机能够有坦然处置的本钱。人生有无完备历程,是决定我们应对职业需求与职业危险评价的根本。比如,有过飞行危险事件并成功处置的飞行员,在特情飞行时往往镇静从容,能够有效处置。有过参战经历者,让再次参战时会感到心中有数,则不畏惧战争,就是最好的说明,他们知道战争的危险,但参战经历极大地提高了危险评估阈值,使得他们能够为正义从容而战。

3. 生理与心理能量的储备

强壮的体格与持久的耐力,静态力量与动态力量的积累是飞行员生理能量的最好储备。在艰巨的军事任务面前,乃至战争中,飞行人员往往处于非常规作息状态,脱水、疲劳、睡眠不足、营养不够等体力与精力的不足,消耗了应对能力,加剧了对危险威胁的恐惧。在心理能量方面,心理矛盾与冲突,或对任务完成不完美状态的遗憾,削弱了个人有效应付战斗焦虑的能力。不断输出的应对负荷,是应激反应的过程,也是能量不断消耗的过程。同时,个人心理应对技巧、支持资源的利用度,个人特质等心理能量因素,不断成为缩小心理能量的主要因素。

二、社会学因素

国外飞行事故案例中呈现的有关飞行员停飞及自杀原因分析中,如经济纠纷、股票损失、婚姻家庭等成为飞行员自杀危险因素,这种存在不可避免。显然,这是一个普遍存在的客观问题。尤其对军事飞行人员而言,如生活环境、婚姻问题、经济收入(与民航飞行人员比较的落差)等都是影响飞行职业生涯,并影响心理健康的客观因素。

三、生物学因素

生物学因素中有两种情况值得重视，一是神经生物学的问题；二是遗传问题。

（一）神经生物学因素

在抑郁症的发病机制中有多种学说，自 1965 年起许多学者的研究，提出了去甲肾上腺素 β、α$_2$ 受体敏感性导致抑郁症的发生。抑郁症发生时中枢神经系统中 5- 羟色胺功能下降，释放 5- 羟色胺减少，突触间隙含量下降缺乏所致。有学者对自杀的研究中，也有认为是 5- 羟色胺系统的异常导致。在瑞典 Karolinska 研究所的研究中，与自杀伴发的中枢 5- 羟色胺水平减低已得到证明。

（二）遗传因素

遗传问题是一个不可回避的影响因素，精神分裂症患者近亲中的患病率比一般人高数倍，早前上海的一项调查（1958）对 1 198 例精神分裂症患者 54 576 名家属成员的调查，近亲以父母及同胞的精神分裂症患病率最高。在心境障碍的研究中，已有肯定的发现，遗传学因素具有重要作用，如双相障碍患者的一级家属中双相障碍的发生率较正常人的一级亲属中发生率高 8 ~ 18 倍，抑郁障碍的发生率较之高 2 ~ 10 倍。双相障碍的遗传度也很高，表现在 50% 的双相障碍患者的双亲中至少有一位患有情感障碍。

第四节　精准识别心理精神疾患

飞行人员精神心理疾患的早期发现，是确保飞行人员心理健康维护的根本问题。早期识别问题不仅仅是业务专业人员的司职，重要的是自身与管理人员的一项主要工作。在精神心理疾患问题中，尤其抑郁症问题具有很大的隐匿性特征，早期发现、及时诊断治疗成为飞行人员心理健康维护的首要问题。

一、心境障碍问题的早期发现

心境障碍可从 3 个低落、1 个缺乏中发现问题。3 个低落，一是持续情绪低落；二是情感表达低落；三是情感体验低落。1 个缺乏主要是精力缺乏。

（一）持续情绪低落

持久的情绪低落，或负性情绪是主要观察指标，通常发现持续有两周以上就成为注意的问题，有些可能达数月或数年，此刻应区分是情绪低落问题，还是性格内向问题。两者的判断主要是依据是从个人历史情况前后比较，一贯的行为特征属于性格特征，前后发生变化属于情绪问题。在持续情绪低落时期，还可以识别是否伴随"三自一不"问题，即自贬、自卑、自责和不自信问题。通常还要注意是否流露出"活得没意思"的观念和行为。

（二）情感体验低落

情感体验低落属于特征性症状。面对令人高兴愉快的事物或场合时，内心高兴不起来，即不能产生高兴、欢乐、快感的情感体验；即使是家庭或工作中出现令人悲伤的、恐惧、愤怒之事，内心也没有什么触动，内心不能有相应的体验感受。常常自己会感到兴趣丧失、社交退缩、人格解体、现实解体，犹如行尸走肉，空壳之感。

（三）情感表达低落

情感表达低落表现为，作为自身而言，喜乐哀悲能认识，但不能用表情、动作、言行举止、姿势表达出来；作为观察他人而言，在工作中获得的满足与悲伤事情，所表现的就是无动于衷，与大家所表现出的那些喜怒哀悲不同，看不到将内心的情感体验表达出来的情形，也看不到主动与群体交往的状态。

（四）精力缺乏不足

精力缺乏不足，一是常常感到自己脑子累，感到思考、分析、判断能力全线下降，实质上就是一种脑力活动抑制的状态。二是感到自己易疲倦、全身无力，是一种体力活动抑制的表现。观察角度而言，发现工作主动性差、不积极、不活跃、动力缺失，懒散不讲究的情况尤为要引起警觉。三是出现心跳快、口干舌燥、食欲不振、出汗、血压不稳、性欲减退等问题，是躯体内脏活力抑制的一种表现。

二、精神分裂症的前驱期发现

在出现精神分裂症显著症状之前，患者常有一段时间表现不寻常的行为方式和态度的变化。由于这种变化较缓慢，可能持续几个月甚至数年，或者这些变化不太引人注目，一般并没有马上被看作是病态的变化。这一段表现可能是精神分裂患者的前驱期表现。这种表现有 3 种可能，一是非特异性变化，即特异性的精神病前症状，结果是精神病。二是特异性变化，即神经症性反应（症状），最后结果是精神病。三是前哨综合征，这些前驱症状自动缓解，并不直接发展至精神病。

前驱症状主要依次的表现有：猜疑或偏执观念、焦虑、易激惹、恐慌、不安宁、人际关系差以致工作或学习或家庭活动中遇到麻烦、社会活动交往困难、呆坐、寡言少语、无故发脾气、一种难以理解的方式说话、不那么切题、不能自控、精力不足、缺乏主动性、注意力不集中、难以胜任正常工作、睡眠障碍、记忆减退等。对以上问题的警觉，早期发现精神分裂症问题就会成为可能。

第五节　飞行人员心理健康促进与维护工作

飞行人员心理健康水平状态是飞行职业胜任能力的关键，尽管飞行人员面临着特殊的压力，但是多数研究认为该群体心理健康水平却比较高。Cetinquc M（1992）调查了土耳其 345 名现役军事飞行员的焦虑和抑郁水平，采用的是 Spielberger 状态特质人格问卷和 Zong 抑郁问卷，对照组为 70 名地面空军军官，结果表明军事飞行员的得分低于对照组，说明其心理健康水平良好。研究认为其原因可能很多，但最可能的是因为飞行员的良好动机水平、自强和工作满意度导致其应付应激能力较强，心理健康水平高。李静（2004）研究了民航飞行员心理健康水平，采用症状自评量表，结果表明飞行员的心理健康症状分数低于对照组的地勤人员。王娟娣等（2010）采用 SCL-90 调查了 100 名男性歼（强）击机飞行员，其心理健康水平高于全国和全军平均水平。研究认为原因可能与两个方面有关，一是飞行员相对具有良好而稳定的心理素质和职业素质，二是该群体都比较自强，在自评问卷中倾向于打低分，或者有自我保护倾向和潜意识防御。此外还有其他一些类似研究均表明飞行人员心理健康被广泛关注。关于心理健康标准介绍如下。

一、心理健康的标准

讲究心理卫生，就是维护促进心理健康。心理健康与生理健康不同的是，它没能和生理健康一样可以从生化、生理指标上，通过各种检查，从数值上予以确定。心理健康难以区别健康与不健康界限的点，更多的对心理健康的描述仍然是文字描述性的概念。但是，随着各种心理测量工具的编制和应用，测量中对各种因素数学统计，已经确定了一系列的统计标准。当然，这些统计标准仍然将心理健康的标准建立在平均数的概念上。心理健康的标准还没有一个公认的、一致的标准。不过许多心理学家都从不同的角度提出了各种观点。

著名的心理学家马斯洛（Maslow）和米特尔曼（Mittelman）曾提出 10 条心理健康的标准：①有充分的自我安全感；②能充分了解自己，并能恰当估价自己的能力；③自己的生活理想和目标切合实际；④不脱离周围现实环境；⑤能保持自身人格的完整与和谐；⑥具有从经验中学习的能力；⑦能保持良好的人际关系；⑧能适度地表达和控制自己的情绪；⑨在符合团体要求的前提下，能有限度地发挥个性；⑩在不违反社会规范的前提下，能适度地满足个人的基本需求。这 10 条标准被广泛引用，也被认为是"标准"的标准。

心理健康是衡量军人战斗力高低的一项重要指标。军人心理健康标准是：①成熟的个性，稳定的情绪；②知己知彼，自律谨严；③适度的紧张水平状态；④切合实际的奋斗目标；⑤具有坚强的意志和献身精神；⑥安详沉着，具有自信心；⑦具备战无不胜的信心及良好的应变能力；⑧具有从经验中学习的能力。达到上述 8 条标准的指数越高，其战斗力越强；指数越低，其心理疾病就越多（宋华淼，1991，2001）。

二、心理健康的重要性

军事斗争的准备，更加需要军事飞行人员有一个健康的心理。在高强度的战斗中，战斗应激反应会削弱部队的战斗力，同时会延长人们对战后的痛苦（Reuven Gal 等，2004）。有关资料表明，在第二次世界大战期间的一个战斗师中，战斗应激反应发生率超过 33%，退出战场的人员数量超过美国所能动员参战人员的数量（Glass AJ，1973）。现在研究者们估计，仅仅精神病性的战斗应激反应性伤员要占伤员总数的 30%（Noy S，1989）。

按照我国王欣宇等论述，依据不同的作战样式战斗应激反应的发生率不同，从一般的常规武器战争到化学武器战争，其战斗应激反应的发生率占战伤的 25% ~ 50%。也就是战斗应激反应是战时伤员的 25% ~ 50%。我军调查资料显示，抗美援朝战斗中心理障碍发生率占伤员总数的 25%，对越自卫反击战中心理障碍发生率占伤员总数的 20.7%。我军在执行汶川抗震救灾和新疆维稳等多样化军事行动中，也有不同程度的心理疾患的发生率，心理损伤成为战斗力的另一只撒手锏。外军对 21 世纪军事医学和医疗卫生保障战略的研究认为，战场应激性损伤是战争军队减员五类主要原因之一，战场心理防护研究也已经成为军事医学研究的主要方面之一。对我军来说，系统研究多样化军事行动的心理卫生保障体系，心理救援力量编配和派出机制，以及有效实用的携行物质装备，心理干预技术的实践模型，为战时最大限度减少官兵心理损伤，成为目前亟待研究的重大课题。

三、心理健康促进维护重点工作

（一）加强心理勤务工作建设

多样化军事行动中心理救援力量的作用不断增加，心理健康服务的需求也越来越多。但是，作为组织行为的军队心理救援，其心理卫生勤务的组织体系和运行机制的缺乏，必然影响心理救援任务的作用。因此，建立多样化军事行动心理救援力量勤务理论体系，针对不同层级、强度、环境等多样化军事行动，按照心理救援的基本原则和心理损伤减员数量预计和心理救援力量需求的研究，对心理救援力量组织架构、配置要求、派出启动条件、实施模式、心理救援技术等，构建任务前期、中期和后期心理防护、心理评估、心理干预的我军特色心理救援力量的勤务理论。

同时，应积极开展多样化军事行动任务心理损伤减员研究。多样化军事行动包含了军事行动和非军事行动。依据不同任务规模和任务环境条件，研究不同飞行人员在多样化军事行动中心理损伤发生机制、发生特点，以及心理损伤发生率和减员率，从而明确心理救援的基本方法和采取的各种措施。设计开放式或闭合式问卷调查应激源和训练强度，以质性分析方法分析官兵应对方式，并编制相关量表作为评估工具；以量化分析方法，采用量表或脑 ET（神经递质变化）分析心理损伤的情况。以此建立执行多样化军事行动中，飞行人员心理影响的应激源、应对方式、任务强度、心理损伤的类别和发生规律四者之间的数学模型，从而探索不同任务的心理损伤的规律，完善心理保障技术和方法。

（二）促进心理能量达至最佳区

心理能量与作业关系十分密切（皇甫恩，2000），具有推动个体实现自我的力量，它像许多心理品质一样也常处于一个连续体上，在不同的时间里，会有高或低的变化。当心理能量由低向高变化时，处于心理动员时期。心理能量上升到适宜高度时，便进入最佳心理能量区，此区操作水平最高，也称其为流畅区。所做的事情达到了恰到好处、出神入化的状态。能够全神贯注于所做的事情本身，即使事情本身很困难，也感觉毫不费力，感觉时间过得很快，使人充满活力。因此，储备心理能量十分重要。然而，若心理能量一升再升，超出了最佳能量区，则会导致心理衰竭状态，作业水平随之下降（图 7-1）。

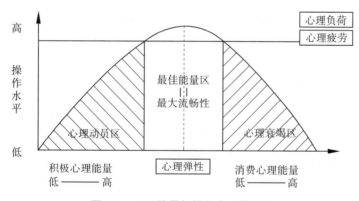

图 7-1　心理能量与操作水平的关系

心理能量与应激也具有很密切的关系。在心理能量与应激的坐标系中，低应激、低心理能量时，处于放松而无精打采嗜睡状态；低应激、高能量时，处于兴奋而愉快状态，高应激、低心理能量时，处于厌倦而疲劳状态；高应激、高心理能量时，处于高度应对而焦虑，以及气愤状态。因此，适度应激状态，是维持高心理能量的最佳能量区的最好方式。心理能量与应激的坐标关系如图 7-2 所示。

（三）心理能量储备训练

所谓心理能量（psychic energy）是推动人格发展的动力，指的就是"心理的活力、强度和指向性"，有正心理能量和负心理能量之区分，也称为"心理的力量"。它与身体能量一样，对飞行能力有直接作用。它是应对危险、处理危机，快速身心恢复的重要力量。飞行职业心理能量来源，一方面主要是驾驭飞行过程中不断与航空环境交互作用过程，形成的一种自信。这种自信的强化，就会形成螺旋式的攀升效果。另一

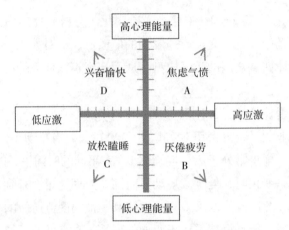

图 7-2　心理能量与应激水平的关系

方面主要来源于飞行人员对心理训练的刻意重视与实践。如同身体锻炼一样，它是一个长期储备的过程，不能立竿见影。个体的心理能量，通常处于一个连续体上。不同时间里，会有高低起落。储备充分，能量饱满；储备不当，心态低落。当心理能量由低向高变化时，处于心理动员期，是上升的过程。心理能量上升到适宜高度时，便进入最佳心理能量区。因此，处置危机、应对危险以及掌控自我所获得的最佳飞行绩效，都是在最佳心理能量区获得的。心理能量是飞行职业稳定性发挥的最可靠心理素质。当然，超限度过度消耗心理能量，超出最佳能量区，则可能导致心理衰竭，飞行操作水平随之下降。因此，应不断加强心理能量储备训练。

　　心理能量作为获取成功与健康的最重要内在驱力，一些干预手段能够帮助个体提升心理能量，寻找到自我的流畅感。如图 7-3 所示，主要考虑以下几个方面。

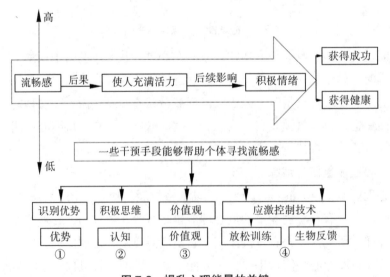

图 7-3　提升心理能量的关键

1. 识别性格优势

积极心理学（Christopher Peterson 著，侯玉波、王菲等译，2011）倡导发现"性格优势"，是保持自己幸福感的重要技术。发现性格优势类似于洞察力、团队精神、友善和希望等特征。克里斯托弗·彼得森在其优势问卷（VIA）项目研究中，归纳为6 种核心，24 项性格优势。①智慧与知识优势。获取和使用信息为美好生活的有关积极特质，包括"创造力、好奇心、学习、开放头脑、洞察力"5 项。②勇气优势。在困难与阻力面前，依旧始终坚持显示既定目标的意志，包括"真实性、勇敢、恒心、热忱"4 项。③人道优势。对他人的关心以及人际关系中的积极特质，包括"友善、爱、社会智力"3 项。④正义优势。与他人的互动中，显示出的最佳与最优的特征，包括"公平、领导力、团队合作"3 项。⑤节制优势。处于自我保护免于过度消费自我的积极特质，包括"宽容 / 怜悯、谦虚 / 谦卑、审慎、自我调适"4 项。⑥超越优势。个人神圣、理想的愿景，对于生命的超越性方面的信仰和承诺，包括"美与优秀的欣赏、感激、希望、幽默"等 4 项。

2. 改变思维模式

由美国心理学家艾里斯（Albert Ellis）在 20 世纪 50 年代创立并逐渐发展成熟的理性情绪行为疗法（车文博，2009）。尽管是一种疗法，但其更重要是个体发展成熟的制胜理论，即 ABC 理论。A（activating event）是引起应激的事件或环境；B（belief system）是对情境的感知或看法，即认知系统；C（consequence）是情绪与行为导致的结果。ABC 理论的主要观点是，并非由 A 直接引起 C，而是因 A 引起 B，由 B 引起了 C。据此，欲控制应激必须改变 B，学会用合理的思维方式替代不合理的思维方式，从而控制应激。

在人的观念中，存在理性与非理性的双重特征，因此建立理性思维方式是消除非理性思维导致情绪困扰的核心。艾里斯认为，改变、放弃不合理信念的技术不是单一的，有很多不同的方式。最常用的一般技术为：探讨、挖掘、觉察、面对和自我分析练习等。其目的就是建立理性信念替代非理性信念（图 7-4）。

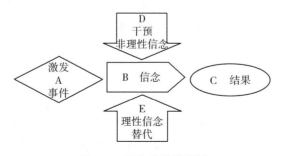

图 7-4　ABC 理论模式图

用理性信念替代非理性信念方法中，换个角度看问题也是一种简单明了的方式，改变角度就会得到不一样的结果。图 7-5 显示了一个苍老的太婆和美女，究竟是谁？不同角度有不同印象，只要改变角度必然会改变印象。

图 7-5　不同角度显示的同一人物

3. 应激心理调控

应激是内外环境因素作用于机体时所产生的非特异性反应。对付应激的有效方式就是从身体上放松，使大脑皮层的唤醒水平下降，从而使促动系统功能降低，营养性系统功能提高。引用计算机"格式化"名词并采取"格式化"方式，实现放松反应过程，有利于理解应激控制，以及心理调控目的和作用；有利于理解在心理疲劳状态、心理负荷状态下实现快速恢复心理的过程。在此，将放松技术、生物反馈技术、漂浮放松技术归类为"格式化"技术，2011 年设计启动研发"漂浮放松反馈训练舱"（宋华淼等，2011），成为实现"格式化"的最佳操作方法。

（四）自我身心调控方法

1. 表象放松

表象放松是让被试者想象自己处于舒适的环境，并感到非常放松。举例，选一个舒服的姿势坐好；闭上眼睛，想象蓝天白云之下，你十分惬意地躺在青涩的草地上，微风轻拂脸庞，周围静悄悄的；想象你无忧无虑地漫步在海边的沙滩上，看夕阳西下，波光粼粼，天空无边无际；想象你走进一个幽静的山谷，绿树成阴，野花缤纷，小鸟在轻吟浅唱……平稳地呼吸，让自己沉浸在这美好的情境之中，享受难得已久的宁静和安详，仔细体会那情形、声音。感觉，想象越真切越好。5 ~ 10 分钟后，慢慢睁开眼睛，伸展一下全身，你有一种感觉，如果你愿意，可以再次回到你的放松之地，再次经历身心的和谐与宁静。

2. 渐进性放松

渐进性放松是通过循环交替收缩和放松骨骼肌，体验放松后感觉，从而减少全身紧张，实现身心的"格式化"，以缓解焦虑和精神压力。举例，选一个舒适、安静、光线暗的场所地方躺下来，宽衣解带，伸直全身，双臂自然地放在身体两侧，双脚稍微分开，慢慢闭上双眼；对自己说：现在我要完全放松，等我醒来，我就会感到充满活力。按照渐进性放松的要求，逐项程序完成。每块肌肉收缩 5 ～ 7 秒，然后放松 20 ～ 30 秒。收缩和松弛之间应有足够的间隙，以便对松弛与紧张感有鲜明的对比。每次总体训练 20 ～ 30 分钟，一般应在晚上睡眠前进行，每天 1 次。坚持 2 周，就会达到"格式化"目的。

3. 生物反馈放松

生物反馈放松亦称"内脏学习"，是利用仪器将与心理生理过程有关的体内的某些生物学信息（如肌电活动、皮肤温度、心率、血压、脑电等）加以处理，以视觉或听觉的方式显示给人（即信息的反馈），训练人们通过对这些信息的认识，学会有意识地控制自身的心理生理活动，以达到调整机体功能、防病治病的目的。生物反馈是在行为疗法的基础上发展起来的一种新的心理治疗技术，它更加强调了个体在防病治病中的主观能动作用。

（五）快速心理恢复训练

依据目前相关心理机构配备的具有生物反馈功能的设备，如智能生物反馈仪、漂浮（放松）反馈训练太空舱、多参数生物反馈仪等。通过交感神经与副交感神经系统的拮抗稳定训练，实现心理能量储备。一是测定个人基础值，建立个人数据库。二是依据应激条件下，交感与副交感神经系统活动生理参数区间，实施自控训练。三是建立自身目标值，实施循序渐进的递增方式，实现提升应对应激反应的自控能力。

使用"漂浮放松反馈训练太空舱"实施快速心理恢复训练。该项技术由宋华森承担原总后卫生部心理卫生专项课题《漂浮放松反馈训练太空舱的关键技术研究》，2014 年顺利结题并于 2016 年获得军队科技进步二等奖。漂浮疗法是在"限制环境刺激疗法"概念的基础上，形成的其中一种治疗模式，称作漂浮疗法。它起源于 20 世纪 50 年代的感觉剥夺实验中称为感觉隔离的方法。限制环境刺激是将外界刺激输入降到最低限度，使机体在一段时间内处于与外界环境高度隔离的特殊状态。研究者发现，在限制环境刺激的最初 60 ～ 90 分钟，被试者的反应是放松的，这表现在血压、心率、呼吸频率、肌电图和肾上腺活动等监控参数的变化上。随着研究手段的改进，研究者发现某些方法下的限制环境刺激能够给绝大多数被试者带来相当愉快的感受。限制环境刺激疗法的英文字头缩写"REST"给人的感觉是令人愉快而放松的。故当下"REST"的叫法在全球范围内广泛运用。

宋华森的研究是将传统漂浮疗法、限制环境刺激疗法和虚拟现实生物反馈技术 3 种心理学理论融合，形成以干性漂浮为载体，通过限制环境条件，实施虚拟现实生物反馈。通过 147 名飞行员试验应用，能够实现快速心理放松效果，对心理能量的储备，以及抗应激反应均具有良好的效果（宋华森，2014）。这种方法的应用，创新发展的心理技术装备，为多样化军事行动心理救援提供了技术手段。

四、加强源头上的招飞心理健康选拔

招收飞行人员的心理选拔制度是一项根本的把关制度，从源头上将能力素质好，适宜飞行人员选拔进入军事职业飞行队伍，能够有效降低现役人员精神心理疾患发生率。就目前招飞心理选拔技术方法而言，招飞设置的 3 个平台心选项目的实际应用，恰恰缺失的是有关心理健康内容的评价。是否存在一些不良性格，或潜在类似遗传缺陷性格的隐患，都可能带来问题。因此，应加强招飞心理选拔的心理健康评鉴。

（一）依从 KSAOs 建立招飞心理选拔新模式

KSAOs 指的是知识、技能、能力和其他飞行职业必须具备的特征，这是国外飞行人员心理选拔依据的理论基础。知识是指人们为了完成工作所需的特定信息类型；技能是指完成工作所需掌握的专业技术；能力是指比较持久的、在一段时间内相对稳定的特征；其他特征是指所有其他适合与从事职业的人格特征和专项品质。宋华淼等（2016）通过系统研究，确立了新机种军事飞行员胜任特征指标框架，构建了我军飞行员胜任特征模型，实质上是一种 KSAOs 变型模式。它包括三方面，一是心理动力，包括成就力、责任力和掌控力。二是个性特质，包括自信沉着、敢为冒险、合作协同。三是心理能力，包括情绪调控力、风险应对力、洞察决策力和态势感知力。国外有人（Damos，1996）曾批评飞行员选拔缺乏正规的任务分析依据，我军现行飞行人员心理选拔同样存在类似问题，有关飞行职业所需的其他必要特征，如心理动力和飞行个性特征在招飞心理选拔中没有得到有效应用，关注更多的项目是认知能力。

（二）加重招飞心理选拔中心理健康的评鉴

在胜任特征中，"其他特征"对职业需求关系重大，飞行人员心理健康特征，实质就是"其他特征"的总概括。它是飞行职业中必要的特征，涉及心理健康水平、飞行职业心理动力和适宜飞行职业个性特征三个方面。三者即是优秀飞行人员所具备的重要其他特征要求，也是早期发现心理疾患的重要方面，应加重在招飞中的力度。以任务形式指派心理研究专门机构，落实该项工作，加速研发基于心理测评技术方法，开发对飞行人员"成就力""责任力""掌控力"测评量表工具，加速修订适宜飞行职业的个性特征量表工具。在飞行员选拔和改装中得以应用，排除不适宜飞行的人员进入飞行职业，或继续服役，确保军事飞行人员的心理健康。

总之，对飞行人员精神心理疾患的防范是一项系统工程，是集各部门联合作为的一项重要工作，还需要深入研讨、确定目标，组织力量加速推动。

五、建立飞行人员心理健康维护新体系

飞行人员心理健康维护体系的建立是防范飞行人员精神心理疾患的首要问题。长期以来，心理健康维护保障不断得到各级首长与机关的高度重视，在相关航空医学研

究与训练机构都设置有专业的部门，从事飞行人员心理健康评估、鉴定和训练的工作。

（一）充分发挥现有空军心理健康服务机构作用

首先，规模较大的是空军特色医学中心航空心理研究室，主体任务是军事飞行人员心理效能评估、训练与心理危机干预。该机构专业实验室条件完善，专业队伍实力雄厚，并有一批专业的博士、硕士队伍。其次，是空军杭州特勤疗养中心设置的"航空心理科"，开展临床心理的实践与应用，可以满足近百张心理诊疗服务需求。具有完备的医务人员专业队伍，其心理诊疗水平在国内堪称一流。最后，是原空军总医院设置的"医学心理科"，开展临床心理诊疗技术服务，在飞行员停飞鉴定结论中发挥重要把关作用。此外，大连、青岛、都江堰及临潼原航空医学训练鉴定中心均设置有"航空心理科"，开展相应航空心理服务工作。特别是原总后卫生部在空军分别批准组建有"全军心理卫生研究中心""全军心理卫生指导中心""全军心理卫生服务中心"。学科服务体系建设，已经初步形成了完备的体系框架。此外，在为飞行人员心理健康维护理论实践上，先后有武国城主编的《飞行人员心理问题解答》（2001）、宋华森、张鹏主编的《军人心理疏导理论与方法》（2003）、董燕主编的《军人常见心理问题工作指南》（2011）等著作，宋华森、孙丛艳主编的《军人心理健康维护技术方法》（2019）等，为飞行人员心理健康维护提供了精神食粮。

（二）建构新型空军心理健康维护新体系

现有的空军心理健康维护机构已经建立，仍然有改进的空间。服务体系建设有待统合，飞行人员心理健康问题应有专项制度保障。

1. 确保体系完备

确保体系制度完备，形成飞行人员心理健康管理有效机制体系。在空军范围内，应跨部门组建"飞行人员心理健康管理委员会"，由空军首长挂帅，相关职能部门，以及专家组成。制订体系化、制度化、规范化的飞行人员心理健康管理制度机制，从飞行人员入门心理选拔，到职业生涯飞行健康管理，以及平战时的常规与应急心理健康评估，全面动态掌握飞行人员心理健康状况，全面规划他们的心理健康发展，实现飞行人员职业生涯全过程心理健康管理。

2. 加强制度建设

加强制度建设，建立飞行人员心理健康管理有效模式。由各单位设置的心理服务机构，担负相应的职能任务，赋予相关的技术工作，从"飞行人员心理健康管理的勤务理论与技术研究"到"招收飞行人员心理选拔标准方法"；从"军事飞行人员心理健康常规评估技术标准制度"到"执行多样化军事任务应急心理评估技术标准制度"；从"飞行人员突发事故后心理危机干预规范"到"飞行人员心理疾患矫治康复相应规程"；从"飞行人员职业心理训练规范"到"飞行人员心理疾患停飞鉴定标准"等，对飞行人员全程心理健康管理建档、建章立制、实现各负其责、各司其职，形成规范化的保障制度体系，确保飞行人员心理健康保障效能的全面落实。

3. 提速专业人才培养

提速专业人才培养，建设一支高效的心理健康管理队伍。飞行人员职业心理健康管理，是一个从飞行人员入职心理选拔，到职业心理能力塑造、心理能量储备、飞行直到心理能力健全、成才的全过程。需要一支专业技术全面，具备专业能力的专职队伍。就目前而言，从事飞行人员心理健康保障的专业队伍，其知识结构和专业教育培训经历以锯齿状为多，不能满足系统化、专业化要求，应提速加强培训，对空军相关单位设置的心理专业学科人员，实施定项目培训计划，建好健全基于飞行人员心理健康管理全程的专司职专业队伍系统体系。

第八章　飞行成就动机与心理效能

成就动机（achievement motivation），最早是由 Murray（1938）提出来的。McCelland 和 Atkinson 合著的《成就动机》一书成为成就动机研究的真正开端（1953）。阿特金森认为："成就动机是指人们在完成任务中力求获得成功的内部动因，即个体对自己认为重要的、有价值的事情乐意去做，并努力达到完美的一种内部推动力量。"

飞行成就动机直接指引了飞行效能，及其作战效能的状态水平，是航空心理学研究的重点内容。近年来对军事飞行人员胜任特征模型的研究，宋华森（2016）提出的同心圆模型，其最内核的成就力、责任力和掌控力被命名为心理动力维度，是效能之动力之源。

第一节　飞行成就动机概述

一、飞行成就动机的定义、类别与特征

飞行是具有挑战性的高风险性的职业，向往做一个飞行员，特别是作为军事飞行员，是新时代青年追求的方向与目标。近些年来，招收飞行人员的高考标准，已经明确为本科一本线之上的情况下，报名飞行学员越来越成为青年学生的梦幻理想。渗透出青年学生愿意挑战、成为国家栋梁之材的强烈内在动力。

（一）动机定义及类别

1. 动机定义

动机就是动力，是对人的行为的激发和指引，是指引起个体活动，维持已引起的活动，并促使该活动朝向某一目标进行的内在历程。它由目标或对象引导、激发和维持个体活动，是一种从开始、维持、导向和终止的人的行为的内部动力。它具备激活、指向和维持调整三大功能特点，使得人的行为能够按照需求特征，所确定的目标，在动力系统统领下，满足个体需求而不断努力。当一个人开始行动时，我们认为他或她是有动力的。有动力的人会感到精力充沛，受到激励去行动。相反，当一个人缺乏行动的灵感或能量时，就会被认为没有动力。

2. 动机主要类别及特征

依据动机的性质，概括地讲，动机分为生理性动机和社会性动机。生理性动机也可称为基本动机，是满足维持生命所必需的动力系统，以有机体自身的生物需要为基础。社会性动机，以人的社会文化需要为基础的，是满足人在社会中发展、进步、成长所需要的动力系统。

依据动机具有导向的特征，它是行动的缘由，并导引着行动的预期目标（Ryan RM 等，2000）。将其分为内在动机和外在动机予以讨论，其他分类这里不再讨论。

（1）内在动机：内在动机可以定义为驱动个体行动的动力。对目标发自内心的真兴趣，对目标实现的愉快感受。参与活动带给自己的是挑战和享乐，而不是因为其他外在因素作用，如奖励或压力。帕特尔和他的同事们发现，内在动机水平较高的人参与行动更充分，也更能感受到可能发现任务的意义和愉悦（Patall 等，2008）。内在动机也会增加个人为完成一项事业而付出更多努力的可能性。此外，内在动机已被证明有助于在给定任务上保持更长的持久性。

内在动机有两种不同的测量方法：第一种是通过基础实验研究，研究人员利用"自由选择"测度。实验者让参与者参与一项任务，并告知参与者这项活动是否与奖励有关。接着，实验者告诉参与者，他/她不再需要完成任务，把参与者单独留在房间里。此时，参与者有一段时间"自由选择"是否返回活动。假设如下：如果没有外部原因（例如，没有奖励），参与者持续参与活动的时间越长，他/她完成任务的内在动机就越强。衡量内在动机的第二种最常见的方法是自我报告调查，该方法旨在衡量人们对特定任务或活动的兴趣和享受程度。

（2）外在动机：定义为来自个体外部赋予影响，驱动个体达到预期结果或目标的动力。可以被分成4种不同的类别，每一种都有不同程度的外在性（Tremblay MA，2009）。

第一，外在型调节。最接近动机状态，或缺乏行动意图的动机状态，是一种自主形式的调节。通常，行为是为了遵从、满足外部需求或获得特定的奖励而进行的。比如"我飞行是因为我希望获得更快的提升"和"我可以穿一件很酷并被人羡慕的飞行夹克"。

第二，内在型调节。外部影响的内在化，自我施加的压力被用来避免内疚或保持自尊。比如"我飞（或一直飞）是因为我想让别人认为我是成功的。"

第三，认同型调节。当一个人有意识地接受一种行为，认为它对实现个人价值的结果很重要，并愿意承认这种行为是他自己的行为时，就会产生这种外在动机。例如，"我飞翔，因为它帮助我在生活中保持平衡。"

第四，综合型调节。当一个人认识到一种行为的价值，将其内化为与自我意识一致，并将其同化为自己的价值时，就会出现这种情况。例如，"我飞行是因为我天生就是飞行人才；这是我本质的一部分。"一个人对一个行动或任务的原因内化得越多，外部动机的行动就越能自我决定（Unlu A 等，2015）。

（二）飞行成就动机

我国彭姆龄（2012）认为，成就动机是人们希望从事对他有重要意义的、有一定困难的、具有挑战性的活动，在活动中能取得优异成绩，并能超过他人。

飞行成就动机，就是在从事的飞行职业中，面对航空环境与军事作战环境的复杂变化，具有打败敌人的一往无前的心理动力。宋华森等（2016）研究了新机种飞行员胜任特征模型，提炼出心理动力、心理能力和个人特质 3 个维度。心理动力定义为："激发个体能够获得成功的那些内部稳固的动力因素，不因为环境变化，或实际阻力而影响目标的追求的特质。"显然，心理动力，即可等同为飞行成就动力。

心理动力是胜任特征模型的核心内容，由成就力、责任力和掌控力 3 个要素构成。之所以将要素称之为"力"，是说一个由"在活动中能取得完满的优异结果和成绩，并能超过他人"的内部动力，实质就是一种内部核心驱动能力。一些所谓"动机是可以发生变化的，比如以前喜欢飞行职业，接触之后变为不喜欢了"，而这种早期的喜欢，只能说是一种兴趣，还不能说是一种内部力，这种驱动力的"维持、面对挑战、取得完满成绩"正是一种能力的体现。

许多研究发现，在两个人的智商大致相同的情况下，成就动机高的人比成就动机低的人在活动中成功的可能性一般要高一些。McCelland（1953）发现，成就动机低的人，原意选择风险较小、独立决策较少的职业；而成就动机高的人爱毛遂自荐，喜欢担任富于开创性的工作，并在工作中敢于自己做出决策。军事飞行职业决定了从事这一特殊职业群体的飞行人员，需要具有高成就动机，才能满足能打胜仗的需要。

（三）高成就动机特征

高成就动机者有一些共同特征，他们会感到精力充沛，确定目标并付诸行动。他们往往愿意接受具有一定难度的挑战性任务，他们非常想知道自己努力的结果，常常以饱满的热情和旺盛的精力投入某项工作中去，并创造性地完成任务。他们对自己的决定高度负责，往往选择与那些有能力的人共事。研究表明，成就动机具有后天学习和训练习得特征。多项研究证实，一些成就动机本来很低的个体，经过参加一系列旨在提高成就动机的训练活动后，成就动机明显提高。近些年我军空军建设发展中，在实战化"金头盔"的对抗性训练中，激发了参训飞行员拿第一的士气，引导了实战化训练的方向，促使了飞行员向打胜仗的目标进发内在动力，成就动机的氛围明显提升。据调查，"金头盔"获得者无一不例外地都属于高成就动机者。

二、动机与心理效能的关系

简单地说，效能被定义为一个有动机的行为结果（Frederick，2003）。心理效能就是指在有动机的行为结果中，心理能力的最大化。动机和效能之间的关系已经在许多领域进行了研究，长期以来，人们一直认为内在动机更能预测行动。换句话说，如果一个人喜欢某项特定的活动或任务，他则更倾向于从事该活动（并付出更多努力）。相反，如果一个人并不一定喜欢某项任务，而只是觉得有外部压力，那么他就不太可能参与其中。

三、胜任特征与心理效能

针对高性能机种对飞行员的职业要求特征，研究建立军事飞行职业新机种飞行员胜任特征模型，明确心理选拔、心理训练指标要求，为建立"人－机匹配"的心理选拔和心理训练指标体系提供基础。通过对新机种飞行员、试飞员、飞行高端领导为研究对象，采用 O*NET 工作分析问卷修订版调查、高端飞行指挥员 BEI 访谈、编码，再应用统计软件包统计处理。

（一）心理动力维度是新机种飞行员胜任特征模型的核心

构建的新机种同心圆胜任特征模型，最内核为心理动力，是飞行训练效能之动力之源，最难评价但最为重要。同时，在概念上也与成就动机具有异曲同工。因此，研究军事飞行员心理动力，将内核成分提炼分解，进一步明确其成分中哪些属于先天特质，哪些属于后天培训。心理动力的评估、训练，将是飞行员选拔和培养的最高境界。

（二）心理动力是由 3 项优秀潜质指标构成

新机种飞行员胜任特征模型指标体系，其中心理动力维度由 3 项指标构成，即成就力、责任力、成就力。在作战飞行员胜任特征模型的研究中，结果显示出了非智力因素成为主要胜任特征，由此可见飞行员的认知能力在胜任飞行职业情况下，能打胜仗的心理品质主要依托于非智力因素，成功力、责任力和掌控力 3 项指标，成为贡献率最大的作战飞行员的优秀潜质，是影响飞行员心理效能的最大因素。

第二节　需要、成功与成就动机理论

需要与动机两者关系密切。需要（need）是个体内部的一种平衡状态，它表现为个体对内部环境或外在生活条件的一种稳定的要求，并成为引发个体活动的原动力。动机，则是在需要的基础上产生的，当某种需要没有得到满足时，它会推动人们去寻找满足需要的对象，从而产生活动的动机。

一、马斯洛的需要层次理论

马斯洛创建了需要层次学说，阐明了人类的一般需要及层次性。他提出的 7 种需要分为两大类，即基本需要和心理需要。基本需要包括生理需要、安全需要、归属与爱的需要、尊重的需要；心理需要包括认知、审美和自我实现的需要。基本需要亦称缺失性需要，由低级到高级按层次排列的，递进性满足而上升更高的需要，一旦满足后便不再产生需要。心理需要又称成长性需要，特点是越得到满足，产生的需要就越强，不存在严格的高低级关系。

任何一个飞行员在职业生涯中存在着这种与常人一样的心理需求。满足或寻找最高层次自我实现的心理需求，实质就是成就动机中的心理动力。心理动力被定义为"激发个体能够获得成功的那些内部稳固的动力因素，不因为环境变化，或实际阻力而影响目标的追求的特质"。心理动力也是一种推动力，是通往个人更高标准或追求中的原始动力重要能源。

（一）生理需要

生理需要也称"自然需要"，它是直接与生存有关的需要，是人最基本的、最强烈的、最明显的一种需要。它包括对阳光、水、空气、食物、排泄、求偶、栖息、避免伤害等。一个人在生活中所有需要都没有得到满足，那么生理需要最有可能成为其行为的主要动机。这一需要未得到满足时，其他需要退居其次；得到基本需要满足时，就会有其他更高级的需要出现。

（二）安全需要

安全需要包括安全、稳定、免受恐吓、焦躁和混乱的折磨，对秩序、规律的需要。安全需要对幼儿来说表现得十分明显；对成年人来说，在安全受到威胁时，常常不惜一切代价忍耐或压抑这种感觉。

（三）归属与爱的需要

当安全的需要得到满足之后，自然会出现归属与爱的需要。内心深处感到缺乏理解自己、爱自己的朋友或爱人时，需要寻找志同道合的朋友。充满了希望与他人有一种深情关系，或者在团体中有一个被人恭维的位置，也会不断地努力去达到这一目标。当这种需要没有得到满足，就会感到孤单，内心有一种被抛弃、被异化、被疏离的感觉。

（四）尊重的需要

尊重是个人对自己的尊严和价值的追求，包括"他尊"和"自尊"两个方面。也就是说希望获得别人的尊重，如关心、重视、赏识、赞许、支持和拥护等。同时，也自己尊重自己，如自信、自强、好胜、求成等。自尊需要的满足导致一种自信的情感，使人觉得自己在这个世界上有价值、有力量、有能力、有位置、有用处和必不可少。然而，人的这些需要一旦未得到满足，就会自卑、弱小以及无能的感觉，并丧失基本的自信。最稳定和最健康的自尊建立在他人发自内心的尊敬之上，所以，人具有对于名誉或威信的欲望，并十分重视他人对自己的看法，希望得到他人和社会的高度评价。

（五）自我实现的需要

自我实现需要是指一个人有充分发挥自己才能和潜力的需要，力求实现自认为所能之事。自我实现依赖于生理、安全、爱和自尊等需要的满足，自我实现是需要层次之巅，是人的终极追求，它的实现会使人产生一种高峰体验。当自我实现的需要启动的时候，就会激活与导引成长的动机。

二、阿特金森的成就动机理论

阿特金森（John Atkinson）是美国著作较多的心理学家之一，其中《动机导论》（1964）和《成就动机理论》（1966）为其代表作，根据成就动机的诱因不同，划分为希望成功的动机和避免失败的动机两个方面。前者能带来积极的情绪体验，如自豪感、满足感，从而促使他们朝可能成功的方向不断努力；后者伴随消极的情绪体验，如羞耻、沮丧和屈辱等，从而试图通过退缩或不作为来避免这种情况出现。以下对Atkinson的理论作一简单介绍。

（一）希望成功的动机

阿特金森认为，希望获取接近成就的目标倾向（Ts），由3种因素构成，一是成就需要，也就是成功的动机（Ms）；二是成功的可能性（Ps）；三是成功的诱因（Is）。阿特金森假定这些因素之间的关系为：$Ts=Ms \times Ps \times Is$。其中，①成就需要（Ms），代表了个体追求成功的相对稳定或持久的特质，是一种"成就中体验到自豪的能力"，属于情感特质，即是特质，就表明其拥有先天而来之特性；②成功的可能性（Ps），指对确认的目标期望或者达到目标的具体行为的预期，主要是基于先前经验，以及来自各方面的信息，也就是说，任何影响实现目标和获得成功信心的信息，都可以用于加固Ps的重要性；③成功的诱因（Is），他认为目标的最终诱因值是个人特质（动机力量）和目标特点（任务难度）两者的函数。假定Is与Ps是相反的关系，即$Is=1-Ps$，Is随Ps的降低而升高。容易的目标并不能体验到更多的自豪感，难度大的目标才能体验到强烈的自豪感。

（二）避免失败的动机

成功经验和自豪体验引起正的情感预期，同样，负的情感预期来自失败经历和羞愧体验。在与成就有关的情境中，失败的恐惧和成功的希望同时被激发。阿特金森假定避免失败的倾向（Taf）是避免失败的动机（Maf）、失败的可能性（Pf）以及失败的诱因值（$-If$）的函数，即$Taf=Maf \times Pf \times (-If)$。其中，Maf被认为是没有达到给定的目标（即失败）时体验到羞愧的能力，由客观自陈测验来评价Maf；Pf和$-If$，即失败的可能性和诱因值，这两个因素对回避成就活动产生了影响。失败的诱因值是一种负情感（如羞愧），在容易的工作中失败会体验到较为强烈的羞愧感。因此，If与$-(1-Pf)$相当。

（三）成就动机

在概念上，成就动机不同于成功动机，成功动机是渴望成就的一种相对稳定或持久特质；成就动机（Ta）是指接近或逃避成就取向的活动的结果倾向，也即希望成功与害怕失败融合之后的结果。（Ta）即为接近任务的倾向力量（Ts）减去逃避任务的倾向力量（Taf）。成就动机公式为：Ta=Ts-Taf 或 Ta=（Ms-Maf）[Ps×（1-Ps）]。当 Ms > Maf，Ta 是正值，具有这种动机的个体在结果成就动机上表现高。因此，在具有这样的机会时，表现出接近与成就有关的活动；当 Maf > Ma 时，Ta 是负值，个体在结果成就动机上表现低，表现出逃避与成就相关的活动。进一步分析显示，当 Ms > Maf，Ps=0.5 时，动机值最大，并且动机的强度随着 Ps 值的增大或减小而相应地降低，也就是说，最大动机强度既不是最高动机诱因值，也不是最高成功期望值造成的，而是在 Ps 和 Is 都处于中等水平时（0.5）出现。同样，当 Maf > Ms，Ps 处于中等水平时，动机的阻碍相应地降低，结果成就动机值相应提高。这表明，个体在受害怕失败动机支配时，最有可能回避中等难度任务，而宁可接受非常难的任务或非常容易的任务。当 Ms=Maf 时，结果成就动机等于零，动机的趋向和回避意向不受 Ps 值变化的影响。

当然，在实际生活中，大多数人都从事着一些与有关成就相关的活动，并不符合 Maf > Ms 时可能出现的成就逃避行为，因此，阿特金森为了说明成就行为的多种决定因素，将从事成就活动的最终倾向看作还有一种与成就需要无关的外在其他倾向力量共同决定，即成就行为 =Ta+ 外在动机。

第三节　我国军人成就动机研究情况

国内对成就动机的研究不多，王建伟等（2009）采用扎根理论编码技术结合专家评定法，对军人成就动机进行研究和特征分析，研究结果提出，军人成就动机包含：进取、主动、求精、坚韧、奉献和乐业 6 个维度，共 21 个特征。这项研究针对性强，在军事心理研究中紧紧抓住军事作业人员特点，为建立军人成就动机结构模型打下了基础。

一、军人成就动机维度及定义

研究获取的 6 个成就动机维度和 21 个特征形成了完整的军人成就动机机构。具体维度及定义如表 8-1 所示。

成就动机在不同时空条件、社会背景与文化形态下，个体的成就动机具有明显的个体差异，所表现的具体特征也有所不同。麦克莱兰和阿特金森正式提出成就动机概念后，一些相应的理论和概念也大量涌现，如成就追求理论、社会学习理论、归因理论、成就动机多维概念等。采用扎根理论编码方法，在编码过程中把属于军人成就动机特征的内容尽量抽全，尽量防止把属于其他心理特征的内容纳入其中。在资料的选取方面，采用军人行为事件访谈和近现代军事家传记，既可反映当代军人的特征，又能反映高层次军事领导人才及战争时期军人的特征。

表 8-1　军人成就动机维度名称及定义

维度名称	定　义
进取	不满足于已取得的成绩，不断为自己设立新目标，希望有所突破的想法和做法
主动	不待外力推动而行动，出于自身主观愿望而提出的想法和做法
求精	不待外力推动而行动，出于自身主观愿望而提出的想法和做法
坚韧	对认定的想法和做法，尽量把它做成功或做完整，并伴随时间的延续，即使遇到困难、阻力和失败，也抱有成功的希望，奋力争取，永不放弃
奉献	为所从事的工作，能够暂时或长久地放弃其他能够获得的利益，或者损失固有的利益
乐业	对所从事职业的一种积极的情感（如喜爱、热爱等），能够从中得到快乐和满足，感受到自我价值的体现

二、军人成就动机维度权重

王建伟等（2009）在应用扎根理论结合专家评定，最终形成 6 个维度 21 个特征"军人成就动机特征"的基础上，又采用层次分析法，探讨在军人成就动机结构中不同维度和特征的重要程度是否相同，以确定其权重系数。其方法是：①建立军人成就动机层次结构：根据"军人成就动机特征"构建军人成就动机层次结构；②构造判断矩阵：依据专家评判（徐勇勇等，2002）分别对军人成就动机层次结构中各层次评价指标进行成对评判，然后求得成对评判值的几何均数，构成群体成对判断矩阵 A；③权重系数计算：计算初始权重系数 W_i' 及归一化权重系数 W_i；④一致性检验：检验权重系数是否分配合理，CI 为判断矩阵的一致性指标。

（一）军人成就动机层次结构模型

依据"军人成就动机特征"建立了军人成就动机层次结构模型。军人成就动机层次结构分为两个层次，第一层结构包括 6 个维度；在第二层结构中。进取包含 3 个指标，主动包含 5 个指标，求精包含 3 个指标，坚韧包含 2 个指标，奉献包含 5 个指标，乐业包含 3 个指标（图 8-1）。

（二）结构维度和指标层级权重系数

第一层军人成就动机维度。共 6 个维度，其权重系数分别是：进取 0.21、求精 0.19、坚韧 0.18、主动 0.17、奉献 0.13 和乐业 0.12。

第二层结构权重系数的确定。共 21 个指标，其评价指标的权重系数分别是，进取维度中目标性 0.36、荣誉感 0.34、进步性 0.30；主动维度中经验汲取 0.27、研究意识 0.22、警惕性 0.19、信息关注 0.16、学习意识 0.15。求精维度中工作标准 0.45、过程控制 0.33、成果要求 0.22。坚韧维度中持之以恒 0.56、耐受挫折 0.44。奉献维度中物质舍弃和身体舍弃 0.22、情感舍弃 0.20、功名舍弃 0.19、休闲舍弃 0.18。乐业维度中职业自豪感 0.37、工作满足感 0.35、工作兴趣 0.28。

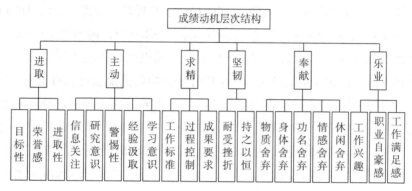

图 8-1　军人成就动机层次结构模型

军人成就动机 6 个维度中，进取维度最重要的特征为目标性，这一特征也是整个成就动机特征中的核心特征；主动维度最重要的特征为经验汲取；坚韧维度最重要的特征为持之以恒；求精维度最重要的特征为工作标准；乐业维度最重要的特征为职业自豪感。通过对军人成就动机权重系数的确定，为评价军人成就动机提供了有效的工具。

第四节　军事飞行员动机、坚毅与飞行效能

军事飞行员选拔过程，是一个严谨的淘汰过程，必须通过一系列的筛选，特别是心理选拔需要重点准确评估个人的能力、稳定性和动机。我国军事飞行人员心理选拔由 3 个平台组成，分别针对候选人的认知能力、飞行能力和非智力特征进行筛选。军事飞行员需要拥有非凡的智力（认知能力）和功能能力（飞行能力），在性格和情感上需要表现出镇定（稳定性），以及想成为一名飞行员（动机）的强烈愿望和已证明的决心。从目前情况看，由于对"动机"测量技术方法的局限，在实际招飞心理选拔工作中，还存在着一定的差距。

一、内在动机与飞行效能

研究发现（Marshburn，2007），工作行为的动机包括环境或外部力量（如炫耀、提升）和内部或内在力量（如享受、满足）。具有内在动机的人通常倾向于寻找机会接受挑战，发展新技能，掌握与工作相关的任务，并享受所做的工作，而外在动机强的人往往在寻求认可和提升机会。

马绍尔研究陆军飞行员获得飞行经验的动机是外在动机还是内在动机，更具体地

说，他试图证明内在或外在因素对飞行员获得更高水平飞行成绩与哪一个关系更密切。他以飞行时间作为衡量飞行经验做效标，研究发现，内在动机更强的飞行员，所获得的飞行经验更全面。内在动机的飞行员把飞行职业当作一种快乐的享受和事业的挑战，而外在动机的飞行员关注的是在职业岗位上的晋升、获得自己认可的利益。

在预测飞行训练中的整体效能（performance）研究中，福斯曼（Forsman）把飞行训练效能和动机进行了比较研究，结果显示，动机可以预测飞行训练效能，并可以提前预测飞行学员在航空大学培养的可能性。他的研究是通过动机量表（Vallerand RJ 等，1992）来评估的，该量表测量动机的 3 个主要方面：动机、外在动机和内在动机。飞行训练效能是由学生完成 25 节飞行课所需要的小时数和老师对他的整体飞行成绩评分来衡量。结果表明，内在动机量表和外在动机量表与完成全部 25 节飞行课程所需的小时数呈正相关，内在动力强的人会花更多的时间来主动学习掌握所教的所有动作和技巧。

在另一项调查飞行动机的研究中发现，飞行动机的改变在很大程度上与他们存在更高的外部动机（相对于内在动机）有关，而他们最初选择飞行职业主要是出于外部原因（Reddy 等，2014）。以上研究结果提示，对招收飞行人员所进行的心理选拔具有重要的理论指导意义。

二、坚毅（Grit）与飞行效能

（一）坚毅的定义

坚毅，被定义为是对目标的持续激情和持久耐力（Duckworth，2007）。它朝着一个目标，不忘初心、专注投入、坚持不懈，在逆境或失败中保持兴趣和工作努力。它是一个人走向成功的持久力（或者活力）。坚毅水平的高低是飞行效能和职业成就的一个重要因素。飞行员除了飞行动机外，足够的坚毅水平或坚持不懈的精神，是飞行员训练中克服固有逆境的关键。当遇到困难时，坚毅是依靠坚持和向前推进。在各种高压力情况下，获取职业领域的高成就，坚毅是一个很好的预测指标（Burkhart，2014）。

（二）坚毅与效能的关系

Maddi 等（2013）研究了美国西点军校学员入校 3 个月时训练期间的毅力与效能之间的关系。通过毅力量表（Grit-S）测试，评估学员兴趣的一致性和努力的毅力，与学员的成绩分数（军事和专业课程、工作和健康等不同领域的成绩累积平均值），以及综合分数（包括高中学业成绩、领导潜力和身体健康，简称 WCS）作比较。研究发现，3 个变量（毅力量表得分、学员表现得分、WCS）均与保留率呈正相关；然而，毅力与整体关系最强。研究强调，在预测绩效结果时，毅力是一个重要的变量。

（三）坚毅对成功的影响

从历史上看，军校学员在西点军校的成功表现一直是利用上述 WCS 综合评分来预测的。Kelly 等（2014）研究发现，高坚毅水平和持续努力的学员更有可能完成为期 47 个月的西点军校挑战性课程。在完成了基本训练的学员和辍学的学员之间，坚毅被发现是一个显著而有意义的区别。此外，坚毅也被发现是西点军校毕业生与非西点军校毕业生之间的一个显著差异。此外，坚毅与整体表现和班级排名呈正相关。研究人员得出的结论是，在试图理解为什么有些人能够成功地实现更长期的目标时，坚毅等非认知因素是重要的考虑因素。

飞行员的培养应具备卓越的智力和功能能力、良好的性格和情绪稳定性、保持一致的愿望和成为飞行员的决心（动机）。同时，还必须具备坚持不懈和不断努力的非智力特征。

（四）坚毅对失败的作用

研究人员还发现，具有坚毅品质的人在面对失败时会更加努力，总是在选择的时候，会坚持下去。研究获得的结论是，意志更坚强的人在追求目标时，往往会在逆境中继续前进，即使他们没有达到预期的成功水平，也有可能减少损失。

三、动机和坚毅调查表

由美国航空医学咨询服务公司（ACS）开发的、分别名为"ACS 调查一"和"ACS 调查二"的动机和坚毅调查表。问卷中测量外在和内在因素的测试项目顺序是随机的，评估解决方案的项目也是随机的。

（一）动机调查表

包括 16 个问题的调查含 7 个内在陈述和 9 个外在陈述，满分为 160 分。内在陈述句，包括 1、6、7、9、10、12、14 题。外在陈述句，包括 2、3、4、5、8、11、13、15、16 题。

要求阅读每一项陈述，并在 0 ~ 10 分制（0 表示"强烈不同意"，10 表示"强烈同意"）中，指出每一项陈述对他们的描述有多好。在决心（resolve）调查中，候选人同样被要求阅读每个陈述，并在 0 ~ 10 分制（0 代表"一点都不像我"，10 代表"非常像我"）中进行选择。

1. 即使没有这个职业领域的公众认可，我也有追求美国空军飞行员职业的愿望。

2. 我决定从事美国空军飞行员的职业是受我想要维护家庭传统的影响。

3. 我选择美国空军飞行员职业领域的主要原因是为了避免在进入空军时出现不合时宜的延误。

4. 相对于其他军官职业领域，我选择了美国空军飞行员职业领域，因为美国空军飞行员的福利较多（例如，调试奖金、飞行工资、未来的就业能力）。

5. 我选择从事美国空军飞行员职业的决定受到了其他人积极认可的影响。

6. 我将继续追求美国空军飞行员的职业生涯，即使职业领域的奖励（如飞行工资、奖金、地位等）被终止。

7. 我对开始训练成为一名美国空军飞行员有一种内在的兴奋感。

8. 美国空军领导层（培训指导员、主管、指挥官）有责任确保我作为一名美国空军飞行员通过量身定制的成就项目获得成功。

9. 由于我想成为一名美国空军飞行员，如果训练失败，我会感到失望。

10. 我选择了美国空军飞行员职业领域，因为支持战场和人道主义行动对我个人来说是有益的。

11. 美国空军飞行员佩戴的独特徽章和飞行服吸引我进入职业领域。

12. 我渴望成为一名美国空军飞行员，尽管有经济上的激励（如飞行工资、危险职务工资、调试奖金、未来的就业能力）。

13. 我想成为一名美国空军飞行员，很大程度上是想向别人证明我是"比其他人优秀"。

14. 我希望从事高风险/高需求的工作，支持战场和人道主义行动。

15. 我成为美国空军飞行员的决定很大程度上是受到了媒体（如电影、电视、电子游戏）的影响。

16. 我选择从事美国空军飞行员职业的决定受到了他人鼓励的影响（如家人、朋友、教练和老师）。

（二）决心量表

决心调查表（ACS 调查 II）。11 个问题，包括 4 个正面回答和 7 个负面回答偏颇陈述，满分为 110 分。正面回答的问题有：4、7、8、11 题，负面回答偏颇问题有 1、2、3、5、6、9、10 题。

1. 我很难把注意力集中在需要更多时间的项目上。

2. 我对某个想法或项目着迷的时间很短，后来就会失去兴趣。

3. 新的想法和项目有时会让我从以前的想法和项目中分心。

4. 我已经实现了很多目标，这些目标都是我多年来努力实现的。

5. 我经常设定一个目标，但后来选择追求一个不同的目标。

6. 每隔几个月，我就会对新的追求产生兴趣。

7. 我工作很努力。

8. 我开始做什么事情就一定会做完什么事情。

9. 我对飞行的兴趣每年都在变化。

10. 挫折阻止我成为一名美国空军飞行员。

11. 我对飞行的努力一直都很认真。

第五节　动机的测量技术与军事飞行人员的应用

动机激发个体的心理能量，并引导个体指向重要的任务和目标。可见动机测量与评估在军事飞行员心理选拔中，应该具有重要的地位。从 20 世纪 20 年代开始直到今天，动机理论和动机测量的研究仍在继续深化和多样化。

一、主体统觉投射法的内隐测验

主体统觉投射法的内隐测验（Thematic Apperception Test）。早在 1934 年，哈佛心理诊所 Henry Murray 等在出版的《人格研究》一书中，列出了 20 多种人类的需要和动机，以及一些变式。他们的研究包含了一些最初的动机测量技术，即主题统觉测验（TAT）。在随后的发展中，McClelland 把自陈量表测得的动机称为自陈动机（self-report motive），把 TAT 等投射法测得的动机称为内隐动机（implicit motive）。

在 TAT 测试中，被试者要对一些特征模糊的图片做反应，将他们看到的人物或情境编成故事报告。然后主试根据故事的性质总结出被试者的动机，例如，一名被试者在他讲的故事中涉及了挑战和达到卓越的标准，那么他就会被认为拥有较高的成就需要。后来，McClelland（1953）将 Murray 的动机合并成三个大类：成就的需要、权力的需要和亲和的需要。尽管 TAT 只是一种数据收集手段，但它和它的计分系统却可以看作是一个测量工具或测验（Smith，1992）。TAT 和与其相似的量表的目的在于，绕过人们有意识的自我觉察和评价，因为这种觉察和评价可能不准确，或者人们可能不情愿坦诚地分享、表现。

二、多元动机网格测验（MMG）

有关多元动机网格测验在国内报道不多，张锦坤等（2006），杜建政等（2007）先后有报道。以下综合他们的报告，做一简要介绍。

（一）什么是 MMG

MMG 是 Multi-Motive Grid for Acceptance 的简称，即多元动机网格测验，是由德国心理学家 Sokolowski 等基于 20 世纪 70 年代后期建立起来的单个动机网格技术发展而至的网格技术（grid technique），是一种可同时测评个体的亲和动机、成就动机和权力动机的半投射测验。采用网格技术是 MMG 的主要特点（Sokolowski，2000），它的形式与 TAT 相似，也是通过呈现一系列意义模糊的图片以引发动机，所不同在于它不是让被试者看图片描述故事，而是在每幅图后附上若干语句（问卷）供被试者选择（"是"或"否"），根据被试者的选择结果统计其在各变量维度上的得分，从而判断其在各动机层面上的倾向性，这极大地方便了测验的实施和结果的解释。

由于网格技术将 TAT 测验与问卷测量的特点结合了起来，因此也被称为是"半投射"（semi-projective）技术。它使 MMG 不仅可以测评个体自我概念中的有意识层面，而且还可测评无意识层面，即测评个体经由无意识引发的亲和动机、成就动机和权力动机等 3 个方面的动机倾向性及其强度（有意识）。

（二）MMG 的结构

在 MMG 之前已有 3 个采用网格技术编制的动机测验，即成就动机网格测验、权力动机网格测验和亲和动机网格测验（叶仁敏，1982），这 3 个测验所涉及的动机都是影响个体社会行为的重要变量，但分别测评这 3 种动机比较耗时。研究者通过整合 3 个测验中的图片及选择题项，编制了多元动机网格测验。因此，MMG 可同时测评个体 3 个层面的动机，每个维度各有追求（hope）和担心（fear）两个成分。成就动机有追求成功和避免失败两种倾向，合群动机有追求亲和和担心遭拒两种倾向，权力动机有追求支配权和担心失去支配权两种倾向。

MMG 共包含了 18 道题，每道题均由一幅取自投射测验的模糊轮廓图和若干取自问卷的陈述语句构成。

（三）MMG 的信度和效度

MMG 的 Cronbach's α 的范围为 0.78 ~ 0.90（Wolfgang，2004）。MMG 外部效度得到许多研究的检验。在一项研究中（Sokolowski，2000），53 名产业经理参加领导能力培训。训练开始时测 MMG，训练结束后要求他们判断自己的主观满意度及在多大程度上获得了领导胜任力。3 个月后，要求被试者描述培训对他们工作的内在和外在动机产生多大程度的积极影响。结果表明，权力动机高的个体报告了更多的满意度，认为从训练中学到了东西，且觉得训练提高了他们的动机。

（四）MMG 的特点

MMG 是投射技术与问卷技术的综合。首先，它采用了投射测验的意义模糊图片，因此它也承认投射测验的基本假设，认为个人会把自己的思想、愿望、情绪等人格特征不自觉地反应于外界事物或他人之上。其次，为避免传统投射测验的缺陷，MMG 不是采取让被试者描述故事的方式，而是将事先编制好的问卷提供给被试者选择，吸取了问卷法的实施和解释方便的优点。最后，个体的动机存在情绪驱动的内隐动机系统和目标驱动的外显动机系统，两者相对独立，内隐动机在相对不受外显社会性刺激（如奖赏、晋升）影响的情境中管理行为；外显动机则由外在的刺激激活并使个体的行为过程尽量不受当前情绪状态的影响。MMG 已被证明能更好地测量形式上独立但在实际行为过程中相互作用的两个动机系统（Wolfgang，2004）。

三、军事飞行员多动机网格测验应用

为了实现对军事飞行员胜任特征成就力指标的评估，采用多动机网格模式，设计了测试工具。在设计完成之后，选取军事飞行员被试者予以工具标准化过程，信度效度分析以及区分度均达到了设计要求，符合心理测量学规定。

1. 测验内容

该测验工具包括 18 个主题，每一主题由一张图片显示，图片之后都附有一系列陈述。图片的目的只是唤起成就、亲和和权利 3 种动机，由能够反映典型情绪、认知、目标预期等动机作用倾向的题目组成陈述题，共计 120 题，实现测试 3 种动机的作用。完成整个测验通常需要 30 ~ 45 分钟。

2. 测试要求及指导语

这种方法最大的优点在于它结合了投射测验和自称量表方式，减少或减低了由于主试者某种原因带来的掩饰问题。当一张图片显示的时候，要求被试者依图说话，将自己看作是图片中的一员，感受图片所示内容的意境，对陈述问题根据实际情况回答"是"或"否"的选择。

3. 记分方法

两种记分方法。第一种方法：分别统计正向题数和负向题数的得分，每题 1 分，累计总分。正向题数得分为希望的原始分数，负向题数得分为害怕的原始分数。希望成功原始分 – 害怕失败原始分 = 成就分数；希望亲和原始分 – 害怕亲和原始分 = 亲和分数；希望权利原始分 – 害怕权利原始分 = 权利分数。第二种方法：分别统计正向题数和负向题数得分，正向题数 + 负向题数 = 该因素原始分。分别得出成就动机、亲和动机和权利动机。

4. 信度与常模

经对飞行员 126 人初步测试，进行了内部一致性信度检验，结果如表 8-2 所示。

表 8-2　内部一致性信度

	内部一致性信度（α 系数）
渴望成功	0.709
害怕失败	0.809
渴望亲和	0.808
害怕拒绝	0.895
渴望权力	0.821
回避权力	0.737
成就动机	0.671
亲和动机	0.852
权力动机	0.808
总量表	0.884

由表 7-2 可见，MMG-S 在初步应用信度较好，无论是测量 6 种动机的分量表、三大动机和总量表。内部一致性介于 0.671 ~ 0.884 之间。与此同时，我们还建立了飞行员该量表的常模，如表 8-3 所示。

表 8-3　飞行员 MMG-S 常模

	飞行人员（n=132）		飞行员（n=66）		指挥员（n=60）	
	平均值	标准差	平均值	标准差	平均值	标准差
渴望成功	14.37	2.002	14.55	1.448	14.10	2.502
害怕失败	4.33	3.273	4.42	3.192	4.45	3.451
渴望亲和	17.15	1.831	17.48	1.167	16.78	2.337
害怕拒绝	4.56	4.736	4.77	4.797	4.60	4.844
渴望权力	10.05	4.082	9.92	3.993	10.42	4.295
回避权力	4.32	3.077	4.61	3.063	4.15	3.102
成就动机	10.05	4.394	10.12	3.987	9.65	4.905
亲和动机	12.59	5.188	12.71	5.182	12.18	5.382
权力动机	5.73	4.639	5.32	4.651	6.27	4.769

四、成就动机测验问卷样例

（一）成就动机测验问卷

按照阿特金森成就动机研究，有学者编制了"成就动机测验"问卷，可供在工作中研究应用。

请针对每一句陈述选择与被试者自己相符的程度，A 表示"完全对"，B 表示"基本正确"，C 表示"有点对"，D 表示"完全不对"。

1. 我喜欢对我没有把握解决的问题坚持不懈地努力。

2. 我喜欢新奇的、有难度的任务，甚至不惜冒风险。

3. 对于交给我的任务即使有充裕的时间，我也喜欢立即开始工作。

4. 面对我没有把握克服的困难时，我会非常兴奋、快乐。

5. 我会被那些能了解自己的才智的工作所吸引。

6. 我会被有难度的任务所吸引。

7. 面对能测量自己能力的机会，我感到是一种鞭策和挑战。

8. 我在完成有难度的任务时感到快乐。

9. 对于困难的活动，即使没有什么意义，我也很容易参与进去。

10. 能够测量自己能力的机会，对我是有吸引力的。

11. 我希望把有难度的工作分配给我。

12. 我喜欢需要尽最大努力方能完成的工作。

13. 如果有些事不能立刻理解，我也会很快对它产生兴趣。

14. 那些我不能确定能否成功的工作，最能吸引我。

15. 对我来说，重要的是做有困难的事，即使无人知道也无关紧要。

16. 我讨厌在完全不能确定会不会失败的情境中工作。

17. 我在结果不明的情况下会担心失败。

18. 在完成我认为是困难的任务时，我担心失败。

19. 一想到要去做那些新奇的、有难度的工作，我就感到不安。

20. 我不喜欢那些测量我能力的场面。

22. 我不喜欢做自己不知道能否完成的事，即使别人不知道也一样。

23. 在那些测量自己能力的情境中，我会感到不安。

24. 对需要有特定机会才能解决的问题，我会害怕失败。

25. 那些看起来相当困难的事，我做起来很担心。

26. 我不喜欢在不熟悉的环境中工作，即使无人知道也一样。

27. 如果有困难的工作要做，我希望不要分配给我。

28. 我不希望做那些要发挥能力的工作。

29. 我不喜欢做那些自己不知道能否胜任的事。

30. 当我遇到不能立即弄懂的问题时，会焦虑不安。

评分方法：A=4，B=3，C=2，D=1；前 15 题的总分为 Ms 分数，后 15 题的总分为 Maf 分数。Ms−Maf > 0 时，成就动机高；Ms−Maf=0 时，追求成功和害怕失败相当；Ms−Maf < 0 时，成就动机低。

（二）军事飞行员多动机网格测验（修订版）样例

1. 爬绳

（1）有这样与他人在一起的机会感到很愉快；

（2）我喜欢有难度的任务，有难度才有快乐感；

（3）我的目的是希望能够获得一个好的名次。

2. 讨论

（1）讨论中让我预感自己会丢掉主导地位；

（2）对没有把握解决的问题我依然坚持不懈；

（3）担心自己的发言会让别人厌烦。

3. 会间休息

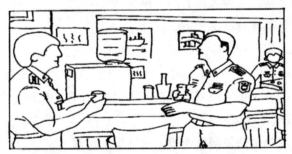

（1）与他人交流中担心自己让别人厌烦；

（2）难以达成共识应该暂时推迟不再继续；

（3）担心自己丢掉地位或身份。

4. 联欢会

（1）与其他人在一起感到很愉快；

（2）预感自己会丢掉地位或位置；

（3）感到很有信心获得联欢会的成功。

5. 对抗

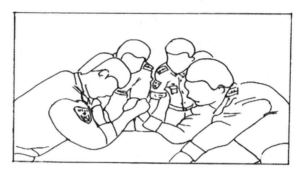

（1）希望能与他人交流磋商；

（2）以获得比赛好成绩的实力赢得属于自己的位置或地位。

6. 训练间歇

（1）训练间隙愿意与他人在一起，感到愉快；

（2）总是担心别人的能力过强。

7. 拔河

（1）恐怕自己很难有影响别人的作用；

（2）担心没有与他人交流磋商的机会。

8. 暂别

（1）感到有信心去完成好新的任务；

（2）不管未来能否成功，我依旧非常坚定；

（3）渴望去执行有难度的任务。

第九章　飞行员空中功能状态评价

　　飞行安全是空军的立足之本，是航空事业的一个永恒话题。飞行员的功能状态直接影响飞行安全，美国联邦航空局（FAA）和国家航空航天局（NASA）对飞行事故的统计表明，截止到 2010 年，送交美国航空安全管理部门的 261 000 起秘密事件报告中，有 52 000 起被列为是因飞行人员功能状态低下而导致的，占总数的 21%。近20 年来，我军的飞行事故分析表明，随着航空技术的进步，机械因素所致的事故比例不断下降，而人的因素所占比例逐年上升。

　　飞行员在飞行过程中处于精神高度紧张状态，主要造成两方面的影响：①长时间专注于工作环境中的某一项或某几项任务，忽略掉其他重要信息的风险提高；②随着工作时间延长，飞行员无法专注于任务，反应时间延长，进而导致操作技能退化、决策能力下降、形势判断能力失效和监测能力缺失等（Anthony，2003；Byrne Parasuraman，1996），严重时致使工作效率下降甚至发生人为失误，这些都属于功能状态低下的具体表现。如果能对飞行过程中的功能状态进行实时评价，可以有效预测飞行员脆弱或发生风险的工作时刻，从而利用驾驶辅助系统进行补偿或提醒飞行员本人采取相应措施，以避免事故发生。

第一节　飞行员功能状态概述

　　飞行员功能状态（pilot functional status，PFS），是指与完成飞行任务相关的生理机能和认知功能的总和，其落脚点在于作业能力的保持，它是生理状态、心理状态和工作能力状态的统一。高水平的功能状态，是指飞行员能够快速高效地投入工作，并在工作过程中始终保持适宜的警觉性、充分利用认知资源，使飞机得到最优控制。

一、俄美军事航空医学研究的重点

　　综合评价和预测飞行员生理心理功能状态和操作可靠性，已成为未来数年俄罗斯和美国军事航空医学研究的重点方向之一。

　　20 世纪 90 年代以来，圣彼得堡军事医学院航空航天医学教研室的研究方向主要是围绕飞行员飞行过程中的生理心理状态监测和作业活动工作能力的评估及预测，运用多种手段来对抗飞行工作能力降低和疲劳的发生。俄罗斯研发的小型化多功能生理监测仪可对飞行员、航天员进行一系列呼吸循环生理监测，包括动态 ECG、超声心动图、静脉波动图、肢体动脉脉搏描记图、呼吸运动图等。现役国际空间站上，航天员的"智能服装"可监测体温、心电、呼吸、血压、脑电、手指震颤度和手皮肤电阻，并可定时发送回地面，为航天员功能状态的动态监控创造了条件。俄罗斯生理学家近年提出了联合生理心理指标、耐力指标以及功能状态主观评定法来综合评价军事作业人员功能状态，并已开展一系列基础研究。例如，苏军阿富汗战争航空卫生保障研究证实，和基础功能状态值比较，中等程度飞行疲劳发生时，简单反应时延长 20% ~ 25%，手指抖动度增加 30%，吸气憋气耐受时间减少 20% ~ 30%，下肢肌力减少 20%，临界闪光融合频率值下降 8% ~ 10%，CAH 功能状态主观评价得分 3 分，心理运动速度、附加信息任务绩效、站立平衡参数发生不同程度改变。

在美国海军航空医学领域，按照航母舰载机航空医学保障流程，飞行前体检项目多于岸基飞行，并配有专用的生理心理功能状态快速检测设备，对飞行员"飞行前"的功能状态可做出综合判读，提高了安全放飞决策的科学性。美海军航空兵 2006 年起将防疲劳调度工具配发部队，可检测飞行员的睡眠状况、工作绩效和血液酒精浓度等指标，用于飞行人员工作绩效监测、飞行计划制订和安全放飞管理。

二、国内研究概况、水平和发展趋势

国内针对航空卫生保障实际，实施"一对一"的检测模式，已有多种生理指标检测和心理能力测评的单项检测设备。其中，原空军航空医学研究所研制并装备航空兵部队的飞行人员多参数生理检测仪，可动态监测心率、心率变异性和飞行载荷等指标，实现对劳动负荷的客观评价；睡眠监测床垫和手腕式袖珍睡眠监测设备，可以系统监测睡眠生理，评价睡眠质量和诊断睡眠障碍性疾病，为飞行准备阶段的放飞把关提供客观依据。关于心理能力测评，原第四军医大学航空医学系研制了系列产品，从单兵手持设备到群体测评系统，都在全军得到了广泛应用。

纵观我军对飞行员身心状态的监测和评价工作，从评价方法来看，采用的是生理指标检测和心理能力测评并行、互相独立的模式，导致对身心状态相互依存、相互影响的关系研究不够，且多停留在对指标本身（如心率、呼吸、血氧饱和度、人格、心理健康水平等）的检测上，未能充分挖掘这些指标与作业能力的关系，不能实现对"飞行员是否能够胜任战训任务"的评估和预测，这方面需要倾注更多的研究精力；从评价阶段来看，目前主要侧重于对"飞行前"的评价，针对"飞行中"工作状态的测评尚未形成系统的方法和标准，缺乏应用性强的专用测评设备，与新形势新任务背景下航空兵部队的飞行安全保障要求还有相当差距。

通过对国内外研究现状的分析表明，飞行员飞行过程中功能状态的评价技术是近年来空军科研攻关的重要方向。功能状态是与完成任务相关的生理机能和认知功能的总和，以往生理指标和心理能力测评并行、互相独立的评价模式多停留在对指标本身的检测，关于军事作业过程中身心状态相互依存、相互影响的内在规律以及身心状态影响作业能力的机制研究不系统，不足以建立功能状态的实时评价模型。此外，生理指标具有很大的个体差异，目前还未能形成普适性的功能状态测评技术。因此，飞行员功能状态测评技术的系统集成化、指标体系的多元化和普适性，以及瞄准作业能力开展"飞行前"和"飞行中"的全时程动态监测，是航空航天医学检测评价技术未来的发展趋势。原空军航空医学研究所基于模拟飞行试验平台，率先对飞行员空中功能状态评价关键技术进行了探索性研究。

三、飞行员功能状态影响因素分析

综合采用文献调查、问卷调查和专家访谈法，从生理、心理及飞行特殊环境三个层面归纳总结影响飞行员功能状态的主要因素，其中重点论述心理层面的影响。

（一）生理因素对功能状态的影响

良好的生理状态是达到高水平功能状态的首要条件。对于飞行任务而言，生理状态主要涉及飞行员的眼、耳、前庭等感知系统以及骨肌系统、中枢神经系统、心血管系统等，各系统基本的生理特征，如晶状体形状、眼压、肌纤维力量和脑功能状态等，直接影响各个部分的功能特征，如视功能、肌肉力量、认知能力等，最终会影响飞行员的任务完成。生理状态的维持需要在营养、睡眠、舒适性、健康等方面满足需求，否则会导致作业能力快速下降。

（二）心理因素对功能状态的影响

飞行员的心理因素对功能状态的影响主要包括认知能力和社会心理状态。

1. 认知能力

（1）感知能力：感觉和知觉系统是人体接受外界刺激产生感觉的基本结构。各种感觉（视觉、听觉、平衡觉、触觉、本体觉等）的输入组合，是人体生成及时、准确、安全和有效操作反应的基础。感知能力对飞行员完成飞行任务非常重要。空中低压缺氧、加速度过载、震动与高噪声等极端物理环境对人的感知能力影响很大，使得人的各感知通道出现不适应或相互冲突的感觉输入，导致飞行员容易出现空间失定向、眼动神经功能改变和主动视觉退化、运动功能障碍等。

（2）信息处理能力：随着现代战机技术的发展，战机高度信息化和自动化，使得飞行员逐渐向一个复杂系统监控操作者的角色转化，即飞行员需要在信息超负荷（大量多通道信息输入及多任务并行处理和复杂决策环境）和有时间压力的条件下，快速做出准确的态势分析与判断，并高效操作执行相应决策。因而，信息处理能力是高性能战斗机飞行员必须具备的特质，已成为构成战斗力的核心要素。飞行员的视听整合、空间认知、持续注意和注意分配、快速准确执行反应操作等信息处理能力是其完成战斗飞行任务所需的关键能力。面对高技术战争一体化联合作战中信息量大的特点，飞行员需要保持思维活跃，在驾驶舱中始终保持高水平的脑力活动，能够及时准确地获取足够信息操纵飞机，以完成战斗任务。

2. 操作能力

骨肌系统是人体活动和完成各种操作动作的最终执行结构和生理基础，飞行特殊环境对飞行员的人体尺寸、活动范围和力量特性等提出了明确要求。针对长期飞行任务需求，深入了解飞行员人体测量参数、骨肌生物力学特性，是飞机座舱空间布局、操作设备的尺寸及力量等设计的基础，更是提高飞行员空中功能状态、高效完成任务的前提。

3. 综合能力

飞行员应具备的能力结构是与飞行有关的多种能力因素的综合。目前，国内外学者关于飞行员的能力结构均做了大量研究。空军方面，英国皇家空军（Royal Air Force，RAF）经过对飞行员工作任务的分析，辨别出五种飞行能力范围：注意容量、心理速度、心理动力、推理和空间定位（空间知觉），并从这 5 个方面出发，编制了选拔飞行员的能力测验。RAF 现行的能力测验从以上 5 个方面出题，取其综合指数。Bailey 等以基本飞行补练结果为效标，报告了 RAF 飞行员能力测验的综合指数，校正了统计假象后，相关系数达到 0.52。该相关系数值与一般的人事选拔结果一致。现在，RAF 基于计算机的测验系统已投入市场，并被一些航空公司和军事机构购买。根据 Burke 等报告，从 1997 年开始英国所有的空军飞行员选拔都使用了该系统。苏联通过对大批飞行教员的调查，确定了飞行员最重要的能力是：注意分配广、转移快、范围大和稳定性高；良好的记忆力；良好的空间和时间概念；知觉速度快、范围广和准确性高。民航方面，德国汉莎航空公司将飞行员能力区分为：言语、数学思维及推理、记忆、感知觉及注意、空间表象和心理运动，并和德国宇航中心心理部合作，共同研发出飞行员心理选拔系统。中国学者根据心理学理论和飞行训练内容，将飞行能力分为两个方面：一是一般能力，二是特殊能力。细分起来，包括：良好的空间定向能力；良好的注意品质；灵敏的知觉和观察能力；思维敏捷；记忆迅速、准确；灵活的适应与应变能力；迅速、准确的动作反应能力；较强的创造能力；高情绪控制能力；良好的组织管理能力。

（三）社会心理因素

飞行员的社会心理状态，主要包括情绪变化、性格、团队相容性等。社会心理状态不仅会影响认知能力，更对飞行员的决策稳定性产生重要影响。

1. 情绪对认知及决策的影响

近年来，情绪对于人类认知过程的作用正逐步受到研究者的重视，尤其是情绪对决策的影响备受关注。其中，焦虑情绪影响决策的现象，由于具有突出的普遍性和现实意义，成为决策领域的研究热点之一。焦虑是现代人较常见的一种负性情绪状态，它是人们在面对不确定性情境时，主观上感到的紧张、忧虑、烦恼，同时自主神经系统出现激活，以应对潜在的威胁。焦虑情绪会对人类的决策行为及其结果产生深刻的影响，其中最突出的表现是，焦虑水平的提高会使决策者倾向于回避风险，做出保守的选择。

2. 性格对决策的影响

性格是一个人对现实稳定的态度以及与之相适应的习惯性行为方式，它是人的心理面貌的一个突出的方面，其结构是多层次的，通常包含性格的现实态度特征、性格的意志特征、性格的情绪特征、性格的理智特征等多种特征。例如，细心、墨守成规、坚定果断、主观武断、沉着冷静等，体现在决策中的这些性格差异，便会给决策带来迥然不同的效果。总体来说，积极的性格特征有利于决策优化，消极的性格特征有碍于最佳决策。

3. 团队相容性对团队绩效的影响

团队成员的相容性和复杂性使得团队内部冲突不可避免，而团队冲突又对团队绩效具有极其重要的影响。团队冲突分为关系冲突和任务冲突。关系冲突总是起着负面作用，它会激发成员之间的仇恨和敌意，导致决策质量的降低。而任务冲突，一方面，可以促使信息的交流、激发新的观点，提高决策质量；另一方面，随着任务冲突的加强，团队的和谐关系会被破坏，可能引致关系冲突而对决策质量造成负面影响。因此，探究团队相容性对团队决策绩效影响就聚焦在任务冲突上，而如何发挥任务冲突对决策质量的正面作用，并尽量避免其可能产生的负面作用，也就成为了决策团队亟待解决的问题。

（四）飞行特殊环境对功能状态的影响

飞行员需要承受低压缺氧、加速度过载、震动与高噪声等极端物理环境的影响，或受长期持续作战带来的疲劳和睡眠剥夺影响，或者夜间视觉受限条件下飞行。这些极端的环境条件对飞行员的功能状态有巨大负面影响，严重时甚至可能带来永久伤害，因而会极大地影响关键作战人员的战斗效能。例如，当飞行员需要承受长期持续作战带来的疲劳和睡眠剥夺或者在夜间视觉受限条件下飞行，这些极端环境都会损害飞行员认知及飞行作业能力。美国陆军研究所的研究发现，疲劳和睡眠剥夺会导致士兵的监控任务及操作任务绩效下降，他们同时发现经颅电刺激是比尼古丁等药物具有更加持久效用的对抗手段。另外，在加速度过载时会导致飞行员出现"黑视"现象。当飞行员快速拉杆时机头迅速上仰并形成正过载，此时其头部的血液迅速向下肢流动并造成脑部大量缺血，飞行员眼前一片漆黑，如果过载很大时脑部缺血过多甚至会让飞行员短暂失意、失能甚至昏厥从而导致机毁人亡的惨祸。短暂"黑视"会导致视觉对比敏感性和追踪能力下降、意识混乱、失忆、恶心、眩晕（头晕或者旋转感）和定向障碍；而飞行员长期重复过载荷，会使脑组织永久受损，导致视觉功能、记忆功能、认知功能等下降，甚至诱发疾病，尤其是眼疾病。除了加速度过载以外，低压缺氧环境也会严重影响飞行员的认知功能，还会导致飞行员感到头痛、头晕、心慌、气短、恶心、呕吐等。综上所述，极端环境对飞行员功能状态的负面影响成为制约飞行员战斗力发挥的一个重要瓶颈，但长期飞行条件下人的认知过程改变及其机制目前还不完全清楚，后续一方面需深入研究飞行员的认知决策能力规律及其脑机制，分析大脑在飞行环境下的可塑性变化，以保障并提高飞行员的空中功能状态；另一方面迫切需要开展针对性研究，建立有效、可靠、灵敏性和特异性好的空中功能状态监测技术，以动态掌握飞行员执行任务期间的功能状态变化，有效发现事故征候，保证飞行安全。

第二节　基于长航时模拟飞行飞行员功能状态研究

飞行是现代社会最为复杂的劳动之一，飞行职业具有较高的安全风险，且专业性和复杂性极强，飞行过程中飞行员工作绩效的高低直接影响着飞行安全。为揭示飞行员连续作业过程中功能状态的变化规律，刘娟等（2015）借助模拟飞行试验手段，基于原空军航空医学研究所研制的招飞心理选拔特殊能力检测平台中的俯仰飞行、加法计算和俯仰飞行加法计算双重任务三个模拟飞行任务模块，采集了15名被试者连续试验150分钟的作业绩效数据，比较分析模拟飞行过程中被试者的作业绩效随作业持续时间和任务难度变化的动态规律。试验结果表明，作业持续时间和任务难度对模拟飞行作业绩效的影响效应显著，且两者存在交互作用。

一、模拟飞行绩效随任务持续时间的变化规律

（一）研究方法

该研究将每位被试者完成模拟飞行任务的实时工作绩效与其本人在正式试验前一天精力充沛条件下的基线工作绩效做比较，计算实时绩效与基线绩效对比变化的百分比，作为模拟飞行绩效的最终评价指标，充分考虑到了不同被试者自身模拟飞行能力水平的个体差异，使数据更加客观科学，分析结果更具说服力。

（二）研究结果及分析

关于模拟飞行绩效随任务持续时间的变化规律：将试验总时间150分钟分为T1 ~ T10 10个时间段，每个时间段持续15分钟。从模拟飞行绩效男女总体的平均值来看，T2、T9、T10这3个时间段的模拟飞行绩效较高，即试验进程初期的第16 ~ 30分钟以及试验临近结束前的第121 ~ 135分钟和第136 ~ 150分钟绩效较高；T5、T6、T8这3个时间段的模拟飞行绩效较低，即试验中间阶段的第61 ~ 75分钟、

第 76 ～ 90 分钟以及第 106 ～ 120 分钟绩效较低。另外，男女不同性别的模拟飞行绩效有显著差异，具体表现在总体成绩女性比男性高，而在试验刚刚开始时的 T1（第 1 ～ 15 分钟）阶段，男性 T1 时间段的绩效较高，女性则偏低，在整个试验进程 10 个阶段中位居倒数第 4。关于模拟飞行绩效随任务难度的变化规律：将试验总时间 150 分钟分为 5 个试验阶段（阶段 2 ～ 阶段 6），每个试验阶段持续 30 分钟，再把每个试验阶段分为 6 个时间段，共计 T（1）～ T（30）30 个时间段，每个时间段持续 5 分钟，这样，每个时间段内只包含一种难度的模拟飞行任务。结果表明：①阶段 2（试验进行 1 ～ 30 分钟）中被试者的模拟飞行绩效在不同任务难度时未见显著差异；②阶段 3（试验进行 31 ～ 60 分钟）的情况是，试验后 15 分钟被试者完成高难度任务的绩效明显低于中等难度和低难度，具有统计学意义，表明本阶段试验后 15 分钟的模拟飞行任务绩效受到了任务难度的显著影响；③阶段 4（试验进行 61 ～ 90 分钟）的情况是，被试者在本阶段完成两次高难度任务时，第二次的绩效比第一次明显下降，具有统计学意义，表明本阶段模拟飞行任务绩效受到了任务难度和试验持续时间的共同影响，绩效的差异主要体现在被试者完成高难度任务时；④阶段 6（试验进行 121 ～ 150 分钟）的情况是即被试者在试验后 15 分钟完成第二次高难度任务时的绩效明显低于完成第二次中等难度任务时的绩效，具有统计学意义，表明本阶段试验后 15 分钟模拟飞行任务绩效受到了任务难度的影响。

本试验详细揭示了模拟飞行绩效随任务持续时间及任务难度变化的一般规律，特别是提供了模拟飞行绩效在 150 分钟内随时间进程和任务难度改变的连续变化趋势，对航空兵部队飞行训练的时间安排有一定的借鉴意义，有助于提高训练作战效率和飞行安全。

阶段 2 ～ 阶段 6 每个阶段的试验任务结束之后，请被试者对前一个阶段内完成任务的情况进行回忆，并依次对所取得的模拟飞行成绩和疲劳程度及注意力集中程度进行主观评估。将试验总时间 150 分钟分为 T Ⅰ ～ T Ⅴ 5 个时间段，每个时间段持续 30 分钟。将被试者对模拟飞行绩效自我评定的结果与客观绩效相对比，可以发现被试者对 T Ⅴ 和 T Ⅱ 两个时间段的自我评定结果误差较大，具体表现为对 T Ⅴ 的绩效自我评定过低，而对 T Ⅱ 的绩效自我评定过高。主观评定结果的性别差异表现为：在对模拟飞行绩效进行自我评定时，女性更加敏感，自我评定的结果与客观绩效符合度更高；在对疲劳程度进行自我评定时，男性的主观疲劳感更明显，女性对疲劳的自我评定得分普遍较低、对疲劳的主观耐受度更高；在对注意力集中程度进行自我评定时，随着试验时间的延长被试者主观感觉注意力集中程度越来越低，女性被试者的评定更加敏感，表现为多个阶段之间出现显著差异。

二、基于长航时模拟飞行的功能状态检测方法研究

现代社会科学技术迅速发展，自动控制系统广泛应用于各类生产、交通运输和服务领域，大大提高了生产效率，为人们的生活提供了诸多便利。自动化改变了人类工作的形式，操作员从繁琐的手工劳动中解放出来，转变为自动控制系统的监督者、决策者或调度员。与此同时，人类操作员的权限和所担负的责任也相应增加。一旦操作员工作时的功能状态变差，很可能发生工作失误从而造成严重的事故。因此，人们越来越关注操作员的功能状态对整个自动控制系统性能的影响。例如，人类的信息处理能力有限，当长期专注于工作环境中的某一对象时，忽略掉其他重要信息的风险会提高。另外，随着工作时间延长，操作员可能无法专注于任务，反应时间延长，继而导致决策能力下降。据不完全统计，由航空调度失误或飞行员分神造成的空难比例将近 70% ~ 80%；在核电工业中由于操作失误造成的事故占核电工业事故的 50% ~ 70%。因此，对于操作员功能状态实时可靠的检测，已成为自动控制系统安全保证的核心问题。

针对功能状态的定量检测，研究者们提出了多种方法，可概括为三大类：

（一）主观测量法

主观测量法认为操作员的功能状态与其执行任务时的努力程度相关，而此努力程度可通过操作员主观描述表达出来（Hockey，1997）。主观测量法属于直接测量，通常需要测试者事先设计好适宜的心理量表、问卷或者现场观察记录，一般只能在任务完成之后进行测量，并且会受操作员自身主观态度的影响，这对测量的准确性有一定程度的影响（Conway，2005）。

（二）工作测量法

工作测量法又称为任务性能评定法，是以操作员在执行任务时的表现（即作业绩效）作为功能状态的衡量指标（Robert Barnes，1996；McLucas，2002）。工作测量法包括主任务测量法和副任务测量法，其中，主任务测量法是通过测量操作员执行主任务时的作业绩效衡量其功能状态；副任务测量法反映操作员在完成主任务时的剩余能力。从直观角度看，工作测量法是检测操作员功能状态的最好候选方法（Wilson Rueeell，2003），但其也有局限性，通过工作测量法测量的功能状态与任务性质密切相关，难以形成标准，不便于比较。

（三）生理测量法

生理测量法可通过测量操作员在完成任务过程中出现的生理反应来评估其功能状态，生理测量法所使用的指标为电生理数据，包括脑电信号 EEG、眼电信号 EOG 和心电信号 ECG 等。

近年来，随着信号处理和模式识别方法的迅速发展及其在生物医学信号处理中的

广泛应用,生理信号的检测与分析技术取得了很大的进步。目前,使用生理测量法检测操作员功能状态已成为研究热点。

1. 电生理测量法的优势

(1)不受干扰性和客观性。操作员的生理反应一般都是在刺激或事件后随即自主出现的,不受主观意志的调节和控制,生理测量法能够在操作员完成任务的过程中实时、连续地动态测量,不需要人为打断操作员的任务过程,也很少受操作员对任务偏见或偏好的影响,从而保证了测量的准确性与客观性(Schlegel Gailard,2003)。

(2)应用范围更广。在很多自动化系统中,操作员负责监督系统的工作,此类监督工作可能不需要对系统做出动作响应(比如按键、应答之类),操作员的认知活动或功能状态无法通过任务性能法检测(Gailard Kramer,2000)。在此类情况下,生理信号测量不依赖于操作员的响应,与其他两种功能状态检测的方法相比,应用范围更广。

(3)生理测量可提供更精确、更细致的功能状态评估。例如,任务性能测量中经常用到"反应时间"这一指标,而操作员的反应时间可能受到两种任务负荷的影响:一种是由中枢神经处理的记忆任务,另一种是与反射神经相关的任务,只通过反应时间并不能区别这两种任务。而通过脑电中P300的幅值和潜伏期,可以区分这两种任务。

(4)通过生理测量不仅能够获知操作员何时出现超任务负荷、困乏或疲劳,还能够预估这些状态(Wilson Fisher,1995),而其他两种方法(主观测量法和工作测量法)需要操作员完成任务后才能测量。但生理测量法也有一定的缺点,比如其对硬件和测试过程要求很高,大多生理测量仪器比较昂贵,测试过程也比较复杂,测试完成之后采集到大量的信息,需要专业人员对信息进行分析。

2. 电生理测量具体方法

(1)脑电 EEG:脑电是反映大脑神经活动的电生理参数,它是脑细胞自发性、节律性的电活动,被认为是评定操作员功能状态最敏感的生理指标。从 20 世纪 60 年代开始,研究者们就开始分析脑电信号与心理负荷之间的关系。他们认为:脑电测量可以作为觉醒度和注意力的指标,觉醒度和注意力的变化会引起心理负荷的变化(Henelius Hirvonen Holm,2009);心理负荷变化会影响操作员的功能状态,从而使得脑电随之变化。脑电信号按其频率由低到高可分为 4 个基本频段:δ 频段 0.5 ～ 4 Hz、θ 频段 4 ～ 8 Hz、α 频段 8 ～ 13 Hz、β 频段 14 ～ 30 Hz,又可称为 δ 波、θ 波、α 波、β 波。也有人将 31 ～ 40 Hz 的脑电频段命名为 γ 节律。这种频域划分并不是固定的,例如对于 α 波,Jousovec 使用的频域范围为 7.5 ～ 12.5 Hz、Chiaramonti 定义的频域范围 8 ～ 11.5 Hz。在心情平静及双眼闭合的情况下记录的脑电波为 α 波,α 波的存在和消失与困倦、睁闭眼等状态有关,当睁开眼睛时,α 波受到抑制而减弱甚至消失。β 波是人在感觉刺激、警觉等情况下,产生的一种幅值比较低而频率比较高的节律。脑电 δ、θ、α、β 四个基本频段的能量、峰值频率等特征可能随着操作员功能状态（如认知负荷、疲劳、紧张等）的变化而改变。Schacter 分析了 θ 和 α 节律与心理负荷的关系。他认为在人类处于入眠前困倦状态时，θ 节律有明显的减弱，表现为低幅值、无规律活动、与高频的 β 节律重叠并扩散至全部脑电皮质。在困倦状态下的操作员功能状态表现为警惕性水平很低，任务处理能力下降，对突发事件的反应能力下降。Schacter 也分析了 θ 节律的增强与问题、认知处理（如学习或记忆）的关系。他发现任务难度增加、需要同时处理的事情增多时，操作员的心理负荷上升，此时大脑皮层额区中线位置的 θ 节律增强。在 Daniel 的研究中，当操作员在信号检测任务中做出错误响应时，脑电的 θ 节律减弱。Pennekamp 等发现在已确定目标的任务前休息阶段的 θ 节律比未确定目标的任务前休息阶段的要高。而 Makeig 等分析了被试者闭眼状况下执行听觉任务时突发警惕性下降与脑电频段的关系，发现出现突发警惕性下降时，脑电 6 ～ 7 Hz 频段的绝对能量减少，10 Hz 左右的能量增大。这一结论与 Pennekamp 的结论相矛盾。Makeig 等在进一步的分析后，认为这种矛盾可能是由于任务差异、记录方法差异（如电极的数量和位置）造成的。

Klimesch 分析了 α 和 θ 频段与认知、记忆负荷之间的关系。他提出，应当根据个人情况不同划分脑电频段。α 频段被细分为 3 部分，每部分包括 2 Hz 的频域窗，以功率谱估计中 8 ～ 12 Hz 内的波峰所在频率为分界线，分界线以左的较低频段分为两个较低 α 频段（lower alpha），分界线以右为较高 α 频段（upper alpha）；而 θ 波是低于 α 频段的 2 Hz 内的频域。Klimesch 认为：较高 α 频段与长期的语义记忆负荷相关，而两个较低 α 频段与其他类型的需要提高注意力的任务相关；当需要努力的保持警惕状态时，较低 α 频段增强；被试者困倦时，θ 频段和较低 α 频段能量增加；在被试者任务性能较好时，较高 α 频段的绝对能量增加，θ 频段的绝对能量降低。总之，θ 和 α 频段可以作为任务负荷、注意力、任务性能等的评价指标。前额中线 θ 频段的增加和 α 频段的下降，表明了任务负荷、注意力、努力程度等的增加。关于 δ 和 β 波的研究较少。由于 δ 波属于慢波，其分析容易受到眼电的干扰。研究者们认为在被试者实验过程中，出现与任务无关的神经活动时，δ 波会受到抑制；当需要大脑思考的任务难度上升时，δ 波能量上升；如心算、记忆任务难度增加时，δ 波能量增大；关注外在的刺激时，δ 活动反而下降。β 频段与任务类型相关，可能并不反映任务负荷的变化。

（2）心电 ECG：心电信号呈现较直观的规律性，相对于其他电生理信号更易于检测，一般被试者比较容易接受对他们的心电进行测量，而且易于记录，因此研究者普遍认为心电指标最适合用于评价功能状态。

心电是衡量认知负荷和心理负荷最常用的指标。心电信号分析包括心率的分析（如平均心率、R-R 间期的标准差和方差等）和心率变异性的分析（低频、中频、高频能量等）。心率的分析比较简单，很多研究者认为心率对操作员功能状态的变化较为敏感。Sammer 等比较了体力任务、认知任务以及双重任务下被试者的心电指标变化情况，被试者的心率在认知任务时最慢，双重任务时最快。Yao 等分析了实际飞行模式下飞行员的心率，发现在飞机降落阶段飞行经验较少的飞行员的心率比经验丰富的飞行员快，但其他阶段无区别。Wilson 等认为，心率是一个整体的指标，反映不同任务要求下操作员的生理及心理负荷水平。Hart 等也认为，心率能够反映任务、情绪等因素对操作员的综合影响，通常负荷升高时，操作员心率加快；另一方面操作员越疲劳，心率越慢。

心率变异性是人类心跳间期之间的微小差异，心率变异性指标的有效性，因操作员所处任务环境和操作员个体之间的差异而有所区别。HRV 通常分为 3 种频率段：低频（0.02 ~ 0.06 Hz）、中频（0.07 ~ 0.14 Hz）及高频（0.15 ~ 0.5 Hz）。在不同实验设计情况下，HRV 各种频段随心理负荷的变化情况存在一定差异。Tattersall 等分析了飞行任务下操作员的 HRV 变化，飞行员的任务分为无认知任务的升 / 降阶段和有认知任务的飞行阶段，结果表明，飞行员的 HRV 中频成分在认知任务阶段有明显的下降，而其他频段无变化。Veltman 等分析了模拟飞行任务环境下被试者的 HRV，发现有任务负荷时，被试者的中、高频 HRV 皆低于休息状态，但中、高频 HRV 对任务难度并不敏感。Fournier 等采用了 Multi-Attribute Task Battery（MATB）任务环境。实验结果表明，与多任务相比，操作员在单任务中的心率升高，而 HRV 的中、高频段能量下降；在多任务情况下，只有中频 HRV 能够区别高、低心理负荷。Wilson 研究了在飞行训练中操作员的心理负荷和多种生理指标的关系，发现在不同的飞行阶段操作员的心率和心率变异性变化非常显著，当操作员心理负荷增大时其心率加快，而心率变异性减小。李增勇等分析了汽车驾驶员的心率变异性，认为心率变异性的低频和高频与驾驶员的精神负荷有显著的线性相关性。Brookhuis 认为驾驶员的 HRV 随其心理负荷增加而降低，并将 HRV 用于驾驶员心理负荷的估计。综上可见，心率是公认的能够反映操作员功能状态的指标，而心率变异性指标的有效性则因实验设计和被试者而变化。

（3）呼吸：呼吸是除心电外与心血管相关的另一种测量。呼吸与心率相互影响，吸气时心率加快，呼气时心率减慢；心跳加快时，呼吸速率也会相应加快。研究者们对操作员的呼吸分析后，发现在操作员认知负荷增加时，呼吸速率加快，而呼吸深度变小。

（4）眨眼：眨眼是人的一种正常的保护性生理反映，人在各种情况下都会发生眨眼活动。眨眼可用的特征包括眨眼速率和幅值、闭眼时间、眨眼速率变化率等。研究者们认为眨眼与功能状态相关是因为眨眼与面部神经有关而中枢神经与觉醒度有关，这些神经对眼部活动可能有影响。在任务负荷增加时，视觉需求可能增加，此时眨眼速率下降。同时在注意力集中时，眼睛集中于某一任务，也可能导致眨眼速率下降。研究者对驾驶员眨眼进行了分析，结果是当驾驶员疲劳时，眼睑下垂，此时眨眼幅值较小，而眨眼速率变快，闭眼时间变长。

（5）皮肤阻抗：皮肤阻抗与操作员警觉度相关。当操作员高度警觉时，手脚掌皮肤阻抗会下降。反之，当操作员处于疲劳状态时，皮肤阻抗会上升。因此，皮肤阻抗也可以作为功能状态评价的特征。

综上所述，前人对操作员的大量生理测量进行了分析，希望找出生理特征与功能状态之间的关系。由于生理测量存在很大的个体差异性，受到操作员年龄、性别、身体状况、性格、技能水平等因素的影响。而且不同实验背景下，生理测量的有效性也存在差异。因此，在实验过程中，需要尽量在同一条件下（包括实验时间、环境、被试者选择等）进行实验，并且需要针对相应的实验设计，分析各个被试者生理测量的变化，找出与功能状态相关的特征。

三、基于模拟飞行任务的飞行员功能状态检测技术研究

在跟踪调研当前国内外功能状态检测技术研究进展的基础上，2015 年刘娟等针对模拟飞行任务的具体特点和工作性质，筛选确定适合于飞行员功能状态检测技术，并选用适宜的检测设备用于采集试验数据。

（一）工作测量法

该研究的模拟飞行试验基于原空军航空医学研究所研制的招飞心理选拔特殊能力检测平台和教 –8 飞行模拟器开展。把基于招飞心理选拔特殊能力检测平台的模拟飞行试验称为基于桌面式模拟飞行任务的功能状态评价试验，模拟飞行任务详见上文中的模拟飞行任务设置部分，试验持续时间为 150 分钟。试验过程中采用工作测量法对被试者的功能状态进行检测，具体方法为：①首先在正式试验的前一天，确保被试者身心状态良好、精力充沛的情况下，采集他们完成既定任务模块的基线绩效，每个任务模块持续时间 5 分钟。选用俯仰飞行、加法计算和俯仰加法双重任务，这 3 个任务模块的绩效不是像简单反应时那样可以瞬间评价的指标，而是需要时间累积的，任务完成的好坏需要一定时间才能看出来。根据课题组在招飞工作中积累的经验，一般设为 5 分钟比较合适。为避免前一任务对后一任务的影响，并保证被试者始终有良好的精神状态，基线数据采集时每两个任务模块之间均休息 5 分钟。②在正式试验完成模拟飞行任务的过程中，实时采集被试者的任务绩效数据，作为实时绩效。绩效的采集与计算是由招飞心理选拔特殊能力检测平台自动完成的，准确性和标准化有科学的保证。③被试者的功能状态 =（实时绩效 – 基线绩效）/ 基线绩效，充分考虑到被试者在完成模拟飞行任务方面自身的能力差异，解决了个体差异性的问题。

基于教 –8 飞行模拟器的模拟飞行试验持续 240 分钟，被试者按照以下给定的模

拟飞行航线（图 9-1）飞行两圈航线：

$$\frac{5'}{起飞} \text{机场} \frac{80}{12'00} \ 260° \ 甲 \frac{130}{19'30} \ 214° \ 乙 \frac{145}{21'45} \ 105° \ 丙$$

$$\frac{125}{18'45} \ 38° \ 丁 \frac{115}{17'15} \ 353° \ 戊 \frac{70}{10'30} \ 229° \text{机场} \frac{5'}{着陆}$$

图 9-1　模拟飞行航线

模拟飞行方法如下：

（1）出航方法：高度 300 一转弯，沿航线转一圈，跑道上空出航，调海压；

（2）返航方法：加入二转弯，通场加入航线；

（3）第 1 圈航线按昼简实施，第 2 圈航线按昼复实施；

（4）特情处置随机，每名被试者安排 3 次特情；

（5）飞行高度 4 000 米，飞行速度 400km/h，转弯坡度 45 度，绕点转弯。

试验过程中采用工作测量法对被试者的功能状态进行检测，具体方法与上文中基于桌面式模拟飞行任务的功能状态评价类似，其中实时绩效计算方法为高度、速度、航向偏离规定的标准值的百分比，高度、速度、航向 3 个指标的权重各为 1/3；基线绩效取试验刚刚开始的前 10 分钟的数据（在刚刚开始试验时被试者的精力一般是充沛的）。

（二）主观测量法

模拟飞行试验每个阶段之后请被试者对前一个阶段内完成任务的情况进行自我评定，如表 9-1 和表 9-2 所示。自我评定包括 4 个方面：注意力集中程度——被试者完成前一阶段任务过程中精神专注的程度；疲劳 / 瞌睡程度——被试者完成前一阶段任务过程中自我感觉疲劳 / 瞌睡的程度；烦躁程度——被试者完成前一阶段任务过程中自我感觉心情烦躁的程度；模拟飞行成绩——被试者对完成前一阶段任务的成绩进行自我打分。自我评定分数为 0 ~ 10 之间的整数，对注意力集中程度而言，0 代表走神非常严重、完全分心，10 代表注意力非常集中；对疲劳程度而言，0 代表精力充沛，10 代表非常疲劳；对模拟飞行成绩而言，0 代表与自己在正式试验前一天采集的基线成绩相比相差非常大，10 代表与自己的基线成绩相比基本差不多。被试者根据自己的感受，选择与之最贴切的值，作为自我评定结果，填入表 9-1 或表 9-2。自我评定可以反映被试者心理负荷的变化，比如随着试验时间的延长，被试者越来越疲劳；而随着任务难度的增加，被试者需要付出的心力越来越多，注意力越来越集中，但到一定程度时可能出现相反的变化。

（三）生理测量法

遵循"低生理心理负荷测量"的理论和相关技术，针对项目中模拟飞行任务的具体特点、工作性质以及项目组的生理指标检测设备，拟选用脑电、眼动、心率、呼吸、血氧饱和度等生理参数来检测飞行员的功能状态。在模拟飞行试验的全过程中，同步

表 9-1　基于桌面式模拟飞行试验的自我评定表

自我评定 （0 ~ 10 的整数）	阶段 2 （1 ~ 30 分钟）	阶段 3 （31 ~ 60 分钟）	阶段 4 （61 ~ 90 分钟）	阶段 5 （91 ~ 120 分钟）	阶段 6 （121 ~ 150 分钟）
注意力集中程度					
疲劳程度					
模拟飞行成绩					

表 9-2　基于教 -8 模拟器的模拟飞行试验自我评定表

自我评定 （0 ~ 10 的整数）		机场 →甲地	甲地 →乙地	乙地 →丙地	丙地 →丁地	丁地 →戊地	戊地 →机场
注意力集中程度	第 1 圈						
	第 2 圈						
瞌睡程度	第 1 圈						
	第 2 圈						
烦躁程度	第 1 圈						
	第 2 圈						
模拟飞行成绩	第 1 圈						
	第 2 圈						

采集工作测量指标和多导生理参数。进行数据处理之前，需要将被试者完成模拟飞行任务的工作绩效数据与电生理数据进行对接，以电生理数据为依据，将二者的起始时间定为一致。

设备选用包括眼动仪、腰带式生理信号采集和分析系统、多导生理仪。具体设备为：①选用原空军航空医学研究所自主研发的眼动仪进行眼动指标的实时监测与分析；②选用原空军航空医学研究所自主研发的腰带式生理信号采集和分析系统进行心电、心率变异性和呼吸的实时监测与分析；③选用美国 BioPAC 公司生产的 MP-150 型多导生理仪进行脑电和血氧保护度的实时监测与分析。

四、基于长航时模拟飞行的功能状态评价技术研究

（一）功能状态评价技术研究进展

检测功能状态的目的在于建立监控和预估复杂控制系统中操作员功能状态的模型。通过此类模型，可以识别操作员高风险工作状态，从而确保系统安全。最初，研究者们尝试用任务性能、任务负荷、主观评价等指标估计操作员的功能状态（Scerbo，1994）。Schvaneveldt 等分析了飞行员在追踪任务和反应测量任务下的任务性能和主观评价，将任务负荷和任务性能作为神经网络的输入，主观评价作为输出，建立操作

员功能状态模型。在该文献中，某些被试者通过该模型估计其高风险状态的正确率最高可达 95%，但其他结果并不理想。Schvaneveldt 等认为必须对每位被试者建立单独的模型来提高模型精度，并指出采用生理测量来估计操作员功能状态更为合理。

1. 对操作员生理测量研究

通过对操作员生理测量的研究，一方面能够了解自动控制策略变化对操作员功能状态的影响，提供与自动控制策略变化相应的操作员功能状态改变的潜在机制，帮助设计使操作员功能状态始终较优的自动控制系统；另一方面可以将生理测量视为提供操作员功能状态信息的途径，作为操作员功能状态模型的输入，建立操作员功能状态监测模型。在早期的研究中，研究者们大多采用逐步判别分析方法（stepwise discriminant analysis，SWDA）作为分类器。从 20 世纪 90 年代开始，Wilson 等就致力于使用生理特征区分不同等级的操作员功能状态，他们模拟空对地战斗模式，分析了飞行员和武器系统控制员的生理特征，并通过 SWDA 选出与操作员功能状态最相关的两个特征（心率和眨眼率）作为 SWDA 分类器的输入，将操作员功能状态分为低、中、高三个等级。随后，Wilson 等设计了 7 种不同的仿真任务，每种任务分为二级任务难度（Byrne Parasuraman，1996）。他们采集了被试者的 19 导脑电信号，采用 PCA 方法提取用于 SWDA 分类的脑电节律。被试者两级任务负荷的分类正确率达到了 86%。

2. 人工神经网络技术

随着人工神经网络（artificial neural network，ANN）理论的发展，该技术被广泛应用于各个领域。研究者们也开始使用 ANN 建立功能状态模型，区分不同的操作员功能状态。Gevin 等使用 ANN 区分两种记忆任务下 3 级任务难度的操作员功能状态。Nikolaev 等分析了两种认知任务——空间和逻辑认知任务时的脑电变化，将 EEG 的特征送入 ANN 进行操作员脑力负荷分类。1999 年，Wilson 等以 NASA 的多目标空投仿真软件为实验平台，被试者的任务负荷分为 3 级。该实验采集了被试者的 6 导脑电信号、心率、眨眼率和呼吸率，并将脑电信号分成 5 个频段，总共计算出 60 种生理特征（Bardossy Duckstein，1995）。他们选择具有 60 个隐含节点和 3 个输出节点的 BP 神经网络建立功能状态模型，模型的测试正确率达到了 86.8%。2002 年，Laine 等计算了 3 级任务负荷的 MATB 仿真实验中被试者的 36 个生理特征，包括 HR、HRV、眨眼间隔、呼吸间隔和 6 导 EEG 信号的 5 个基本节律。他们首先采用 SWDA 和 ANN 的信噪比选择出显著生理特征，然后采用三层 ANN 建立功能状态模型。其结果表明，虽然 SWDA 用于功能状态分类的正确率较低，但用于选择显著生理特征时，运算时间很短。在他们计算的特征中，γ 节律和眨眼率是显著特征，β 节律和 HR 次之，经过特征选择后建立的 ANN 模型，分类正确率可达 91%。

2003 年，Wilson 等模拟航空交通控制过程，将被试者任务难度分为 4 级。他们从被试者的 19 导脑电信号提取了 85 个脑电特征，加上被试者的心率、眨眼率和呼吸速率共 88 个特征，分别送入 ANN 和 SWDA 分类器进行四分类。两种方法对操作员功能状态估计的正确率分别达到 80.0% 和 78.9%。在 Wilson 等后来的工作中继续采用生理测量和 ANN 建立功能状态模型，估计 MATB 任务以及无人飞行器控制任务下操作员的功能状态，并设计了自适应辅助策略提高操作员功能状态。

3. 功能状态的模糊模型

近年来，新的建模优化方法逐渐被用于功能状态的分类和建模。研究者运用朴素贝叶斯、排队网络模型对操作员心理负荷进行分类。考虑到功能状态分类问题本身具有模糊性和不确定性，研究者们开始使用模糊逻辑方法，建立功能状态的模糊模型（Wang LX，2003）。他们采集了过程控制操作员的生理数据，并分别采用 ANFIS 和 Mamdani 模糊模型建立功能状态模型来估计操作员任务性能。该模型输出为精确的操作员功能状态优劣程度，而非前文文献中介绍的功能状态等级，因此 ANFIS 模型的结果较 Mamdani 更好。与其他方法相比，基于模糊逻辑的功能状态估计方法能够对估计结果给出一定的生理解释，并允许功能状态分类有一定的重叠，从而为功能状态的建模和实时评估提供了一条新的途径。

（二）功能状态评价技术实验研究

上文"基于长航时模拟飞行的飞行员功能状态变化规律研究"部分，详细论述了基于桌面式模拟飞行任务的试验（试验 1）设计方案，即试验招募被试者 15 名，连续两天先后完成两次模拟飞行试验，每次试验持续时间 150 分钟；采用第一次试验的数据，以生理信号作为模型输入，工作测量数据作为模型输出，建立飞行员功能状态评价模型。

1. 模型 I/O 变量选择

在模型的建立中，输入、输出变量的选择十分重要，采用方差分析、计算相关系数、分类属性 / 特征选择等方法，进行模型输入、输出变量的选择。在脑电指标中，α、β、δ、θ 频段对应的相对值 [（实验－静息均值）/ 静息均值]（Delta_ratio_TR、Theta_ratio_TR、Beta_ratio_TR、Alfa_ratio_TR）与绩效显著相关，且相关系数较大，且 Alfa_ratio_TR、Theta_ratio_TR、Beta_ratio_TR、Delta_ratio_TR 在属性分类增益比排序中排在前 4 位。因此选取这 4 个指标作为功能状态模型的输入，绩效为模型输出。在 30 个心电指标中，有 20 个与绩效显著相关，其中 BR_ratio_ex_rest、Dif_RRI_ratio_ex_rest、Std_RRI_ratio_ex_rest 3 个指标相关系数较大，绝对值超过 0.1，可以作为模糊推理模型的建模输入；属性分类增益比分析结果，选择在属性分类增益比排序中排在前 12 位的指标，包括 LFnorm_ratio_ex_base、BR_ratio_ex_rest、Min RRI_ex、Hfnorm_ex、HR_ex、Ave RRI_ex、Max RRI_ratio_ex_rest、Ave RRI_ratio_ex_rest、HR_ratio_ex_rest、Std RRI_ratio_ex_rest、Max RRI_ratio_ex_base、Ave RRI_ratio_ex_base。

呼吸信号分析中，根据相关性分析和属性/特征选择，可选择 BRratio_ex_rest、Dif_BRA_ex、Std_BRA_ex。因眨眼频率与绩效相关系数绝对值较小；血氧饱和度在两种不同绩效水平下无显著差异，相关性也不显著，以上指标均不作为建模输入指标。

使用模糊推理系统、支持向量机（support vector machine）两种方法建立功能状态预测模型。

2. 基于模糊推理系统的功能状态静态模型构建

（1）静态模型：模糊推理系统理论于 20 世纪 60 年代产生由 Zadeh 提出。它是一种基于规则或者知识的系统，用以描述现实世界。又称模糊系统，是以模糊集合理论和模糊推理方法等为基础，具有处理模糊信息能力的系统。模糊系统基于模糊逻辑，与传统的二值逻辑相比，模糊逻辑更接近人的思维和自然语言。原理上，模糊逻辑提供了一种有效的方式来获取现实世界中近似的和不精确的特性。许多试验表明，模糊系统得出的结果远优于传统方法，特别是当用传统的定量方法分析起来太复杂，或者当已知信息源只能定性地、不精确地或不确定地描述时，模糊系统方法显得十分有效。模糊系统可以实现复杂的非线性映射关系，其输入输出都是精确的数值，目前已被广泛应用。

一般的模糊系统由 4 个部分组成：模糊规则库、模糊推理机、模糊器和解模糊器，如图 9-2 所示。

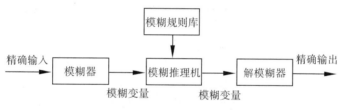

图 9-2　经典模糊系统组成

为了满足实际需要，模糊系统的输入输出必须是精确数值。模糊推理系统的工作机制为：首先通过模糊化模块将输入的精确量进行模糊化处理，转换成给定论域上的模糊集合；然后激活规则库中对应的模糊规则，并且选用适当的模糊推理方法，根据已知模糊事实获得推理结果，最后将该模糊结果进行去模糊化处理，得到最终的精确输出量。

（2）关键步骤：创建模糊系统最关键的步骤是模糊规则库的获取，通常模糊规则的产生有以下 3 种方法：①基于专家经验和知识产生规则；②从样本数据中产生规则；③样本数据结合专家知识产生混合规则。

（3）基本原则：当模糊系统较为简单时，采用专家经验获得模糊规则较为简单；一旦模糊系统涉及的变量增多或者变量的模糊子集较多时，获取专家经验比较困难。而使用样本数据进行模糊规则提取则不会受到上述问题的制约。Wang-Mendel 算法是最早提出从数据中直接提取模糊规则而与先验知识无关的一种从样本数据中提取规则的算法，由 Wang 和 Mendel 两人提出。该方法简单易用且无需了解对象内在机制，目前已成为模糊规则提取领域被广泛应用的经典算法。

根据模糊系统的输入和模糊推理规则，经过模糊关系合成和模糊推理合成等逻辑运算，得出模糊系统的输出。该推理过程是基于模糊逻辑中的模糊推理算法及模糊推理规则来进行的，常用的推理机有：乘积（product）推理机、最小（mamdani）推理机、Lukasiewicz 推理机、Zadeh 推理机和 Dienes. Rescher 推理机。

去模糊化的任务是确定一个最能代表模糊集合的精确值，它是模糊推理系统必不可少的环节。常用的去模糊化方法包括：最大隶属度法、重心法、中心平均法等。

模糊化是在确定输入数据隶属中心，选择隶属函数和确定隶属函数相关参数后，将输入数据的精确值映射到模糊集中。

（4）算法流程：该研究的算法流程如图 9-3 所示，基本过程如下：

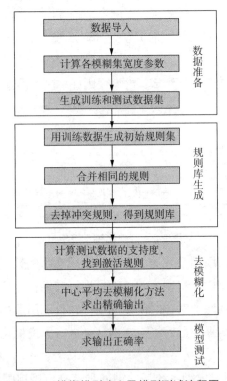

图 9-3　模糊模型建立及模型测试流程图

各检测数据重复上述过程，计算模型正确率。检测采用交叉检验方法，即随机选取 2/3 的数据作为训练数据，剩余 1/3 的数据作为检验数据，重复进行 10 次，计算 10 次检验结果的均值作为检测结果。

选取的 4 项脑电指标，作为模糊推理模型的输入指标，被试者绩效作为输出指标。结果显示，当 k 取不同值时，分类准确率并无太大差异，达到 81% 以上。对于统一的与被试者个体无关的模型，这样的准确率基本达到实用水平。而选取的 3 个心电指标作为模糊推理模型，则分类精确度随 k 增加呈上升趋势，但总体正确率达不到 70%。

因此，研究选择下列 9 个指标作为模糊模型的输入：α ratio2_norm、β ratio2_norm、δ ratio2_norm、θ ratio2_norm、Dif_RRI_ratio_ex_rest_norm、Std_RRI_ratio_ex_rest_norm、BR_ratio_ex_rest_norm、Dif_BRA_ex_norm、Std_BRA_ex_norm。结果显示，使用脑电、心电、呼吸作为输入，建立"九输入一输出"的模糊模型，其分类准确率比单独使用脑电、心电指标有较大提高，但代价是运算时间超过 2 小时，而单独使用脑电、心电指标时运算时间均不到 1 分钟。可见，实时性使用会受到限制。

3. 基于模糊推理系统的功能状态动态模型构建

（1）动态模型：在数据分析的过程中发现，操作员在连续的时间点上的状态是有相关性的，例如：时刻 t 状态为 0 时，下一时刻状态为 0 的概率要高于下一时刻状态为 1 的概率。因此，考虑在进行状态识别时，利用连续时刻状态间的相关性，建立动态模糊模型。

动态模糊模型的基本思想是：在进行操作员状态分类时，在原静态模糊模型的基础上，利用操作员在连续时刻状态之间的统计关联性，对分类准确率进行优化。经过统计发现：不同个体在连续时刻，其状态间的相关性差异较大，因此，动态模糊模型更适宜于建立基于不同个体的个性化功能状态模型。

根据输入指标选择方法，选择与绩效相关性最大的前 3 个指标作为模型输入：δ_ex，θ_ex，α_ex，即实验时 3 个脑电频段的功率谱，对上述 3 个指标数据分别进行 K-means 聚类，得到各维度的聚类中心。建立动态模糊模型，交叉检验结果显示，动态模糊模型的分类正确率比静态模糊模型有显著提高。

（2）基于微粒群优化算法（particle swarm optimization，PSO）的动态模糊模型的参数优化：PSO 算法源于对鸟群觅食行为的研究，是一种基于群体的具有全局寻优能力的优化工具。在以群体为单位活动的生物种群中，整个种群往往表现出远远高于个体的智能"涌现"现象，该现象是种群为适应生存环境而分工协作，最终共同完成任务的结果。因此，PSO 算法也称为群智能算法。

PSO 算法基本过程为：首先在解空间内随机初始化鸟群，鸟群中的每一只称为"粒子"，这些"粒子"以某种规律在解空间内移动，经过若干次迭代后找到最优解。

针对上文的动态模糊模型，进行了参数优化，结果如表 9-3 所示，经优化，模型性能有所提高。

4. 基于支持向量机的功能状态模型构建

支持向量机方法是 Vapnik 等提出的一类机器学习方法，是一种分类算法，通过寻求结构化风险最小来提高学习机泛化能力，实现经验风险和置信范围的最小化，从

表 9-3　被试者 G 动态模型优化交叉检验结果

类别	1	0	全部
分类正确率（优化前）	0.850 0	0.864 6	0.857 3
分类正确率（优化后）	0.872 5	0.869 0	0.870 8

而达到在统计样本量较少的情况下，亦能获得良好统计规律的目的。通俗来讲，它是一种二类分类模型，其基本模型定义为特征空间上的间隔最大的线性分类器，即支持向量机的学习策略便是间隔最大化，最终可转化为一个凸二次规划问题的求解。支持向量机方法能够用于模式识别和变量间非线性关系的推断，被成功应用于人脸识别、手写体数字识别，文本自动分类等。

（1）基于脑电数据的功能状态支持向量机模型构建：根据 I/O 指标选择的结果，选择特定的脑电特征作为输入，进行建模，交叉检验结果如表 9-4 所示。

表 9-4　脑电数据 SVM 模型交叉检验结果

输入指标	分类准确率		
	0	1	总体
δ ratio2, θ ratio2, α ratio2, β ratio2（相关系数排前四位的指标）	0.700	0.688	0.694
δ ratio2, θ ratio2, α ratio2, β ratio2, Beta_diff, beta, BR_ratio _TR（属性选择排在前面的指标）	0.728	0.676	0.702
δ, θ, α, β, δ（ex-base）, θex-base, αex-base, βex-base, δratio1, θratio1, αratio1, βratio1, δratio2, θratio2, αratio2, βratio2（全部指标）	0.846	0.771	0.809

其中输入指标的选择是根据相关系数计算、属性选择的结果进行的，容易看出，随着输入指标个数的增加，分类准确率呈上升趋势，最好的分类精度结果与模糊推理模型结果相当。

（2）基于心电、呼吸数据的功能状态支持向量机模型构建：根据 I/O 指标选择的结果，选择特定的心电、呼吸特征作为输入，进行建模，交叉检验结果如表 9-5 所示。

表 9-5　呼吸、心电数据 SVM 模型交叉检验结果

输入指标	分类准确率		
	0	1	总体
BR_ratio_ex_rest, Dif RRI_ratio_ex_rest, Std RRI_ratio_ex_rest	0.787	0.584	0.686
HR_ex, Min RRI_ex, Ave RRI_ex, Hfnorm_ex, Max RRI_ratio_ex_base, Ave RRI_ratio_ex_base, LFnorm_ratio_ex_base, HR_ratio_ex_rest, BR_ratio_ex_rest, Max RRI_ratio_ex_rest, Ave RRI_ratio_ex_rest, Std RRI_ratio_ex_rest	0.415	0.905	0.660

表 9-5 中第一行是根据相关性分析的结果，选取相关系数绝对值最大的 3 个指标作为输入数据得到的分类结果；第二行是根据属性分析，选取排在前面的 12 个指标作为输入数据得到的分类结果。根据相关性分析结果选择输入变量的分类结果略好于属性分析的结果；支持向量机分类精确性与模糊模型的分类精度持平。

（3）基于脑电、心电、呼吸数据的功能状态支持向量机模型构建：根据 I/O 指标选择的结果，选择特定的脑电特征作为输入，进行建模，交叉检验结果如表 9-6 所示。

表 9-6　脑电、呼吸、心电数据 SVM 模型交叉检验结果

输入指标	分类准确率		
	0	1	全部
δ, θ, α, β, δ（ex-base）, θex-base αex-base, βex-base, δratio1, θratio1, αratio1, βratio1, δratio2, θratio2, αratio2, βratio2, HR, BR, HR_ex-base, BR_ex-base, HR_ratio1, BR_ratio1, HR_ratio2, BR_ratio 2	0.851	0.829	0.840

表 9-6 中数据是脑电所有指标 + 心率指标 + 呼吸率指标，作为输入得到的分类结果，显然优于脑电、心电单独作为输入指标的结果。

第十章 军事飞行员精准心理选拔

决定战争胜负的是人，高性能战斗机飞行员是空中力量的灵魂。长期以来，世界各国主要围绕临床医学、航空生理功能指标和心理品质三个方面进行选拔合适的人员担任高性能战斗机飞行员。高性能战斗机飞行员承受着高风险和高压力，必须在风驰电掣的战机上，聚精会神地注视着光点闪烁的雷达屏幕和各种的飞行作战信息；迅速地计算各种作战单元；准确无误地按动开关电门；紧急情况下果断做出决策……不允许有一丝一毫的疏漏和一分一秒的误差。这种特殊的职业岗位对心理品质和心理健康有着非同寻常的要求。

第一节 战斗机特点及对飞行员心理的影响

依据国际公认的分代标准，通常把战斗机的发展分为四个时代：第一代为螺旋桨飞机时代，时间从 1903 年美国莱特兄弟研制的第一架载人动力飞机问世至第二次世界大战期间；第二代为喷气飞机时代，时间从"二战"后至 20 世纪 50 年代末；第三代为电子化飞机时代，时间从 20 世纪 60 年代初至今；第四代为超音速隐形飞机，20 世纪 90 年代初刚刚问世，并将成为 21 世纪的主力机种（刘宝善，1997）。当代美、俄等航空工业发达的国家，正在以 F-15、F-16 和苏 -27、米格 -29、幻影 -2000 等为代表的第三代战斗机的基础上，研制发展第四代战斗机（王辉，1995）。高性能战斗机是指第三代和第四代战斗机，是一种重型、远程、超音速的高性能歼击机，具有全天候、全天时、全方位的作战能力。高性能战斗机的飞行特点是高加速度和高加速度增长率、高角加速度、长航程和长续航时间（陈义勤等，2000；郭壁砖等，2006）。

一、战斗机特点及对飞行员心理的影响

（一）高加速度增长率

高性能战斗机机动性能好，飞行速度快，飞行中加速度高达 9Gz、加速度增长率可达 6G/s，而且持续时间长、存在正加速度与负加速度作用的频繁交替，如此高加速度和高加速度增长率产生明显的推拉效应，可导致飞行员空中意识丧失

（G-induced loss of consciousness，G-LOC），通常表现为飞行员可能在无任何视觉征兆的情况下突然发生意识丧失，造成短暂失能，对飞行安全构成严重威胁（耿喜臣等，2002；刘保钢，2016）。据美国空军统计，战斗机飞行员空中意识丧失发生率为12%～30%。1982—1990年间，美国空军因高加速度致使飞行员发生空中意识丧失，造成18起飞行事故，其中机毁人亡的占14起（Lyons等，1990）。

（二）高角加速度

高性能战斗机飞行中转弯半径小，飞机滚转性能好，角速度和角加速度比较大。高角加速度和高加速度联合作用，使飞行员产生空间定向障碍（飞行错觉）的概率明显高于老一代战斗机。据美国空军统计，因严重空间定向障碍导致F-16飞机机毁人亡事故，占该机总事故数的61%（McCarthy，1988；Gillingham等，1993）。高性能战斗机上发生的严重飞行错觉主要有3种形态和4个特点。3种形态是：超重(G)错觉、倒飞错觉和翻、滚、转复合错觉（又称科里奥利加速度错觉）。4个特点是：全天候发生，简单气象条件下亦可发生；高加速度下动头易发生（尤在+6Gz以上）；发生了空间定向障碍的飞行员自身意识不到；常同时伴有情境意识丧失（即暂时性失去认识环境和自身飞行状态的能力）或G-LOC（于立身，1999）。因此，要求飞行员需要具有良好的前庭平衡功能、稳定的自主神经功能和心理状态。

（三）长航程和长续航时间

目前，高性能战斗机最大航程可达3 860km，续航时间可达4h，长时间飞行使飞行员产生较大的精神和体力消耗，极易发生飞行疲劳，导致飞行耐力下降和"错、忘、漏"动作。飞行员易出现反应迟钝、注意力分散、理解判断力下降，造成操纵失误（陈同欣等，2003）。同时，长航程和长续航时间还易导致空间定向障碍和情境意识丧失（陈义勤等，2000）。因此，要求飞行员需要具备良好的心理生理储备能力以保持充足的体力和精力。心理生理储备能力是机体对外界环境的反映能力，它在正常情况下不显露，但在受外界异常因素、超负荷或危险情况作用时发挥重大作用，主要表现为机体系统功能活动性增强，明显高于安静状态，机体与外部环境进行多层次调节（周亚军，2002；杨国庆等，2017）。

综上所述，高性能战斗机具有的持续高加速度、高加速度增长率、高角加速度和长航程等战术特性给飞行员造成的心身负荷，易引发严重的心理生理学问题，其中最突出的心理问题有空间定向障碍（飞行错觉）、情境意识丧失和过度精神疲劳等。

二、人 – 机界面特点及对飞行员心理影响

高性能战斗机的优良性能使飞机的可靠性与自动化程度提高，飞行员的操纵负荷大为减轻。可以说驾驶老一代战斗机主要依靠体力与技巧，而驾驶高性能战斗机则依靠智慧与技术。高性能战斗机发展很快，与其相适应的人 – 机界面也日趋智能化

（Caldwell 等，1981；郭小朝等，2005；Hu，2017）。20 世纪 50 年代中期，英、美等国开始探索利用阴极射线管研制电子显示仪表。电子显示仪表的出现，为座舱人－机界面的发展和完善开辟了广阔的道路，使第三代战斗机的信息显示系统发生了质的飞跃。第三代战斗机主要采用一个平视显示器和三个下视显示器，机电仪表只留下少量重要飞行仪表，如地平仪、空速表、高度表、升降速度等，其作用只起备份之用。这样，整个飞机座舱显得格外清晰、明亮，给人以简洁、舒适之感，创造了良好的人－机界面，但人－机界面上的信息量成倍增加，能够根据需要在不同时间显示不同信息（刘宝善，1997）。第四代战斗机包含的信息量更大，飞行员的认知负荷已接近或超过人的心理、生理耐受限度。以 F/A-18 战斗机为例，它是美海军第一架军用计算机控制和多功能显示－操纵（CRT）战斗机，其大部分仪表都并入 5 个阴极射线管显示器。飞机风挡下面有 3 个多功能显示器。每个显示器有 675 个专用缩略语、40 种显示形式、177 个符号、73 种警告或提示信息、59 个指示灯和 6 种警告声。另有一个显示器用于工作水平位的显示，以投射的地图作背景，有 200 种数据画面和 22 种平视显示模式可供选用。每个显示器周围有 20 个开关供飞行员提取信息，油门杆上有 9 个多功能按钮，驾驶杆手柄上有 7 个按钮，前方仪表板有 10 个操纵钮。这些原来交给 7 名飞行员管理的显示和操纵现改由一名飞行员负责。飞行员接受的信息已接近或超过极限，飞行劳动已成为在低氧、低压等各种物理因素和应激因素的干扰下的复杂心理活动，飞行员根据掌握的信息，在严格的时限内果断做出决策，并付诸实施（樊树桐，1991）。也就是说，飞行劳动已从过去简单的感觉和运动，发展成为极复杂的认知和决策工作。为避免飞行员信息负荷过大，原空军航空医学研究所人机工效专家郭小朝等率先提出了 16 个飞行阶段或任务条件下建议分级显示的飞行信息数量（表 10-1）。

高性能战斗机飞行认知信息量大，易导致飞行员情境意识丧失。情境意识是指正确、清楚地认识自己所处的外界环境和飞行状态的意识，并以此为基础，构成预见、判断、决策的能力。情境意识丧失并非是意识丧失，而是飞行员对自身所处的位置以及与飞机状态、仪表、气象、任务、空中其他飞行物失去认识，处于"视而不见，听而不闻"的状态。据美国空军统计，有 51.6% 的致命性飞行事故和 35.1% 的非致命性飞行事故与飞行员决策错误有关，而飞行员情境意识缺陷和决策失误及操纵错误直接相关（陈义勤等，2000）。

随着当代航空技术的快速发展，高性能战斗机的性能不断提高，座舱人－机界面的设计日益智能化，已完全达到计算机化和操纵程序化，且其设备配套齐全，各种按钮开关顺序极为严格，设备间联系密切而复杂，易导致继发性、多元性故障，使飞行员识别、记忆、处理的座舱资源信息量达到饱和程度，飞行员认知负荷远远高于老一代战斗机，极易造成脑力过度疲劳而致情境意识丧失，这对飞行员提出了前所未有的挑战。

表 10-1　不同飞行阶段或任务条件下建议分级显示的飞行信息数量

编号	飞行阶段或任务	一级信息	二级信息	三级信息	四级信息	合计
1	滑出 / 起飞	25	61	94	76	256
2	进场 / 着陆	23	64	92	68	247
3	战术导航 – 导航	19	102	76	99	296
4	战术导航 – 巡航	18	102	78	100	298
5	战术导航 – 返航	18	106	79	89	292
6	空空攻击 – 引导接敌	18	160	93	104	375
7	空空攻击 – 中远程导弹	18	128	92	108	346
8	空空攻击 – 近程导航	18	130	87	101	336
9	空空攻击 – 航炮	18	112	77	104	311
10	空地（海）攻击 – 火箭	18	117	79	76	290
11	空地（海）攻击 – 导弹	18	130	83	75	306
12	空地（海）攻击 – 炸弹	18	123	76	82	299
13	空地（海）攻击 – 航炮	18	110	81	81	290
14	电子对抗	18	105	83	72	278
15	编队协同	18	140	74	75	307
16	应急操纵	19	65	69	64	217

第二节　军事飞行员心理选拔基本情况

西方国家军事飞行员选拔技术的历史从时间上划分，可以分为从军事飞行出现到第一次世界大战、从 1919 年至第二次世界大战开始、从第二次世界大战开始到结束、从"二战"之后到 1970 年以及从 1970 年以后一直到将来 5 个阶段。1970 年以后，西方各国开始装备高性能战斗机，高性能战斗机的作战特点对飞行员提出了新的要求。这一时期，心理选拔的重点在于研究如何选准现代高性能战斗机飞行员，以最大限度地发挥武器装备效能和降低训练损失（Youngling 等，1977）。截至目前，存在着 3 项主要的选拔内容和 3 种选拔方法，飞行员心理选拔技术在前 4 个阶段的基础上进一步发展。从 20 世纪 30 年代开始，各国都在不断研究军事飞行员心理品质特征，研究并明确心理选拔的指标。

新中国从 20 世纪 50 年代末起步开始研究飞行员的心理品质特征，提出了具有自己研究特征的指标体系。

一、心理选拔指标的研究

（一）国外情况

美国学者（Fleishman，1930）提出学习飞行必不可缺的心理品质，包括：操纵动作的精细性，空间定向能力，肢体运动协调能力，鉴别反应能力，对速度或频率变化的感知和反应能力，运动辨别能力。

法国学者（Placid，1955）等根据参加过第二次世界大战的法国飞行员的意见，提出飞行员必需的心理品质的排列顺序：情绪控制，果断性，目测力，战斗精神，反应迅速，纪律性，判断品质，自信，主动精神，动机特点。

苏联出版的《飞行员和航天员心理选拔》一书中提出，飞行员最重要的11项心理品质是：非常高的天资；心理过程快而有强化心理活动的能力；情绪稳定；注意分配广、转移快、范围大和稳定性高；思维现实和有随机应变能力；良好的记忆力；良好的空间和时间概念；知觉范围、速度和准确性合乎要求；坚强的意志；对飞行有积极兴趣；自我评价和要求高、自信、敢冒险、渴望领先。

Sells（1961）分析美国陆军航空兵15年来对飞行员职业必需条件的资料后提出，飞行员必要条件是判断力，包括智力、警觉性、注意力、远见、预先计划和预测性；其他条件还有记忆力，对速度和距离的判断，注意分配能力，做决定及行动的速度和情绪控制。

美国（1980）《最大限度增加战术战斗机人员飞行经验》一书中指出对飞行员能力要求，包括：敢闯敢打、自信、善于寻找战机、知难而进、高超技能、空中射击准确、有备无患、反应敏捷、警觉性高、遇事头脑冷静、领导才能、富有幽默感、善于利用一切条件取胜、遵守纪律、有协作精神、保持上进心、有献身精神、胸有大志、身体耐力强、目视能力强、计划周密等。

英国（1987）《航空医学》认为飞行员应具备学识，即：知识水平；才能，即可能的潜在能力；个人品质，即飞行动机和心理稳定性等。特别是领导能力和强烈的飞行动机。

（二）我国情况

我国曹日昌等（1958）认为，飞行员应具备的心理特点有：①感知觉判断能力（深度、速度和平衡）；②注意能力（注意分配、转移和强度）；③动作能力（动作协调、动作速度、动作准确性）；④情绪意志和思想认识能力。

我国荆其诚（1962）认为，注意分配，手足动作协调，动作量控制与飞行成绩有较高的相关；选择反应，时间、空间定向，知觉广度，图形辨认等；此外，情绪、意志、性格等心理特征也与飞行能力有关。

原空军第四研究所与中科院心理所提出"飞行能力"的概念后（1960），经原空军第四研究所筛选出的注意广度、视觉鉴别、运算能力、地标识别和图形记忆 5 项指标，并实施纸笔测验评估。目前使用的是 1996 年研制成功的空军招飞心理选拔测评系统，涵盖飞行基本能力、飞行动机、个性特征、飞行特殊能力、情绪稳定性。与飞行有关的心理品质概括为智能效率（包括注意分配能力、应变思维能力和运动协调能力）、行为控制能力（主要指情绪控制能力）和人格（即个性）因素等三个方面。陶桂芝（1988）研究了飞行员所需的个性特征，主要包括：外向敢为性、自信沉着性、稳定理智性、刚毅进取性等。1994 年空军招飞办组织中科院心理所、北京大学、北京师范大学、原第四军医大学、原空军航空医学研究所和原空军哈尔滨飞行学院仿真研究所等单位进行研究，确定了飞行学员需要具备的心理素质，包括良好的接受模仿能力、反应灵活性、身体协调性、注意分配性、思维能力、情绪可控、性格开朗、意志坚强、动机端正。

宋华森等（2012）通过对飞行员行为事件访谈、飞行职业工作分析，确立了高性能战斗机飞行员心理品质指标结构体系，由 3 个维度构成。一是心理动力，由成就力、责任力和掌控力组成。二是个性特质，由自信、敢为、协作组成。三是心理能力，由情绪调控能力和信息处理能力组成。依据这项研究成果，在高性能战斗机飞行员的选拔中得到应用，验证了结构的合理科学性。

二、心理选拔的主要内容

（一）心理运动能力 / 速度

在执行军事飞行任务中，飞行员要随时接受和处理大量的信息并及时做出适当的操作反应，因此作为一个飞行员，心理动作及敏捷性自然成为十分关键的素质之一。1965—1975 年间，飞行器的速度和复杂性发生了巨大的变化。随着超音速飞机例如F-14 雄猫的出现，飞行控制变得高度自动化（Driskell 等，1989）。第二次世界大战中战斗机飞行员的关注内容主要是肉眼所看到的以及对机枪的反应，而现代高性能战斗机飞行员所关注的信息扩大了 2 ~ 3 倍，他们可以操纵空中或地面的雷达扫描仪、可以控制敌人的火控系统并且用各种各样的电子信号干扰发射台和武器系统来攻击对方。高性能战斗机操纵按钮繁多，比如 F/A-18 操纵杆上的按钮和旋钮，就比大部分"二战"时期的老一代战斗机座舱里所能发现的所有控制按钮还要多。飞行员的任务从手动控制飞机转换到了管理控制飞机。随着飞行员在高性能战斗机上作用的变化，心理运动能力测量的侧重点随之发生了变化。心理动作协调的精确性、反应的快速性及注意的持久性是大多数西方国家强调的内容。

（二）认知能力 / 才能

纵观整个飞行员选拔的历史，没有明显的证据表明高中以上文化程度的人更适合担任军事飞行员。然而毋庸置疑，要掌握军事飞行训练，中等以上的智力水平必不可少。过去和现在，或许直到将来，驾驶飞机始终是一项复杂而极具挑战性的工作，掌握驾驶飞行技术自然要求有较高的智力品质才能胜任。所以，智力和能力测验很可能在飞行员选拔测验体系中保持重要地位。在过去的50多年里智力结构预测的稳定性表明，在这一领域可能没有新的预测变量有待发现。美国空军使用的智力测验主要是ACQE（航校学员入学资格测验）和ACB（空勤人员分类测试）。ACQE制订的材料来源于对航校淘汰学员缺陷的分析和对优秀战斗机驾驶员和轰炸机飞行员心理品质的评定，包括5项主要因素：判断、动机、决策和反应速度、情绪控制和注意分配能力。ACQE和ACB的测验量表都随着研究资料的补充完善而定期修订。由英国皇家空军、加拿大皇家空军及美国海军和美国民航局国家研究理事会所确定的5个项目的内容基本与ACQE相似（Stoker，1982；Tenopyr等，1982）。在今后的几十年里，智力和能力测试不可能像心理运动和人格一样取得技术性的突破。现代军事飞行员要充分发挥战机的技术性能就必须最大限度地依靠计算机，因此，不久的将来会出现综合测验，将智力与能力测验作为仪器或人格测验的组成部分融合起来，使之一体化，这将更适合应征者在模拟情境中做判断和决策。可以预见，未来智力测验发展的方向在于将之与仪器和人格测试的整合。

（三）人格／性格

人格和个性理论来源于在欧洲心理学家中很受欢迎的个案研究。早在第一次世界大战结束之前，已有用个案研究的方法描述一战中王牌飞行员的性格特征的书籍出现。然而在美国，直到"二战"开始，人格因素在飞行员选拔中一直未受到军方认真的考虑。"二战"后，在飞行员选拔的3项主要测量内容中，人格因素成为人们探索最多的一个领域，但研究结果都证明人格因素不是一个有效的预测指标。美国空军在这一方面研究的实用成果之一，或许就是发掘出了动机测量的潜在价值。1970年以后，在军费的支持下各国继续开展人格领域的研究，不断寻找新的证据。比利时、意大利、丹麦和法国海军在选拔过程中均很重视人格选拔。有些研究者提出，人格选拔的效度问题可能与过去在飞行员选拔中应用的许多临床诊断量表测试条目均与精神病理性质有关（Retzlaff等，1987）。或许过去我们心理学追索的是正确的理论，但却用错了量表和工具。这一时期，组织行为学家和军事心理学家还重新评估了人格测试在职业选拔中的作用（Schmidt等，1998；Hough等，2000）。在压力耐受和动机测量领域，心理学家将新的研究方法引入了军事飞行员选拔中。例如，人际定位、自我决策和成就动机都与飞行态度和飞行绩效相关。一些国家使用非临床人格特质来进行选拔。以色列和丹麦开始将平等民主的领导作风引入选拔中。许多欧洲国家正在使用防御机制评估测验，这是精神动力理论用于测量压力耐受和事件应对的一种投射的方法（Kantor，1988）。在未来的飞行员选拔中，人格和个性方面的研究将日趋活跃，心理学有可能能够测量出"确切的人格成分"，但需要使用正确的工具（Hogan，

1985；Carretta，2016）。

三、心理选拔的基本方法

如何测量心理属性和成为飞行员必需的心理指标是建立心理选拔方法的关键。对军事航空来说，选拔方法一般分为三类，即会谈、纸笔测验和仪器检测。

（一）会谈法

飞行员选拔会谈法在"一战"和"二战"期间非常盛行，但后来由于选拔效果上不大理想。需要注意的主要问题是，会谈应该是结构化的，即每名候选人接受同样的问题，这些问题的设计用以评估特定的 KSAOs，并由熟悉这项工作的会谈专家询问，每名会谈专家都应进行培训，使他们在等同的层面上评估候选人。会谈法是基于个人为基础的评估，因此，它存在耗时较长的问题。用于评价领导力和动机的评估中心技术就是行为观察的一种形式，它有助于研究者发现潜在的预测变量。评估中心技术已经成为包括英国、丹麦和以色列在内的许多国家飞行员选拔程序的一个组成部分。

（二）纸笔测试

纸笔测验适合于评估候选人的基本信息、工作知识、认知能力和其他个人特征（人格和传记资料）。这项方法一直是心理测验的主要方法之一。通常有多项选择、判断正误或等级评定的题目、纸笔测验的优势在于实施和记分上灵活和经济高效，更重要的是适合用于大规模的团体施测。长期以来，世界各国都在使用纸笔测试获得应征者的。在开发新的纸笔测验时，编制测题必须善于设计无偏见、清楚和明确的题目，题目必须涵盖所有相关的内容领域，针对特定的 KSAOs，并呈现出不同难度水平。

（三）仪器测试

1970 年，Lee 的研究表明，仪器测试和纸笔测试测量的结构是独立的。由于纸笔测试在历史上一直被证明有稳定的预测性，新的预测变量很可能会在使用仪器测试时发现。仪器测试是全世界飞行员选拔测验发展的一个焦点。现有趋势表明，仪器测试可以比纸笔测试更好地预测工作绩效，随着计算机的应用，工作绩效测量越来越方便、经济，仪器测试可以测试许多新的、准确度高、可靠性高的预测因素。心理运动能力测试的长足发展也要归功于真实感更强的自动测量系统。下面介绍 6 个典型的电子仪器测试系统。

1. 协调分析仪 -90

协调分析仪 -90（Instrument Coordination Analyzer-90，ICA-90）是德国 1991 年研制的一种操作性台式计算机座舱模拟器。与被其取代的 ICA-81 一样，ICA-90 采用高分辨率的显示器用于视觉刺激呈现，使用耳机输入听觉刺激和指令，并且提供操纵杆与节流器测验飞行控制能力（Hansen，1988）。ICA-90 中包括表征许多因素的 5 种测试，其中有心理运动协调、认知策略的灵活性、空间表象和空间定向、信息加工能力和问题解决能力等。这些测量维度的选择充分考虑了操纵现代高性能战斗机的需求，除了对生理和心理运动能力的需求外，对空间定向、信息获取能力和问题导向策略思维的需求越来越多。

2. 飞行心理选拔系统 -80

除了 ICA-90 外，德国还继续使用 1987 年引入的飞行心理选拔系统 -80（Flight Psychological Selection System，FPS-80）。使用 FPS-80 的应征者要完成 5 次模拟飞行任务，在学习操纵之前先让他们观看从简单到复杂的系列飞行演示。该系统用于飞行能力的诊断、飞行和心理训练成绩的测量以及飞行功能和飞行心理研究的评估（Hansen，1987）。FPS-80 与其他测试系统相比具有独特的理念，即允许两名应征者在各自的测试环境中互动。针对任务和评估目的的不同，每名应征者扮演不同的角色，这会引起互动行为，如相互影响、相互交流与合作。这种独特的理念支持对等飞行员问题整合能力的研究，比如团队互相交流 / 协调、指挥才能、飞行教官的教学才能、双人舱的行为和紧张、教育学概念的评价和临床飞行心理学等。

3. 视觉综合航空测试仪

视觉综合航空测试仪（Visual General Aviation Tester，VGAT）是从 Link 训练仪改进而来，用于测量眼 – 手 – 脚的协调能力（Jones，1983）。VGAT 测试中，应征者要面对电脑化测试系统进行长达 5 个小时的测试。没有经验的应征者需要在计算机提供的距离、速度等线索指引下学习基本的飞行操作技术。VGAT 用一台计算机精确地记录应征者的动作稳定性、知觉速度和反应速度，同时用另一台计算机测试转换能力、嵌图识别、迷津、词汇类比、刻度和仪表判读等。

4. TORCH

TORCH 是计算机的代号，它支持英国飞行员选拔的仪器测试。1982 年，英国皇家空军和海军开始研制 PHASE Ⅰ – 电脑化测试量表版本，到 1985 年投入使用。PHASE-Ⅰ /TORCH 包含了在第二次世界大战时发展起来的 SMA（训练器测试）和 CVT（目标追踪测试），可以测试应征者的认知、感知觉、协调性和智力因素（包括瑞文测验的 MATS87）。PHASE-Ⅰ /TORCH 与 ICA-90、FPS-80、VGAT 相似，但与航空飞行关系不大。20 世纪末，英国开始研究 PHASE-Ⅱ，旨在利用微处理器的仿真性和多通道通信的优势来研制新的测试设备，可使仪器测试更加真实。一个典型的例子就是 MICROPAT（微型计算机个人能力测验，Microcomputerized Personnel Aptitude Test），这个测验可以用于在逼真的模拟飞行任务中选拔直升机飞行员（Bartram，1987）。

5. 飞行员自动选拔系统

飞行员自动选拔系统（Pilot Automated Selection System，PASS）是荷兰空军使用的测试系统。它由国际组织 FRASCA 为荷兰皇家空军研制，类似于德国的 ICA-90。

荷兰皇家海军和陆军陆续将 PASS 转化成了计算机仪器测验用于选拔军官。一些认知操作技能测试无法用 PASS 来测试，因此除了 PASS 外，荷兰空军飞行员选拔还要进行 Taskomat（认知心理运动测验）测试。应征者一般在征兵年龄 17 周岁时参加测试。

6. 基本能力测试仪

基本能力测试仪（Basic Attributes Test，BAT）及其袖珍复本 PORTA-BAT，由美国空军研制开发，由一台微处理器和一个带有两个操作杆的录像机屏幕组成。BAT 最先由美军、美国友好国家的军队以及北约组织国家的军队试用、评估。BAT 包括一项基本信息调查和 11 项测试，测量维度包括：双手协调性、复杂协调能力（轨迹）、信息加工准确性及速度、认知能力和人格（冒险性和自信）。Carretta 开展了 3 项研究来比较 BAT 与 AFOQT（空军军官资格测验）在预测飞行员训练成功率方面的差异，结果表明联合使用 BAT 来预测训练成功率时多重相关系数（r）值显著提高：（a）N=347，r（AFOQT）=0.126，r（AFOQT+BAT）=0.303；（b）N=362，r（AFOQT）=0.155，r（AFOQT+BAT）=0.342；（c）N=478，r（AFOQT）=0.169，r（AFOQT+BAT）=0.498（Carretta，1988；Carretta，1989）。

四、西方心理选拔过程

以德国空军飞行员的选拔过程为例，飞行员心理选拔的具体实施过程分为 3 个阶段，历时共计 12 天。第一阶段为基本能力检测，用时 3 天。除体检半天外，通过撰写自传、问卷调查、面试和户外活动观察，了解考生的家庭环境、成长经历、报考动机、协作精神、责任意识、体能素质和组织领导能力等方面情况。此阶段的淘汰率约 30%。第二阶段为飞行潜质检查，用时 2 天。主要通过计算机化的认知能力测试和基于仿真飞行平台的仪器操作，考察考生的数字运算、观察记忆、逻辑判断、身体协调、注意力分配等方面能力。另外，还要专门进行离心机和低压舱的航空生理检查（约 2 天）。此阶段的淘汰率约 40%。第三阶段为飞行专业能力检测，用时 5 天。要求考生通过简单的航空理论学习和飞机座舱实习，在模拟器上完成基本驾驶术、自主领航、搜索攻击、综合任务等 4 项由易到难的模拟飞行任务，检测考生的学习理解、环境适应、态势感知、飞行操控、判断决策等方面的能力。此阶段的淘汰率约 45%。

经过上述 3 个阶段的考核筛选，最终由选拔委员会（包括 5 名心理学专家、2 名退役的资深飞行员和 1 名现役飞行员）投票决定应征者是否录取，并提出分机种培养训练的意见。国外空军在飞行员招选阶段，十分重视模拟飞行任务选拔。西方国家在飞行员选拔时普遍重视第三阶段，即利用飞行模拟器进行心理选拔检测，发达国家已发展到使用轻型飞机进行空中检验性飞行，最终确定合格者和培养目标。

第三节　军事飞行员心理选拔方法

一、美军目前使用的心理选拔方法

美军各军兵种都有其独特的飞行员选拔系统，用来预测特定任务的实际绩效。

（一）陆军飞行能力倾向选拔测验

陆军飞行能力倾向选拔测验（Army Flight Aptitude Selection Test，FAST）。该项测验包含 200 个多项选择题，以评估申请当飞行员者的背景信息、人格特点以及能够成功完成直升机飞行训练有关的特殊能力。FAST 的 7 个部分介绍如下。

1. 背景信息

有关申请人的教育背景和工作经历、兴趣爱好以及家庭条件的一般信息。

2. 仪表理解

申请人通过阅读表盘显示的人工地平线和罗盘航向来确定飞机的飞行位置（爬升 / 俯冲量，左 / 右倾斜度）。

3. 复杂运动

在一个圆圈外呈现一个圆点，以及能够表现出圆点潜在运动方向和距离的 5 对符号；申请人选择一对可以使圆点移动到圆圈中心的符号。

4. 直升机知识

呈现一系列不完整的直升机原理，要求申请人选择相应的选项，将原理补充完整。

5. 杆舵定向

以飞行员的角度呈现 3 张连续图片，包括直升机爬升、俯冲、倾斜或这些动作的组合；申请人指出操作动作，使直升机能够执行图片中显示的动作。

6. 机械能力

呈现机械原理的图片，要求在两个选项中选择正确的描述（例如，影响压力、体积和速度的特性；齿轮、滑轮的运行特点）。

7. 自我描述

评估兴趣、好恶、观点和态度。

FAST 有两个可使用的版本，因此只有一次重测的机会。申请人成绩需要达到 90 分及以上才能被考虑成为陆军航空兵；低于 90 分之下的分数，则没有资格进行重测。

（二）海军航空选拔系列测验

海军航空选拔系列测验（Naval Aviation Selection Test Battery，ASTB）。该项测验是为海军、海军陆战队和海岸警卫队选拔飞行员和飞行军官的主要工具。ASTB-E 评估申请做飞行员者的认知能力、人格特质、个人的生活经历和成功完成航空训练所需具备的相关心理运动技能。ASTB 包括 4 个方面。

1. 认知能力

分测验评估数学技能（算术、代数和几何）、阅读技巧（从文本中提取主体思想）机械理解力（物理和机械设备的特性）以及航空和航海信息（航空史、术语、原则和惯例）。

2. 人格特质

海军航空兵特质量表（Naval Aviation Trait Facet Inventory，NATFI）呈现出成对的合适或不合适的特质陈述，这些陈述与所需要的人格特质相匹配。申请者选择对符合自己行为的陈述，不管他们是不是曾经表现过这样的行为。

3. 个人生活经历

响应验证传记问卷（the Biographical Inventory with Response Verification，BIRV）评估申请人的背景、教育、技能、兴趣和价值观，一些项目需要进行详细说明，以便验证反应的真实性。

4. 心理运动技能

基于效能的系列测评（Performance Based Measures，PBM）是一系列的计算机任务，并需要使用耳机和启动 USB 接口加载操作杆和油门设置。PBM 的任务主要包括以下几个方面。

①方向定位：成对地呈现停车场和空中飞机的图片，每个图片以不同的方向旋转；候选人用电脑鼠标使飞机面向停车场的一个特定方向（北、南、东、西）。②双耳分听：每只耳朵会听到分开朗读的数字和字母的声音；要求在指定的耳朵中听到指定的字符（例如，偶数）时按钮。③飞机追踪：使用操作杆和（或）油门操纵一个十字准线，努力去"瞄准"移动中的飞机；难度水平的变化取决于飞机的移动方向（垂直轴线相对于多维轴线）、飞机数量（一个或两个）及飞机速度（慢速、中速或快速）；这些任务有单独执行（垂直，然后多维）、同时执行（垂直和多维一起），以及让同时执行与双耳分听任务配合的任务形式；最后，执行两个跟踪任务，同时还需要用操作杆和油门杆输入一系列被告知的控制命令来解决 3 个紧急情况中的一个（例如，对起火的反应）。

认知能力可以采用纸笔或电子化形式完成测试，人格测验（NATFI）和心理运动技能测验（PBM）仅适用配备了计算机工作站的海军飞行员自动化检测系统。响应验证传记问卷（BIRV）是一个电子调查问卷，可以在任何联网的电脑上完成和提交。

（三）空军飞行员招飞选拔方法

空军飞行员招飞选拔方法（Air Force Pilot Candidate Selection Method，PCSM）。该测验系统包括 3 个部分，即经验、知识和能力。

1. 经验

先前的飞行小时数，按非等距比例编码。

2. 知识

采用空军军官资格测验（Air force Officer Qualifying Test，AFOQT）中内容，该测验包含 11 项认知能力分测验和一个实验性的人格量表；分别加权组合每个分测验的成绩可以产生 5 个综合得分，包括飞行员、战斗系统操作员、学业能力（学术）、语言和数学；飞行员和战斗系统操作员的评分达标，候选人就有资格进入空勤培训，但只有飞行员评分计入 PCSM 成绩。

3. 能力

采用"基本航空技能测验"（Test of Basic Aviation Skills，TBAS）测试来评估心理运动技能、多任务处理能力和空间定向能力，需要使用耳机和启用 USB 接口的任务包括以下几个方面。

（1）方向定位：成对呈现停车场和空中飞机的图片，每个图片以不同的方向旋转；候选人用电脑鼠标使飞机面向停车场的一个特定方向（东、西、南、北）。

（2）3 位和 5 位数字听力：通过耳机播放一系列数字和字母的声音；当候选人听到任何指定的 3 位或 5 位数字时，挤压操作杆进行反应。

（3）飞机追踪：候选人使用操作杆和（或）油门操纵一个十字准线，努力去"瞄准"移动中的飞机；难度水平的变化基于飞机的移动方向（垂直轴线相对于多维轴线），飞机数量（一个或两个）及飞机速度；这些任务有单独执行（垂直，然后多维）、同时执行（垂直和多维一起）以及让同时执行与 3 位和 5 位数字听力配合的任务方式；在最后的测试中，候选人执行两个跟踪任务，同时还在键盘输入一系列被告知的控制命令来解除紧急情况。

二、英国皇家空军招飞选拔方法

在英国空军飞行员和机组人员选拔中，能力倾向测验占有举足轻重的地位。早在 20 世纪 40 年代英国空军（RAF）就已经开始测验飞行员的能力倾向，当时较高的飞行员训练失败率导致邀请剑桥大学为航空申请人准备一些小的测试。此后，令人惊奇的是飞行员训练失败率减少 50%。它归因于大学心理学家团队研究的能力倾向测验。这些测验为后来由 RAF 和国防部心理学家推动的能力测验的不断发展打下了坚实的基础。在能力倾向测验介入的这些年里，测验程序改善、技术不断发展，也正是这些发展将英国空军（RAF）能力倾向测验系统推进到预测工作绩效的前沿。

（一）标准化心理选拔

英国皇家空军克兰韦尔专用的测验设备系统，是经过标准化的心理测验的设备，它遵循了由英国心理学指定的测试条件准则。用于测验的测验室可以阻止声音扩散，有温度控制，并且灯光实现了最小屏幕干扰等设计。各地共设有45个相同的测试站，测试站内每台计算机屏幕的设置调整到相同对比度、增益和色彩。所有被试者同样都要先进行一个简短预测验。

标准化程度如此之高，在于英国皇家空军克兰韦尔专用设备测试系统具有统一的数据记分标准和相同的判分标准，有一个高水平信度的可信区间。

（二）能力倾向测验系统的应用

英国空军（RAF）能力倾向测验系统是重要的预测绩效系统。英国皇家空军克兰韦尔专用设备测试系统，可用于选拔和评估以下岗位人员：英国皇家空军成员（领航员、驾驶员、空中交通管理员，语言学家，武器系统操作员，情报人员和机载图像分析员），皇家海军成员（驾驶员，观察员和空中交通管理员）和陆军成员（驾驶员）。此外，英国皇家空军能力倾向测试系统有着很高的声誉，也成为选拔直升机观察员和使用武装反应工具行政警务人员的入门测验，以及某些民用航空公司飞行员候选人的测验。

（三）能力倾向测验的介绍

能力倾向测验组成包括：言语推理、数字推理、空间推理、工作效率、注意能力和心理运功能力。可以按照需要定义任何能力领域的测试项目的数量，并且英国空军能力领域的设置，依据需要可以随时变化。

1. 言语推理

言语推理（Verbal Reasoning，VR）是运用和解释书面、口语信息的能力。这种能力倾向包括理解含义、用语法解释问题、有序排列句子、词汇和句子形成的能力。这些能力倾向主要包括几种更特殊的能力，即①信息的同化和综合：从各种资源中收集信息，并能够把它们放在一起形成全面的描述的能力；②推论：在一个不完整信息的基础上形成客观结论的能力；③逻辑推论：能够分析形势，找出因果关系因素的能力；④信息的评价：分析信息并做出准确判断的能力。

目前，在英国空军指挥官和飞行机组人员选拔中心（OASC）对言语推理的评估测验是言语逻辑测验（Verbal logic test，VLT）；以前OASC对言语推理的评估使用的测验是言语推理测验（Verbal reasoning test，VRT）（在2006年被VLT取代）。

（1）言语逻辑测验（VLT）：是用于评估部分一般智力和特殊智力的测验，它给出了言语推理领域的测量方法。它是一个成套的选拔测验，主要用于选拔飞行员、武器系统操作员、通射员、指挥员（战斗控制人员）和空中表象分析师。机载数字测验（ANT）作为机组人员一般推理成套测验的部分，可用来选拔武器系统指挥员、航空机械师和皇家海军观察员。

VLT评估言语推理的4个主要方面：同化，演绎，推理和评价。对于每个特定的场景，在题目给出之前，候选人都有一个很短的阅读时间，以熟悉有关场景的信息。

VLT 有 3 个不同的场景。每一个环节包括一个简短短文，能够让候选人可以阅读吸收。每个题目都有多个答案选项。候选人通过这简短短文提供的信息，挑选正确的选项。在开始测验之前，提供给被试者一些练习题试做。

测试时间约为 40 分钟。目前没有重测的形式提供。该测验记分成绩为做出正确答案的数目。测验内部一致性信度为 0.70 和 0.74（Bradshow，2006）。构想效度与以前使用的言语推理测验显著性相关。言语推理测验（VRT）为 0.26（$P < 0.01$，$n=160$）（Bradshow，2006）。

（2）言语推理测试（VRT）：VRT 用于解释测量部分的一般推理和特殊推理，测量言语推理的天质。VRT 包含 4 个场景。所有题目均为多项选择题。言语推理的重要因素包括：词汇的使用；从文本中提取意义；对相似或不相似意思的文本予以比较和推理。这 4 个场景是 100 字左右的文字段落。这些题目一些与文章相关的陈述。多项选择的选项有三种，即确定、否定或没法判断（在文本中有足够的信息来验证陈述是正确的；也有足够的信息来验证陈述是错误的；或者没有足够的信息对该陈述做出判断）。被试者在测验开始时有练习题目。

测验在 10 分钟内完成。测试有两种版本，B 版本用于第一次测试者，A 版本用于第二次测试者。其记分为基于正确的题目的数目。内部一致性信度 A 版本的信度是 0.395 和 0.385；B 版本的信度是 0.426 和 0.422。复本信度为 0.326（$P < 0.01$，$n=242\,5$）（Bailey 等，2007）。预测效度与综合素质对比，其效度为 0.771（$P < 0.001$，$n=42$），与飞行安全素质对比，其效度为 0.454（$P < 0.05$，$n=42$）。

2. 数字推理

数字推理（Numerical reasoning NR）是能使用和解释以表格，图表和公式形式呈现的数字信息的能力。这个领域不仅仅涉及心算的能力，也涉及采用逻辑方式理解、解释和使用数字信息的能力。目前，在 OASC 使用的数字推理评估测验包括：机载数字测验（Airborne numerical test，ANT）、数学推理（Mathematics Reasoning，MATB）、数字运算（Numerical Operations，NOP）和数字推理测验（Numerical reasoning test，NRT）。

（1）机载数字试验（ANT）：ANT 是测量一个人在空中环境条件，并伴随一定程度时间压力的情况下，对数字计算的能力。ANT 的分数应解释为对数字推理能力倾向的部分测量，是机组人员一般推理能力的一个方面。ANT 作为飞行员选拔的系列测验，通过方向和距离测验与作为部分选拔机组人员一般言语推理系列测验结合起来，用于选拔武器系统员、空中机械师和海上观察员。

ANT 包括 3 个场景。每个场景的形式是相同的。应试者需按照屏幕涉及的有关时间 / 速度 / 距离的计算，回答具有代表性的问题。这个测试不是多项选择。应鼓励应试者评估他们的回答，使其更接近正确答案。每个问题都有时间限制，如果在规定时间内应试者没有给出答案将自动转移到下一个问题。在做实际测试场景问题之前会给应试者一些练习题。

应试者测验时间平均在 35 分钟内完成。没有提供重测形式。记分：每个题目的得分记录原则是一样的，应试者做出确切的答案就可以得到最高分。应试者也可对自己的答案归于一种信任的估计。越接近准确答案的测试者可以获得更多的分数。答案在所要求的以外得 0 分。

内部一致性信度 0.844（Southcote，2006）。结构效度与其他数字推理测验具有高度相关，表明它具有良好的结构效度。ANT 也可以为机组人员提供一个很好的推理能力测量。

（2）数学推理（MATB）：MATB 是解决数学问题能力的一个数字推理测验，是飞行员选拔系列测验的一部分，还用于情报人员，武器系统操作员，武器系统官员，航空工程师和皇家海军观察员。

飞行活动要求解决与飞行有关的时间 / 速度 / 距离等问题，这需要数学推理技能，而不是完成心算的能力。测试包括一些练习题和若干真题的测试项目，所有题目都是多选题。

测试时间为 18 分钟。记分将正确回答的题目数之和是最终得分。内部一致性信度，系数为 0.777，重测信度 0.753，Bailey 等 Southcote（2007）的研究为 0.742（$P < 0.01$，$n=2\ 326$）。预测效度：对于个别训练科目，对于多发动机飞行员训练预测得分 0.313（$n=135$），单发动机，旋转翼训练为 0.267（$n=186$），多发动机，旋转翼为 0.298（$n=90$）（未校正）。MATB 显示了一个适中的效度。

（3）数字运算（NOP）：NOP 是一个心算速度测验。NOP 分数被解释为对数字推理能力倾向某方面的测量，用于对战斗机操作员、武器系统操作员、武器系统操作译员、机载图像分析员和空中交通管制员的系列选选拔测验中。

测试内容为每个题目为一个基本数学问题，依据加法、减法、乘法、除法进行基本运算。应试者需回答每个问题的正确答案。在实际测试前，可先做例题。

测验平均测试时间为 2.5 分钟（包括例题）。正确应答的数目之和为最终得分。内部一致性信度，A 版本为 0.928（$n=5\ 766$），B 版本为 0.924（$n=1\ 140$）。分半信度 A 版本为 0.943，B 版本为 0.938。复本信度信度为 0.822（$P=0.00$，$n=2\ 194$）（Bailey 等，2007）。效度最近的验证研究是对空中交通管制人员训练期进行的（Bailey，2002）。NOP 对第一次和总体通过率的预测是偏低的。但是，在早前对战斗机控制者训练（Davies，2002）研究，NOP 具有良好的预测有效度。对于武器系统操作员课程（Weapons controller course，WCC）和鉴别员课程（Identification Officer coures，IDO），矫正效度系数为 0.382（$P < 0.05$，$n=68$）和 0.444（$P < 0.05$，$n=68$）。NOP 显示了统计学意义和预测效度。

（4）数字推理测验（NRT）：NRT 主要用来测试应试者对数据表解释的能力，是作为对数字倾向能力评估的一部分，与其他数字测验联合使用时，才能对数字倾向能力有更可靠的评估。

NRT 是战斗机控制者、武器系统操作员，武器系统操作报务员，空中图像分析员和情报人员的系列选拔测验。

NRT 有 4 个测验问题。每个题目都是多项选择。数字推理是理解和解释数据表的能力，这种能力的重要内容包括：从基本文本中确定数学问题，应用简单数学的概念（计算平均数、范围、比例及变化率），心算，趋势和关系的识别，启发式和演算方法的适当应用。4 个测验问题由一个或两个包含数字信息的表格构成。在表格里，这些项目是涉及一些信息的问题。实际测试前有练习题。

测试持续时间（不包括指导语）为 15 分钟。NRT 有两种测试形式（表格 A 和表格 B）。其得分为正确题目的数目。A 形式信度系数为 0.582 和 0.557，B 形式信度系数为 0.715 和 0.507。替代形式的信度系数为 0.522（$P=0.00$，$n=239\,1$）（Bailey 等，2007）。预测效度通过研究战斗机驾驶员（Davies，2002）获得，选择空防基础训练的学生对武器控制课程和鉴别员课程风险评定预测，风险得分效度系数分别为 0.227（$P<0.05$，$n=77$）和 0.281（$P<0.05$，$n=77$）。

3. 空间推理

空间推理（Spatial Reasoning，SR）代表了一种能力，能够熟练操作图表和图案信息，形成三维空间（心理图像）的能力，有时也叫作"心灵的眼睛"。它包括从不同角度和透视的方式观察场景、不同方式理解问题的能力，特别是空间可视化、空间知觉、心理旋转、时空能力。测试的项目包括：角度，方位和程度（Angles Bearings & Degrees，ABD）、方向和距离（Directions and Distances，DAD）、仪表理解（Instrument Comprehension，INSC）、跟踪测试（TRACE）。

（1）角度，方位和程度（ABD）——测验空间推理：ABD 设计用来测量两种很窄、相关很高的空间能力倾向，这种空间能力倾向对飞机驾驶员非常重要。换句话说，这种能力倾向就是角度和方位的判断能力。

ABD 的分数被解释为对空间能力倾向的部分测量。测验时应与其他空间测验联合使用，才能使空间能力倾向测验结果更为可靠。该测验用于空中交通管制员、武器系统操作员、武器系统操作报务员、战斗机驾驶员的系列选拔测试中。

测验由两部分组成。ABD1（角度）是测量应试者判断角度大小的能力。从单一点发出两条线放射出来，应试者需对两条线之间的角度进行估计。ABD2（方位）用来衡量一个目标到另一个目标方位的判断能力。屏幕的某一个位置有一个圆，圆内有符号目标。测试者必须估计已经给出的参考点的目标方位。从许多感觉看，测试的第二部分类似于一个操作示例。这两个部分都有练习题，实际测验的题目都是多项选择。

ABD1 整体时限为 3.5 分钟，ABD2 整体时限为 3.5 分钟。不能重复测验。测试记分产生两个有效分数：一个是 ABD1 分，一个是 ABD2 分。有效分数为答对题目的数量。ABD1 内部一致性信度为 0.623 和 0.626，ABD2 内部一致性信度为 0.587 和 0.571（Bailey，2006）。预测效度的最新研究是对空中交通管制员（ATC）基础训练通过率进行的，效度系数为 0.178（$P < 0.05$，$n=137$）。还对实际完成的所有人员分析，ABD 的预测（未矫正）效度系数为 0.206（$P < 0.05$，$n=137$）。

（2）方向和距离（DAD）——测验空间推理：DAD 为一种空间推理测试，用言语描述说明空间关系的一种空间推理能力测验。该测验的分数应该被理解为对空间能力一部分的评估，即空间形象化。该测验是系列选拔测验之一，用于战斗机驾驶员、武器系统操作员、武器系统操作报务员、情报人员和空中领航员的选拔。另外，它作为机组人员普通推理系列测试的一部分，同空间数字测验（ANT）和言语逻辑测验（VLT）结合使用，用于挑选武器系统指挥员、空中机械师和英国皇家海军观察员。

测试时给应试者呈现一段文字，描述多种物体的关系的相对距离和方向，然后要求应试者关注物体的距离和方位。或者这一段落可以描述为由一个人走的路线，然后让其回答从所给的出发点到他最终的位置的距离和方向。测试由一些练习题和实际测试题组成。所有的题均是多项选择题。

操作说明自行显示，并且可以重读一次。总共的测试的时间限制在 11.5 分钟以内，没有重新测试形式。记分将测试分数的正确回答题目的数量之和就是总成绩。内部一致性系数，一种方法为 0.585（形式 A）和 0.651（形式 B）。另一种方法为 0.585（形式 A）和 0.611（形式 B）（Bailey，2006）。再测信度为 0.93（$n=31$）（测试的形式 A）。复本信度为 0.528（$P=0.00$，$n=211\ 1$）。针对武器系统操作员训练的效度研究，效度系数为 0.102（$n=75$）。

（3）仪表理解（INSC）——测试空间推理：INSC 用于检测应试者使用空间、数字和言语信息的空间视觉能力测验。这个测验依赖于基本的航空仪表设备，是空间能力倾向的广泛评估，飞行员选拔系列测验重要内容。

测试包括两部分。第一部分：呈现出 5 幅不同方向的红箭飞鹰 3D 立体图像，两张有地平线和罗盘的航空仪表图像。要求应试者必须判断出仪表刻度和 5 个飞行器方向，准确性应与仪表盘刻度一致。第一部分由一些练习题和实际测试题组成。测验题均为多项选择。第二部分：在屏幕的上半部分呈现出 6 个航空器仪表（高度计、人工地平仪，空速，垂直速度，罗盘，旋转和倾斜）。并且在屏幕的下半部有 5 条航空器方位的文字描述。应试者必须观察出仪表刻度，并且选出与之一致的文字描述的方位。第二部分由练习题和实际测试题组成，都是多项选择题。

操作说明自行显示，并且可以重读一次，第一部分、第二部分的测试的时间都限制在 9 分钟以内，没有重新测试形式。测试记分为第一部分和第二部分分别按照正确答案数记分。内部一致性系数为 0.825，再测信度为 0.698（$P < 0.01$，n=580）。基于对个体训练进程飞行训练的评估（Southcote 等，2005），针对空军战斗编队大学的训练所评估的分数，该测验的预测效度系数为 0.201（n=346）；基于联合基础飞行训练评估，预测效度系数为 0.222（n=419、n=287）；新型高速喷气式飞行训练评估，则为 0.203（n=126）。总之，显示了中等水平的预测效度。

（4）追踪——测验空间推理（TRACE）：TRACE 是一个动态空间推理测验，构成评估空间推理领域的一部分。测验由两部分组成：每一部分评估不同的因素，第一部分测量动态空间（时空的）能力，是能够随着物体在三维空间中移动操作的能力。第二部分测量对动态空间事件的记忆，可解为视觉空间图版的效力定位在工作记忆中。TRACE 分数的高低显示了空间能力倾向分数的高低，为了对空间能力有更为可靠的评估，该测试必须与其他的空间测验结合起来完成。主要用于飞行员、情报人员、武器系统操作员、空中领航员、空中交通管制员和英国皇家海军观察员系列选拔测验。

测试的第一部分：在三维空间中，目标飞机相对快速的改变方向时，要求应试者尾随目标的移动。在目标飞机下次调动前，应试者在很短的时间内提交他 / 她的答案。在测验期间，屏幕上飞机的数量会不断增加，并且目标飞机会反复地改变方向。所有的项目都是多项选择，并且在测验之前要给应试者练习的项目。在第二部分的每一个情节中，呈现与应试者几次很短的飞机移动视频，这个视频需要被记忆，然后，应试者依据那段视频，回答测验的多项选择问题。

测试提供两种记分。一是 TRACE 的第一部分，二是 TRACE 的第二部分。每一部分都以回答正确的总数记分。对 TRACE 两部分分别进行信度检验，第一部分信度系数分别为 0.77 和 0.94；第二部分信度系数分别为 0.65 和 0.65。其构想效度在空间领域的所有测试与 TRACE 的两个部分的相关系数为 0.01。对于 TRACE 第一部分相关性范围为 0.31（n=245）和 0.52（n=211）之间；对于 TRACE 的第二部分在 0.07（n=245）和 0.26（n=250）之间（Bradshaw，2006b）。

4. 工作效率

工作效率（Work Rate，WR）指在时间压力下，通过简单的常规作业确保精确工作的能力。这些常规作业可能包括一些简单的、言语的、数字的、图表的，或者空间问题。在 OASC 中，用于评估该领域的测试包括：图表阅读（Table Reading，TR）、警觉性（Vigilance，VIG）和视觉搜索（Visual Search，VIS）3 种。

（1）图表阅读（TR）——测验工作效率：TR 是一个工作效率的测验，特别用于测试一个应试者快速、准确搜索、对照图标的能力。用于飞行员、情报人员、武器系统操作员、武器系统操作传令员、空中交通管制员、空中图像分析师、武器系统指挥员、航空工程师、英国皇家海军观察员的心理选拔。

测试由两部分组成。第一部分：要求应试者对照已经给出的成行成列的数字，找到第三个有规律的数字完成对照表。第二部分：要求应试者使用4张一组的表格，这组表格描述风速、风向、漂移矫正和不同空气速度与地面空气速度之间的关系，特别是给出了空气速度、风速、风向的规律，应试者必须使用这套表找出有价值的漂移矫正值和地面风速值。

以上两部分，尽管问题都由电脑提供，但是任务中用到的表却是手执的卡片。测试的每个部分都由练习项和实际测试项组成。并且所有的问题都是多项选择。

操作自动显示并且可以重读一次。读的时间估计4分钟左右，每个部分测试时间限制在3分钟，不能重新测试。记分按照测试分数正确回答项目的总分记录。内部一致性信度系数为0.879（第一部分为0.739，第二部分为0.848）（Bailey，2006），通过对1 610个测试者结果分析，再测信度系数为0.779（第一部分为0.666，第二部分为0.713），（Bailey等，2007）。基于对飞行员飞行训练评估进行验证预测效度，对空战中队地面学校的人员测试，未经矫正最好的效度系数为0.116（$n=344$）（Southcote等，2005）。在相同的研究中，对所有完成训练人员的评估，其结果得到未矫正的预测效度系数0.237（$P < 0.05$，$n=86$），并且实践检验的总分数，其效度系数为0.266（$P < 0.05$，$n=86$）。因此，可见MATF预测效度较低。

（2）警觉性（VIG）——测试工作效率和专注度：VIG是一个测试警觉性的基础测验。评估注意能力或注意能力倾向范围，可以评估工作效率，或工作效率能力倾向范围。主要用于飞行员、情报人员、武器系统操作员，武器系统操作传令员，空中交通管制员，空中图像分析师，武器系统指挥员，航空工程师，英国皇家海军观察员的心理选拔。

在屏幕上给应试者呈现一个9×9的矩阵，矩阵的每个元素为涉及的数字（1～9），这些数字沿着矩阵的右手边自上而下运动。要求应试者注意两个任务：一个常规的，另一个优先的。常规任务包括取消星星，优先任务是取消箭头，每个箭头按两个步骤取消。

测试持续时间8分钟，包括操作说明，不能重新测试。记分有两个测试分数：第一个是VIG1，基于被正确取消的星星的数目。第二个是VIGSP，基于星星和箭头被取消的速度和准确性的分数。VIG1和VIGSP内部一致性信度分别为0.908、0.687（Bailey等，2007）。VIG、VIGP再测信度系数分别为0.795和0.460（$P < 0.01$，$n=2$ 397）。预测效度是基于对飞行员飞行训练评估获得（Southcote等，2005）。预测效度分别是0.193、0.239和0.174（$n=144$）（未矫正）。

（3）视觉搜索（VIS）——测验工作效率：VIS是在大量干扰情况下，搜索靶目标的能力测验，也被认为是工作效率能力倾向领域的一种测量。用于武器系统操作员、战斗机驾驶员、空中领航员，空中交通管制员选拔的系列测验。

该测验有两部分（VIS1和VIS2），给应试者呈现的是一个若干个方格片状组成的矩阵，在每一个方格有一个大写字母，如 E，并且在其右下角有字体较小的数字。应试者从给出的主题中搜索方格矩阵。随着测试的进行，方格的数目将会增加，在实际测试前，有练习项目。第一部分（VIS1）：用于在方格矩阵中搜寻特殊字母。第二部分（VIS2）：用于在形状矩阵中搜寻特殊形状。

操作说明自动显示并且可以重读一次。每个部分测试时间限制在 1.25 分钟之内，不能重新测试。记分方式有两种，每个分数为正确辨认目标的数目。通过分半法验证了 VIS 的内部一致性。信度指数为 0.982（$n=753$），再测信度指数结果为 0.861（$n=138$）（Balley 等，2007）。通过使用皇家空军和 RN 联合样本，对空中交通管制员训练的效度进行了研究。对训练完成和仅进行实践练习，VIS1 的预测效度分别为 0.224（$P < 0.05$，$n=121$）和 0.232（$P < 0.05$，$n=121$）。

5. 注意能力

注意力（Attentional Capability，AC）是一个很广的能力范围。包括处理听觉或视觉多重任务的能力、听觉视觉多重任务的能力、集中注意力的时间，注意各种变化并留意细节的能力、注意的专注的容量以及灵活性，注意的容量是指个体持续保持在短期记忆中信息的数量。一个人的注意灵活性越大，那么这个人在有限的时间内处理多重任务时就会处理得越好。目前，在 OASC 中，注意能力的评估测试包括：颜色，字母和数字（Colours，Letters，and Numbers，CLAN）、数字识别（Digit Recognition，RCOG）、数字回忆（Digit Recall，RCAL）和时序安排（Time Scheduling，TS2）4 种。

（1）颜色，字母和数字（CLAN）——测验注意能力：CLAN 是一个认知资源，或者认知容量的测验，并且构成了注意能力（AC）领域的一部分。是用于飞行员、情报员、武器系统操作员，战斗机驾驶员、空中领航员、武器系统指挥员选拔的系列测验之一。

测验目的为三重任务评估，用于评估应试者在逐渐增加任务条件下，如何有效处理多重任务的能力。该测验建立于以下 3 个子任务：一个简单、连续、监视追踪任务（颜色），一个短期言语记忆任务（字母）和一个心算任务（数字）。在进入实际测试前，应试者都有一次机会练习以上 3 种任务。

测试时间为 22 分钟（包括操作说明）。不能重新测试。记分为每个子任务独立计分，测验中精确度分数和错误分数被同等记录。内部一致性系数为 0.506。再测信度为 0.764（$n=2\ 254$）。基于对飞行员飞行训练评估（Southcote 等，2005）被确认有较好的预测效度。对高性能快速喷气式飞机训练的评估分数的预测效度为（0.222，$n=89$）。

（2）数字识别（RCOG）——测验注意能力：RCOG 是注意能力领域的一个测验，属于应试者记忆的测验，它用于战斗机驾驶员、武器系统操作员（或报务员），空中领航员，空中交通管制员的系列选拔。

测试时在有限的几秒内，给应试者一串数字，接着移除数字并要求应试者立即使用键盘选择，某个特殊的数字在字串中出现的次数。测试中字串的长度不断变化。测验由练习项目和正式测验项目组成。

测试时间（包括操作说明）大约为 4.5 分钟。没有重新测试形式。记分方法是将测试分数为正确回答的数目之和为总分。内部一致性系数为 0.493，分半信度系数为 0.406（$n=115$）。再测信度系数为 0.217（$P=000$，$n=452$）（Bailey 等，2007）。构想效度与其他注意能力 CLAN 的测验相关 0.419，与 VIGSP 相关 0.360。针对战斗机驾驶员和空中交通管制员进行预测效度的研究。基于首次基本训练的空中管制员训练的通过率（Bailey，1996）预测效度系数为 0.12（$n=75$）。

（3）数字回忆（RCAL）——测试注意能力：RCAL 是数字短期记忆的测验，是注意能力倾向测验的一部分。测试时在几秒钟内呈现给应试者一串数字，接着数字从屏幕中消除，应试者应立刻输入数字，确保是原来屏幕呈现的顺序。每给出一串数字代表一次测试，测试由练习项和测试项组成。

总共的测试时间（包括操作说明）大约为 4 分钟。不能重新测试。记分方法是正确报告数字的总数为测验分数，当数字呈现原来屏幕同样位置的时候，判断为正确。内部一致性信度系数为 0.877（Bailey 等，2007）。Bradshaw（1997）报告的再测信度系数为 0.65（$n=526$）。Bradshaw 等（1994）报告基础飞行训练通过或失败的飞行员，矫正过的效度系数为 0.21（$n=181$）。总的来说，RCAL 具有中等程度的预测效度。

（4）时序安排（TS2）——测试注意能力：TS2 是一个注意能力测验。更为特别的是，它更趋向于对记忆更新的测量。

测验时通过使用键盘，应试者需要监视并取消一组线条的增长。如果线条没有及时被取消，那么应试者不能得分。在整个测验中，每条线不断地重复循环出现，整个测验过程呈现的线条数目不断增多，应试者必须观察目前的状态，不断地在不同的线之间转换，类似电视机频道转换一样。而且，应试者只能取消现时显示的线条。

总共的测试时间为 6 分钟。不能重新测试。记分方式为，应试者取消线之前，线条越长，得分增长越不成比例。得分的增长与线条的长度成比例。Bailey 等（2007）计算 TS2 的测试再测信度系数为 0.409（$P=0.00$，$n=214\ 5$）。Bradshaw（1997）基于陆军空中特种部队直升机飞行员飞行阶段标准考核分析，矫正效度系数为 0.14（$n=696$）。对于飞行学员，基于总体培训标准判断其矫正效度系数为 0.14（$n=204$）（Bradshaw，1994）。

6. 心理运动能力

心理运动能力（Psychomotor Ability，PA）属于不同种类的身体协调能力。这种能力涉及完成速度与精度的生理动作。一般心理运动能力包括手眼的协调和手眼足的协调。在 OASC 用于评估这个领域的测试包括：扩张运动感知测验（Augmented Motor Sensory Test，AMS）、速度控制测验（Control of Velocity Test，CVT）和感知运动仪（Sensory Motor Apparatus，SMA）3 种。

（1）运动感知测验（AMS）——测量心理运动能力：AMS 是一种补偿追踪测验，用于测量手眼足的协调（心理活动能力）。应试者使用一个操纵杆和方向舵踏板，在视觉显示器上，从水平和垂直方向上移动显示器的指针。方向舵踏板从水平方向上移动该指针，操纵杆则从垂直方向上移动该指针。同时应试者面对着屏幕上还显示了一个飞机尾部的图像。在测试期间，飞机在屏幕上随机移动，通过使用操纵杆和方向舵跟随飞机移动，应试者的任务是调动这个点，使其保持在飞机的中心。AMS 有 3 次测试，并且在测试之前有一段练习时间。测试之间有短暂的休息。

总共的测试时间大约为 9 分钟，其中包括指导语。没有重测形式提供。记分方式为以偏差形式记分，基于偏离飞机中心点的平均距离。内部一致性信度系数为 0.958（Bailey 等，2007）。AMS 与 RAF 进行了相关分析，其结构效度为 0.79（Bailey，1998）。尽管 AMS 没有建立预测效度，但是它与 RAF 相关很高，已经显示能够预测基本飞行训练成功的皇家空军，并且它的预测效度在中等和优等成功之间变化（Bailey 等，2005）。

（2）速度控制测试（CVT）——测量心理运动能力：CVT 是一种以追踪轨迹任务形式的心理运动测试，应试者必须追踪屏幕上出现的轨迹。尽管轨迹很小，但应试者在潜心期待轨迹的出现，仅仅能意识到轨迹瞬间出现的一部分。测验的分数应该被解释为对心理运动能力倾向测量的一个方面（可以命名为手眼足协调），用于飞行员系列选拔测验中。

在测验实验期间，小而红的圆形目标从屏幕的上方逐渐下降，下降时一个紧接着一个并且下降的路径左右摆动。下降的路径在合成一股之前不时分为两股，很难合为一股。测试者必须使用由操纵杆控制的点去尽量多地撞击那些下降的目标，测试者头戴耳机，当测试者撞击到红色目标是会听到从耳机传来的信号。实际测试有 3 次，在实际测试之前测试者有一次练习机会。

总共的测试时间（包括操纵说明）大于为 5 分钟。不能重新测试。记分方式为在一次测试中，测试者每击中一次目标计 1 分。内部一致性系数为 0.938（n=19 152）。测试的再测信度为 0.409（P=0.01，n=2 266）。预测效度基于飞行员飞行训练评估和基于新型高速喷气式飞机训练评估分数，最好的效度系数为 0.107（n=126）（Southcote 等，2005）。先前基于皇家空军（RAF）飞行员基础飞行训练（通过 / 失败结果）效度研究，效度系数为 0.33（n=849）。总体而言，该测验具有中等程度的预测效度。

（3）感知运动仪（SMA）——测量心理运动能力：SMA 是一种补偿追踪测验，用于测量手眼足的协调性，属于心理运动能力倾向的一部分。该测验属于飞行员系列选拔测验。

测试者用一个操纵杆和一个方向脚蹬从水平、垂直方向移动显示仪上的一个点

（小圆圈）。屏幕的中央有个交叉线，在测试期间，圆圈点在屏幕上以随机方式移动。应试者的任务是使用操作杆和方向脚踏板，使这个小圆点移动到交叉线中心。测验可以有 3 次测试，在测试之前有一次练习机会。

总共的测试时间（不包括操纵说明）大约为 9 分钟。不能重新测试。记分的方式，以错误得分计分，屏幕被分成两部分：一个为内部区域，一个为外部区域。如果应试者没能成功地把圆圈点保持在内部区域，那么计错误一次。3 次试验的错误分数的总和计为测试的总分。内部一致性系数为 0.94，再测信度为 0.782（$P=0.00$，$n=2\ 126$）（Bailey 等，2007）。基于飞行员飞行训练评估，效度系数为 0.178（$n=418$）（Southcote 等，2005），对参加基础高速喷气式飞行训练，效度系数为 0.195（$n=287$）（未修正）。

三、我国招收军事飞行员心理选拔

进入 20 世纪末，以新机种第三代战斗机快速装备部队，为我国人民空军航空兵部队的硬件建设上了一个新的台阶。这对飞行员的身体和心理素质提出了更高的要求。回顾心理选拔测评系统的建立及其发展过程，面对新机种装备部队，选拔适合新机种特征需求的飞行员，成为心理选拔工作的一项重要内容。

（一）招飞心理选拔测评系统建立

在空军招飞办公室的统一组织领导下，招飞初选时的心理测试工作已经比较系统规范（武国城，2002）。我国在 20 世纪 60 年代就提出了招飞点 – 预校 – 航校"三级选拔"设想，即在招飞点初选阶段采用纸笔测验，给定淘汰率为 7% ~ 15%；飞行预备学校阶段采用仪器选拔方法进行第二级选拔，累积淘汰率定在 15% ~ 25%；航空学校阶段进行第三级选拔，采用仪器检查方法并参考飞行模拟器成绩，淘汰率视情况而定（武国城，1994）。20 世纪 80 年代末又进一步提出选拔与训练相结合的"筛选 – 控制"系统框架（王辉等，1988）。该体系具有系统性、动态性和连续性。筛选是指对受检者学习飞行必需的心理品质进行心理选拔；控制是指对某些暂时不合要求但可塑性较强的心理品质进行心理训练，使学员的心理品质朝着有利于学习飞行的方向发展，同时又可以根据训练情况作进一步的筛选。具体实施方法为：在招飞初选阶段对应征者做心理学检查，进行第一道筛选。在飞行基础学校和飞行学院进行心理训练，根据训练情况按给定比例再次筛选。该体系将与飞行有关的心理品质概括为智能效率（包括注意分配能力、应变思维能力和运动协调能力）、行为控制能力（主要指情绪控制能力）和人格（即个性）因素等三个方面，并以此作为心理选拔和训练的基本内容。应当说我国在飞行员心理选拔的宏观设计上具有前瞻性（武国城，1994）。

在招飞点初选阶段经筛选合格的应征者将进入预校学习航空理论知识，进一步的选拔则按照上文所讲的"三级选拔"的理念以及选拔与训练相结合的"筛选 – 控制"系统框架进行。我国飞行员的三级选拔过程如图 10-2 所示，其中心理选拔作为一部分内容融合在选拔的每一个阶段。

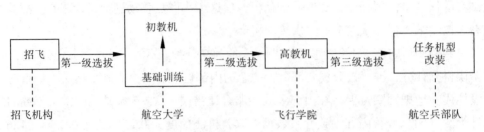

图 10-2　我国军事飞行员三级选拔过程

（二）测评选拔系统四个平台建立

目前使用的是 1996 年研制成功的空军招飞心理选拔测评系统，涵盖飞行基本能力、飞行动机、个性特征、飞行特殊能力、情绪稳定性和飞行专家面试评价等 6 项检测。整个系统采用计算机控制平台施测的方式，由 3 个检测平台和 1 个主检平台组成。6 项测验分别组合在 3 个平台上实施，其基本构成包括：第一平台由飞行基本能力、飞行动机、个性特征检测组成，完成各种纸笔测验、动机和人格量表测验，主要对应征者进行感觉、知觉、思维、理解、记忆、注意、定向等方面的心理测试，其中还包括 12 项纸笔测验和大约 50 个问题的动机、人格量表测验。

1. 第一平台

第一平台又称为"多项心理检测平台"，检测时间为 1 小时 20 分钟。①基本认知能力测验：原第四军医大学胡文东等研制的 DXC–Ⅲ型多项心理测评仪，这是以单片机控制的幻灯机统一呈现试题，考生手持按键盒反应的人机对话装置，作为第一平台的基本硬件，可同时对 36 人进行施测，使测验过程和测验结果实现了规范化、自动化，保证了结果准确，并可测量考生的反应时等动态行为。苗丹民等在 1989 年原空军第四研究所 14 项纸笔测验的基础上，通过建立飞行技术指标评价体系进行效度检验，筛选修订出信度、效度较高的 10 项飞行基本认知能力测验。②非智力因素测验：北京师范大学郑日昌等采用爱德华个性偏好量表强迫选择模式建立的飞行动机量表，包含飞行倾向、成就动机、价值观和国防意识方面共 60 个项目，其同质性信度 0.57 ～ 0.70，重测信度 0.63 ～ 0.84，区分效度显著。北京大学王垒等研制的情绪稳定性量表，共 55 个项目，内部一致性信度 0.74 ～ 0.89，区分效度显著。

2. 第二平台

第二平台由飞行特殊能力、情绪稳定性测验组成，主要通过"心理运动能力"对飞行员应具备的协调能力、模仿能力、反应能力、操纵能力、注意能力、空间定向能力等特殊能力的检测。共有 22 个检测项目，分单项任务、双重任务和三重任务，又称为"特殊能力操作平台"，检测时间为 50 分钟。

①飞行特殊能力检测系统：中国科学院心理研究所张侃等研究的基于 IBM/PC 机

的飞行特殊能力计算机检测系统，考生通过驾驶杆舵连续操控和按键间断反应，完成屏幕和耳机呈现的目标追踪、调节平衡、运动轨迹判断、数字判断、目标判断、运动速度知觉的多重任务，效标效度 0.25 ~ 0.39。②情绪稳定性检测系统：北京大学苏彦捷等研究的情绪稳定性生理参数检测系统，通过加载在第二平台计算机上的打靶任务和情绪刺激，检测考生心率与呼吸变化，确定其情绪稳定性得分。

3. 第三平台

第三平台为飞行专家面试辅助评价系统，主要通过室外活动观察、情境模拟和室内面试会谈，对飞行员应具备的情绪稳定性及控制能力、飞行动机、意志力、敢为精神、个性特征等方面进行检测。面试专家通过飞行教学经验模型与收集到的考生信息相比较后，由计算机辅助进行综合评定。又称为"专家系统平台"，检测时间为 1 小时 30 分钟。

专家面试计算机辅助系统。由中国科学院心理研究所时勘等研究，由资深飞行教员和飞行员组成的面试考官，在专家面试计算机辅助系统提示下进行检测。将面试分成 3 个过程：①活动观察，包含徒手体操、跳绳、跳越障碍、集体游戏、球类活动、短跑等项目，观察考生协调、能力、敢为、注意、反应、协作、意志等心理品质；②情境模拟，设置 5 种逃生情境，由 4 名考生组成无领导小组进行讨论，观察评价他们的主动与被动、容纳、情谊、控制等风格；③半结构化面谈，通过家庭情况导入，性格、情绪、意志的跟进提问和主题统觉的动机检测进行评价。所有过程均列举出高低分特征，根据特征进行 9 级评分，最后由计算机计算总分。

4. 主检平台

主检平台通过计算机网络，对 3 个检测平台实施全程管理，并自动采集各检测平台的结果数据按照规定的权重系数进行综合评定，又称为"测评系统自动化网络管理平台"。全部检测结束后，可自动生成并打印考生"心理选拔档案"（傅双喜，2000；武国城，2005）。该平台由原空军航空医学研究所邓学谦在 IBM/PC 机上使用 VB5 编程和 ACCESSS 数据库，并进行网络集成，实现考生检录、自动化结果采集、数据管理、查询统计和系统维护等功能。

此外，2013 年，心理选拔测评系统新增加了第四平台，利用飞行模拟器使检测的内容与飞行活动的关系更加密切，目前应征者在第四平台中的表现仅作为参考，未正式计入评分标准。

（三）测评系统四个平台持续改进

"招飞心理选拔测评系统"自 1997 年研发完成并开始应用以来，在过去不断应用的过程中，注入了情境模拟、室外集体活动观察、动机检测、情绪稳定性检测等新的元素，全面实现了多种检测内容的计算机化和网络集成化。在随后的 20 余年间，该系统不断得到调整和更新，但主客观结合、一般与特殊能力结合多平台检测的模式和名称一直沿用至今。目前格局如下：

1. 第一平台的改进

2011年原第四军医大学胡文东等改进完成，平台服务器通过无线网络自动分配题目、随机组卷，考生在平板电脑终端上独立完成测试，通过触摸屏选择答案。操作更加灵敏、简便，可有效消除设备延迟误差，避免相互干扰。在内容上只保留了基本认知能力检测和人格量表，重新研制的项目包括心理旋转测验、局部－整体图形转换测验、无意义图形记忆测验和判别方向测验等，检测考生的思维、理解、记忆、注意、判断、决策等方面的能力以及心理健康水平。检测结束后，计算机根据答题正确率和反应时间，自动处理检测结果，成绩自动呈现。检测时间约为2小时，采用标准9级分制评定。

2. 第二平台的改进

2010年原空军航空医学研究所邓学谦等新研制的以高仿真抽象模拟飞行为主要任务形式、以多重任务为基本检测范式的动态、综合测量系统，评价考生的精细连续操控能力、手脚协调能力、工作记忆容量和思维反应能力。其任务要求与提示，同普通人群的日常经验相吻合，无需熟练掌握复杂的飞行知识与具体技巧；通过渐进式、交互式任务展开，使考生快速掌握简单的任务规则，实现流畅运行，充分展现能力素质；通过难度自适应设计，全面跟踪和覆盖各种能力水平考生，数据分布好，区分精度高。操纵符合飞行原理，直接反映飞行潜质，可有效迁移为学习飞行能力。单项检测重测信度均大于0.8，普遍大于0.9，总效标效度为0.553（邓学谦等，2010）。

3. 第三平台的改进

2013年原空军哈尔滨飞行学院仿真研究所承制的初教六模拟飞行综合能力检测设备。根据心理选拔的需要，对模拟飞行任务进行剪裁与简化，通过预先地面教育、座舱实习、教员带教的过程，让考生学习完成开关车、滑行、平飞、上升、下滑、转弯等基本飞行动作，通过基于飞行参数的客观绩效和教员主观评价综合评定考生在模拟飞行任务环境下的接受、模仿、操纵、注意力分配、态势感知、环境适应和个性心理特征等飞行潜能。

4. 第四平台的改进

2012年邓学谦根据原基于计算机辅助专家面试方法中评分繁复、评价等级超出主观判断精度而导致的多项检测维度评分趋同和整体评分严重趋中的情况，修订了面试检测方法，将面试评价从单纯等级的标准9级评分，改为赋予培训结果描述意义的"容易培养型""正常培养型""尚可培养型""需要观察型""难以培养型"5等级评分，使面试评价等级与资深飞行员的经验模型相吻合，判断考生是否适合从事飞行职业，是否具备飞行员必要的基本心理素质条件，有无培养前途和发展潜力；并通过逐年连续面试考官培训，将活动观察与谈话观察的焦点从具体表现聚集于心理

品质，面试评价从人工分析评分 – 机器自动综合改为人工综合定性 – 维度分析调整 –
评语详细描述。改进后的面试评价分数自然接近正态分布，提高了区分度和效度。

第四节　军事飞行员心理选拔发展趋势

一、舰载战斗机飞行员心理选拔

舰载战斗机飞行员是典型的极端环境从业人员，他们既要有挑战蓝天的魄力，也
要有战胜大海的毅力。在所有海军航空事故中，超过 70% 的事故归因于与飞行人员
有关的问题，而这其中由于心理因素导致的事故占很大比例。要降低舰载飞行事故发
生率，必须应用心理学理论和工具对候选者进行有针对性的选拔。心理选拔内容的构
成和权重形成了舰载战斗机飞行员选拔的关键点。相关专家提出了胜任特征模型的研
究方法，舰载战斗机飞行员心理选拔的内容必须根据舰载机飞行员所面临的装备、环
境、作战任务需求及人 – 机 – 环境的相互关系确定选拔测评内容。一个人能否顺利
地掌握飞行技能，取决于各种心理品质的有机组合。我军舰载战斗机飞行员心理选拔
的重点，主要集中在个性特征、心理运动、信息认知、应激应对、环境适应、团队协同、
飞行动机和思维决策等方面。人的心理活动非常复杂，为提高舰载战斗机飞行员心理
选拔的预测效果，通常采取综合性的评判方法，将心理测验、心理访谈、行为观察等
技术有机结合。

二、高性能战斗机飞行员心理选拔

（一）战斗机飞行员心理选拔存在的问题

总结国内外高性能战斗机飞行员心理选拔的现状，会使我们了解目前所用的理
论、方法和技术，有助于在继承现有研究成果的基础上开展进一步的工作。

目前心理选拔存在的最突出问题是效度问题。国外飞行员心理选拔方法的预测
效度可以从最近比较盛行的元分析研究结果中得到反映。Hunter 等在对 68 项公开
发表的研究结果进行元分析时发现各类测验的平均效度系数是：复杂协调反应测验
0.32（统计了 60 项测验，共计 48 988 名受试者），反应时测量 0.28（7 项研究，
10 633 名受试者），知觉速度测量 0.20（41 项研究，33 511 名受试者），人格测
量 0.10（46 项研究，22 486 名受试者）。其他测量也有相似的效度水平（Hunter 等，
1994）。Martinussen 通过对 50 项研究和 66 个独立样本进行元分析得出的结论是飞
行员后期训练绩效的最佳预测因子是前期训练成绩（$r=0.30$）和由若干项认知和心
理运动测验组成的综合测量指标（$r=0.37$），其次是单一类别的认知能力测验（$r=0.24$）
和心理运动能力或信息加工能力测验（$r=0.24$），以及航空知识（$r=0.24$）和履历

表调查（r=0.23）。而人格测验、智力测验和学业成绩只有很低的效度，效度系数分别是 0.14、0.16 和 0.15（Martinussen，1996）。国内目前采用的空军招飞心理选拔测评系统，预测效度为 0.56，预测符合率为 82.4%，已经被制定为国家军用标准。不过，无论国内国外，尽管付出几十年时间，经过几代人的努力，但飞行员心理选拔的预测效果与 40 年代相比，一直未获得令人满意的进展，似乎已逼近一个极限水平。虽然，现有的研究表明，在预测效度方面我国（0.56）较高于国外（0.37），但我国目前使用的唯一平台是空军招飞心理选拔测评系统，该系统是针对飞行学员选拔而研制的，是否能够筛选出适合高性能战斗机性能特点的飞行员尚有待检验。就总体水平而言，我国的飞行员选拔技术与发达国家相比存在差距，一是在选拔高性能战斗机飞行员的理论研究方面还比较落后，尚未形成坚实的理论框架；二是在方法手段上还没有真正形成系统，需要与国际接轨进行完善；三是检测的内容与飞行活动的关系密切性有待提高，且对检测内容缺乏综合的系统分析，对各项检测内容的相互关系缺乏研究。因此，进一步研究和完善我国的高性能战斗机心理选拔理论、方法和技术迫在眉睫。

（二）战斗机飞行员心理选拔发展趋势

贯穿本章的核心问题是，高性能战斗机飞行员心理选拔究竟应该评估或预测什么？国内对"飞行员心理选拔到底应当测什么"的研究主要是通过非实验的调查性研究和相关研究完成的。长期以来，军事飞行员心理选拔是一项世界性的难题，是一项庞大、复杂、高难度的系统工程。我们对每个时代的选拔技术应以动态的眼光进行分析，过去、现在和未来，世界上没有永远有效的选拔方法和标准。航空飞行技术的稳步发展，军事任务的日益艰险，会给军事飞行员不断提出新的要求和挑战。实际作战任务要求飞行员完成的操作科目，实际就是飞行员选拔测验所追从的效标（Helmreich，1982；Helmreich 等，1986）。因此，为寻求高的预测效度，心理学家需要紧随航空技术的进步和作战任务的需求不断探索心理选拔的新指标、新方法和新技术，以保障最大限度地发挥高性能战斗机的武器装备效能。

高性能战斗机飞行员的工作由过去以"操作"为主变为监视－决策－控制，作战任务的认知特性不断增加。怎样才能挑选出适合高性能战斗机飞行的应征者，形成最佳人机配合？对飞行员心理选拔未来发展趋势进行思考，可从以下 5 个方面展开系统研究。

1. 以态势感知为重点

20 世纪末，美国空军参谋部提出态势感知（situation awareness，SA）的概念（注：国内也有译为情境意识），并将它定义为飞行员在飞行和战斗等动态环境中对自身和飞机的连续知觉和以知觉为基础做出预见并完成任务的能力。态势感知是飞行员对作战飞行操纵的全面理解，其核心是认知、判断和决策，是飞行员除对气象、飞行阶段等信息的了解之外，保持自身和飞机状态的能力，是飞行员做出最佳决策、取得良好作业绩效的关键。如果失去态势感知，飞行员便无法完成复杂的操作任务，会导致灾难性的后果。研究表明，在航空事故中，51.6% 的重大事故和 35.1% 的非重大事故可归因于决策失败，之所以决策失败，很大一部分原因在于态势感知错误导致的决策错误（Endsley，1999）。近年来，国外心理学家提出将态势感知作为飞行员心理选拔最重要的遴选指标，但目前仍然停留在比较抽象概括的理论层面上，有明确的内涵缺乏具体的外延，缺乏用于飞行员选拔的操作性定义（Hartman 等，1999；武国城，2002）。所以这些年来，飞行员心理选拔所用的测量内容和方法除了尽可能地计算机化外，并没有很大变化。态势感知概念并没有使飞行员心理选拔方法产生革命性变化。从元分析结果来看，目前心理选拔方法的预测效度仍维持在低度相关水平（Hunter 等，1994；Martinussen，1996）。

近年来，研究者根据各自研究取向和研究领域的特点，对态势感知提出了不同的解释和定义。其中，引用最广泛的定义是 Endsley 提出的，态势感知是在特定的时间和空间内对环境中各种要素的知觉和对其意义的理解，并预测它们随后的状态（Endsley，1995）。Endsley 采用信息加工模型来描述和解释态势感知，如图 10-3 所示（Endsley，1995）。态势感知涉及的信息加工机制包含短时感觉贮存、图式和注意等概念。信息加工模型认为态势感知得到注意、工作记忆和长时记忆的共同支持，且注意与工作记忆是制约操作者获取、解释环境信息以形成态势感知的关键因素。在获取态势感知的过程中，自上而下的加工同自下而上的加工不断地协力作用。Endsley 认为态势感知包括 3 个等级水平：第一水平是感知环境中的元素，第二水平

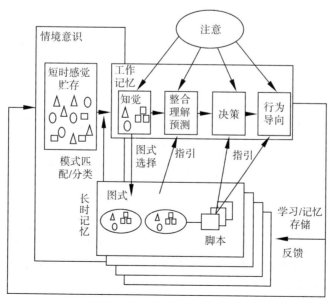

图 10-3　态势感知的信息加工模型

是理解当前的情境，第三水平是预测未来的状态，高水平态势感知的获得有赖于低水平态势感知的达成。与此相对应，态势感知错误可分为不能正确地感知情境、不能正确地理解情境和不能正确地预测情境变化等三类错误。Endsley 将这种分类用于研究飞行事故，研究发现：71% 的飞行事故涉及人为差错，人为差错导致的事故中有81%是因为态势感知错误，其中不能正确地感知情境占 72%（Endsley，2000）。

关于态势感知的测量，信息加工模型表明，态势感知与动态、不断演变的环境有关，态势感知的内容不同于长时记忆中的静态知识。因此，其测量应该强调环境动态变化的因素。目前，态势感知的测量可以分为四类：生理测量、记忆探查测量、作业绩效测量和主观测量。

（1）生理测量：运用生理测量进行心理负荷的研究已有很长历史，但在态势感知的研究中则很少见。从目前的研究来看，关键的问题是尚不清楚生理测量能否直接触及包含态势感知的高水平的认知过程。比如，P300 和其他脑电测量技术可以说明信息是否已认知登记，但是只能说明环境中的某些元素是否被知觉和加工，至于这些信息是否已经正确登记，或当事人在多大程度上理解了这些信息则无从通过生理测量反映出来。同样，眼动测量也无法说明处于边缘视觉的哪些元素已被观测到，或被试者是否已经加工了他所看到的对象。尽管不能直接触及，研究表明，借助脑电图（EEG）、眨眼和心脏活动、事件相关电位（ERP）、瞬时心率和皮电活动（EDA）等生理指标，仍然可以对操作者的态势感知水平进行适当的推断（Endsley，2000）。Vidulich 等则进行了探索性的研究。在其实验中，12 名被试者参加模拟的空对地战斗飞行任务，任务过程中记录脑电活动与眨眼情况。实验提供两种类型的显示，一种显示有助于被试者获得并保持良好的态势感知，而另一种则不利于态势感知的保持。结果显示，在低水平的态势感知下，被试者 θ 波的活动水平较高，α 波的活动水平较低，眨眼时程最短，而眨眼的频率最高。但没有足够的证据证明这些心理生理测量反映的是态势感知还是工作负荷，或说明的是这者之间的交互（Vidulich，1994）。

（2）记忆探查测量：记忆探查测量最符合 Endsley 关于态势感知的定义，此方法要求操作者报告记忆中的内容，如让飞行员回忆飞行状态，借此评估其态势感知。由于数据的收集方法与态势感知的大多数理论相一致，这种测量的构念效度较高。根据测量时间点的不同，Endsley 将该测量技术分为 3 种：回溯测量、同时测量和冻结测量（Endsley，1995）。回溯测量在任务完成后进行，让被试者回忆特定的事件或描述在实验情境中所作的决策。Endsley 认为，如果被试者有充裕的时间来回答问题，这种测量是有用的。但她也警告，只有在任务完成后立即进行测量，才能获取可靠的态势感知测量。同时测量在任务过程中进行，对态势感知进行的实时评估有两种形式，一种是口语报告，但干扰性太强；另一种是在任务情境中设置评定者，该评定者与被试者讨论任务，这样评定者能够确定被试者是否意识到与任务相关的各种信息

（Metalis，1993；Sarter，1991）。这种测量可能会导致被试者出现"舞台效应"，也可能会因评定者的言语和非言语线索而产生系统偏见。冻结测量技术的测量时间点介于回溯测量和同时测量之间，这种方法是在任务间隙向被试者提问。实验任务通常在随机确定的时间点停止，所有与任务相关的信息都被清除（如屏幕空白）。在冻结期，让被试者回答与任务有关的问题。Endsley 认为，这种测量解决了回溯测量受间隔时间影响的问题，也消除了同时测量法对被试者产生干扰的问题。

（3）基于作业绩效的测量：这种测量方法属于间接测量，利用任务表现来推测被试者的态势感知水平，如通过计算飞机偏离预定航向的值来评估态势感知。该方法的优点是客观、无干扰，且易于使用。研究表明高态势感知可能是良好绩效的必要条件，但不是充分条件（Endsley，2000）。因此，作业绩效测量的最大问题是，可能并不能真正反映被试者的态势感知水平。Endsley 将作业绩效测量分为 3 种类型（Endsley，1995）。整体测量法仅关注任务的整体绩效，因而存在诊断性和敏感性的问题。外部任务测量一般采用删除或改变显示器上的信息的方法，然后记录被试者在多长时间后才对信息的删除或改变出现反应。这种测量干扰性太强，再者即使意识到信息的变化，也不一定会马上表现出来。嵌任务测量通过评估次任务的表现来衡量态势感知，缺点是某方面态势感知高可能会导致另一方面态势感知低，因此为研究者提供的仅是部分与态势感知相关的信息。

（4）主观评定：主观评定基于被试者或观察者（主试）的意见来测量态势感知。主观评定法的优点是易于使用、成本也比较低，也比较实用，可用于模拟情境，也可用于实际的任务环境。主观评定有 3 种类型：自我直接评定、自我比较评定和观察者评定（Endsley，1995）。自我直接评定就是让被试者评定自己的态势感知，比如在 Likert 7 点量表上评定自己体验到的态势感知。自我比较评定要求被试者对不同的设计进行配对，让被试者主观地评定体验到的态势感知，如比较不同的座舱设计。该技术有两个潜在的不足：①它仅适用于被试者内设计的实验情境；②同所有的主观评定一样，不能保证被试者间评定的一致性。观察者评定要求无偏见且中立的观察者观察被试者的操作，评定操作者的态势感知水平。潜在的不足是，观察者不知道操作者是怎样理解情境的。

态势感知的测量存在效度及测量的敏感性、选择性、诊断性、干扰性及可靠性等问题，到目前为止，尚没有一种完全满足这些标准的技术。因此，在测量情境时，应尽可能同时使用多种测量方法，以确保同时效度。另外，态势感知所研究的领域属于复杂信息环境，在测量时，情境持续时间必须足够长，以便被试者能够适应测量环境。

2. 基于胜任特征标准

外军在军事人员的招募、安置和选拔方面，一直注重更新各种不同的测评手段以追求更高的预测效度。20 世纪末，外军开始研究军事人员的胜任特征。1995 年，

Widnall 首次把胜任特征的概念应用于美国空军，并归纳出空军的 6 项核心胜任特征：航空航天优势、全局攻击、快速的全球移动性、精确的作战技术、信息化优势和敏捷的战斗力（Widnall，1995）。法国学者 Kokorian（1999）初步构建了军事人员胜任特征模型，该模型包含 3 个维度：外在因素（任务条件、人员特征）、内在因素（沟通、控制、共同决策）和结果（与达到军事任务目标有关的 3 个阶段：准备阶段、执行阶段、完成阶段）。在军事任务的 3 个不同阶段，外在因素和内在因素共同影响军事人员的工作绩效。据此，Kokorian 编制了反映军事人员胜任特征模型结构的胜任特征问卷，该问卷现有英、法两个版本，共有 45 道题，每题 3 个选项，用于军事人员的选拔和绩效预测（Kokorian，1999）。美国西点军校的学员评估指标也是一套针对陆军军官和学员的胜任特征集，包括了事业心、管理、自律等 12 项胜任特征指标（Campbell，1990）。2003 年，美国空军部部长 Roche 在就职演说中提出了自己应具备的 3 个核心胜任特征：发展空军战士、空间战技术和联合军事行动能力（Krisinger，2003）。2004 年，Horey 等构建了美国陆军核心领导力胜任特征模型。该模型包括 8 个胜任特征群、55 个胜任特征要素及 200 多个代表这些胜任特征要素的行为事件。这 8 个胜任特征群分别为领导他人取得成功、以身示范合理的价值观和行为、创造一个积极的环境、促进相互理解、重视他人的发展、提升自己的领导能力、指挥成功的行动和扩大影响力（Horey，2004）。而后，Fallesen 和 Reichard 的研究表明，该模型具有较高的内容效度（Fallesen 等，2005）。2007 年，Horey 等验证了该模型的效标关联效度，胜任特征因素两两之间相关较高（$r=0.91 \sim 0.96$），且各胜任特征和胜任特征要素能较好地预测领导者未来的行为表现（Horey，2007）。随着信息化时代的到来和国际形势的变化，美国国防部的专家逐渐意识到美国现有的军事人才素质测评体系存在诸多缺点，测评手段和技术大都在冷战时期形成，难以适应当今复杂多变的军事形势和战争需要，缺乏对个体经验的关注；测评工具的灵敏度不高，不适用于军队的管理阶层等问题。因此，2005 年，美国国防部的四年防务评估报告提出，应该建立一个以胜任特征为基础的人才测评体系（Garwood，2005）。

近年来，国内研究者陆续引进国外先进的人员素质测评技术，结合军队工作特点，对初级军官、军校学员和飞行员等的胜任特征进行了探索性研究。苗丹民等采用文献回顾、工作分析法、德尔菲专家评判法和多级估量模糊集评判技术，编制《优秀初级军官心理品质调查表》，建立了初级军官胜任特征心理品质评价模型，结果表明个性品质、品行特质和能力倾向 3 个维度分别表征初级军官的胜任特征，该研究为初级军官选拔、评价提供了理论依据（苗丹民等，2004）。进一步的研究表明，不同职级军官、不同军兵种军官在胜任特征评价上有各自不同的特点和结构（苏景宽等，2004）。田建全等建立了事业心、组织计划能力、人际关系、书面交流能力、口头交流能力、聪慧与知识、情绪稳定性、军人仪表、决策、影响力和社交能力等，11 项指标构成的陆军学校学员胜任特征模型（田建全等，2004）。罗正学等对该模型进行验证性研究，结果表明，11 项指标对学员在学校和部队的工作表现均有较好的预测性，可以用于陆军学校学员的选拔和培训（罗正学，2004）。宋华淼等研究了军队疗养院领导干部的胜任特征（宋华淼等，2006）；建立了飞行员飞行职业胜任特征的指标体系（宋华淼等，2012），确定了 10 个指标为飞行职业胜任特征心理结构特征指标，分别属于心理动力、个性特质和心理能力结构，并采用同心圆设计了飞行职业胜任特征模型，最内核心为心理动力，是飞行绩效的动力之源；中圈为个性特质，可以作为飞行员选拔的指标；外圈为心理能力，是可以经过心理训练不断提升的特征指标。

3. 重视视觉空间能力

视觉空间能力对飞行技能的高预测效度一直受到关注，飞行员良好的空间认知技能和其成功率密切相关。良好的空间能力不但是飞行员飞行、巡航以及作战的需要，也使飞行员节省了心理能量而用于其他作业，降低了心理工作负荷和失误的发生概率。多年来，研究者致力于寻求对飞行职业非常重要的空间能力因子，用于飞行员的选拔测验和飞行训练。空间能力的传统研究领域证明了 3 个空间因素的存在：定向、视觉化和空间关系，飞行员在这 3 种空间能力上均表现出加工优势。定向是对视觉刺激排列的理解，以及在呈现的空间构形中能够在方向改变时保持正确判断的能力。视觉化是指表象性地控制、折叠、反转二维或三维图像的能力，主要表现为表象性控制能力。在职业特征上，从事与空间视觉化能力密切相关的人员比没有从事的人员视觉化能力衰退缓慢。空间关系能力是指想象一个物体经过空间转换后如何显现的能力。心理旋转是典型的空间关系测试，研究发现飞行员心理旋转优于常人。空间关系表征的是客体与客体之间或客体的部分与部分之间的相互关系。

空间定向能力是飞行技能中最核心的因素之一，对于高性能战斗机来说更是如此（于立身，1994）。高性能战斗机飞行中产生高加速度和高角加速度，两者联合作用，使飞行员发生空间定向障碍的概率显著增加。空间定向障碍是指个体对地球表面和垂直面相关方向认知的障碍，表现为对个体位置的不确切认识。定向障碍可以分为失定向和无定向两种类型。失定向是一种定向错觉，引起主体与客体定向的不相容，例如持续左转弯的飞行员认为自己在水平直飞。无定向指的是定向能力不足，例如在无结构地形上方（沙漠、平静的海面等）或者恶劣气象等条件飞行时，定向加工过程需要比平时更多的认知努力，此时易导致飞行员对定向线索注意不足。目前对空间定向障碍（飞行错觉）的研究，采取了多层次的研究路线，既注重生理和环境的特点，又重视从主观认知水平进行分析（游旭群等，1994）。是否存在空间定向障碍的易感性，是否一些飞行员比其他飞行员更加容易发生定向障碍，对这些问题的研究具有重要的理论和实践意义。如果定向障碍易感性存在，那么通过这一特性选拔高性能战斗机飞行员是非常理想的（Berson，1988a）。研究者针对定向障碍的影响因素展开研究，比如，对 242 名 F-16 战斗机飞行员进行普通动力学问卷调查，发现有 2% 的飞行员从来没有发生过定向障碍，大概 1/3 的飞行员很少发生，约 46% 的飞行员有时发生，12% 的飞行员经常发生，2% 的飞行员几乎总是发生定向障碍。对此的解释是，定向障碍易感性的差异与空间和非空间能力都有关系，空间能力包括加工定向信息与快速更新信息的能力、觉察定向差异的敏感性以及通过认知线索预测、构建自我定向的能力（Berson，1988b；Gillingham 等，1986）；非空间因素包括注意分配和仪表查对等（Green 等，1988）。

传统的空间能力测试是基于纸笔测验，因此其内容局限于静止客体（Egan，1981）。随着计算机技术的发展，对人类空间能力的测试越来越注重生态性（Griffin 等，1987；Pellegrion 等，1989）。动态空间能力是指判断一个运动的客体要到哪里去以及何时到达目的地，也就是客体以某种速度按照固定路径运动，个体估计时间、速度以及不同运动路径的交叉。动态空间能力测试比静止的空间能力测试更接近真实运动场景，更注重个体在变换情境中的实时处理能力。动态空间能力的研究集中于动态空间能力任务开发、个体差异研究、动态空间任务解决策略研究等领域（Jolicoeur 等，1989）。其中动态空间能力任务的开发是研究的难点，目前已取得了较为丰富的成果，例如相对到达时间任务、拦截判断任务、动态立方体心理旋转速度和难度测试、相遇控制任务等（Jorna，1989；Maja 等，2013）。另外，Contreras 等开发了空间定向动态测试（the Spatial Orientation Dynamic Test，SODT）和空间视觉化动态测试（the Spatial Visualization Dynamic Test，SVDT），并于后来进行了修正，形成 SODT-R 和 SVDT-R。高性能战斗机飞行员的选拔要侧重于动态空间能力的测评，测评中强调定向控制过程和对客体方向的即时掌握，需要应征者整体掌握动态刺激的当前运动状态和即将发生的运动状态。

4. 强化适应与应激调控

心理适应性研究有助于选拔抗应激能力较强的应征者从事高性能战斗机飞行工作。心理适应性主要是指能够保证人们有能力在特定时间使用特定技术、技能或通过学习完成军事任务的短期或长期的心理学因素，它包含了持久的心理学和生物学特征。宋华淼等在一项调查研究中发现，飞行员在飞行阶段的负性情绪反应较明显，其中有 67% 的飞行员感觉到麻木，44% 的飞行员感觉到焦虑，39% 的飞行员感觉到孤独，具体情况如图 10-4 所示，可见增强飞行员在不同应激条件下（如身体攻击、恶劣环境、睡眠剥夺、营养缺乏等）的心理适应性非常重要。良好的心理适应性能使人们产生与任务相关的态度、动机和目的以高效完成任务，并且能够充分发挥个人能力，合理使用技术技能。武国城等的研究认为考察军人心理适应性问题可从心理健康、冲动性、报复性和戒备心理等因素入手，他们编制了《军人心理适应性量表》，并对 713 名国庆 60 周年受阅部队官兵的心理状况进行测评，结果表明，《军人心理适应性量表》

能够比较全面地考察官兵的心理健康水平、心理特征、个性特点以及生活事件等状况，参加国庆阅兵的飞行学员方队比空降兵方队心理适应性更强。

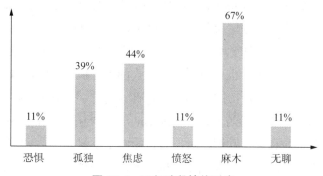

图 10-4 飞行阶段情绪反应

　　战斗机飞行员是应激最为严重的职业之一，优秀的飞行员必须能在飞行应激的状态下保持心理健康，并有效发挥个体的心理能量使工作绩效稳定在最佳水平。Grant等把应激定义为在一个特定的社会，威胁特定个体身体和心理健康的环境事件或持续状态（Grant，2003）。不同的应激对心理健康的影响不同，过度的应激容易导致身心障碍，但适度的应激能唤醒大脑皮层使之保持一定的觉醒水平，有助于注意的集中、正确地判断和果断地决策。那么，应激是怎样影响心理健康水平的呢？Folkman等认为相对于应激本身，个体的应激知觉与心理健康有更加密切的关系，他们强调对应激事件的解释和知觉影响心理健康，认为当应激事件经过个体的评估被判断为有威胁，并且感觉自己的应对资源不足以处理这些威胁和危害时，才会导致心理障碍（Folkman等，1980）。研究者强调应激知觉的作用，应激知觉是指生活中的各种刺激事件和不利因素对人在心理上所构成的困惑及威胁，表现为心身紧张和不适，代表个体的一种紧张和失控的状态。一般来说，个体体验到的应激知觉越大，就越容易出现焦虑、抑郁、强迫以及人际关系敏感等负性心理状态，应激知觉越大，心理健康水平越差，工作绩效也就受其影响。

　　国外关于应激知觉的测量工具发展迅速，Cohen等编制的应激知觉量表（PSS）广泛用于应激事件反应的测查。该量表有14个条目，分为两个维度：可控感和紧张感。主要测量个体对应激的感知程度，评估人们对生活中不可预知、不可控制或者超负荷的应激的觉察程度。该量表有令人满意的效度，其内部一致性信度和重测信度也同样令人满意（$\alpha=0.86$；$r=0.85$）（Cohen等，1983）。Herbert等编制的压力知觉问卷（The Perceived Stress Questionnaire，PSQ），主要测查个体对应激事件的压力知觉反应，共有20个条目，分为担忧、紧张、快乐、要求4个维度，该量表的内部一致性信度为0.85（Herbert，2005）。Suzanne的研究结果均显示，应激知觉与焦虑、抑郁、强迫症状、人际敏锐以及健康总分均呈显著正相关（Suzanne，2000）。除应激知觉外，Daud等认为心理应激能否导致心理、生理反应和影响心理健康，会受到应对方式的影响。应对方式是指个体在面对挫折和压力时所采用的认知和行为方式，又可称作应对策略或应对机制（Daud，2008）。Arulrajah 等的研究证实积极的应对方式影响个体对应激的感知，进而影响个体的心理健康水平（Arulrajah 等，2004）。

另外有研究表明，应激知觉和对应激的应对方式共同影响心理健康水平。应激知觉对心理障碍既有直接作用，也可通过应对方式的中介机制影响心理健康，其直接作用大于间接作用。应激的交互作用模型认为，应激 – 应对 – 结果（stress–coping–outcome）三者间有相互影响、相互制约的关系（Folkman 等，1980；Liyun，2016）。认知是决定应激反应的主要中介和直接动因，可以直接影响个体最后的心理健康，也可通过应对方式对心身健康产生影响。高性能战斗机飞行员的心理选拔可借鉴前人关于应激的研究成果，从心理适应性、应激知觉和对应激的应对方式等方面展开研究。

（三）改装高性能战斗机飞行员的心理选拔

高性能战斗机的飞行员是从低机种飞行员进行医学选拔和改装训练后，优中选优产生的。我国目前在飞行员改装高性能战斗机时，由原空军航空医学研究所承担了心理选拔任务。为确保改装顺利、安全、高效地进行，很有必要遵循发展的原则和系统性原则对拟飞新机种的飞行员建立标准化的心理选拔机制与模式。为此，已经着手研究新机种飞行员的心理选拔技术方法，有待形成成熟的应用性成果。

第十一章　无人机操作员心理选拔

无人机（RPA）是一支新型空中力量，也是未来各国空军重点发展的领域。未来发展中，为适应装备发展形势和任务日渐增多加重的需要，进一步加强 RPA 队伍建设，成为军事装备发展的一项重要工作，随之开展的 RPA 操作员选拔成为一项重要的工作任务。

第一节　无人机职业概况

RPA，即远程驾驶飞机（remotely piloted aircraft，RPA），是一种无人驾驶的飞行器，它代表着一种创新的作战技术。在今天的军事中，无人驾驶飞机系统在难以进入或被认为对载人飞机或地面人员来说过于"高风险"的地区，发挥着非常理想的行动和作战能力（Gertler，2012；U.S.Department of Defense，2011），并且已被用于包括情报收集、确定精确目标、地雷探测以及化学、生物、放射和核侦察等一系列任务。而且随着卫星通信系统和航空技术的新进展，可以每周 7 天全天候地为全球的军事行动提供支持（Chappelle W 等，2014）。未来 RPA 还将应用于货物运送补给、在敌人后方找到并疏散人员、空中加油和空对空作战（Gertler，2012）。RPA 在民用航空方面的应用也很有潜力，例如，环境成像、作物除尘、灾害援助和执法等（Williams KW，2007）。

一、操作 RPA 的人员组成

美军执行军事任务的 RPA 机组的核心成员通常是两个人，一人为 RPA 操作员，在控制台前负责 RPA 的飞行动作；另一人为传感器操作员，负责 RPA 的镜头、雷达和红外传感器的分析及操作。MQ-1 和 MQ-9 型 RPA 还包括一名任务情报协调员，RQ-4 型 RPA 则还有通讯员和任务规划员。通常，一部分 RPA 机组人员，参与飞机起飞到飞机起飞前（Tirpak，2010）的任务控制单元阶段，可以被称为内部操作员。另一部分操作员参与发射和回收单元阶段的飞机起飞和降落，被称为外部操作员。然而，随着系统自动化水平的提高，对外部操作员的需求正在被取消。例如，MQ-9 型 RPA 就具有自动着陆功能。

二、工作环境和工作活动

RPA 操作员所在的地面控制站是一个受控的环境，由提供给视觉和听觉的各种信息模块组成，视觉信息包括地形图和卫星图像的形、文本、数值信息以及载人飞机驾驶舱中的仪表或表盘的仪表板类似物，呈现在多个显示器上供操作员监视。听觉信息包括耳机、电子邮件和聊天功能，以及固定电话，通过通信设备与他人沟通。沟通方式可以是多个信息流，多个对话框，通过耳机与几个不同方面进行口头交流。

RPA 操作员经常会同时执行多个任务，这就意味着，有超过一个通道的信息需要注意和处理。同时接收到的资源数和信息量存在变化，其发生的频率和水平影响着多任务处理的绩效。信息载荷低强度水平时，RPA 操作员容易以一个相对缓慢的速度将注意力从一个显示器转移到另一个显示器上，即使一些信息没有注意也只会造成较少的负面影响。信息载荷高强度水平时，信息超载的情况使任务变得很难处理，容易发生高级别的差错（例如，保护友军失败或损失飞机）。在信息超载期间，RPA 操作员需要及时意识到任务饱和，并告诉其他人以获得帮助，这对任务的完成至关重要。

信息载荷中等强度水平比较常见情况是，当 RPA 忽然被通知不能在一个特定的空域继续飞行。这表明，有可能会有其他飞机群出现于该区域。此时，RPA 操作员必须联系空中交通控制员，要求移动到一个新的空域。这可能需要花费 20 分钟的时间搜索和沟通。另一个相当普遍的情况是，任务迅速改变，最常见的例子是友军受到进攻（或遇到路边炸弹），RPA 的机组人员会突然接收到爆炸式的信息量需要处理。联合终端攻击控制员会在当场呼叫援助，而在该地区的其他人通常也开始通过无线电交谈进行通信，例如，其他附近的地面部队和其他在该地区的飞机，以及受到攻击单位的军事指挥官。在这个紧张的时候，传感器操作员必须将精力集中保持在摄影机确定的目标上（目标可能是固定的或移动的），同时保持足够的态势感知，以帮助操作员将 RPA 保持在合适的位置，并警惕可能出现的问题（例如，与该地区的其他飞机的距离太近）。与此同时，RPA 操作员需要对该地区的其他飞机，以及可能开始发射武器的其他地面部队或战斗人员保持警惕。

三、RPA 机组的轮班制度

RPA 机组采用轮班制。在轮换开始时，RPA 机组人员接替之前机组的工作，一般是当 RPA 飞到了最终目的地或是在监视的区域盘旋，并且没有什么事情发生的时候轮换。在这段时间，机组必须监控：RPA 的状态；通信信息；可能与他们有关的无线电传输；空域的变化；以及其他航空器在同一或附近空域的运行情况。但当机组人员在夜班工作或疲劳时，这些工作就会变得特别困难。机组人员可以先做优先级较低的任务，如完成飞行日志或其他行政文件。

四、RPA 操作员的职责

RPA 操作员的一般职责是执行基于手动和计算机化的任务，操纵飞行、识别有效信息、监视、瞄准、武器部署和战损评估。具体职责包括但不限于以下几点：

（1）按照参与的一体化作战司令部和战区规则执行飞行前和飞行任务规划活动；

（2）理解友军和敌军航空部队在战术、技术和战斗上的作战规则；

（3）接收、解释、提取和传达有关航空任务空域的管制命令和信息；

（4）确保控制飞机机身和配套的地面控制站系统有效运行；

（5）执行检查单并在飞机发射和回收操作期间监控系统控制；

（6）驾驶飞机途中在进入涉及国家利益的空域时，与交通管制以及其他飞机和机组进行协调；

（7）操纵飞机在目标和感兴趣地区收集监视和侦察数据；

（8）操纵飞机到战略位置作为武器部署（例如，近距离空中支援地面部队）；

（9）协助空中导航、作战规则整合、消防规划、并确定有效的武器控制和投递策略来实现任务目标；

（10）接收武器投放的目标简报及进行战损评估；

（11）对于目标图像、友军和敌军的战斗命令，以及来自各种来源的攻防保持态势感知能力；

（12）收集目标信息，定位武装力量，并确定敌方意图和可能的战术。

五、操作 RPA 的工作情境

RPA 操作员通常是轮班工作，可能需要整晚工作或（和）长时间轮班。团队合作非常重要，但轮班时的核心机组（飞行操作员、任务操作员和任务规划员）人数很少。RPA 操作员可能会经历数小时的低水平活动，要求他们自律并保持警惕，同时穿插着如同"从消防栓里饮水"一样紧张的活动。在履行职责时，机组成员们没有任何身体上的危险。然而，他们确实体验到了战斗带来的影响，例如，目睹一个盟军单位被敌方攻击。虽然许多 RPA 操作员能够在轮班后回家，但他们可能会自愿或被分配到远离住所的临时工作地点，或被部署到世界其他地区。他们的工作是保密的，所以不允许他们与家人或朋友公开谈论他们在任务或飞行中发生的任何情况。通过描述大多数 RPA 操作员工作环境中的工作背景因素，可以体现这一职业领域的独特性：

（1）做出可能对别人生活显著影响的决定；

（2）提供保护友军的机会，使自身的危险最小化；

（3）一份需要向他人提供负面情况反馈的工作；

（4）涉及侦察和监视的工作；

（5）与他人在一定距离或非面对面的工作（例如通过谈话、电子邮件或无线电）；

（6）要求在面对冲突或模棱两可的方向、命令或优先事项时采取行动；

（7）其他人将会观察或监视自己的工作；

（8）对任务的成功有直接、立即和明显的影响；

（9）不允许向家人或朋友谈论工作；

（10）即使很少有事发生，也要长时间保持高度警惕和高度关注；

（11）作为团队的一部分（而不是单独完成任务）完成任务；

（12）工作涉及处理困难、高压力、紧急情况；

（13）在精神上具有挑战性的工作；

（14）当被授权时可对敌方目标采取致命打击；

（15）可能会影响战斗行动的成功，而无需冒受伤的风险；

（16）同时执行多项任务；

（17）长时间工作（例如，每周 60～80 小时）；

（18）与尖端飞机技术合作；

（19）工作可以很快从枯燥和常规状态转变为非常紧张和充满压力状态；

（20）工作轮班制；

（21）没有权力说服或影响别人（例如，高级别领导）；

（22）能够体验飞行，但不经历伴随而来的身体挑战（例如，载荷或低氧水平）；

（23）大部分的工作班次在一个没有窗户的房间内进行，查看多个电脑显示器；

（24）在显著的时间压力下完成工作；

（25）执行可能严重伤害或杀害他人的行为；

（26）应对频繁的危机或紧急情况；

（27）进行工作时需要记住很多的细节或程序。

第二节 无人机发展及对操作员的要求

RPA 操作员的工作特点和职责要求他们必须在视觉上区分和综合呈现在多个显示器上的各种图像和复杂数据，同时对维持的态势和空间感知所必需的众多视听觉信息保持高度警惕。RPA 操作员还必须处理视觉空间的二维输入，除了持续对多来源通道的视觉和听觉输入保持警觉之外，还要为操纵飞机而进行数值计算。另外，除了需要留意计算机系统上不同的程序清单和流程外，还要从屏幕上把二维信息转换成空间影像。尽管有许多自动化操作功能，但在许多情况下，RPA 操作员必须手动操纵飞机（例如，武器战略部署、定位监控、避免恶劣天气、在设备或系统故障期间控制飞机等）。值得注意的是，RPA操作员的工作中特征，特别是给其带来消极影响的工作特征，都是对RPA操作员一种重要的考验。因此，RPA操作员在密闭环境中参与战术和技术的具体规则、能够胜任职业需求时，更需要足够的认知能力和心理健康水平。

一、RPA操作员的选拔需求

尽管技术和自动化方面不断改进，但RPA并不会自行飞行，而且是需要熟练的RPA操作员。另一方面，对RPA系统的军事和民用应用的需求在世界范围内迅速增长（Dillingham，2012；Gertler，2012）。美国国防部计划从2015—2019年将RPA作战空中巡逻增加50%（Everstine，2015）。此外，通过将区域行动纳入国家空域系统，美国将在农业和公共安全等各行业中创造100 000多个新的RPA工作岗位（Jenkins等，2013）。

由此可见，RPA已经成为情报、监视、侦察和近距离空中支援行动的关键角色，为这种飞机有效选拔候选人对于成功完成训练和作战表现至关重要。但究竟应该由什么样的人来操作，需要我们提出具体的能力选拔标准。

二、RPA操作员心理健康需求

2013年初，美五角大楼一份调查报告显示，约30%RPA操作员厌倦工作，其中17%已经达到临床心理学界定的焦虑症标准。2014年8月，美空军航空航天医学院对近1 000名美空军RPA操作员进行问卷调查，发现4.3%的人员患有中度到重度的"创伤后应激障碍"症，从海外部署回国后被诊断出有该症状的人员比例为10%～18%，而美国精神病协会公布的普通人患此症状的比例为8.7%。调查还发现，操作RPA超过25个月或每周工作超过51小时的人精力分散，比其他人更易患上"创伤后应激障碍"症。为此，美空军在全球RPA操控中心克里奇空军基地配有一名持有绝密级安全许可证的牧师，为有问题的操作员提供建议，提前介入干预，有效降低RPA操作员的患病率。

由此可见，RPA操作员心理健康需求标准更高，更需要全面心理健康检查，才能满足RPA部队人力资源需求。

第三节　无人机操作员的选拔方式

一、RPA操作员的来源

美国空军最初是从现役操作员和操作员本科专业培训（specialized undergraduate

pilot training，SUPT）即将毕业的学员中，找出具备有关交叉培训经历的人员参加 RPA 操作员培训。可以说，美国空军 RPA 操作员是经过中级飞行培训和高空、远程、监视和侦察机培训（HQ AFPC/DPSIDC，2011a）。由于传感器操作员也是职业操作员，与 RPA 操作员并肩工作，在飞机使用的各个方面向 RPA 操作员提供协助以及传感器系统管理，以获取、跟踪和监视机载、海上和地面目标（HQ AFPC/DPSIDC，2011b），因此两类人员可以完全交叉和互换（Howse，2011）。但这种方法是不可持续的，因为它既会减少可用于载人飞机的人员数量，又无法真正满足日益增长的 RPA 操作员需求。

目前，美军中提出有另外两种可能的方法，可以同时满足载人和 RPA 操作员数量要求。一是通过 SUPT 培训更多的载人机操作员，然后分配一部分人员进行 RPA 培训。但该方法被学界认为不可行，因为载人机操作员培养费用昂贵，并且 SUPT 渠道容量有限。二是确定经验较少的操作员是否可以培养成为 RPA 操作员。为此，有研究开始探讨飞行经验对于学习 RPA 控制的影响。结果显示，具备 150～200 小时近期飞行经验便足以学习 RPA 的杆－舵任务。如果可以提供等价于参与重要军事行动所需要的作战行动的关键知识，T-38 教练机的毕业生或民用航空仪器操作员均可以成为 RPA 操作员的生源。另一项研究显示，视频游戏玩家在有关视觉捕捉、识别和目标追踪的认知任务上的表现要优于操作员（McKinley 等，2011）。提示视频游戏玩家从视频游戏中学到的认知技能可能会转移到新环境中，并提高 RPA 操控任务能力，超过那些无视频游戏经验者。尽管目前美军在 RPA 操作员的选拔上尚无统一标准，除空军在现役操作员中进行选拔，海军和海军陆战队的 RPA 操作员只需有私人操作员执照，但总体的趋势认为 RPA 操作员仍需在有飞行经验的操作员中选拔，并且优先有视频游戏经验者。

二、RPA 操作员的选拔方法

2009 年，为了满足对 RPA 操作员的需求，美国空军创立了 RPA 职业领域，并开设了本科 RPA 培训（undergraduate RPA training，URT）课程。URT 的选拔方法与载人飞机操作员培训（SUPT）的选拔方法非常相似，包含两个重要因素，即相同的能力倾向测试和略低于 SUPT 标准的医学检查（例如，未校正的视力要求）。正在探索的第三个因素是人格测试，但这些测试尚未在美国空军军官或机组人员的选拔中实际使用。载人机飞行员和 RPA 操作员培训任务的竞争也非常激烈，进入 URT 培训的学员的能力倾向测试分数大大低于参加 SUPT 培训的学员（Carretta，2013）。

（一）医学选拔

医学检查包括联邦航空管理局三级医疗证书和美国空军飞行三级体检、体检记录检查、心理测试和面谈。心理测试和面试的结果不作为一个严格的排位分数。相反，有执照的心理学家使用临床判断对 URT 申请人的心理倾向进行评估，以确定是否存在符合美国空军规定的丧失资格情况。

（二）心理能力选拔

能力倾向测试包括候选空军军官资格测试（air force officer qualifying test，AFOQT）（Drasgow 等，2010）、基本航空技能测试（test of basic aviation skills，TBAS）（Carretta，2005）和操作员候选人选拔方法（pilot candidate selection method，PCSM）（Carretta，2011）三方面中的内容。PCSM 是美空军自 1993 年开始使用的操作员能力的选拔测试。组成 PCSM 的三部分为 AFOQT、TBAS 以及总飞行时间。三部分的得分相加产生 PCSM 总分数（针对不同阶段和级别选用）。其中，AFOQT 与 TBAS 相结合是用于空军飞行人员选拔的核心内容。AFOQT 是用于个人能力倾向选拔的测试（aptitude measure），TBAS 是用于心理活动、认知、短期记忆及多任务能力等方面的测验（张凌等，2012）。人格测试包括自我描述清单（self-description inventory，SDI+）（Manley，2011），是一个实验性的 AFOQT 子测试，用于操作员和其他军官候选人大五人格方面的测量。

传感器操作员的选拔主要基于军事职业能力倾向测验（Armed Services Vocational Aptitude Battery，ASVAB)的表现，其中包括语言、数学、技术知识和空间等 9 项子测试。一般入伍申请人进入空军需要进行 ASVAB 的口头 / 数学综合考试（即军事职业资格考试），而申请传感器操作员培训资格则是基于技术知识（如电子信息）和语言 / 数学能力的测试分数。

通过选拔测试后，RPA 操作学员将进入 URT 课程学习。URT 由三阶段组成。① RPA 初始飞行筛查（intial flight screening，IFS）课程：新学员首先参加 IFS，以掌握航空技术。该课程会为准备进行 SUPT、本科战斗系统军官培训和 URT 的美国空军学员提供地面教学和飞行训练。RAP IFS（RPA IFS，RFS）课程的目的是提供操作员必备的航空基础技能，与操作员和战斗系统军官的 IFS 课程相比，RFS 课程有更多动手操作的飞行时数（超过 7 周，39.3 小时）和架次，并且更注重有关训练。RFS 还包括 3 小时的模拟仪表飞行和仪表飞行规则笔试。② RPA 仪器资格（RPA instrument qualification，RIQ）课程：需要约 2.5 个月，包括纯理论学习（162 小时）和 T-6 模拟器上的训练（38 次模拟，48 小时）。③ RPA 基础课程：大约需要 4 周，包括侧重于战术和作战行动、武器、威胁以及传感器的理论学习（110 小时）。而几乎所有 URT 的人员淘汰都是发生在 IFS 课程阶段，提示掌握航空技能所需的认知能力可能是鉴别是否适合 RPA 职业的选拔指标（Carretta，2013）。

经过多年跟踪调查，已经证明 PCSM 对 SUPT 有预测性，因为其测量了与飞行有关的认知能力、航空工作知识 / 经验以及心理运动能力（Carretta，2013）。目前，已有研究着手分析 AFOQT 和 PCSM 对于 URT 的预测性，而 TBAS 仅作为 PCSM 的一部分计算，不单独算分。结果显示，虽然 AFOQT 操作员版和 PCSM 都不是为 RPA 培训特别设计的测试，但它们均可以预测 URT 的最终结果。与 AFOQT 操作员版相比，PCSM 具有更好的预测性。

第四节　无人机操作员选拔研究

一、工作分析

工作分析，就是通过研究发现当前选拔程序中所要测量的构成指标，就可以提高选拔的有效性（Chappelle 等，2010；Kalita 等，2008a；Tvaryanas，2006）。因此，学者一直在探索研究完成这种特定工作所需任务的"必要品质"（即认知能力、人格特征和动机）的特征，从而用于指导 RPA 操作员的选拔过程。

（一）20 世纪 70 年代研究

早在 20 世纪 70 年代，一些研究已经检查了 RPA 的工作需求，以及执行这些需求所必备的关键技能、能力和其他特性（skills，abilities，and other characteristics，SAOCs）。例如，美国陆军行为和社会科学研究所对 RPA 机组成员进行了个别结构化访谈，作为确定 RPA 操作员选拔标准研究项目的一部分。结果显示，RPA 操作员和传感器操作员的工作都需要同等或高于平均水平的"手眼协调""语言沟通技巧""逻辑能力和耐心"等特征，但对"色觉""耐力""听力"和"体力"水平要求较低。此外，两者具有明显的人格特征上的差异。RPA 操作员喜欢该职位的"逻辑""计划"和"顺序"步骤，而传感器操作员更喜欢与任务相关的兴奋、不确定性和不可预测性。

（二）20 世纪 90 年代研究

20 世纪 90 年代进行的一项研究证明了 RPA 系统特定人员选拔测试的可行性（Biggerstaff 等，1998）。这项研究使用工作分析来确定 RQ-2 型 RPA 外部操作员的必备心理特征，开发了计算机化测验来测量相关特征，并利用该机型的外部操作学员进行了初步的预测有效性研究。所确定的关键工作相关特征包括：心理反转 / 旋转、时间 / 距离估计、手眼协调、选择性听觉注意以及心理运动和视觉多任务处理。

（三）美国海军陆军近十年来的研究

2009 年美国海军又发起了大规模多平台、多岗位的 RPA 工作分析（Arnold 等，2011），获得一个 67 个心理特征清单，包括广泛的认知、感觉、心理运动、人格和动机特征。工作分析调查问卷最终由 79 个 RPA 专家完成，涉及一系列 RPA 系统（Mangos 等，2012）。在一个小样本的初步分析中，与团队合作和沟通能力相关的特征，以及决策能力，都是评级最高的特征之一。人格特征，特别是与责任心相关的性格特征，也受到高度评价。虽然在 67 个特征中包括了一些与心理运动有关的技能和能力，但没有一个被高度评价，许多的评分甚至非常低。研究还认为，在不同的机组位置或不同的 RPA 平台之间，特征要求会有很大差异，因此开发适合不同飞行器或机组岗位的系列测试是有必要的。

美国陆军则进行了下一代军用 RPA 操作员的工作分析（Barnes 等，2000）。这项研究是面向未来的需求，主要集中在 RPA 操作员以及 RPA 机组中的图像和情报专家。工作分析使用工作评估软件系统（Job Assessment Software System，JASS）来探索对 RPA 操作人员相对重要的技能和能力以及人员替代方案。JASS 结构将能力分为 8 个更广泛的领域：沟通、概念、推理、速度负荷、视觉、听力、心理运动和大肌肉运动。评级表明，RPA 操作员认为沟通是最重要的，其次是概念和推理。视力、听力和大肌肉运动重要性评分相对较低。RPA 外部操作员的最高评分是概念、视觉和心理运动。这项研究没有找到合适的 RPA 操作员替换人员方案，而是指出发展培训方案是适应 RPA 设计变化的最佳方法。同时不建议将图像或情报分析人员引入 RPA 机组人员队伍，而是建议对现有人员进行任务相关技能的培训。

（四）美军针对 MQ-1 和 MQ-9 机型的研究

Chappelle 等（2011）对 MQ-1 和 MQ-9 进行了工作分析，共有 82 名专家（例如 RPA 指挥官、操作员、传感器操作员和情报协调员以及培训教员）就被认为对获得 MQ-1/MQ-9 操作员技能和适应作业环境至关重要的心理特征提供了意见。研究人员对专家访谈的结果进行了分析、组织和整合，形成了一个理论的、多维的特征结构。关键的心理特征结构由以下 4 个部分组成：①认知能力（例如信息处理速度和准确性，视觉-知觉识别、跟踪和分析，对视觉/听觉信息的持续和单独关注，空间处理，工作、即时和长期的视觉/听觉记忆，实时演绎推理，心理运动反应时间）；②内在的人格特质（例如情绪稳定、复原力、自我确定、尽责性、毅力、成功导向、果断和适应能力）；③人际间的人格特质（例如，交流、谦逊、外向、团队导向和判断）；④动机（例如，对拯救生命的道德和职业兴趣以及作为军官的责任感）（Chappelled 等，2011）。

（五）美军采用 O*NET 进行的研究

Paullin 等（2011）则采用美国劳工部的职业信息网络（Occupational Information Network，O*NET）作为可以区分和衡量个体差异构成的框架，来整合专家根据自己的组织结构描述的 SAOCs。O*NET 是美国劳工部开发的综合系统，为 1 000 多个职业提供信息。这些信息保存在一个综合数据库中，该数据库是为取代职业词典而建立的（U.S. Department of Labor，1991）。这种分类是按层次组织，并基于数十年来在能力、技能、人格特征（在 O*NET 框架中称为工作风格）和工作环境因素等领域进行的分类研究。O*NET 内容模型包含 4 种类型的描述：工作导向、任职者导向、跨职业、特定职业。反过来，这些描述符被分类到图 11-1 所示的 6 个框架中。但该研究仅专注于进入 RPA 职业领域所需呈现的特征，即入门级的要求。还涉及了"工作环境"，因为 RPA 的工作环境关系到几个显著且相当独特的背景因素，包括到偏远地区进行飞行作战任务，以及在没有载人飞行的物理和生理特征的情况下，经历了与载人机飞行大致相同的情感压力。

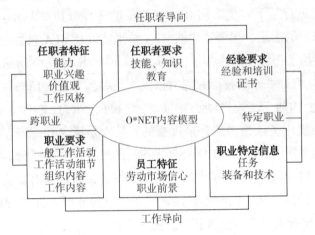

图 11-1　O*NET 内容模型示意图

研究将列在各种报告中的 SAOCs 置入 O*NET 内容模型。每个所选 SAOCs 都是在进行 RPA 操作员和 / 或传感器操作员的工作，或一个相似的工作（例如，载人飞机操作员）时发挥重要作用。接下来，邀请了解美国空军 RPA 操作员和传感器操作员工作的专家审查特征清单。他们均有筛选载人飞机飞行员和 RPA 操作员、为 RPA 操作员和传感器操作员开发和提供培训、建立 RPA 职业领域以及发展 RPA 训练模拟器的经验。一些专家也有操作 RPA 的经验，他们通过评价 SAOCs 清单，确定区分无人和载人飞机，或区分 RPA 操作员和传感器操作员的 SAOCs。评审结果见表 11-1，列出的 SAOCs 被判定在 RPA 操作员和传感器操作员工作中发挥重要作用。值得注意的是，就基本的 SAOCs 要求而言，专家认为两种岗位工作之间没有任何显著差异。

表 11-1　RPA 操作员和传感器操作员的关键心理特征

类型	特征	定义
工作风格	主动性	启动任务或职责，即使是困难的，没有过多的拖沓；独立工作，无需经常监督就能完成工作；认为完成工作是个人责任
	坚定自信	在适当的时候大胆表态并提出建议或意见，即使其他人可能没有做出反应
	合作性	对同事和蔼并表现良好且合作的态度
	果断性 / 决策力	根据现有信息迅速做出正确的决定
	自我控制	保持冷静，保持情绪的稳定，即使在困难的情况下；在出错或目睹令人情绪不安的事件之后迅速重新关注首要任务

续表

类型	特征	定义
工作风格	抗逆性/压力耐受	保持镇静，分析形势，采取适当行动，并在高负荷、时间压力或其他紧张的情况下进行快速、准确的决策
	适应性	能够在形势变化或突发事件中顺利自我调整；灵活地改变行动以应对不断变化的任务
工作能力	口语理解	理解口头提出各种条件信息的能力，包括在多方正在交流的情况或在压力条件下
	阅读理解	阅读并理解书面形式表达的信息和观点的能力
	口头表达	在讲话中传达信息和思想的能力，并使其他人能够理解；使用标准的代码，以口头传达信息的能力
	演绎推理	运用一般规律解决具体问题的能力
	归纳推理	从零散的信息中整理出一般规律或结论的能力（包括发现表面看上去不相关的事物之间联系的能力）
	信息整理	根据给定的规则将事物排序的能力（例如，数字、字母、单词、图片、数字运算的模式）
	数字能力	能够快速准确地识别和处理数字，包括使用外部辅助工具进行基本的数学运算（如计算器）
	工作记忆	在处理其他信息时，暂时把信息储存在记忆中的能力
	整合信息的速度	能快速理解、整合、组织信息使之成为有意义的模式的能力
	整合信息的灵活性	从干扰材料中识别隐藏的信息模式（图形、物体、单词或声音）的能力
	任务优先级	按照重要性的顺序，执行多项任务；并当优先级改变时，要对任务进行直接关注（例如，突发事件）的能力
	选择注意	在分心或重复的条件下，在一个任务上保持高水平专心的能力；尽管中断，仍保持注意力集中的能力
	时间分配	在不同的任务中灵活地切换注意力；处理多个、潜在冲突的信息来源的能力
	知觉速度	快速准确地比较字母、数字、物体、图片或图案的相似性和差异性。这些被比较的东西出现在同一时间或一个接一个的情况下。这个能力还包括将呈现的对象与记忆中的对象进行比较
工作能力	空间定向	了解某人在环境中的位置，或者知道其他的对象与自己位置的关系的能力

类型	特征	定义
工作能力	可视化	想象一个物体被移动或部分被移动或重新排列后，会是什么样子的能力
	模式识别	识别或检测已知图像（例如，数字代码）；快速把不同的信息碎片组合成一个有意义图像的能力
	态势感知	在动态环境中跟踪不断变化的信息和事件的能力，并评估其对任务的影响
	精确控制	快速准确地控制机器、车辆或设备（例如，操纵杆）的运动；做出精细、精的动作或调整的能力
	速度控制	控制自己的运动或设备以跟踪物体或场景的速度 / 方向
技能	批判性思维	熟练运用逻辑和推理方法，找出解决问题的方法、结论和方法的优点和缺点
	解决复杂问题	辨识复杂的问题，评估有关信息，从而建立和评价可供选择方案的优劣，并实施解决方案
	判断与决策	考虑行动计划的相对成本和收益，选择最适合的方案
	团队合作	善于与团队合作，完成团队目标；共享信息，以确保任务和情况的共享理解；根据需要协助团队成员，以确保任务成功

（六）我国 RPA 操作员选拔研究应用

随着 RPA 在军事领域应用的快速增长，我军 RPA 操作员的需求量不断增加。因此，如何选拔 RPA 操作员，已经成为建立一支高素质 RPA 操控人才队伍所面临的重要议题。为此，宋华森等（2018）通过开展 RPA 操作对心理品质的需求论证研究，明确 RPA 操作员的心理特征要素，分析现有 RPA 操作员的心理情况，为提出适合该职业的心理选拔方法提供了科学依据。

他们采用工作分析的方法，基于以往研究中编制的"空军飞行职业工作分析问卷"，根据 RPA 操作员的工作环境和工作活动特点，从中提炼可能需要的心理特征，进行修订后形成"RPA 操作员职业工作分析问卷"，对我军现役 RPA 操作员进行调查。通过 5 级肯定性重要度估量模糊集原则，筛选出评价 RPA 操作员最重要的心理品质；再将所得评价指标进行探索性因素分析，按照形成的维度结构予以指标归类。最终构建出 RPA 操作员胜任特征模型，确定分别属于心理动力、个性特质和心理能力的 16 项二级指标，构成 RPA 操作员胜任特征心理结构指标体系（图 11-2）。

为进一步了解 RPA 操作员心理特征需求的特点，结合以往对于载人机操作员心理特征的调查结果，比较载人机操作员在 RPA 操作员心理特征上的重要度评价。结

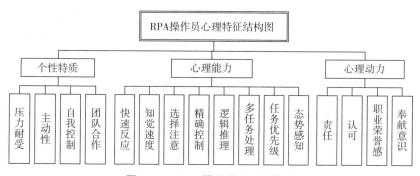

图 11-2　RPA 操作员心理结构图

果显示，RPA 操作员有 8 项指标与载人机操作员一样，属于重要程度最高的心理特征，包括责任、奉献意识、压力耐受、自我控制、主动性、团队合作、选择注意和态势感知。而职业荣誉感、认可、逻辑推理、选择注意和知觉速度 5 项指标在载人机操作员中属于重要度等级稍低的心理特征，精确控制、多任务处理和任务优先级 3 项指标则是 RPA 操作员较为独特的岗位特征。由此可见，RPA 操作员的非认知能力方面，基本与载人机操作员的特点相似。而出现差异的职业荣誉感和认可指标属于心理动力结构特点，这与 RPA 部队刚刚组建，职业定位和各机制尚未完善的现状有关，RPA 操作员从事这份事业的动力是国家赋予的使命，并且希望在工作中得到认可。在以往的研究中，载人机操作员的心理动力更倾向于挑战自我和社会地位。在认知能力方面，载人机操作员仅在快速反应和态势感知指标的重要度等级上与 RPA 操作员相同，体现了驾驶/操作不同机种所需心理能力的侧重点不同。这些更加突出的心理特征为今后 RPA 操作员的专业培训和服务保障提供了方向。

目前我军 RPA 操作员的来源为现役操作员和飞行学员，这些候选人都经过了招飞心理选拔测评系统的筛选，涉及飞行基本能力、情绪稳定性、个性特征、成就动机和心理运动能力等。并且在空军各飞行学院进行过飞行培训，甚至进入飞行部队有过飞行经验，在一定程度上具备了操作员应有的基本心理品质，包括操控能力、记忆能力、思维判断能力、注意能力、态势感知能力等，与研究得出的 RPA 操作员心理能力结构相似。

与现役 RPA 操作员的访谈结果也显示，他们认为在基本能力上载人机和 RPA 要求一致，没有很明显的区分，一些在操作 RPA 中需要更加偏重的能力可以经过培训进一步提高。此外，在访谈中还发现 RPA 操作员会面临很多心理问题。一是存在心理冲击，在操作 RPA 进行活体目标攻击时，感到心理冲击。随着 RPA 部队的发展，在今后参加作战过程中，激烈的战场环境及视频中的实战暴露场景，必然会对 RPA 操作员的心理造成影响。二是工作、生活压力大，因任务需要，会存在连续飞行时间过长的情况，对于精力集中挑战性很大，不能有效保证任务的完成。另外，封闭的部队大环境以及地面站环境，容易造成心理状态失衡。

因此，对于这些 RPA 操作员较为突出的心理品质，可以根据我军的实际情况，在后续的工作中建立相关的测试方法或调整现有测试方法中的权重，以更加贴合 RPA 部队的需求。同时，相对于稳定的认知能力水平，操作员的心理健康状况会由于疲劳、生活事件、工作压力等诸多因素发生变化。因此，在 RPA 操作员的心理选拔上，还应该注重检测候选人的心理健康水平，为以后的飞行任务和训练创造比较好的基础。经过论证，确定明尼苏达多项人格测验（MMPI）可以作为心理健康的检测方法，并已纳入《空军 RPA 飞行操控人员体格检查标准》，将在今后的 RPA 操作员的选拔、评估和鉴定中进行应用。

二、RPA 操作员心理选拔

RPA 操作员和载人机操作员在心理选拔指标上究竟是否该有区别，还是相同办法？有一些不同的观点。

（一）RPA 操作员心理选拔存在两种不同的选拔观点

通常认为 RPA 驾驶与载人机驾驶有着根本的不同，需要不同的能力类型或个人特质。例如，RPA 操作员经常被描绘成"被美化的电子游戏玩家"（Roughton，2015），他们"坐在有着安全物理距离的躺椅上，距离伤害数千英里"。"参与这种'虚拟战争'的士兵们对局势的感知程度较低，情感上较为超然。"另一种观点认为，驾驶 RPA 可能更具有挑战性，因为没有一些感觉，也没有从载人飞机飞行中获得的直觉，这使得 RPA 操作员通常都需要有载人飞机经验（Tvaryanas，2006）。虽然自 2009 年以来美国空军为 RPA 操作员提供了一个单独的、专门的职业领域，但该职业领域未能准确地预先筛选并获得最适合驾驶 RPA 的操作员，这导致 RPA 飞行筛查期间的淘汰率比传统操作员高 3 倍（Hoagland，2013）。而且其训练课程的设计与载人机驾驶训练密切相关。因此，迄今为止几乎所有 RPA 操作员的淘汰都是由于驾驶载人飞机训练失败。即使是后续的训练也是以传统的载人飞机模拟器为基础的。

由此可见，美军 RPA 操作员培训实际上需要载人飞机飞行，所以认为用于预测载人飞机操作员培训成功的选拔方法也将预测 RPA 操作员培训的成功。事实上，研究也证实，预测美国空军载人飞机操作员培训成功的相同操作员选拔标准（知识、能力和特质），对 RPA 操作员培训的预测效度类似（Carretta，2013；Rose 等，2014）。例如，对 139 名 RPA 操作学员进行的一项研究（Carretta，2013）发现，URT 的完成情况与 AFOQT 操作员版的分数（数学、航空知识、空间、知觉速度）的相关系数为 0.38，与 PCSM 分数（AFOQT 操作员版、TBAS 心理运动/空间评估、飞行经验）的相关系数为 0.48。URT 学员的总失败率为 25.2%。PCSM 分数在 25% 或以下的学员的失败率为 52.2%。PCSM 分数在 75% 或以上的学员失败率只有 7.8%。

（二）依据 RPA 需求特征的能力选拔

上文已经提到，RPA 操作员工作表现需要有与驾驶载人飞机不同的能力或个性特征，或是选拔标准。例如，因为 RPA 操作员不会面临身体伤害的压力，其情绪稳定性可能会低于载人机操作员的表现；由于 RPA 操作员被剥夺了许多在载人飞机中可用的感官线索，空间能力可能会比传统操作员更能预测 RPA 操作员的表现。因此，为了保持和提升 RPA 的战斗水平，需要采取一些新的选拔方法并评估其有效性，为将来改进选拔方案提供依据。

1. 认知能力选拔的重要指标

2007 年，美国为陆军 RPA 操作员和传感器操作员开发了一个基于计算机网络管理的选拔测试系统（Bruskiewicz 等，2007）。

系统的开发始于工作分析问卷，该问卷将最高评级的特征确定为"态势感知""团队协作""沟通""在狭小空间中工作""口头理解""警戒""自律""适应性"。得分最低的特征是身体条件、兴奋寻求、风险容忍度、书面交流和数学能力。整个测试系统被认为可以评估 49 个关键特征中的 35 个，同时维持合理的测试实施时间（少于 2 小时）。陆军 RPA 系统培训的 20 名学员参加了该雏形测试系统的初步试验，结果测试项目基本达到心理测量学标准。

2. 知识检测包含动机水平指标

选拔系统没有考虑知识特征，因为假定特定知识是在培训过程中获得的，而不是预期即将到来的受训人员所掌握的知识。但有研究发现将航空知识加入选拔方法中可以更好地预测 RPA 操作员的工作表现。由于航空知识测试是在培训前进行的，它可能在一定程度上作为航空方面普遍兴趣和动机的一个指标。因此，对 RPA 职业有很高动力的个人将积极寻求学习航空知识的机会，并投入时间为考试做准备。另一个原因是，考虑到 RPA 操作员面临的额外压力源，以高水平的兴趣和动力进入 RPA 职业领域可能特别重要（Paullin 等，2011；Government Accountability Office，2014）。因为亲身体验飞行的机会（例如，飞机振动、拉动"GS"）可能会维持载人飞机飞行的动力，但在无窗房间执行任务则可能会降低 RPA 操作员的初始动力水平。

3. 基于 SAOCs 的两种指标选拔方案

另一项寻找合适的 RPA 操作员和传感器操作员选拔方法的研究中，Paullin 等（2011）根据工作分析的结果，为尽可能多的关键 SAOCs 确定了"最佳"测试方法和备用方法，然后针对每个岗位推荐入门级的选拔方法，并创建了两个方案。这些方案最大限度地利用现有的选拔工具和程序，并将现有的一些甄选工具替换为已被证明有一定可靠性和有效性的其他工具（表 11-2）。

可以看出，表 11-2 包括了研究制订的两个新测试方法，以解决现有方法的测量差距。第一种是时间分配能力测试，它涉及同时执行多项任务，但不是将认知处理任务与心理运动任务配对，而是由4项任务组成：记忆任务（屏幕左上方）、基本数学技能任务（屏幕右上方）、视觉监控任务（屏幕左下方）、听力任务（屏幕右下方）。这一方法可以在现有的基本航空技能测试（TBAS）平台上进行实施，并具有模块化的编程基础，为今后的研究和适应提供了很大的灵活性。第二个测试方法是RPA的人－环境（person-environment，P-E）适合清单。该工具最适合用于自我评估，可以帮助候选人确定RPA的工作环境是否适合他们的工作偏好。也可以为招聘人员提供一个机会，以便在加入之前与候选人讨论RPA职业领域的话题。

表11-2　RPA操作员和SAOCs选拔方法的建议

方案1：RPA操作员	该方案覆盖的关键SAOCs
· AFOQT 　– 算术推理；表格读数；分段计数；旋转方块；隐藏数字；SDI+ · TBAS 　– 在TBAS平台上实施的分时能力新方法 · 针对RPA环境制订的P-E适合度新方法	主动性、坚定自信、果断性、自我控制、压力耐受、数字能力、工作记忆、任务优先级、选择注意、知觉速度、图像识别、空间定向、想象力、口语理解、精确控制
方案1：RPA传感器操作员	该方案覆盖的关键SAOCs
· ASVAB 　– 算术推理；拼图 · TAPAS（Amy Tailored Adaptive Personality Assesment）军队个性化自适应人格评估系统 · TBAS（可以用轨迹球代替杆舵） · ECAT心理计数器，或陆军SIFT，或基于计算机的感知速度测量 · 在TBAS平台上实施的分时能力新方法 · 针对RPA环境制订的P-E适合度新方法	主动性、坚定自信、果断性、自我控制、数字能力、工作记忆、任务优先级、选择注意、知觉速度、图像识别、空间定向、想象力、口语理解、精确控制
方案2：RPA操作员和传感器操作员	该方案覆盖的关键SAOCs
· ECAT图像推理或抽象推理测试（ART） · ASVAB拼图测试 · TAPAS · TBAS追踪子测试（可以用轨迹球代替杆舵和踏板）或基于计算机的心理运动测试 · ECAT心理计数器，或陆军SIFT，或基于计算机的感知速度测量 · 在TBAS平台上实施的分时能力新方法 · 针对RPA环境制订的P-E适合度新方法	主动性、坚定自信、果断性、自我控制、数字能力、工作记忆、任务优先级、选择注意、知觉速度、空间定向、图像识别、想象力、精确控制

（三）人格特质指标与预测效度的关系

1. 人格维度提高了分类准确性

2012年，Chappelle等对117名RPA操作员培训的一项研究证明了使用认知能力和人格评分相结合来预测 URT 完成的效用。该研究调查了 3 项选拔方法，包括 AFQQT- 操作员版、修订后的 NEO 人格量表（Costa & McRae，1992）和一组神经心理学测试——Microcog 认知功能评估（Powell 等，2004）。研究结果显示，最能预测完成 URT 的回归加权组合包括 AFOQT- 操作员版评分、几个 NEO 量表（例如，竞争力）和 MicroCog 中反应时间的子测试。此外，判别分析结果显示，人格维度增强了认知能力和既往飞行时间的预测，提高了分类准确性（识别真实阳性和真阴性），从 57.1% 提高到 75.2%（Chappelle 等，2012）。

非认知因素作为 RPA 操作员成功预测因素的研究较少。尽管对军队工作分析报告均表明，非认知因素有助于 RPA 操作员的成功，但关于非认知测量方法的研究报道仍然很有限，大五人格测量，如美国空军自我描述清单（SDI+）（Manley，2011），和美国军队个性化自适应人格评估系统（Tailored Adaptive Personality Assessment System，TAPAS）（Heffner 等，2010）是正在探索的一些有希望的选拔方法。

2. 大五人格特质与 RPA 培训结果存在负相关

Rose 等（2014）评估了人格测量（自我描述清单）在多大程度上可以改善 RPA 训练结果的预测，而不仅仅是凭借目前在美国使用的空军操作员候选人选拔方法 2.0 版本中的认知、心理运动、航空知识和经验预测因子进行预测。该研究中受试者为美国空军军官，其中，170 名通过了 RPA 初步飞行筛查（RFS），110 名通过了 RPA 仪器资格（RIQ）检查。RFS 和 RIQ 都强调培养载人飞机操作员传统上所需的技能，也被认为是美国空军 RPA 操作员必不可少的技能。结果显示，开放性的大五人格特质与若干 RPA 培训结果之间存在显著的负相关。

人格特征中，通常与开放性相关的特征包括反思、内省和好奇，尤其是新颖性、多样性和复杂性，其核心部分是偏爱反思，甚至"深思"。虽然这种深入思考可能会对需要创新、创造力和鼓舞人心的职业表现做出积极贡献（Judge 等，2000），但可能会干扰操作员执行复杂的心理运动任务和保持警惕。当处理跨多个渠道的认知饱和信息流时，开放性较高的 RPA 受训者可能更容易分心。研究表明，高度的开放性与潜在抑制受损有关，这是一种生物适应性的内隐注意功能，导致个体容易阻止意识中不相关的刺激（Lubow 等，1995）。在运动领域的研究中表现出了在运动过程有意识地反思自己技能的负面影响（Gray，2004），这是一种普遍被称为过度思考的现象，表明花更多的时间或精力进行分析不是必要的或有效率的。因此，人格特征高度开放的 RPA 学员可能会发现，他们有意识反思的倾向可能会破坏实践中执行任务，而在初步技能学习之后，即学员不再是新手时，这种情况可能更加明显（Beilock 等，2002）。也就是说，陷入内省状态的 RPA 操作员可能无法迅速"振作起来"，以便在遇到不可预测的情况和激烈的战斗时做出紧急反应。

3. 情绪稳定和责任心具有很好的预测性

另一项研究发现，神经质（即情绪稳定性）和责任心对 RPA 操作员的工作表现具有很好的预测性（Barron 等，2016）。与美国空军载人飞机操作员相比，RPA 操作员潜在的压力源包括更大责任、工作 – 生活平衡问题、不断轮班以及更直接的工作中被监视。先前的研究支持这样的观点，即工作压力源可以缓和情绪稳定程度与工作表现之间的关系，Spector 等（1995）发现情绪稳定程度低的员工不太可能从事或坚持可能带来压力的工作，如高度多样性、反馈和复杂性强的任务。在某些方面，RPA 操作员的工作压力更大。RPA 的工作环境使领导更容易直接实时监控 RPA 操作员的行为，领导的频繁观察除了作为 RPA 操作员的压力源之外，也可能是 RPA 操作员相对于载人飞机操作员的责任心和工作表现之间的联系更强的原因。通过更广泛和持续地监控 RPA 操作员的日常表现，更有可能注意到操作员不自觉的行为。因此，对于载人飞机操作员来说，责任心预测因子的有效性可能较低，这是因为相对于 RPA 操作员，他们的工作能力更有可能是根据突出的表现而不是平时表现来进行评估（Klehe 等，2007）。

三、未来发展

（一）未来发展模式及研究规划

目前，随着越来越多的 RPA 学员完成 URT 课程，美军提出了额外的发展模式和有效性研究计划：①用另一个样本检验先前研究结果的普遍性；②研究 PCSM 组成的替代加权方法，即建立具有 RPA 特点的 PCSM 实用模型；③评估不在当前 PCSM 模型中的现有测量方法的效用；④发展和评估新的测量方法以补充当前的 AFOQT 和 TBAS 内容；⑤评估培训的绩效标准的效用；⑥确定心理选拔的最低合格分数对 URT 合格率的影响，探讨如何设置分数线。

（二）重点研究内容

1. 确定 RPA 特定的 SAOCs

因为随着技术的成熟，RPA 操作员和传感器操作员所扮演的角色将发生变化。RPA 系统将变得更加自动化，不需要那么重视主动控制，而是对监控和操作员与机器的合作要求更高。增加自动化和自主性可以实现 RPA 操作员和传感器操作员角色的组合，并且可能允许单个 RPA 操作员对多个系统施加监督控制。

2. 开发和使用分类法作为工作分析和测试开发的基础

开发和使用分类法，例如构成 O*NET 的分类法（Peterson 等，1999），Cattell-Horn-Carroll 智能模型（Carroll，1993），均有助于确保特征具有明确定义，可区分和可测量，并提供理论和先前研究的联系，可以识别军种内部和军种之间 RPA 系统作业的特征和程度。

3. 使用超出培训结果的验证标准

虽然培训结果易于获取、相对客观，与工作表现具有一定相关性，且在培训上已经投入的大量人力、财力会导致依赖培训结果来评估 RPA 操作员的选拔方法。但是如果没有工作绩效及其相关标准，在培训期间可能无法观察到工作适应性等重要的预测因素（例如应对压力源的反应）。

第十二章 飞行员心理训练与效能

作为与飞行员职业生涯完整链条相关的心理学工作，首先是招飞心理选拔，解决的问题是一名合格飞行员入门心理品质与职业相符性问题的，其次则是在飞行训练中，帮助飞行人员熟练掌握飞行技能和最大限度发挥心理效能；在实战化军事训练和未来作战任务中，以娴熟技能熟练驾驭操控飞行器，成为"把低空扫射看成是一场游戏"般的精力旺盛、无忧无虑的飞行人才。这就需要飞行人员具备优质心理品质特征，能够有效自控，掌控激发或提升心理能力到达最佳流畅状态，心理训练起到不容忽视的作用。

人因失误所导致的飞行事故使人们更加意识到飞行人员心理训练的重要性，未来战争所需的优质心理特质更需要从常规训练与实战化训练中，通过心理训练不断加以提升。

第一节 基于心理效能提升的心理训练基本问题

飞行员胜任特征模型理论研究构建的飞行员同心圆模型显示，动力特征是个人发展的根源，与职业磨合中不断成熟坚定，属于培养特质；个性特征生来具有，与先天因素有关，属于选拔特质；能力特征在职业训练中可以强化与提升，属于训练特质。提升飞行作战心理效能，应不断在实战化训练中，强化作战意识，提高能力素质，才能成为能打仗、打胜仗之军事作战飞行员。

一、相关基本概念

（一）飞行员心理训练

心理训练（psychological training），按照全国科学技术名称审定委员会心理学名词定义（2014），指的是通过特殊手段掌握调节和控制心理状态和行为的方法，优化心理过程和个性心理的过程。就航空心理而言，航空心理训练是依据航空活动中飞行人员心理活动的规律和要求，采用心理科学方法，对其训练对象的心理过程和个性心理特征施加影响使之符合职业心理品质需求的过程（罗永昌，2014）。在拟定的飞行员心理训练大纲（草稿）中明确指出，飞行员心理训练是依据航空活动中心理活动的规律和要求，应用心理学理论与技术，有目的、有计划地对训练对象的心理过程和个性心理特征施加影响，使职业绩效和飞行安全直接相关的心理品质得以提升，并成为合格飞行员的过程（2014，宋华森）。进一步对该定义做出修订完善的话，实质上就是施加影响，使飞行员具备优质心理品质特征，有效自我控制、掌控或激发心理能力到达最佳流畅区的过程。

（二）飞行员心理品质

"心理品质"一词最早见于《空军军事心理学研究》（王其平等，1988）著作中《飞行指挥员应有良好的心理品质》《要重视飞行指挥员的心理品质修养》，以及《关于开展心理品质训练的设想》等文章中。《实用军事心理学词典》中心理品质的定义是：飞行员必备的特殊心理素质，是其顺利完成飞行活动的内在条件和基本保障。其内容包括：①良好的空间知觉能力。②注意的范围广、转移快、稳定性强。③思维的敏捷性、独立性。④飞行情绪稳定。⑤动作反应迅速、准确、协调。⑥果断性、坚韧性等。

自招飞心理选拔工作诞生以来，在心理选拔项目中一直使用了"心理品质"术语，实质上恰好反映了对选拔适宜飞行职业人才恰当的表达。品质（quality/character）的基本定义主要指的是：定型的科学技术内在信息状态，如人力、人才、产品、服务等所具有的科技内涵，其特征是可以进行质量标准衡量和评测。心理品质是指通过标准衡量和评测，获取的个体内在特质、品性、能力等特征，用以下公式表示：Q=P/E，其中：Q= 品质；P= 功能；E= 期望。由此可见，好的品质一定是满足功能的重要因素，期望越高就越难以达到更高层次的品质。

飞行员心理品质（mental character of pilots）是指能够有利于飞行所需，内在明确特征的相关心理信息状态，并能够通过标准衡量和评测。这些信息状态是指：学识、才能以及个人特征（飞行动机、心理稳定性）等功能特征。包括良好的感知觉、记忆、思维、注意、心理运动能力以及个性心理特征等。其表现为可信赖、高品质的行为、稳固性强、值得期待、有提升空间。用以下公式表示：FQ=P/PE，其中：FQ= 飞行心理品质；P= 功能特征；PE= 飞行绩效。同样，飞行员心理品质是能够满足飞行所需的人的功能因素的重要内容，通过标准衡量和测评，越是好的飞行心理品质的分数，则越是能够满足利于飞行要求的分数。

二、心理训练目标与任务

（一）心理训练的目标

1. 总体目标

心理训练的总体目标包括：①健全结构合理、功能基本完备、设施基本配套的工作机构，构建职能明确、协调配合、指挥顺畅的组织管理体系；②建设品德高超、技术过硬、相对稳定的专业队伍；完善标准统一、程序规范、方法科学的心理品质训练规章制度；③建立个人训练信息全程跟进、全方位个体化保障的服务模式，为维护飞行人员心理素质、身心健康、促进部队训练安全、巩固和提高部队战斗力提供有力保障；④制订心理训练机构建设标准、提出专职心理训练人员准入条件，达到有关部门规定的训练覆盖率，形成完整的心理品质理论与实践体系。

2. 训练目标

飞行员心理品质训练是飞行训练的组成部分。训练目标是依据航空活动中心理活动的规律和要求，应用心理学理论与技术，通过理论训练与技能训练相结合，有目的、有计划地对训练对象的心理过程和个性心理特征施加影响，特别是针对与飞行职业效能和飞行安全直接相关的心理品质，如飞行员群体协作与凝聚力、心理稳定性、心理应对与自我调节能力、作战心理品质等方面，采取理论教育与技能训练相结合的模式，使之稳定与不断地提升，以确保飞行人员保持良好的心理品质和作战效能。

（二）心理训练的任务

从历史来看，各军事强国对飞行员生理心理训练极为重视，并制订有相应的规则制度。苏联国防部和空军武装力量对军事飞行员心理训练制订有严格的规范程序，编制了《航空心理生理训练》手册，并经其空军武装力量第一副司令批准，由航空医生承担心理训练任务。在这项训练手册上明确提出了心理训练任务和途径。

1. 心理训练任务

（1）培养飞行员具有应对不同飞行因素作用的（身体）机能稳定性；

（2）培养并发展飞行活动重要的职业心理品质；

（3）提高在事故情境及其他飞行环境变复杂的条件下的活动可靠性；

（4）降低飞行过程中的心理紧张压力；

（5）提升机体功能状态矫正能力（完全地、快速地恢复工作能力及在飞行前动员身心功能）。

2. 心理训练途径

从目前国内军事飞行员心理训练来看，尚处于多种模式并存阶段。对心理训练概念有不同的诠释，团体心理咨询（group consulting）、拓展训练（outward development）等都被称作心理训练。因此，实现心理训练的途径也是多种多样。按照以提升军事飞行员心理效能为目的所开展的各项心理训练，应从以下途径实现。

（1）辅导教育途径：对飞行人员进行航空生理心理卫生辅导教育，说明不同飞行类型与飞行任务的心理生理特点。

辅导教育，是依据飞行员的心理活动规律，进行心理认知重建，建立合理的认知模式，从而影响飞行员的心理过程和个性心理特征，使之形成适应飞行劳动特定需要的心理品质。例如，有研究显示，对飞行错觉缺乏正确理解，是导致飞行员对错觉的处置能力较差的原因之一。因此，采用理论授课、示范指导等方法进行飞行错觉知识的讲解和讨论，可帮助消除飞行员的紧张心理，使之正确掌握各项预防措施，进一步研究表明，经过心理辅导教育的训练，海上常见错觉的发生率降低 11.1%，正确处理率升高了 35.0%，疲劳发生率降低 28.9%（苏联国防部手册，1988）。

（2）模拟飞行途径：在地面上通过现代计算机技术手段模拟飞行特殊情况的过程，使飞行员熟悉并建立熟练应对模式，达到成功消除其影响、建立发展适应性机制、固化重要的职业性心理生理品质、完善使用特殊装备的知识、技能与技巧，最终达到对特殊情况的熟练应对机制。

早期研究已表明，训练养成飞行中所需要的心理能力及各种技能，如思维、判断、决策等，不一定在真飞机上进行，可以在飞行模拟器上模拟出来。因此，国外学者在对飞行员的飞行技巧训练中，就大量运用模拟训练，而且各国都争相研制先进的飞行模拟器。有研究表明，在手控飞行姿态和附加的信息加工任务中发现，当把信息加工任务调节到高度饱和状态时，受过训练的飞行员剩余注意水平变化很大，并与飞行经验相关较高，与飞行时数相关较低。美军的许多研究也是针对飞行模拟器进行的，如对模拟方式和模拟器评价，对训练迁移使用的评价，运用反馈技术的适应性训练研究和提高注意分配能力的附加任务研究等。近年来，随着虚拟现实和计算机技术的快速发展，美军在模拟飞行的基础上，进一步建立了特殊作战环境和作业条件下的虚拟现实模型、信息处理模型和情境意识模型，对作战人员进行科学的心理训练，着重强调克服因作战中的危险、紧张、复杂、困难、突发性等因素而引起的惊慌、恐惧、丧失信心等消极心理状态，逐渐养成坚定、顽强、勇敢、冷静等心理素质，从而提高情境意识水平和作业绩效，增强军队战斗力。

（3）身心调控途径：在考虑到身体机能的心理生理特点和飞行职业特点的情况下，对战斗训练、军队服役、作业条件和航空部队日常生活进行合理化改造；采用激活和恢复部分及全身的心理生理功能的手段与方法。

在飞行任务中，飞行员处在不断接受和鉴别外界信息、改变飞机状态、排除空中险情等一系列快节奏的过程中，加上振动、噪声、缺氧等影响，精神紧张是难以避免的。飞行员为了适应瞬息万变的空中环境，使注意力更集中，知觉更敏锐，动作更及时准确，保持适度的精神紧张是必要的。但如过度紧张，尤其是持续的紧张状态确实能扰乱机体内部的平衡，导致应激反应发生。反应的性质和程度除了与应激源的性质和强度有关外，还受其他一些因素影响，如先天因素、性格、早期经验、社会支持以及机体对应激源的认知和评价等。如果对紧张刺激适应不良，就会产生应激反应的生理生化变化，导致焦虑、血压上升、头痛、神经症等心身疾病，并使作业水平下降。应激反应能增加飞行员的觉醒水平，如果过度紧张，会限制了注意力，从而导致操作动作混乱。英国空军心理学家认为，许多飞机失事是因为觉醒水平过高，或反应性紧张状态造成的。

不少研究证实，后天训练可改变个体对应激的反应模式。国内外广泛采用行为矫正和控制生理反应等方法控制赛场和考试紧张，而在诸方法中，应用最多的是放松训练和生物反馈方法，不仅可运用于克服飞行紧张，还可在飞行后对飞行疲劳恢复发挥作用。采用这两种方法训练飞行学员，可以使其学会控制自己身体内部的某些生理变化，如血压、心率、肌电活动，进而控制情绪反应，增强应付应激的能力，提高学习效率。

三、心理训练的原则

提升飞行员心理效能是实施心理训练的关键，也是心理训练遵循的一般性原则。心理训练的工作以是否能提升心理效能为基本原则。

（一）心理训练的基本原则

初始指导原则，即具备组织和开展心理训练的基础和基本理论。它要求具有客观性，要考虑到飞行活动和飞行员职业培训的心理过程的规律性。通常一些常规的心理训练是"训练 – 练习"过程，这些原则应符合飞行培训的理论原则。

1. 讲究科学性

开展心理品质训练工作，要遵循心理学理论的一般规律和基本原理，按照心理学的手段和方法科学运用在实际心理品质训练工作中。

2. 注重规范性

机构建设与人员配备要严格有关部门的要求，依照"心理专业人员准入条件""各类人员职责"和《空军航空医学鉴定训练中心航空医学训练工作规范》（2012），实现各类心理工作机构的建设、工作和考评等方面的程序化、标准化、制度化。

3. 增强针对性

深入分析飞行员心理品质训练的需求特征，切实找准飞行失误中的心理因素的类别和原因，研究训练的最佳途径，做到普遍特质与个人特质相结合，因人、因事而异，有的放矢。

4. 坚持实用性

飞行员心理品质训练工作的方法手段，力求在管用、实用上下功夫，不摆花架子、不搞形式主义。坚决按训练大纲进行的同时，不断提出新建议，通过理论与实践研究，力求不断改进心理品质训练技术，使之更加贴近部队需要，重在解决实际问题。

（二）以飞行活动导向原则

以飞行活动为导向，运用心理学理论与技术方法，储备与提升飞行心理能量，采取个体定量实施方法。

1. 以飞行活动为导向原则

以飞行活动为导向原则，既能体现出飞行员职业生涯高绩效与飞行效能的完美结合，成为飞行职业效能助力的推进器，也体现出职业培养成才效率与飞行员个性特征、心理动力方面的依赖关系。开展飞行员心理训练时，其内容、组织形式和方法应有助于形成积极的飞行职业动机和高尚的职业精神，实现提升飞行技能水平的目标，并有助于拓宽飞行员的战略眼光，加强战术力量。

2. 运用生物心理学理论原则

心理与生理是生物体的两个侧面的统一体，相互作用紧密联系和互相依赖、互相补充。从生物学角度审视生理心理过程，其实本来就是一个整体，生理参数的变化考量心理训练的效果，认识生理心理相互作用，是提高心理训练质量的关键。因此，理论训练和技能训练，都应将两者的融合贯穿于始终。

3. 以个性化定量定性原则

按照提升个体心理效能的需求，依据个人特点制订相符合的定量方案，设置以模块化组合的不同心理训练内容。其主要的基础是长期以来对飞行员个性和动态医学观察，将其作为依据，才能有效确定训练的程式、训练负荷、训练量的大小和持续时长，以及完备整体规划。

4. 模拟真实飞行任务原则

模拟真实飞行条件下，创建心理和生理训练模型，伴随各种飞行任务开展心理生理训练。这些模拟真实飞行条件的方式与方法，不仅仅对应模拟环境，而且模拟的各项任务与现实飞行中所需的行为一致。在训练设施器材上的特殊心理训练和不同的技术手段训练，同时考虑到在完成特定任务时飞行员心理活动的特点，训练形成或提升飞行职业性关联的重要心理品质，对于成功遂行既定目标形成最为必要的适应机制是心理训练必须思考的重要原则。

以上这些基本原则，决定心理生理训练的医学手段、方法和措施的选择，也体现了在飞行员心理生理训练领域所积累的经验和国内航空医学的成就。

四、心理训练的组织形式

有关飞行员心理训练的组织模式，目前处于多种形式并存状态。在实践中不断摸索，并有很多成功的经验。我军飞行员心理训练大纲也已经纳入了机关与专业队伍调研和制订阶段。

（一）苏联开展心理训练形式

苏联国防部空军武装力量（1989）对军事飞行人员生理心理训练工作，由航空部队（团）指挥员组织，部队参谋长制订专门计划，或将心理生理训练措施列入整体全年作战训练计划当中，由专业负责人员完成飞行员训练计划的相应部分。其心理训练的组织方法是：拟定心理训练计划，确定受训人员应达到的要求；提出各飞行科目的心理训练内容；建立和完善心理训练场地和设备；编写心理训练教材，培训施训人员；定期评定心理训练效果。例如，通过器材设备训练是由指挥员直接组织开展，在个别情况下由训练器培训教官开展。伞降任务指挥员进行针对适应弹射的心理生理训练，开展有效使用救生手段的培训，飞行员自行掌握和运用心理自动调节训练，航空医生组织和开展与飞行员有关的航空生理和卫生工作，熟悉不同飞行类型的心理生理特点，开展或参与心理生理练习。

（二）美军开展心理训练的形式

美军针对飞行人员心理训练，将人－机系统中飞行员的功能大致分成了程序性活动、决策活动和知觉运动活动三方面，指出心理训练的作用就在于为程序性活动提供必需的知识和技巧，增进知觉运动活动的熟练性和逐渐提高飞行员在复杂甚至危险情况下做出稳妥明智决定的可能性。在常规程序性活动的训练方面，有通信设备的使用、领航设备的使用、飞机状态的处理等；在知觉运动活动的训练方面，有地点定向、武器发射控制等；在决策活动的训练方面，有航线的调整、事故的判断等。并通过实验证明地面训练设备在程序性活动和知觉运动活动的教学上是有效的，而要培养决策技能，就必须进行情境性训练。因此，模拟训练是美军完成这些训练的最主要的手段之一。例如，其作战改装训练大纲就规定，实机飞行与模拟器飞行两者比例为1.12∶1。在训练内容上，不仅用来训练简单的操作程序，而且可以模拟较复杂的飞行技术和战术动作，如双机格斗等，并在模拟器上科学的分析飞行训练各环节的训练环节，确定有效的训练方法。

（三）我军开展心理训练的形式

我军对飞行员心理训练工作非常重视，2006年空军正式下发《空军部队心理训练课题研究实施方案》，部署心理训练研究工作；2008年编写完成飞行学员心理训练大纲，并开始试训。2009年，飞行学员心理训练作为单列内容被纳入《中国人民解放军空军军事训练与考核大纲》，并编写完成了配套教材。2010年在空军航空大学召开了飞行心理训练研讨会，同年举办了空军院校飞行心理训练现场观摩会。

我军飞行员心理训练的组织形式，从两个方面实施，一是静态心理训练，即在地面完成的各项心理训练，分为理论教育、团体活动和仪器设备3种训练形式组织实施。二是动态心理训练。基于以飞行活动为导向原则，在实战化对抗飞行任务训练中，通过多重复杂任务绩效与心理数据的比对，构建动态心理训练范式，使其在实战化训练中提升飞行员心理效能。训练目标主要有以下5个方面：①飞行员作战制胜动机水平；②飞行员的意志品质；③飞行员刚毅的品格特征；④飞行员在动态状态下的感知、判断、应变思维能力；⑤飞行员的情绪稳定特征。

五、心理训练方法的构成

心理训练是整个飞行职业训练的一部分，它依赖于整体飞行训练，并固化形成稳定和适应于飞行环境的心理特质。从具体的飞行训练剥离实施的各种心理训练是一种补充，而不能割裂。因此，补充飞行训练之外的心理生理训练，必须着力于是添加剂成分的作用原则。飞行员心理训练的方法是达成特定目标的手段途径，它依据任务而确立，由指挥员、教员和训练人员和受训者共同努力实现。没有目标的心理训练或达不到某种目标的训练不能称为心理训练。因此，心理训练方法可归类为静态心理训练法和动态心理训练特殊法两大类别。

（一）静态生理心理训练法

针对满足飞行职业、飞行环境所应具备的基本心理需求而建立的各类心理训练方法，称为一般心理训练方法。它是培养和发展飞行员重要的职业性心理过程和品质（职业思维、采取决断与计划行动、空间定向、记忆力、飞行综合行动能力与准备等）的手段。静态生理心理训练法适用于飞行人员一般性或指挥员的训练中，是预先纳入作战准备计划中的重要内容；主要有以下内容：①学习航空心理学和心理卫生学基础；②空间位置移动形象训练方法及预防错觉的方法；③心理调控方法；④遇险后生存训练（含人烟稀少的地区、水上迫降后）；⑤积极休息（户外活动）和疲劳快速恢复训练。

例如，在预防错觉的训练方法上，张选斌等认为，开展预防飞行错觉的生理心理训练主要包括地面模拟错觉训练、空中模拟错觉训练及视觉空间认知训练等。即通过提高飞行员高级认知加工系统对感觉输入信息的处理、整合及适应性水平，使其获得并保持较好的空间定向水平，降低空间定向障碍相关飞行事故的发生率。谢溯江等则通过研究建立了与空军三级训练体系相适应的飞行错觉理论知识培训考核系统、空间定向能力评估体系、地面错觉模拟体验和训练方法等预防和克服飞行错觉的训练方法，以提升飞行员对错觉的把控和纠正能力。在疲劳快速恢复训练上，宋华森等初步探讨了音乐放松训练对缓解模拟 RPA 操作任务后心理疲劳的效果。结果显示，采用该方法后被试者在心理和生理上的变化显著，能更加有效地缓解心理疲劳，且具有可接受性强、不受场地限制、易推广等特点，为今后进一步建立 RPA 操作员心理训练体系提供了依据。王开辉等则利用生物反馈放松疗法对疗养飞行员进行肌肉放松训练，也在一定程度上达到了消除飞行疲劳的目的。

宋华森等（2015）通过自主研制的一种新型多功能心理保障设备，即"漂浮放松反馈训练太空舱"，对飞行员训练，能有效提高心理能量水平、缓解军事应激反应。

（二）动态心理训练特别法

针对飞行人员适应具体职业活动类型，为满足作战飞行活动需要而建立的以飞行为导向、更具有针对性的各类心理训练方法，称为动态心理训练特别方法。该方法旨在针对具体飞行训练类型，在训练设施器材上模拟特定的任务、具体的情境类型展开，使飞行训练体系变得轻松而有益。例如，新机种机动性越来越大，加速度的快速变化就需要操纵飞机的风格是强有力的，针对耐受飞行加速度的训练就属于特别训练方法，它提升了飞行员作战训练中应对加速度变化的心理准备能力。目前，这些训练已经进入常态化工作。类似这些能够助力飞行训练效能的工作有以下内容：①在训练设施器械上培养飞行态势感知；②耐受长航时飞行疲劳训练；③耐受特技加速度状况的训练；④飞行特情处置训练（含超压情境下心理稳定性训练、发动机停车等）。

宋华淼（2015）等针对飞行学员特情训练的现状，正在着手研究基于"某机型飞行特情虚拟现实训练系统、飞行特情训练综合评估系统"两部分组成的飞行特情训练装备平台的关键技术，用于构建效果逼真度高、具有良好沉浸感的飞行心理训练平台。通过系统的模拟训练，使飞行学员体验和熟练各种飞行特情，以预防飞行事故、保证飞行安全。

第二节　飞行员心理品质训练基本框架体系

飞行人员心理品质训练是提升飞行效能的个人因素的重要组成部分，个人因素不仅仅包括一般认知能力、个性特征和特殊能力，更为重要的因素是正确的人生观、价值观和世界观，离开这支配自己行动目标的航向，仅凭个人能力不足以成为优秀作战能力强的飞行人员。原空军航空医学研究所航空心理中心学者针对军事飞行员心理训练研究，提出的作战部队飞行员心理训练"大纲"草案，确立心理品质训练分为3个层级、5项专题、4个模块，构成了静态飞行人员心理训练体系，供今后在心理训练实践中予以参考。

一、基于提升飞行效能的个人因素

依赖于飞行员的个人特点，确保飞行活动质量和效果等飞行效能的各种因素，即所谓个人因素。个人因素在飞行活动中直接关系到职业效能的结果，这些因素与军事航空环境、作战需求链等因素相互搅和，构成了融合一体关系。研究显示，作战飞行员胜任特征是以非智力因素为主要特征，体现了能打仗、打胜仗作战飞行员依赖更多的是非智力因素，实质上这也是提升飞行人员心理效能施加影响的重要内容。

（一）政治与道德品质

为谁而战、为什么而战，是飞行员战斗能力的制高点，是影响发挥战斗能力的关键要素。政治与道德品质包括：信念、思想稳定、正直诚信、爱国主义、团队意识、行为规范、遵守规则以及对纪律令行禁止等。

苏军就强调政治教育与心理训练相结合，并把政治教育作为心理训练的基础。美、英、日等国空军也要求教官和指挥员善于有效地掌握飞行员的心理状态，培养飞行员的职业自豪感、使命感，教育他们树立正确的人生观和生死观等。我军也有相关研究，如通过思想政治教育、观看战争录像、组织关于军队建设和战争局势研讨会等方法，加强飞行员的战斗意识，唤起为保卫祖国而战的正义感和责任感，强化爱国主义道德观念，打牢心理基础。还有学者采取信念强化训练，有针对性地从心理学角度，为官兵分析信念、理想、兴趣、需要和能力之间的关系，使他们把具体的目标和报效祖国的动机有机结合起来，增强战胜各种艰难险阻的信心和决心。

（二）职业与战斗品质

良好的飞行才能，与职业匹配的专业技能、专业知识水平、飞行经验，对完善飞行技术的高度渴望，以及责任力、成就力、掌控力、坚定的飞行事业心、胸怀大志一往无前敢作敢为的奋斗精神等，都是飞行职业需要的战斗品质。

美、日、俄、瑞典和以色列等国空军特别重视飞行员的心理训练，他们认为通过这种训练，可以培养飞行员勇敢、顽强、果断和坚定的性格，能在紧张、危险和复杂的实战条件下，保持必胜的心理状态。早在 20 世纪 60 年代，苏联就把心理训练的方法用于初上飞机的新学员上，使成绩优秀的学员数量提高了 1 倍以上，带飞次数减少了 1/3。我国学者也认为应从飞行员心理训练入手，打牢飞行员心理知识基础，向安全和战斗力要效益，从强化心理意识、把握心理规律、加强心理调控三个方面，着力磨炼飞行员坚韧果敢的心理品质。宋华森（2013）等就围绕新机种对飞行员的特殊心理品质需求，提出建立"心理训练一体化技术平台"，包括心理能量自控能力训练、抗应激反应心理应对能力训练、信息处理反应能力训练三方面内容。使飞行员在面对飞行训练、空中作战、处置险情等关键任务时，达到对自我心理能量进行有效调控、避免过度应激反应，有效处理飞行、作战中面对的复杂信息，以实现最佳的人机配合，提高作战效能。

（三）生理与心理品质

飞行员的生理与心理品质包括身体机能状态，体力与耐力、灵活度、自主神经调控、人体测量和生物力学特征、飞行职业取向、态势感知、风险应对、良好的认知能力、稳定的心理状态等方面。

目前，心理训练的趋势之一就是心理学和生理学的结合。有学者认为心理特性是一种系统特性，与心理活动同时发生的不仅是神经过程，还有肌肉系统、呼吸系统、心血管系统等均参与了活动。因此，记录脉搏、动脉压、呼吸次数、心率变异性等生理指标有助于了解心理活动特点。例如，研究飞行员在航空地平仪出现故障情况下的动作特点时，发现生理反应增大时动作频率降低；采用情绪的生理指标皮肤电作为心理训练效果的评价指标，来探讨两种不同的心理训练方法对飞行员缓解急性应激的效果；比较特情处置模拟飞行训练与起落航线飞行过程中心率及心率变异性的变化，探讨模拟飞行训练过程中飞行员心理应激水平的变化特点等。这些研究均为建立有效的心理训练方法提供了理论基础。同时，以这些生理指标为基础的生物反馈放松训练也被广泛应用于航空心理学，训练后飞行员可控制自己的血压、心率、肌电反应等，进而控制情绪反应，并达到头脑冷静、全身放松、注意力更加集中的效果和体验。

二、心理训练的基本框架

设置为初级、中级和高级三个训练层级，即飞行员初级心理训练、飞行员中级心理训练和飞行员高级心理训练。各层级分别由基础理论教育心理训练和心理技能专项训练两部分组成。

（一）飞行员心理品质初级训练

伴随飞行院校初级飞行训练进行，强调的是对飞行环境的适应性、与飞行职业匹配性。训练计划和训练周期与飞行员的基础教育训练、飞行训练以及军事飞行训练相结合。

心理训练基础理论教育，在飞行训练阶段穿插进行，作为飞行学员考核训练内容。

（二）飞行员心理品质中级训练

由特勤疗养中心组织实施，原则上每年进行一次，以评估性训练、维持性训练和提高性训练为主。间断飞行一年以上，恢复飞行技术前则必须进行中级心理品质训练的全部项目。

心理训练科目分为"基础理论训练"和"专项心理技能训练"两部分。在进行心理技能专项训练前，进行航空心理基础理论知识的集中授课和考核。心理技能训练通常应在 2 ~ 3 天内完成。包括 3 个模块，18 个练习，分别按照每 1 年或 2 年内完成。

（三）飞行员心理品质高级训练

由空军特色医学中心或特勤疗养中心组织实施。除改装新机种外，原则上应每 3 年训练 1 次。执行重大任务前可随机安排训练。每次训练共计 4 天，其中 2 天结合航空医学训练内容，在模拟航空环境中加入心理训练元素，实施综合性评估训练、体验性和维持性训练。另 2 天进行心理技能专项训练，以虚拟战场条件环境、恶劣自然条件环境和飞行险情条件环境下，训练飞行员特殊心理品质训练。训练模块为 1 个模块，3 个练习。

心理基础理论训练，通常在心理技能专项训练前以集中授课为主，内容以任务需求牵引为标准，实时添加补充与职业相关的新的心理学理论和新进展。

三、心理训练的基本模块

依据飞行员胜任特征模型所建构的心理训练要素，分为 4 个训练模块，21 个训练项目。

（一）团队凝聚力模块

通过训练了解飞行团队内涵、功能、类型等基本理论，明确飞行员团队凝聚力的作用及影响因素；了解心理相容等理论，提升团队精神的意识，掌握自信训练方法，掌握人际交往的技巧及冲突的一般解决方法。训练项目包括：提升自信训练；认识自我训练；人际交往训练；心理相容训练等 4 项。

（二）心理稳定性模块

心理稳定性是飞行职业所必备的基本条件。通过训练了解情绪心理的基本理论，熟知飞行员情绪稳定与安全关系的重要性，熟练掌握自我情绪调控的一般方法，达到大纲规定的训练参数指标。训练项目包括：心理放松训练；自我暗示训练；认知调控训练；心理能量自我控制训练；应对方式训练；焦虑调控训练；挫折应对能力等 7 项。

（三）基本飞行心理品质模块

基本飞行心理品质是飞行技能保持的基本条件。通过训练，促进对飞行所需心理品质的固化，形成反应定势，掌握基本要领、促进熟练的迁移。训练项目包括：空间运动能力；空间定位能力；观察能力；注意分配能力；反应速度；记忆能力；时间知觉等 7 项。

（四）特殊飞行心理品质

突发事件的有效应对及处置是识别优秀飞行员与一般飞行员的标志。灵活、机智、从容、镇定等品质对特情状态下处理具有积极意义。通过训练熟悉各种虚拟特情状态，建立"情境－应对"思维定势，熟练掌握各种应对技巧。训练项目包括：战场作战环境训练；生存能力训练；应变险情训练等 3 项。

四、心理训练的基本模式

分为理论教育、团体活动和仪器设备 3 种训练模式组织实施。

（一）理论教育训练

以授课训练为主要方式，按照制订的"大纲"中有关"航空心理学"内容制作授课幻灯片、选取具有授课能力的中级技术人员担任授课教师。

（二）团体活动训练

以组织团队心理训练活动为主要训练方式。主要内容包括：心理相容训练、团队凝聚力训练、积极心理训练和飞行险情心理训练。

（三）仪器设备训练

以生物反馈仪和漂浮放松身心反馈（快速心理恢复）训练舱，基于虚拟现实技术仪器作为实施心理训练载体设备，训练参数为肌电和心率变异性两个指标，依据参数基础值划定训练目标值。训练的目标主要是：情绪稳定性；快速心理恢复能力；飞行险情心理训练。

五、心理训练的优化安排

以飞行训练负荷强度的心理生理基础为依据，适时组训飞行员开展静态心理训练。飞行负荷达到最佳配置时，飞行员机能将处于提高和加强的状态、机体的潜力也得到发展，保障了飞行训练效果，促进了职业效能的完善。过度飞行负荷，会导致机体机能过度紧张，降低动能潜能；飞行负荷不足，不能够有效提升飞行员机体的训练水平，功能潜力得不到扩展。因此，规划飞行员训练计划时，必须考虑飞行员个体的心理生理反应，即考虑飞行员过度紧张状态和过度疲劳状态。基于保持或调整飞行负荷的心理训练，是飞行安全的重要条件。

（一）飞行训练最佳间隔与心理训练结合

飞行活动是一个伴随"反应与适应"的心理过程来自我调节机能状态。任何一个适应性变化都会有两种发展趋势：一是迅即恢复到初始功能水平，二是积累的疲劳会发展为过度疲劳。因此，飞行训练调整最佳间隔和实时的针对疲劳的快速恢复心理训练，对飞行最佳状态非常重要。苏联国防部空军武装力量提供的资料显示，通常飞行后机体呈现的生理心理的周期性变化是：第一阶段，疲劳；第二阶段，工作能力尚未恢复到初始水平；第三阶段，工作能力恢复提升到与飞行前比较的相同水平；第四阶段，工作能力的初始水平得到恢复。如果重复的飞行在第一阶段内进行，会积累疲劳并迅速发展为过度疲劳；在第二阶段内进行，不会引起过度疲劳，但对训练也没有帮助；在第三阶段内进行，可以最大限度提高训练水平。机能状态阶段依个体差异而不同，对于新飞行员（飞行生涯 1～2 年）飞行间隔时间不应超过 4 天，对于有经验的老飞行员不应超过 10 天。

（二）飞行负荷逐步增加与心理训练结合

飞行训练总量和飞行强度控制在特定的范围内，机体将处于适应性变化中。逐步增大飞行负荷和飞行任务难度，应以训练水平的提高为条件。机体潜能的提高也为进一步增加飞行负荷创造了前提，如果不考虑机体潜能和所达到的训练水平的过度要求，会导致调节功能处于严重的非最佳状态，如紧张过度和过度疲劳。但是，作战训练条件要求飞行员必须达到承受更大负荷的训练水平，这些负荷远远超过了理想机能的功能状态。因此，强调飞行员应当周期性计划高负荷的飞行练习，夜间飞行、加速度飞行、不同气候条件下飞行、初始机能状态恢复不充分下飞行等，在训练计划的规划上，实行逐步增加的原则，或是及时进行疲劳快速恢复心理训练，或是飞行随后休息更长时间，使机体机能状态不断适应机能负荷变化。

第三节　飞行员心理训练基本提纲

宋华森（2013）团队组织研究了飞行员心理训练基本提纲，主要涉及的内容属于静态生理心理训练范畴之内。该提纲可在心理训练大纲颁布之前先期参照实施，之后再逐步改进、补充添加，从理论与实践上探索形成具有特色的理论体系和实践需求。

一、心理品质初级训练提纲

心理品质训练基础理论教育（表 12-1）结合飞行训练，在航空飞行学校或航空兵部队，采取穿插教育方式实施。每年度安排适当学时课程完成。

表 12-1　心理品质训练基础理论教育内容

序号	课程
1	飞行人员心理训练基础理论
2	外军心理训练介绍
3	飞行人员胜任特征
4	飞行应激障碍的防护方法
5	飞行失误与飞行安全
6	飞行疲劳与睡眠
7	心理健康管理
8	团队精神

二、心理品质中级训练提纲

包括理论教育和技能专项训练两部分内容。

（一）心理品质基础理论教育

中级心理品质基础理论教育，在特勤疗养中心实施心理基础理论集中授课，并进行考核（表 12-2）。

表 12-2　中级心理品质训练基础理论教育内容

序号	专题	课程
1	心理稳定性	情绪与神经心理系统
2		情绪的自我调控
3		应激反应及其影响
4	团队凝聚力	凝聚力和团队精神基本理论
5		飞行人员团队凝聚力
6		心理相容及人际相处
7	积极心理	愉快与积极情绪
8		趋于成熟心理 – 心理健康
9		积极思维
10	作战心理品质及其培养	飞行员作战心理品质
11		飞行员战斗应激与调控
12		飞行员自信心及培养

（二）心理品质技能专项训练

中级心理品质技能专项训练，可选择在特勤疗养中心实施，分为 18 个练习（表 12-3），在 3 ~ 5 天内完成。

表 12-3　中级飞行员心理品质技能专项训练项目

序号	专题	课程
1	团队凝聚力	提升自信训练
2		认识自我训练
3		心理相容训练
4	心理自我调节	心理放松训练
5		心理能量训练
6		认知调控训练
7	心理稳定性	应对方式训练（团体）
8		挫折应对训练（团体）
9		自我暗示训练（团体）
10		焦虑调控训练（团体）
11	基本心理品质	空间运动训练
12		空间定位训练
13		观察能力训练
14		注意分配训练
15		反应速度训练
16		记忆训练
17		时间知觉训练

三、心理品质高级训练提纲

本提纲包括高级飞行员心理品质基础理论教育和技能专项训练两部分内容。

（一）心理品质基础理论教育

本提纲为飞行员高级心理品质基础理论专题教育，以航空心理训练新进展、新方法为主要内容。在特色医学中心高级心理技能训练之前，采用集中授课方式完成（表 12-4）。

（二）心理品质技能专项训练

在特色医学中心，或特定训练基地组织实施。分为 1 个模块，3 个练习（表 12-5）。

表 12-4 高级心理品质训练基础理论教育内容

序号	专题	课程
1	心理应对与自我心理调节	不同飞行情境心理压力调控（海上飞行、夜间飞行、高原飞行）
2		不同飞行任务心理压力调控（险情、军演、联训）
3		睡眠生理心理及其调控

表 12-5 高级飞行人员心理品质技能专项训练项目

序号	专题模块	练习名称
1	特殊心理品质	战场环境训练
2		生存能力训练
3		应变险情训练

四、心理训练模块与考核标准

包括 4 个模块，21 个练习项目，分布于初、中、高级飞行员心理品质训练提纲中。以下这几种训练模块的具体方法仍在不断改进之中，仅供参考。

（一）团队凝聚力模块

1. 训练目的

主要是提升团队精神的意识，提升自信，掌握人际交往的技巧及解决冲突的一般方法，掌握提升心理相容性的技能和方法。

2. 场地要求

室内与室外相结合方式开展该项目训练。①室内场地，要求有 40 平方米以上面积空间。②室外场地，可在营院或营院以外进行选择。依据开展的训练内容选择适宜的外环境场地。③教员要求，经过系统培训的心理专业人员，能熟练掌握训练的方法，具有倾听、反馈、提问、微型演讲、鼓励和支持、眼睛与身体语言应用等技巧；具有较好的组织和协调能力，感召与亲和力强，思维敏捷能够应对处理现场受训飞行员提出的各种问题。④教具准备。依据不同训练内容，选择"团体活动训练器具包"相应的教具。

3. 训练内容与方法

有 4 个练习组成：①提升自信训练；②认识自我训练；③人际交往训练；④心理相容训练。

按照 15～30 人为单位，集中组织进行。全过程分为三个阶段，准备阶段、施训阶段和结束阶段。①开始阶段：主要是参加成员相互介绍，并讨论一些具体的事情。如团队的目的、基本规则、团队的内容等；②施训阶段：参训成员将注意力集中于训练目的，并完成核心任务阶段。在这个阶段，学习新的材料，完全彻底地讨论相关问题的题目，以及按照教员要求动作完成任务或个人交流，增加沟通了解，自我暴露，以达到良好的训练效果；③结束阶段：参训成员共同讨论自己的收获、改变以及今后如何运用。

4. 考核方法和标准

依据"心理训练提纲"设定的评分标准，采用自评与他评相结合方式，按照 5 分制评定训练效果。3 分以上为合格。

（二）心理稳定性模块

1. 训练目的

通过训练，熟练掌握自我情绪调控的一般方法，掌握心理放松训练技术、心理能力控制方法、认知调控的基本知识。有效控制生理心理参数，提升自我心理稳定性。

2. 实施条件

分为两种方式实施：一是采用系统设备，通过视听觉与动作操作完成，要求室内进行，具备"漂浮放松反馈训练太空舱""基于虚拟现实心理训练系统""生物反馈放松系统""心理调节训练系统"。二是以团队组织活动方式完成。要求室内外结合组织进行。团队活动的场地条件、教员条件、教具准备与"模块 1"相同。

3. 训练内容与方法

第一种方式，有 2 个练习组成。练习 I：心理效能提升训练；练习 II：认知调控训练。第二种方式，有 4 个练习组成，练习 III：自我暗示训练；练习 IV：应对方式训练；练习 V：焦虑调控训练；练习 VI：挫折应对能力。

练习 I：心理效能提升训练

可以通过 2 种方法训练。

（1）抗应激反应训练：应激源作用于人体之后，一是激发了自主神经系统，导致交感神经系统功能的活跃；二是激活了下丘脑 – 垂体 – 肾上腺素皮质轴（HPA）系统的功能作用。导致肾上腺皮质功能的活跃。处于紧张、危险状态下的飞行活动会不断作用于机体，导致两个系统功能的过度活跃，让机体处于过度应激状态，进而严重影响了飞行作战能力。抗应激反应训练成为飞行人员心理训练的重要项目。

"漂浮放松反馈训练太空舱"可以进行这方面的训练（宋华森等，2013）。受训者穿好训练服，进入漂浮式生物反馈太空舱，躺好并戴好生理心理信号采集器，关好舱门。主试下达训练口令，请受训者注意按照训练程序的指示开始训练，然后点击开始，受训者开始放松训练。受训者处于漂浮失重状态，沉浸于三维立体放松场景，受训者放松的程度与画面的情节相关，随着放松程度的加深，画面情节逐渐发展，训练达到预定目标后，画面情节完成，受试者继续保持放松训练状态，直至训练时间结束，下次训练继续更高一级的训练，如果未达到预定目标，则下次继续本级训练。训练过程中系统自动记录受试的心率、心率变异性、肌电、皮肤电等指标，训练结束后打印训练报告，给出训练结果。

（2）心理能量自控训练：自主神经系统的不稳定状态，是导致心理功能不协调的主要原因。自主神经的不稳定通过心率变异性的（HRV）各项指标来反映，因此，控制 HRV 的变化可以达到调节自主神经的生理活动的目的。采取虚拟现实技术开发心理训练，训练期间记录 HRV 变化。受训者坐在沙发上，调整到舒适的坐姿，戴好头盔显示器和生理心理信号采集器。主试下达训练口令，请受训者注意训练程序的指示，点击开始，按照程序指导开始放松训练。头盔内呈现三维立体画面，受训者沉浸于三维立体放松场景中，放松的程度与画面的情节相关，随着放松程度的加深，画面情节逐渐发展，训练达到预定目标后，画面情节完成，受试者继续保持放松训练状态，直至训练时间结束，下次训练继续更高一级的训练，如果未达到预定目标，则下次继续本级训练。训练过程中系统自动记录受试的心率、心率变异性等指标，训练结束后打印训练报告，给出训练结果。

（3）认知调控训练练习：采用集体训练的方式，受训者集体进入心理影视认知调节训练室，坐好，戴好三维视觉眼镜。主试根据训练目的开始放映心理影片，受训者依据影视片头、片中、片尾提示问题，分析影视情境、人物情绪、行为和认知关系；分析自我存在的不合理思维模式，在主试引导下，运用自我分析法、归因法等自我纠正认知偏差。二是播放具有冲击力强烈的心理影视作品为应激源，在强烈三维视觉与本体觉训练过程中，被试者体会过度应激反应状态，主试及时引导正确评价过度应激反应，并学会应对方式。训练过程中，头戴式生理指标检测系统将自动记录受试的心率、心率变异性、肌电指标。

受训者应注意体验事件、思维模式与结果的关系；注意体验不同应激反应状态。在训练期间，由于影片刺激出现不适症状，即终止训练，查明原因。

（三）基本心理品质模块

1. 训练目的

强化飞行基本心理品质。

2. 实施条件

具备"计算机飞行基本心理品质心理训练系统"。

3. 主要内容与方法

有 9 个练习组成：①空间运动训练；②空间定位训练；③观察能力训练；④注意分配训练；⑤反应速度训练；⑥记忆训练；⑦时间知觉训练；⑧速度估计训练；⑨航空决策训练。

（1）准备工作：检查好训练设备，录入受训者基本信息，设定好训练程序；准备好训练手册。

（2）训练程序：①运行"飞行基本心理品质训练系统 1"系统，输入受训者信息后，进入操作界面，呈现飞行时前方画面，受试利用杆舵系统保持飞行界面处于平飞状态，左手利用油门杆完成连续加法操作，共进行5分钟。计算机自动记录训练结果。②运行"飞行基本心理品质训练系统2"菜单，进入操作界面，分为空间定位训练、空间运动能力训练、记忆能力、观察能力、注意分配能力、反应速度、时间知觉能力7个训练模块，分别按照指导与完成训练模块，训练完成后系统自动记录得分，然后打印报告。③运行"雷达扫描训练系统"，输入受训者信息后，进入操作界面，点击开始，进入训练界面，共有10条已编设的航迹，每条航迹在一个扫描周期内只显示其中一个点。在第一次扫描时，每个点迹旁会显示各自的批号。请跟踪这些点迹，并从第二个周期开始，报告它们的批号。报告方式为：用鼠标左键点击屏幕右方与其批号对应的按钮。各点会依次短时呈现为白色，提示您此时迅速报告显示为白色的点迹的批号。随后该点将改为绿色，被试者将准备报告下一个白色点迹。当在白色时间内漏报或者错报后，该点迹旁会短时提示正确的批号，记住并在下一个周期及时和正确地报告。训练时间共5分钟，系统自动记录结果，然后打印训练结果。④航空决策训练。首先进行航空安全控制点和航空危险态度测试，然后公布答案，请受试者自己计算测试结果，主试解释不同结果的含义以及与航空决策和安全的关系。按照航空决策训练手册提供的10种想定飞行情境，分别做出决策，对照航空危险态度评判决策的利弊。由主试记录训练结果。

4. 注意事项

受训者参加训练，应服从主持人的命令，按照训练程序指导语完成心理训练。

5. 考核方法与标准

前8项练习按照9分制设定评分标准，9~7分为优秀，6~4分为中等，1~3分为不及格。最后一项练习"航空决策训练"，掌握正确决策态度，理解5种危险决策态度合格，否则不合格。

（四）特殊心理品质模块

1. 训练目的

提高飞行人员适应战场环境能力，增强特殊环境生存意志，提高危险情境中的应变力。

2. 实施条件

室内实施，具备"虚拟现实特勤处置心理品质训练系统"设备。

3. 主要内容与方法

由3个练习组成：①战场环境训练；②生存环境训练；③飞行险情处置训练。

（1）准备工作：检查好训练设备，录入受训者基本信息，设定好训练程序。

（2）训练程序：受训者戴好训练头盔，进入训练准备状态，主试开启特殊心理品质训练系统，输入受训者基本信息，然后进入训练模块选择界面，分别选择战场环境训练、生存环境训练和飞行险情处置训练3个训练模块，并按照指导语的指示完成各个训练模块，训练系统自动记录训练结果，然后主试打印训练报告。

4. 注意事项

受训者应认知参加训练，服从主持人的命令，按照训练程序指导语完成心理训练；训练中如果受训者有任何不适，随时中断训练，并查明原因。

5. 考核方法与标准

按照9分值评估训练效果，9～7分为优秀，6～4分为中等，1～3分为不及格。

五、训练质量评定

（一）理论考核

理论考核成绩采用百分制，90分（含）以上为优秀，70～89分为良好，60～69分为及格，59分（含）以下为不及格。理论考核不及格不进行补考。考核成绩记入《飞行员心理品质训练鉴定手册》。

（二）专项训练考核评估

1. 一级训练机构的考核评定

一级训练机构不组织心理技能训练，不参加考核系统。

2. 一级训练机构的考核评定

对参训飞行人员的心理品质技能训练实行单项考核评定后进行综合考核评定，各单项考核均及格，则评定为飞行员心理品质技能训练考核"达标"，否则评定为"不达标"。考核评估情况记入相关登记表中。对于无"合格"与"不合格"评定标准的项目只描述训练情况，不记入考核成绩。

3. 一级训练机构的考核评定

对参训飞行员的心理品质技能训练实行单项考核评定后进行综合考核评定，各单项考核均及格，则评定为飞行员心理品质技能训练考核"达标"，否则评定为"不达标"。考核评估情况记入相关登记表。对于无"合格"与"不合格"评定标准的项目只描述训练情况，不记入考核成绩。

第四节　以飞行导向的专项心理训练

苏联制订有《航空心理生理训练》专门的操作方法，并由其国防部及空军武装力量（1989）批准，有航空医生实施。以下对其部分内容做简要介绍。供参考。

一、飞行特情心理训练

（一）遇险情况的心理特征

遇险状态下，人的心理活动会发生变化。通常情况飞行员驾驶飞机包含的心理过程为：掌握和分析信息、形势评估和形成飞行态势、确定飞行态势与目标的关系、计划行动程序和方法、采取决定并付诸实践。但是，在遇险的或出现特情飞行问题的情况下，心理活动与普通飞行活动的心理过程根本不同。遇险情况下，压力的提升，活动复杂性的增大，处于应激状态下的飞行活动，仍然需要重新建立行动计划、形成新的飞行态势以调整行动。

（二）心理训练提升遇险处置能力

在遇险条件下提高飞行员活动的效率，可通过心理训练的方式，以形成适应性的生理机制来应对出现的问题，从而有助于保持有效预测、理性思维和预想反应的心理特征。心理训练的实质是消除了遇险条件下的"意外"特征，同时遏止了"消极情感"。形势评估、形成正确的飞行态势，是飞行员在遇险环境中的主要环节。需要飞行员能够有效使用当前的飞行作业信息，而且要运用以前的知识储备和实践经验，判断出当前环境特点，并判明最有价值的信息，从而实施行动计划。飞行员所完成的行动，常常与飞行态势在大脑中的运用相关联，能够合理判断、有效正确处置，关键在于飞行员既往所建立的认知系统为基础，同时也以镇静的思维活动为前提。由此可见，在训练设施器材上开展飞行员心理训练是处置遇险特情的重要任务。

（三）训练器材实施心理训练基本程序

实施心理生理训练，在飞行人员职业训练的过程中及其基础之上，训练的基础是培养驾驶飞机和操纵飞机设备的标准技巧。因此，在训练设施器材上进行以心理和职业训练为目的的练习时，可以划分为4个阶段：①完善执行典型飞行作业的技巧；②建立特殊飞行条件下的行为自动化处置程序；③训练在非常规和出现问题飞行情境下行动的技能与技巧；④建立在复杂遇险条件下进行紧急情况评估和处置所采取的决断的技巧。具体介绍如下。

1. 第一阶段训练

制订典型飞行作业计划，主要用于实现各种仪表飞行程序、注意力分配或转移注意力的技巧训练。主要针对新飞行人员，或投入到新机种飞行转训应用、长时间间断飞行，或执行其他飞行作业类型的应用。为掌握足够典型飞行作业，一般而言，飞行员练习1~3次。也可以使飞行活动条件复杂化，在训练中加入"侧风"因素和借助"后备"仪表的额外感觉运动任务。

2. 第二阶段训练

在执行典型飞行作业计划过程中，加入各种技术设备故障。飞行员的任务是发现故障并执行飞行大纲中规定的纠正和消除故障的行动。完成这些动作之后，由教练员来消除故障。在每一次飞行中，应当加入3~5处仪表、飞机系统和动力系统故障。

飞行员在克服和消除大部分险情条件（这些条件引起设备故障）和防治进一步发展为严重的飞行事故时，能够准确按照大纲规定程序处置出现的问题。

3. 第三阶段训练

增加飞行活动的复杂化提升飞行心理效能。训练设施器材上的第三个训练阶段，旨在真正实现这些能力。

（1）复杂化的方法：为了使飞行员活动条件复杂化（制造非标准的和出现问题的飞行条件），可以使用下列方法：①逐渐的或一次性引入不同的驾驶操作、导航仪表和系统的故障；②飞行员相对起飞降落的迷航；③降低云层的最低边界；④在机场附近上空足够完成下落降落的高度上，引擎发生故障；⑤导航信息十分有限；⑥加入"侧风"和额外感觉运动任务，在解决恢复导航的复杂任务时限制燃料储备等。

（2）基本要素条件：根据训练设施器材的类型与航空兵的种类，在基础飞行作业要素的组合选择上可以稍微有所差别，但总体上应包含下列要素：起飞、执行特技驾驶（在中、低空或超低空）、对空中或地面目标的作战运用、恢复导航和降落。要改变的仅仅是执行这些要素的特征和条件。

（3）不同组合的叠加：仅仅通过引入不同的驾驶操作、导航仪表和系统故障及发动机故障的组合，根据其复杂性和心理活动内容的不同，可以建立起更多种的降落条件。降低云层高度（边界）、引入"侧风"、额外感觉运动任务，使得复杂降落条件的选择数量成倍增长。通过选择故障的不同组合的方法，为各种级别的飞行员建立了足够复杂的飞行条件，从而树立处理能力的信心。

（4）加大复杂程度：在训练过程中，飞行员所使用的导航信息内容，逐渐受到限制。起先，飞行在所有导航系统工作的情况下进行，之后逐渐关闭指挥系统、关闭航线轨迹系统。在掌握了这些科目之后，进一步限制导航信息情况下，使用下列导航参数组合：①航线、方位角和航程；②航线、航程和航线轨迹；③方位角和航程（针对一些飞机类型）；④无线电罗盘和航程；⑤只有无线电罗盘等，完成飞行训练。

（5）进一步复杂化：使执行飞行作业的条件进一步复杂化，可以通过在飞机下降降落时降低云层的高度（最低边界的高度）、引入"侧风"额外感觉运动任务、引擎故障和燃料储备有限的途径来实现。

为训练在发动机出现故障降落时的机动编组和驾驶技术飞行效能要素，可以设置情况有："上升特技动作"过程、"发射导弹实施目标拦截"过程、"对地面目标采取火力打击"后提升机动（要考虑到，飞机高度及与起飞降落场的距离足够飞行员以协调的动作完成下降降落）出现引擎故障等情况。在机动过程中，飞行员应在达到2 000米的高度时启动引擎，随后教练员再次将其转入故障，在引擎无法启动和无法进行下降降落的时候应采取及时决定，实行弹射。

为掌握每项科目，年轻飞行员（经验少的飞行员）需要不少于10次练习，所有练习时间应在10～15小时，而且练习的结果取决于针对其进行地面训练的质量、个人特点、职业训练的整体水平。此外，在训练的第三个阶段执行所指定的科目时，飞行员有足够的时间储备用来考虑和修正自己的决定和行动。

4. 第四阶段训练

在训练的第四个阶段，建立更加极端条件，减低飞行员采取决定处置的时间，处置不当将带来严重后果。为建立极端的飞行条件，可以使用两类练习科目。

第一类练习：关闭驾驶舱后，通过人为引入倾侧角和俯仰角、速度、高度和垂直速度的不同组合，建立复杂的飞机姿态，只有通过飞行员及时和协调的动作才能脱离这一困境。飞行员的任务是：迅速而正确地评估情况并采取使飞机摆脱复杂状态的解决方法，或者，如果可能的话进行弹射。

第二类练习：引入发动机故障的同时人为地在低空造成 120° ~ 180° 倾角，起飞时在 30 ~ 50 米的高度或降落时在 150 ~ 200 米高度。飞行员应对情况进行评估并准备处置，以进行安全弹射（提升高度，使飞机摆脱倾侧或等待飞机在倾侧的角度为 90° ~ 0° 之间时自行摆脱）。

二、空间定向心理训练

飞行空间定向，产生于三维空间。在飞行过程中由于受到空气动力的影响，又缺乏静止视觉中基准定位参照物，会导致定向能力不足，出现空间定向问题。这种问题的产生机制，是由于人类长期进化所形成的空间定向机制而带来的，人类生活并不适于飞行条件，也不能够保障在飞行时的有效功能。所以，必须养成心理调节机制，使飞行人员能够在相对于地面感官信息标准明显错误的飞行条件下实现定向。

航空实践证明，克服人类针对飞行定向的生物学上的缺陷的训练，尤其是在自然定向视度之外，唯一的方法是使用操纵－导航仪表的指示。不要相信自己的感觉，而要信任仪表的指示。

（一）飞行空间定向问题的机制

飞行空间定向的实现，需要不断积极调节对飞行中信息的理智评估，空间定向不仅仅是生理问题，也是理智、积极、自信的心理问题，所以，需要进行特别心理生理训练。

飞行过程中，确定飞机在飞行轨迹上的位置，依靠两种信息。一是设备信息，二是非设备信息。设备信息包括操纵与导航的各类仪表（航空水平仪、高度仪、升速表、引擎运转指示器），非设备信息主要指来自对飞机可视部分相对于自然定向标的位置认识、对控制装置作用力的感觉、加速度感觉、噪声和振动感觉。借助这些所有信息，飞行员在自己空间认识中反映出飞机在空中的状态，与当前参数一致性。

能够准确识别空中飞行状态，其难点在于各类不同的信息只提供某一方面飞行参数的资料，如设备信息提供抽象符号形态，具有精确的数量表示；非设备信息是一种主观感觉体验。飞行员需要将这些设备信息与非设备信息整合，才能确保飞行活动的正常进行。与此同时，飞行过程中飞行员还会受到来自敌方设备信息和非设备信息的干扰，这些因素都导致了飞行员空间定向问题发生。

（二）空间定向问题的心理训练

心理训练，核心重点是训练飞行员在空中飞行时，对仪表读数与感觉、感知特征的认识。在飞行情境的多样性中，挑选出最具典型意义的飞行情境，如特技动作轨线上的位置，在这些位置上呈现开始或结束主要参数的变化等，设定心理训练科目。

1. 科目1

目的：培养飞行员熟悉典型飞行情境过程，掌握空中飞行时设备与非设备信息的相关知识。

借助飞机模型和图解来演示飞机的轨迹、飞机空间位移，描述飞机在轨迹上所处位置的基本信息特征，尤其注意非设备信息的特征。帮助受训飞行员熟记仪表在不同典型飞行情境下的读数，掌握飞机在每个典型飞行情境中对应的空间位置，了解操纵 – 导航仪表的读数和非设备信号的典型特征。从心理学角度看，这一过程是形成执行各飞行作业概念的必备条件。

2. 科目2

目的：形成对飞行轨迹位置和同步操纵 – 导航仪表读数的直观认识。

条件需求：设备条件需求投影机、屏幕、飞机模型、仪表读数和飞机可视部分相对于自然定向标的位置图形的幻灯片等。

呈现方式：所学习的典型飞行情境的幻灯片，按照具体飞行作业事件发展的顺序播放给受训者。练习开始时，播放幻灯片的时间不作限制。受训者应当能够说出典型飞行情境的名称，借助模型帮助指出飞机的空间位移，说出高度和速度的读数并口头描述此时的感觉和知觉。在训练过程中，幻灯播放的时间限制在 2 ~ 3 秒。训练的结果，是使受训者培养出"操纵"和"导航仪表"的清楚、精准读数，与典型飞行情境中对飞机空间位移的感觉、知觉特征。

从心理学的观点来看，完成这一科目可以达到以下目的：一方面，通过在典型飞行情境中对"操纵"和"导航仪表"读数的具体视觉认识来固化已形成的概念，这对于形成仪表读数形象而言是必备条件；另一方面，有助于加强飞机空间位移与在飞行中获得的信息特征，也就是仪表状态和飞行感觉之间的稳定联系。

3. 科目3

目的：巩固前面训练的成果，训练将仪表刻度信息转换成对飞机空间位置的直观认识。为完成这一训练科目，典型飞行情境下仪表读数的幻灯片使用随机顺序播放。受训者应当说出典型飞行情境的名称（飞行区段，飞行动作），所说情境应与所展示幻灯一致，借助模型指出飞机的空间位置，并口头描述对非设备信息特征的感觉和知觉。在执行科目之初，播放幻灯的时间不作限制，之后逐渐限制在 2 ~ 3 秒。

训练实现的结果：受训者获得"仪表上所显示的读数信息转换成直观的飞机空间位置状态的概念认识"。从心理学观点出发，这一练习有助于形成典型飞行情境下的"操纵"和"导航仪表读数"的标准形象，在飞行中可以依靠同标准形象比较方法来保障情境识别。

4. 科目 4

目的：开展对最典型误差——真至威胁到飞机安全——的识别训练；开展针对仪表设备工作故障的识别练习。

在开展这一练习科目时，比较在科目 3 中所使用的幻灯片，向受训者播放显示各种数值的飞行参数误差，直至威胁到飞机安全，如飞机失速、掉高度、飞机无法返回到初始轨迹区域等，以及仪表设备故障的幻灯片。受训者应当识别确定这些误差和故障，在飞机模型的帮助下指出其空间位置，口头描述该情境下显示出的非设备信号，并说明消除误差故障的行动顺序。

训练目标：学会处在飞行轨迹任何区域内出现误差和故障时，在 2 ～ 3 秒内能够确定飞行参数中的误差和技术设备的故障，了解这些情境下，非设备信息的特征和消除这些误差故障的行动顺序。从心理学的观点出发，制订这一训练科目，使在飞行作业过程中于任何飞行轨迹区域内出现各种复杂情况时，养成对"操纵－导航仪表读数"的情境状态感知成为可能，而不是通过非设备信号特征获得感知，从而为形成正确的心理认知过程，建立正确的处置行为奠定基础。准确识别在飞行轨迹不同区域内的触觉、主体感受和前庭感受，并将其有意识地纳入受仪表读数控制的飞机驾驶活动的心理调节中，这不仅仅有利于飞机驾驶和形成空间位移形象，同时有助于减少出现错觉的可能性。

从机制上看，形成正确的对飞机空间的位置的识别，是由于在意识的控制下，自如地将来自前庭分析器和主体感受分析器的感觉，纳入建立在仪表读数基础上的空间位置的大脑形象中。所以，在仪表飞行中未认清非设备信号，是不由自主突然地产生关于空间位置的错觉的原因。所开展的训练，旨在积极使用飞行员获得的所有信息以调节飞机驾驶活动，以便在飞机空间位置、"操纵－导航仪表读数"和相应的感受特征之间形成稳定的联系。最后，飞行员能够清楚地意识到自己的感觉，并在此基础上自由地控制这些感觉。也就是说，在目视飞行中，飞行员能够感觉到其处于的空间位置所感觉的状态，即在这个位置上仪表的指针读数。

三、心理减压训练

心理减压训练属于旅团级单位开展的特殊心理生理训练工作，有两个相关方向：一是促进飞行员顺利完成飞行作业，并使飞行间隙和飞机后期的机能状态迅速恢复正常；二是激活工作能力和提升针对飞行的心理准备。通过借助自我张弛意动训练法和

"漂浮放松反馈训练太空舱"设备实现。

（一）基本机制

通过使用心理减压和心理调节手段，以意动训练，或通过设备设施方法的训练，恢复飞行员的机能状态，主要机制是降低神经情感压力，使机体的调节功能正常化。这些手段以影响机体自我修复机制和生理学机制为基础，既保障了作用的高效，又确保了没有任何副作用。

（二）心理减压室的设置

1. 设施设备需求

（1）高靠背软椅，使用时能够保持舒适的姿态。

（2）音乐功放机，播放立体声音乐等，呈现自我暗示程序和功能音乐。

（3）立体声耳机，收听自我暗示程序和功能音乐。

（4）漂浮放松反馈训练太空舱，单人使用实现快速心理恢复功能。

2. 室内布置的要求

心理减压室应规划不少于25平方米的面积，房间的隔音效果要好，墙壁和天花板色彩要让有安静感觉的颜色（如亮咖啡色、灰蓝色），色彩饱和度适中。窗户上应安装厚实的窗帘，以保证室内在白天获得必要的昏黑条件。室内安装空调，确保夏季提供舒适的环境条件，屋角摆设鱼缸、花、植物等装饰品，墙面上悬挂自然风光画。

（三）心理减压室作用

1. 室内布置的作用

房间内部装修颜色具有审美作用，实现功能音乐、观看娱乐电影等作用，都属于非特殊行为手段方法。这些手段促进功能状态的正常化，飞行人员以观众、接受者的身份参与其中，从而自然地实现基本目标，即转移、抚平和消除神经情感的压力。在作用过程中，以放松的姿势坐在椅子上，不太鲜亮的颜色，不高的音乐音量，为飞行员创造最大的舒适感。而这些内部装修颜色的审美作用，其形状、颜色、动植物装饰品因素都属于非主动意识信号，这些信号唤起机体功能状态的根本好转。

2. 室内布置作用机制

其作用由室内使人安静的颜色格调、墙上的画、摆设动植物装饰品的墙角所引发的，发挥的作用与功能音乐和心理自动调节相结合，从而产生镇静或激励效果。作用的方向取决于音乐的速度和调性。镇静的音乐，有助于将自主神经系统调向舒缓方向，实现脉搏减慢、降低动脉压力，扩张血管。激励的音乐，唤起情感反应，其作用与上述相反。

3. 音乐、电视作用机制

功能音乐既作为独立的手段使用，也与心理自动调节结合使用。用在第一种用途时，使用镇静音乐，降低神经情感压力；用在第二种用途时，既使用放松音乐，又使用激励音乐。在选择音乐时，古典音乐对机体具有更大影响作用，尤其能够达到镇静的作用。

特殊电视节目旨在降低紧张的作战训练中产生的神经情感压力。这种作用类型具有缓解压力和调节情感的效果。飞行员被吸引到屏幕里的情感环境中，降低了压力，并且可对交感肾上腺系统的功能产生有利影响，使飞行员功能状态正常化。最常使用的减低心理压力的电视节目是喜剧和娱乐音乐节目，风光电影具有镇定作用。

（四）心理减压室的应用

心理减压室的应用旨在预防功能损害，有助于出现功能损害的飞行员恢复效能状态。

1. 预防功能状态损害

通常使用以下方法实现预防功能状态损害：①在功能音乐的背景下放松休息；②观看特别影像节目；③培训飞行员心理自动调节的方法；④提高机体的调节能力和通过自动调节法降低神经 - 情感压力。

2. 使用心理减压室

应向飞行人员说明心理减压室的用途和该方法对机体功能状态的影响。为实现预防功能损害，心理减压室的应用分自由使用制和强制使用制。飞行人员根据意愿，独立地在功能音乐中进行放松休息和观看影像节目。这一措施可在每个飞行日结束之后进行。

3. 开展心理自动调节

应根据事先建立的表格，由航医对不具备心理自动调节技能的飞行员，按照受训或调节方案的指导和监督实施。前两次训练疗程按照功能音乐磁带中所录制的标准科目要求，开展口头程式加深练习，练习作业时长为 20 ~ 25 分钟。在飞行员出现强烈或长期疲劳现象（过度的情感亢奋、睡眠不良、生物钟紊乱等）时，应借助心理自动调节和中枢镇静的方法来实施，可以通过使用组合的或单一的手段实现。在出现以自主神经活动为主的症状时，如出现动脉压增大、手指颤抖、多汗等情况，使用中枢镇静方法，训练时长为 35 ~ 40 分钟。在出现情感不稳定、亢奋、睡眠不良的时候，使用心理自动调节法实施，训练时长为 20 ~ 25 分钟。

四、自我心理影响训练

自我心理影响训练，实质上是一种心理自动调节训练，旨在有针对性地全面调节机体活动、反应过程、心理状态。

（一）自我心理影响训练的特点

飞行职业工作的特点要求飞行人员身心机能高度稳定，才能保障执行飞行任务的高效性和飞行安全性。自我心理影响的方法，是高质量完成飞行活动、动员机体内在潜能和心理效能的最有效手段。

自我心理影响训练效果包括：①养成与飞行作业条件相适应的良好机能状态；②提高自动心理调节的能力水平，保障对激活和抑制作用的有效调节；③针对所面临活动形成准确的心理形象，预先确定了执行飞行作业和在工作过程中调节紧张程度的心理准备；④有针对性地培养自我控制的技能、自我组织修复和自我教育的技能。

此外，自我心理影响训练能够具有组织和动员特征，可以起到使飞行员机能状态正常化的作用，对高度紧张、高强度的飞行尤为重要。

（二）自我心理影响训练的组成

由基础训练部分和特别训练部分组成。前一部分在飞行训练间隙完成，后一部分应用于飞行活动的过程中。

基础训练部分是功能状态修正、自我心理影响和个人自我教育的基础，是特别训练部分能够实施的基础，是保证自我心理影响获得良好效果的保证。在基础训练部分训练过程中，培养关于自发沉思——特别状态期的技巧，这种技巧是一种语言程式，是大脑对某些程式性语言认知，对机体各种机能高效力影响及作用。巴甫洛夫描述为，是"绝对的、不可抗拒的、决定性的有效刺激的方式"。

（三）基础训练部分

1. 基础训练的功能及组成

基础训练部分的科目具有独立的心理卫生意义，这些科目的训练可以消除压力、疲劳，恢复精力，有助于控制注意力养成，自如驾驶不受物理感觉（重力、热等）影响，自如调节肌肉的紧张度和呼吸，培养快速自发沉思和摆脱紧张度状态的技巧。

自我心理影响基础训练部分包含8个科目，每一个科目都有自己的特殊任务。为了加速训练，可以使用科目及作用列表中前5个训练项目（表12-6）。

表 12-6　自我心理影响训练基础训练部分科目组成

科目	作用
科目 1	对重力感的形象认识法，达到肌肉的张弛状态，作用于手臂
科目 2	对重力感的形象认识法，达到肌肉的张弛状态，作用于腿和躯干
科目 3	持续时间内对热的感觉的形象认识，养成自如扩张血管的技巧
科目 4	持续时间内对热的感觉的形象认识，养成自如扩张血管的技巧
科目 5	完善自如控制呼吸的技巧
科目 6	使用躯体感觉形象认识法，自如调节自主神经活动和腹腔内血管的技巧
科目 7	训练自如调节心脏收缩节奏
科目 8	培养控制头部血管反应的技巧

2. 基础训练方式及时间

由航空医生指导和监督下开展。分为集体训练和独立训练两种方式。

（1）集体训练：于日间开展，采用坐位姿势。训练开始时，在高靠背扶手椅上坐下（半坐半躺）闭上双眼，使用预先录制好的音频标准文本开展。在没有音频的情况下，文本由航医或训练教练朗读。

（2）独立训练：于睡前开展，采用平卧姿势。根据在集体训练中所学科目的方法独立开展练习，随后进行旨在快速入睡的程序训练。调查显示，在最初的独立夜间练习中，近60%的飞行员在还没有完成训练的时候就已经睡着了。这是因为，所唤起的张弛状态有助于快速入睡，而由于缺乏对这种状态的控制技巧，使其单向发展，最终进入深度睡眠。从第5课开始，独立训练的人中90%能够全部完成训练。

时间安排上，完成一般训练部分，需要实施16～17项训练内容，平均每一个科目有2个训练内容。每周组织三组训练内容，通常5～6周掌握整个方法。除此之外，每天独立自行进行练习，巩固在对各个科目学习所掌握的技巧。训练时间为20～25分钟。

3. 基础训练的注意事项

（1）在开始练习之前，组织参训人员讨论座谈有关心理自动调节能力、机制、在飞行活动过程中使用前景等；训练中，要对观察到的情况，做简要分析和工作小结；训练结束后，根据对飞行员状态观察结果对训练内容进行总结，并回答问题，最后要求参训者填写"自我总结"日志。

（2）在完成了第6课之后，可以建议开展日间的辅助独立练习。它可以帮助飞行员培养快速与外部环境隔绝、在任何条件下进行训练的技巧。

4. 基础训练的具体方法

（1）科目1

①我坐得很舒服。我的身体状况很自然，放松、从容。我将自己的意志力集中在控制自己的神经、身体和自己的状态上。我完全控制着自己的身体和心理。

②我哪儿也不急着去。我在大脑里画了一个圈。我把自己的烦恼、不安和焦虑都留在了这个圈外面。我沉浸到绝对安静的状态中。在这种状态下，容易养成和巩固控制自己身体状态的技巧。我轻松地控制着自己的身体和心理。我抛开所有烦恼。我已经完全平静下来了。我完全沉浸在自己的内心世界里。我将自己的意识同自己的身体融为一体。我的"我"已经钻入身体的每一个细胞里了。我身体的每一个细胞都想要完成"我"的意愿。

③现在我把注意力集中到自己的脸上。我控制并放松前额、脸颊和嘴唇上的肌肉。我的牙齿没有咬紧，下排牙齿空悬着。我把舌尖抵住上齿根。我的双眼闭起，想象的视线投射到额头部分。面部表情平静、从容，像是一副面具。脸，就是一副面具。

④完全放松脖颈上的肌肉。他们完全不承担对头的支撑。完全放松躯干上的肌肉。

⑤我平静地吸气、平静地呼气，调节到一个舒适的、让我平静的呼吸节奏。我的呼吸平静、均匀、有节奏。我将平静吸入身体。随着每一次吸气，平静充满我的头脑、胸腔和身体。

⑥现在我非常想让自己的右手变得沉重……我感觉到，我的右手变得非常沉重……我感觉到，好像我的右手变得非常沉重……我感觉到，我的右手变得非常沉重……右手变得沉重……手变得沉重……变得沉重……非常沉重。

我将注意力转到左手上。现在我非常想让自己的左手变得沉重……（接下来与上面的内容相同，程式越来越短，语气越来越肯定）。

很舒服的、让人不能动弹的、平静的沉重感觉充满我的右手，之后是左手。我清楚地感觉到双手的沉重感。（停顿）

⑦在松弛的状态下，我休息得非常好，非常放松，神经不感觉紧张。我非常平静。平静给了我信心、力量和健康。我在任何环境下都健康、平静。我休息得非常好。

⑧现在我的呼吸变得更深、更有力了。吸气：一、二、三、四；慢慢地呼气：一、二……八。再做一次吸气……呼气……吸气……呼气（数到四的时候做一次深吸气，数到八的时候做一次缓慢的呼气，人为地为呼气制造困难，胸、腹和臂部肌肉同时紧张起来）。呼吸消除了身体的沉重感，使头脑清新。我的身体精力充沛、精神焕发。

我握紧拳头，睁开双眼……我振奋起来，轻松地进入精力充沛的状态。

（2）科目2

在本科目和下列科目中，反复重复前5项。只有第6项在程式文本上有所变化。

⑥很舒服的、让人不能动弹的、平静的沉重感觉充满我的右手，之后是左手。我清楚地感觉到双手的沉重感。现在我将注意力转移到右腿。现在我非常想让自己的右腿变得沉重……（程序在这里重复，完全按照与前面项目一致的顺序）。我将注意力转到左腿上。现在我非常想让自己的左腿变得沉重……（下面程式的文本，同前面科目一样，变得越来越短）。

（停顿）

很舒服的、让人不能动弹的、平静的沉重感觉充满我的右腿和左腿。沉重感传遍了我的全身。

接下来是第7项和第8项，与科目1中的内容相同。

（3）科目3

⑥很舒服的、让人不能动弹的、平静的沉重感觉充满我的右手，之后是左手。我清楚地感觉到双手的沉重感。

我把注意力转移到腿上，温暖的、舒服的沉重感充满我的右腿，之后是左腿。沉重感传遍了我的全身。我已经完全放松下来了。

现在我非常想让自己的左手变得热起来……手变得热起来……非常热。我将注意力转到左手上。现在我非常想让自己的左手变得热起来……变得热起来……非常热。（程式在这里逐步缩短，像在前面科目中一样。停顿。）

舒服的、对健康有益的暖和充满我的右手和左手。热在手指尖上跳动、在手掌上跳动，传到前臂、传到肩膀。我的手释放出热量。（停顿）

接下来是第7、8项。从本科目开始，第8项中加入相应的程式变化："呼吸消除了身体内多余的沉重感和热量，使头脑清新"。在下面的科目中必须采用这一措辞。

（4）科目4

⑥令人舒服的沉重感充满我的右手，然后是左手。手上的沉重感流入右脚，之后流入左脚，充满了整个身体。我已经完全放松下来了。令人舒服的热，充满我的右手和左手。热量在手指尖上跳动、在手掌上跳动，传到前臂、传到肩膀。双手向上散发着热。（停顿）现在我非常想让自己的左脚变得热起来……（逐步缩短程式文本），我将注意力转到左脚上。现在我非常想让自己的左脚变得热起来……非常的热。（停顿）令人舒服、令人平静的热充满我的双脚。我清楚地感觉到指尖跳动的热停下了。它传向小腿、大腿，充满胸膛和腹腔。我的身体散发着热。（停顿）

接下来是第7、8项。

（5）科目5

培养呼吸动作的积极作用。第六项分成两个部分：a部分和b部分。

⑥（a）令人舒服的沉重和热流充满我的右手和左手。我把注意力转移到脚上，明显的沉重感和热流入我的右脚，之后是左脚。热在指尖和脚尖上跳跃。热量充满胸膛和腹腔。（停顿）

⑥（b）现在我专注于自己的呼吸。我的呼吸自如、平静、有节奏。我的"我"与我的呼吸融为一体。我的全部——呼吸。我的全部——快乐的和自如的呼吸。我吸入平静和健康（数4～5下）。我呼出疲劳和心理压力（数8～10下）。我吸入精神与力量，我呼出虚弱与意志薄弱（与第8项不同，呼气自由、没有压力）（停顿——1分钟，呼吸在吸气和呼气时伴随着相应程式。将一直如此）我呼吸得轻松、快乐。我在任何环境下都控制着自己的呼吸。吸到身体里的快乐和健康，是阳光下积累的热量。现在，我可以想象地将这一热量传送到全部身体的任何一个部位。只要我愿意，它可以一直持续着。

接下来是第7、8项。

（6）科目6

旨在训练自如地扩张体内器官的血管。

完全重复科目5中的6（a）项，而6（b）项则由下列程式组成：

现在我把自己的右手放到阳光照射的地方。我清楚地感觉到，在手掌下产生并积聚起热量，这股热量从我的手传开，流进腹部深处。随着每一次吸气，我又吸入体内一份热量，并通过我的右手把它送到阳光交织的地方。热的感觉清楚而明显。我可以想象地将这份热聚焦到身体的每一个部分。这股热听我的话。热量充满胸膛和腹腔。

有益健康的热使我整个身体热起来了。我通体散发着热。我养成按照自己的意愿从内心里让自己热起来稳定的能力。（停顿）

接下来是第7、8项。

（7）科目7

有助于培养通过扩张心脏冠状动脉，使心脏活动正常化的技巧。在此过程中，使用左手的热感，它有助于扩张心脏冠状动脉、改善心肌供血。

⑥让人舒服的沉重感充满我的双手。手上的沉重感流入右脚，然后流入左脚，充满了整个身体。我已经完全放松下来了。而现在我非常想让自己的左手变得热起来……（接下来重复科目3关于左手的程序）。热量在我左手的指尖上跳动。热传到了前臂，肩膀……热的感觉清楚而明显。热包裹了整个胸膛。整个左胸热了起来。（停顿）

接下来是第7、8项。

（8）科目8

旨在养成收缩面部和头部血管的技巧，以预防头疼、消除上呼吸道水肿（其中包括血管收缩神经性鼻炎，这可以引起鼻腔阻塞）。本科目的程式以科目5的文本为基础，并完全重复科目5的文本直至第6（a）项、第6（b）项。

接下来的程式：

我开始吸入清凉。随着每一次吸气，清凉感越来越明显，使我的鼻子和双眼凉了下来。我通过像雪一样干净的过滤器吸入空气。令人非常舒服的清凉积聚在额头的皮肤里，越来越明显，越来越明显。我的额头让人舒服地凉下来了……额头让人舒服地凉下来了……让人舒服地凉下来了……凉下来……（停顿）

接下来是第7、8项。

执行上述科目时，独立练习中第7和第8项替换为促进快速入睡的练习。

（四）特殊训练部分

特殊训练部分，包括一整套练习，借助有针对性的活动，认识和采用自我暗示（自我说服）的程式，影响心理作用过程，调节自身情感，实现激励工作能力和内在潜能的目的。它能够使肌肉深度放松、有针对性地调节情绪状态、使控制兴奋和抑制活动的中枢神经系统的功能正常化，预防飞行员产生过度疲劳和神经极度兴奋，有助于完成长航时飞行任务的重要训练内容和方法。

1. 特殊训练部分内容及作用

特殊训练部分包括的基本内容有两部分。

（1）张弛意动练习：有针对性地激发飞行中的认知功能，有助于更快地养成敏捷思维活动的技巧、降低飞行中的压力和提高针对飞行的心理效能水平。

（2）语言形态的自我暗示：有助于飞行员机能状态的自动调节、养成完成职业飞行活动、快速适应现实生存条件所必需的个人特质和提升情感 – 意志的稳定性。

2. 特殊训练部分时间安排

在掌握了基础训练部分之后开始。从第 5 课的时候，开始将特别部分的训练内容加入到基础训练中去，大部分参训者此时已经能够唤起自身的自发沉思状态。划分 10 ~ 12 天用于掌握特殊训练。在这段时间里，飞行员学习掌握训练程序并积极运用它们，以激发工作能力、恢复睡眠、恢复精力、培养个人特点。

3. 飞行前训练的应用程序

在飞行训练最初阶段，开展张弛（放松）练习和计划任务演练，随后借助自我暗示训练程式和呼吸练习进行激励。

（1）睡前：松弛意动练习，同训练最初阶段一样，随后进行自我暗示——相信自己的能力、相信自己为不出差错地完成飞行做好了充分准备，在这之后是一系列促进入睡的训练程式。

（2）飞行前：于起飞前 20 ~ 30 分钟内，在自发松弛状态下，利用自我暗示和相应的呼吸练习训练程式，最后一次调动机能，来对飞行中最困难的部分进行演练。

（3）飞行后：在自发松弛状态下，进行令人安静的心理暗示，以使机能状态恢复正常。

4. 特殊训练具体方法

通常在掌握了基础训练部分的方法后，要养成自发沉思情绪稳定习惯。每一次基础训练开始时，需要花费 15 ~ 20 分钟，在结束的时候则需要 5 ~ 7 分钟。特殊训练部分在开始训练前，飞行员要独立地选出最适合自己的程式，确保快速进入自发沉思。

下面列出简化了的自发沉思的程式，供参考。

我坐得很舒服。我的身体状态很自然，放松、从容。我完全控制着自己的身体和心理。我在大脑里画了一个圈，把自己所有的烦恼都抛到了圈外面。我完全安静下来并沉浸在自己的内心世界里。我就在我的内心世界里面。

面容平静、从容，像副面具。脸，就是面具。完全放松脖颈上的肌肉。完全放松躯干上的肌肉。我平静地吸气、平静地呼气，把呼吸调节到一个舒适的令我平静的节奏上。

现在我的双手开始舒服地热起来……双手变得沉重和迟滞了……变得沉重……非常沉重……令人舒服的热流注入我的双手。热流充满了我的手和前臂，热流在我左手的指尖上、手掌上跳动。我的手散发出热，而现在热的感觉充满我的双脚……

（接下来与上面程式相同）

沉重感与热感笼罩了全身……我完全放松、平静。

（1）张弛意动练习：在内心松弛放松的状态下进行。针对飞行训练的不同阶段，进行详细的或分部分的飞行表象演练。其内容取决于执行的任务内容（飞行驾驶、战斗运用等）。

训练采用异质训练类型，在预先准备、入睡前和飞行前独立进行。训练程式中行为描绘的速度由指导者给定，一般与现实飞行中的速度节奏一致。通常飞行员在最初训练阶段里，调动想象力的技巧不足，大多数情况下演练想象飞行时速度过快。采用异质作用，使得飞行员能够选择与现实飞行相一致的活动速率，同时有助于其在各个科目飞行时快速掌握行动的顺序。

以采用表象演练在某机型飞机上圆圈航线飞行中的平飞为例。

我在驾驶舱里。扣紧安全带的锁扣。按下"启动"按钮，听到发动机开始工作，将制动杆推到"打开"的位置。通过转速表，看到读数在上升，将目光转移到涡轮机外气温指示仪上，监控着温度的上升，随后将目光转到转速表上。转速提升到35%，查检油压（不低于 $0.5\,kg/cm^2$），检查温度（不高于550℃）。下达指令：切断地面电源。关闭监控信号设备。打开 A3C（自动控制系统）"白天""超短波""O_2"。对发动机进行加热，转速为52%，随后为65%，转速为65%，加热时，检查液压系统的工作情况。伸出并收起襟翼和制动板。在转速为94%对时发动机加热半分钟。打开隔缘阀，转速上升到95%～97%。关闭绝缘阀，转速重新回到94%，在转速为97%和最大速度时，对发动机加热半分钟。将发动机操纵杆置于"最小值"位置。将发动机操纵杆置于"最大值"位置1～2秒以检查发动机的加速性，保持10～15秒并检查转速和气温。缩小转速到最小值。打开信号灯，驾驶舱密封关闭，请求批准并开始滑行……

在掌握任何一种类型飞机的最初阶段，练习过程应该完整，包括启动、滑行和准备起飞等要素。之后，随着对程序的掌握和技巧养成，前文所述的文本可以大幅精简为：

我启动发动机，加热发动机并监控仪表。请求允许滑行……

我上了跑道。打开飞行时间统计。我将视线沿着起飞降落场移向前方，释放制动并开始助跑。控制杆放在中间自由位置，直视起飞方向，保持起飞降落场始终在视野中。快速查看速度指示器——140 km/h，平稳地将操纵杆拉向自己，提起前轮，地平线处在瞄准反射镜的底边线上。保持飞机起飞角并保持方向。发动机运转稳定，速度为160～165 km/h，飞机离开地面。我将视线移向左面前方35～40米处的地面。高度为20～25米，速度220～230 km/h，按下收起起落架按钮。动作平稳地调好高度仪——地平线处在驾驶舱信号灯前部的底边线上。通过看小灯是否点亮，检查起落架是否收好。在80米高度收起襟翼并防止由于操纵杆偏移造成失衡。查看小灯是否点亮、按钮是否归位以检查襟翼是否收好。降低发动机的转速到94%，继续通过仪表观察飞行速度的上升直至达到 300 km/h。检查监控发动机运转的仪表。环视四周，看是否有其他的飞机。接近第一个转弯处，瞄准转向定向标，检查回转感应罗盘的计数，高度 200 米。同时手部和踏板动作平稳地将飞机转入转弯处，倾角 30°，速度 300 km/h，并持续观察……

下面，以相似的程式想象演练所有行动类型，直到在停机坪上滑行和关闭发动机为止。此后应进行自我暗示程式：

我非常好地完成了想象飞机。我很平静……我平静……我很平静……非常平静。呼吸变得均匀而平稳。我相信自己的能力。我已经完全做好了飞行的准备。在飞行中我将做到自信和精准。

张弛意动训练，可以用作正常飞行表象训练，也可单独进行表象训练，作为培养特殊情况下的技巧。

（2）激励工作能力训练：成功地执行飞行任务，激活一定程度的心理活动水平非常重要。采用上述程式的帮助，可以在极短的时间内激发起飞行员对飞行的心理准备状态，并保障所有机体系统在飞行过程中活动的稳定性。

激发或调动工作能力训练，可以作为单独的方法使用，也可以配合张弛意动练习和飞行间隙期恢复机体机能状态训练的程序一起使用。

a. 我的额头令人愉快地凉爽下来。清新的小风吹拂我额头的皮肤。我吸入清爽的能量，让我的大脑感觉清新，让我的舌头、上颚和双眼清爽。

体内的热量变得少了。（停顿）

肩膀和后背被轻微的凉意笼罩，好像凉的、清新的、令人爽心的淋浴。所有肌肉都变得富有弹性，它们充满精力和力量。（停顿）

b. 精力和力量充满我的整个身体……我十分专注。我充满自信。我在任何环境下都控制着自己。我的行动准确而迅速。在飞行中我和飞机融为一体。张弛状态加强了我的力量，我的精力……

握紧拳头，睁开双眼，并进入到毫无睡意的状态。

（3）固化职业心理品质训练：旨在提高和巩固每个飞行员顺利进行教学－作战训练所必需的品质：坚定性、情感—意志稳定性、对自己潜能的自信心、坚定的目标性。

为此采用下列程序：

我控制自己，我控制自己的身体、自己的心理。我沉着而全神贯注。我很平静，对自己的能力和自己的才能充满信心。我用自己的经验控制自己。我在任何环境下都控制着自己。在飞行中不感到紧张，我的行动迅速而准确。胆怯和恐惧的感觉与我无关。我轻巧地将胆怯和恐惧从身上抛开。我已经为任何考验做好了准备。我的意志和内心的力量使我能够克服任何困难。我总是一丝不苟的。我总是衣着整洁的。

我果断而勇敢。我精力充沛。我总是在任何情况下，都用自己的经验和行动控制着自己。

（4）夜间睡眠正常化训练（恢复夜间睡眠）：在复杂条件下进行飞行、繁重的飞行负荷、冲突的情况易于导致夜间睡眠被破坏。自我心理影响训练法的基础部分，具有放松和镇静作用，能够唤起与普通睡眠很相似的感觉。辅之以前述的程式，飞行员在任何条件下可迅速入睡，睡眠变得更平静和充足。

我的呼吸平静而昏昏欲睡。慵懒的平静和休息充满我身体的每一个细胞。休息的感觉笼罩着我。整个身体都充满睡意。我的大脑打起瞌睡，思维变得缓慢，思维停滞。我休息在睡梦中，我沉浸到睡梦中，好似躺在羽毛褥子里。我什么都不担心也不忧虑。整个身体都松弛下来、慵懒而平和……我打盹儿了……我进入睡梦……睡觉……令人愉快的、安静的睡梦。睡觉……睡觉……。睡觉……睡觉……睡觉……

（5）飞行后机能状态正常化训练：飞行活动伴随着身体和心理高度紧张，导致调节机体机能状态的神经－体液过度反应。通过自我心理影响调节程式，可降低飞行间和飞行后的紧张和疲劳，快速恢复机能状态，并帮助飞行员始终保持较高的工作能力，延长飞行寿命。

令人愉悦的平静充满全身。我在紧张的飞行后休息。休息的感觉笼罩着我。我的呼吸平静、均匀。随着每一次吸气，我又充满活力。我完全恢复了精力和力气。在松弛的状态下我休息得非常好。平静和休息充满我的身体，进入我身体的每一个细胞里（停顿）。习惯的平静状态非常迅速地恢复了我的精力。我又精力充沛了。

第十三章　飞行疲劳与心理效能

　　疲劳（fatigue）是影响飞行人员保持高作业效能的一种状态，是关系至飞行安全的重要保证。长期以来一直作为航空医学保障的一项重要研究内容，也是航空心理学研究的重点方向。

　　飞行疲劳通常被认为是严重飞行灾难的一个主要原因，据资料介绍，2000—2006年在美国海军和海军陆战队，疲劳被确定为 A 类事故（即损失超过 100 万美元并且含有死亡、永久残疾或飞机损坏）的最主要原因（Davenport，2009）。Wesensten 等（2010）报告了美国国际航空公司航班坠机中有关睡眠缺失及认知功能障碍问题。美国运输安全委员会报告了一系列的事件和事故归咎于航空疲劳，如 2009 年造成 50 人死亡的洲际航班坠毁事故、2004 年造成 13 人死亡的合作航空 5966 次航班坠毁事故、1997 年造成 288 人死亡的大韩航空 801 次航班坠毁事故、1985 年造成 24 人受伤的中华航空公司 006 次航班的接近坠毁事故，以及 1999 年造成 11 人死亡的美航 1420 次航班空难（美国全国运输安全委员会，2001）等。

第一节　飞行疲劳概述

一、飞行疲劳的定义、分类和特征

（一）飞行疲劳

　　尽管一些学者指出，"疲劳"一词并无特定的科学意义，也没有独特的临床意义，因此，当前对疲劳分类、疲劳发生机制和疲劳对工效的影响尚有一定困难。但已知疲劳是涉及工作效率和工作技能损害或丧失的一组客观存在。一些研究表明，在疲劳状态下，注意力会短时间丧失，可能有心理运动能力降低（朱祖强，2001、2000）。可以认为疲劳是指工作过程中人体工作效能下降、造成错误和事故发生概率增加的现象（朱祖强，2001）。据此认为，飞行疲劳是由于持续或重复任务造成工作过程中飞行人员飞行作业能力下降、飞行操作错误和事故发生概率增加的现象，且在物理、生理或心理应激下可以使之加重的现象（LeClair MA，2001）。俄罗斯专家认为，飞行疲劳是在职业活动中产生的，以出现疲劳感、生理功能变化、适度降低工作能力为特征的一种飞行功能状态（诺维科夫，2009）。

（二）飞行疲劳的分类与特征

疲劳分为整体疲劳、局部疲劳、生理疲劳和心理疲劳（朱祖强，2001）。也可分为急性疲劳和累积性疲劳。从勤务保障的角度，通常按飞行疲劳的发生进程分为急性疲劳、慢性疲劳和过度疲劳（诺维科夫，2009），或者按飞行疲劳程度分为轻度疲劳、中度疲劳和极度疲劳（曹冰等，2010）。

1. 按发生进程分类

（1）急性疲劳：由短时但强度大的飞行活动造成。例如，复杂特技飞行后或一个飞行场次中多次飞行后飞行员出现疲劳感，在飞行过程中常被神经情绪紧张所掩盖。飞行员的外在表现为步态晃动、动作失准、迟缓、皮肤苍白或发红、呼吸困难、排汗过多等；客观表现为心率和每分钟呼吸量增加，脉搏和动脉压不稳，工作绩效指标下降（诺维科夫，2009）。

（2）慢性疲劳：是由于飞行员多次受到沉重的工作负荷作用而致，飞行前和飞行中有疲乏感，全身虚弱、萎靡不振、筋疲力尽、头痛、头部有沉重感和噪声感、食欲下降、难以入睡和易觉醒、断续睡眠；客观特征可能是肌力和耐力降低，手指、眼睑和舌头出现震颤，皮肤明显划痕现象、多汗，视觉敏感性和临界闪光融合频率（critical f licker frequency fusion，CFF）下降，反应时增加。工作操作显著减缓、错误动作增加，只有持续（达数日）休息才能使机体的功能状况和工作能力得以恢复（诺维科夫，2009）。

（3）过度疲劳：是由于长时间大强度的工作负荷造成的飞行员病理性功能状态，特点是生理功能的明显变化和活动效率的急剧降低。其特征是出汗过多，呼吸困难，体重下降，心率加快，注意力、记忆力和思维障碍，有时出现腱反射加强，肩部疼痛加重，心血管系统对体力负荷的适应能力下降，立位稳定性、视听觉反应能力、触觉及平衡功能下降，前庭器官兴奋性提高，迷路功能失衡。心电图可能出现冠状动脉供血不足的特征，大脑血管的充盈有所下降会增加晕厥状态、降低过载的耐力（诺维科夫，2009）。

2. 按疲劳程度分类

（1）轻度疲劳：工作能力和生理心理功能变化不明显；

（2）中度疲劳：工作能力降低，主观乏力，思睡，精神萎靡，注意力不够集中，注意力分配不够合理，反应能力降低；

（3）极度疲劳：工作能力明显降低、感到头痛、胸闷、心率加快、植物神经功能失调，注意力不集中，注意分配不合理，反应迟钝（曹冰等，2010）。

二、飞行疲劳的发生原因及机制

(一)飞行疲劳发生的原因

我国学者朱祖强等（2000，2001）针对诱发疲劳的主要原因所述的观点认为，首先是作业强度和持续时间，其次是身心状态，最后就是对职业的熟练程度和工作方法。环境、睡眠、营养状况也是十分重要的因素。

詹皓（2011）认为有三种情况：①飞行员负荷的强度和负荷量，指在飞行、值班和地面准备过程中工作负荷的强度与持续时间；②飞行应激因素的作用，在某些场合可能是造成疲劳的主要因素；③个体因素，如违反作息制度、饮食制度、飞行间隔时间长、疾病前期、不良习惯等。

国内外相关报道归纳有三种情况：①飞行任务、跨时差和生物节律紊乱影响。从人的角度分析，飞行疲劳主要与下列因素有关：睡眠剥夺或睡眠不足、睡眠觉醒的昼夜节律紊乱、飞行任务对睡眠和昼夜生理节律的影响（Rosekind MR 等，2001）。跨时差引起疲劳，主要原因是人体的生理功能，包括睡眠与觉醒均有一定内源性自激节律。如果这种周期受到破坏，身体就会感到不适，会感到昏昏欲睡和疲劳。飞行时飞越时区，体内生物钟与外界不同步，产生睡眠觉醒这一活动周期就会紊乱。②持续飞行任务对脑功能及生理机能的影响。飞行劳动的基本特点是以多任务综合决策为主的脑力劳动，长时间的连续操作可致脑功能疲劳并对其他相关生理心理功能产生影响，表现为主观疲劳感（尤其是精神疲劳感）明显增加、客观认知工作绩效显著降低，而且难度较大的客观指标变化更加明显（陈勇胜等，2007）。③航空应激因素对生理功能系统影响。使飞行人员经常受到持续的动力负荷和其他应激刺激，运动、循环、呼吸和其他功能系统对这些应激因素不断做出反应，易于造成飞行人员的躯体疲劳。因体内产生的乳酸等物质代谢不完全，进而出现身体酸痛等躯体疲劳症状（成海平，2004；周前祥，2009）。

(二)飞行疲劳发生的机制

疲劳的发生机制较复杂。整体疲劳学说认为，兴奋和抑制是大脑的两种基本功能表现。人在清醒时，能迅速有效地对各种事物的作用进行信息加工并做出应答，而清醒状态由位于脑干中央的网状结构的活动来维持。网状结构的活动与大脑的活动又是相互影响的。当大脑工作过久或能量供应不足处于抑制状态时，这种抑制过程也会传入网状结构，使其产生不同程度抑制状态，进而出现全身疲劳的各种行为表现（朱祖强，2001）。近年来，关于运动性中枢疲劳的神经生化和分子生物学研究取得了新进展（王静等，2005；徐传香等，2008）。例如，长时间运动后脑内 5- 羟色胺增加或 5-羟色胺 / 多巴胺比例降低，胆碱耗竭引起胆碱能神经活性降低，血氨增加，兴奋和抑制性氨基酸比值失调等均是导致中枢疲劳的重要原因。代谢物积累学说用作业时能量代谢产生的中间物导致人体内部平衡破坏来解释疲劳。持续活动过程中会产生乳酸等代谢物，大量水分和无机盐丢失，体内环境平衡被打破，并最终影响到人体继续工作的能力。能源耗尽学说将人体中能源物质含量的降低和耗竭看作是疲劳积累和产生的根源。例如，血糖水平降低不仅会影响肌肉的做功，而且使神经系统在内的多组织系统功能受到抑制（朱祖强，2000）。

第二节　疲劳及睡眠不足对飞行效能的影响

人体内稳态和生物节律的共同作用维持了昼夜交替的有序进行，保持了夜间的固定睡眠和白天的觉醒状态。一旦存在影响昼夜交替有序状态的因素，内稳态和生物节律就会叠加作用导致飞行效能的降低。

一、疲劳对飞行效能的影响

飞行疲劳发生时，对飞行的影响主要有：①视听觉、味觉、触觉等能力下降，对外界的刺激缺乏敏锐性，易引起错觉和判断失误；反应迟钝、思维迟缓、记忆力减退、综合分析仪表和外界信息的能力差，决策的及时性和准确性差；②注意能力下降，注意广度窄，对重要仪表的注意分配不当，稳定性差，注意力的有效转移出现困难；精力缺乏，反应慢，协调性差，操作飞机的精度下降，飞行程序的执行不严谨；出现特殊情况时，易造成"错、忘、漏"，或顾此失彼，或茫然失措，或紧握驾驶杆（成海平等，2004；胡文东等，2004）。研究表明，多种飞行事故归因于飞行员疲劳，60%～90%的飞行事故和事故征候是由"人的因素"引起。美国陆军航空医学研究所对241名飞行员和120名机组人员的调查说明，即使在平时，军事飞行人员的疲劳亦是较突出的航卫问题（Caldwell JA，2001）。

二、睡眠不足对飞行效能的影响

（一）睡眠量影响内稳态

所谓内稳态，是生物系统通过内在调节机制使内环境保持相对稳定，即生物控制体内环境使之不随外部环境发生变化，生理上保持平衡状态的倾向（车文博，2001）。睡眠状况也是引起内稳态发生变化的情况之一。

健康成年人每天需要7.5～8.5小时的睡眠（Reynolds等，2010），确保最佳的工作状态，如果无法达到这个数量将影响警觉和工作效能。连续超过16小时地在保持觉醒工作时间情况下，也将造成工作效能的显著下降（Williamson等，2000）。因此，需要引起高度重视。当连续24小时保持觉醒，则会产生一系列的急性副作用，如反应时降低、注意力变差、记忆力丧失以及决策力受损等（Lim等，2010）。连续几天的慢性睡眠期缩短也会产生类似的效应（Van Dongen 等，2003）。研究显示，每晚睡眠持续时间少于 6 小时会导致显著问题（Banks 等，2010；Rupp 等，2009）。

（二）生物节律钟与飞行效能

所谓生物节律钟（biological clock），是指生物生命活动具有周期性变化的现象，亦称生物节律。由于生物体的这些生命活动具有"时间性"，故称为"生物钟"。人体的各种生理指标如体温、耗氧量、血压、脉搏等都随着昼夜的变化而作周期性变化。

人类作为昼出的生物人，被设定为白天活动夜间睡觉，这种自然的觉醒与睡眠秩序被固化，一旦秩序被打断就会出现问题。研究表明，如果夜间没有睡觉，则02：00—10：00 这个时间段，对人的效能影响最大（Goel 等，2011）。生物节律的低谷在 02：00—06：00，此刻人的警觉较低、反应时间减慢、准确率较差（Folkard 等，2003）。也有研究表明，时差效应也是很重要的一个方面，在飞行活动当快速跨多个时区时，机组人员在新时区地域的日间时间里会遭受严重的效能损害，这是因为这些当地时钟上的白天时间所对应的恰恰是依据于机体内在生物节律钟的夜晚时间。

时差效应对飞行员的身体和心理状态造成不利影响，这是因为人体本身有调节自身作息活动的生物钟。一般来说，人体的生物钟是跟外部环境的时间变化一致的，但是当外部环境的时差出现混乱时，人体的生物钟就会受到影响，造成人的心理和身体系统调节出现紊乱。其外在表现就是飞行员出现精神疲惫，身体乏力，食欲下降及容易感到疲劳等。

三、睡眠减少所致疲劳的恢复

组训飞行后，睡眠不足是常遇到的问题。依从研究科学规律，准确把握疲劳恢复也是组训的一个重要内容。

研究发现（Belenky 等，2003；Van Dongen 等，2003）即使经过连续 3 个晚上的8 小时恢复性睡眠后也不能完全复原机能原有状态。急性完全睡眠剥夺的恢复显得比慢性睡眠剥夺要快一些。大多数急性睡眠剥夺的研究结果显示，在 2 晚恢复性睡眠后（每次至少 8 小时）工作效能可以重新回到基线水平。但是，慢性睡眠限制需要好几天甚至长达 1 周才能恢复到充分休息后的效能基线水平（Axelsson 等，2008）。当经历 5 个晚上严重睡眠限制，即使延长睡眠时间达到 10 小时也不能完全恢复。

以上研究对飞行组训具有重要的指导意义，建立符合科学睡眠的作息时间和有效恢复性睡眠机制，是安全飞行的重要保障。

四、睡眠缺失疲劳易感的各种因素

（一）中枢神经系统的影响

大脑活性的高低，是决定飞行疲劳发生以及发生程度的重要因素。研究显示，基础生理剖面的差异影响了人们对睡眠剥夺的反应。Caldwell 等（2005）发现在 F-117 的飞行员中，那些无睡眠剥夺时展现出较高大脑皮层活动性的人，在 37 小时连续觉醒期的任务操作，其表现要好于那些睡眠剥夺前活动性较低的人。其他研究也证实与易疲劳的被试者相比，具有较好疲劳 – 恢复能力的被试者，其静息态磁共振功能成像都具有更高的大脑活性。

（二）长航时飞行影响

长航时飞行，意味着生物节律的紊乱、急性或累积性睡眠不足、且长时间保持警觉，这些因素共同导致了飞行疲劳。研究表明：持续觉醒 18.5 ~ 21 小时不睡觉，所导致的工作表现下降的程度与血液内酒精含量 0.05% ~ 0.08% 所造成的影响相当，主要表现就是精神运动性警觉性降低，反应时延长。

李晅等（2014）对空军飞行人员飞行疲劳状况调查显示，日飞行时间是飞行劳动负荷的直观量化表现，与飞行疲劳呈正相关。歼击机飞行人员出现飞行疲劳的日飞行时间最短，轰炸机出现飞行疲劳的日飞行时间最长。也有报道指出，飞行疲劳与飞行时间、睡眠状况和工作负荷密切相关（胡文东，2004）。长时间飞行，部分飞行人员可产生明显或过度的疲劳感。飞行前睡眠不好，起飞时就有疲劳感的飞行人员耐力会低于正常水平，易产生错觉。结果提示，飞行活动与睡眠质量有关，部分飞行人员飞行日存在失眠问题，这是引起飞行疲劳的重要因素。

张清俊（2017）对 739 名飞行员短途和远程飞行疲劳情况的问卷调查结果表明，短途飞行引起飞行疲劳的原因是睡眠剥夺和作业负荷过高，而远程飞行引起疲劳的主要原因是睡眠剥夺和因时差效应引起的昼夜节律紊乱。有研究表明，长时间长距离的飞行，疲劳的确是一个尤为突出的问题。经过长距离飞行后，93% 的飞行员感到疲劳，其中 85% 的人感到极度疲劳，其中长航时引起的疲劳，叠加了跨时区因素问题（徐先慧等，1999）。

（三）年龄效应

一般来说，年龄大的人可能比年轻人在抵抗睡眠缺失的影响方面具有优势，但年轻人在恢复方面有优势。但是，有时年轻人睡眠缺失后的恶果似乎来得更快，并且对自身认知损害的意识也比年纪大的人更为模糊（Rupp 等，2009）。需注意这些问题，以确保年龄效应的影响。

第三节　飞行疲劳的常用评价方法

飞行疲劳的检测主要从主观自我报告、飞行作业效能衡量和客观设备仪器对生化生理指标检测几种方法评价，以下介绍 4 种典型测量方法。

一、主观量表评定

主观量表评定是简便、实用的疲劳测评方法。通过对疲劳量表的分级赋值，如7分制分级（1分表示精力非常充沛、7分表示极度疲劳），即可进行疲劳程度的主观定量评估（Powell D 等，2008）。此外，斯坦福嗜睡感量表和自认疲劳分级量表均被广泛应用，但缺乏客观性是此类评价方法的不足。国内也有自我编制的疲劳自评量表（fatigue self-assessment scale，FSAS）（王天芳，2009），由23个项目组成，可用于评定人群的疲劳类型程度及特征，评分越高疲劳的程度越重，特征越明显。

二、作业绩效测定

疲劳的主要特征是认知能力下降和作业绩效降低，因此，作业绩效的测定是疲劳测评的重要方法之一。作业绩效测定的项目包括作业完成的数量、质量、准确率和错误率等，但不同的作业类型难以确定统一的评价指标。较常用的方法是以作业初始的绩效水平为基准，将工作过程中作业绩效的下降比例作为衡量疲劳积累程度的指标。就飞行作业而言，计算机模拟飞行双重任务操作能力和飞行模拟器操作能力测定是常用的评价方法（张利民等，1995；李砚锋等，2002）。飞行员在模拟真实的飞行环境训练时，统计在不同工作环境，不同觉醒时长下的飞行品质，不仅能够用于飞行员操作能力训练，而且可以用于对飞行工作负荷和疲劳的评价。

三、生理生化指标测定

（一）记忆力和阅读能力测定

记忆力分为正向记忆、反向记忆、翻译记忆和综合记忆等。记忆和阅读能力的测定方法很多，以计算机任务为主。一般来说，疲劳状态下，记忆力和阅读能力下降。

（二）反应时测定

反应时是受试者对呈现的声、光等刺激或信息的反应时间，可分为简单反应时、选择反应时以及运动反应时。可结合具体情况选用合适的刺激种类和反应方式。反映警觉性的视跟踪操作任务主要测定对目标刺激的反应时和正确率。在疲劳时，个体的反应时出现延长、正确率降低。

（三）闪光融合频率测定

CFF 是受试者把闪光看成连续光时的闪光最低频率。人疲劳时 CFF 会有所降低，但降低的幅度因工作不同而有较大差别。一般来说，该方法比较适合于中枢疲劳的测评。有研究表明，当精神高度集中、视力紧张和从事单调枯燥作业时，个体的 CFF 明显下降，工作前后相差可达 3 ~ 5 Hz。我国民航医学领域开展的研究证实，CFF 测量是国际航班任务飞行中比较敏感的疲劳指标（葛盛秋等，2000）。近年来，该方法得到了改进，有学者（缪毅强等，2006）介绍了一种通过测试闪光反应时间和闪光鉴别频率，进而计算显示工作疲劳状态指数的方法。还有研究结合反应时和正确率进行 CFF 测定，以克服主观因素对测试结果的影响（耿艳等，2010）。

（四）眼动跟踪测量

眼动跟踪测量技术可自动采集、检测和分析可控光照条件下双眼瞳孔大小（直径）、对光反射情况（瞳孔收缩幅度和收缩潜伏期）和扫视速率。在饮酒、疲劳时，瞳孔的调节能力发生变化。美军一项以 53 名阿帕奇（Apache）直升机飞行员为对象的研究表明，飞行后瞳孔直径明显扩大、对光刺激的瞳孔收缩幅度明显降低、对光刺激的瞳孔收缩潜伏期延长、扫视速度明显减慢；而且视疲劳、心理疲劳和体力疲劳的主观评分亦明显增加（LeDuc PA 等）。以 15 名美国海军飞行学员为对象，Arnold 等（2010）对以下几种睡眠相关疲劳测评方法的敏感度进行了比较：两项认知测试、一项视警觉性测试、短时间的眼部测试、斯坦福嗜睡感量表自评。此外，还评价了限制睡眠对模拟器飞行操作绩效的影响。在基础状态下完成 6 项指标测定，以后持续 24 小时的觉醒期每间隔 3 小时进行 1 次测试。结果表明，测试指标呈明显的时间效应，持续觉醒 21、24 小时绩效显著降低，较敏感的睡眠相关疲劳指标包括扫视速度、记忆力和警觉性，一些与飞行相关的认知能力亦出现明显变化。MaClelland 等（2010）也报道，扫视速率和瞳孔直径可对睡眠剥夺条件下的工效变化进行有效预测。

（五）心脑生理功能测定

对作业过程中个体的脑电、心电、肌电、语音等生理功能指标进行检测，可了解和掌握疲劳积累的状况。

脑电图（EEG）一直被誉为监测疲劳的"金指标"（King LM，2006）。澳大利亚悉尼大学健康研究中心利用人工神经网络对采集到的不同驾驶员的 EEG 信号进行处理，将脑电波按频率不同分为 δ、θ、α、β 4 种波，根据检测到的 EGG 信号来识别驾驶员的疲劳状况，在不同程度的疲劳状态下，所检测到的 4 种波会发生变化，当 α 波和 θ 波显著增多时，说明被试者已经开始疲劳了（Santamaria 等，1987）。

心电图（ECG）信号检测在汽车驾驶中最先得到应用，Calcagnini 等发现 ECG 信号的几个典型特征，如低频能量（low frequency，LF）、超低频能量（very low frequency，VLF）、高频能量（high frequency，HF）及 LF/HF 的比率在驾驶员清醒和疲劳时有明显不同，当驾驶员疲劳驾驶时，心率会有显著的降低，利用 ECG 可判断驾驶员是否疲劳或打瞌睡（Jeong IC 等，2007）。

四、飞行疲劳实时监测技术

（一）基于人的面部表情和眼睑闭合度检测

基于人的面部表情和眼睑闭合度，能判断出被试者疲劳或犯困状态，通过对眼睛睁闭状态的分析确定是否疲劳，主要是利用眼睛闭合的时间占总时间的百分比予以判断。这种方法在道路交通中得到应用并证实，引入到飞行疲劳检测中，是否能在飞行过程中实施实时的飞行疲劳监测，需要进一步研究。

（二）多质融合实时检测

以 12 名英国航空公司飞行员为对象，Wright 和 McGown（2001）对伦敦至迈阿密长途飞行（约 9 小时）中的脑电、眼动、腕部活动、头动、皮肤电阻等生理参数进行监测。结果显示，飞行中 10 名飞行员出现了睡眠或瞌睡状态，而且睡眠过程中皮肤电阻增加、手腕和头部长时间静止。由于在机上不便安装眼动监测装置，建议以腕部活动监测为主。

第四节　对抗飞行疲劳的措施及策略

预防和对抗飞行疲劳，需要从指挥者到飞行人员自身都应予以重视，可采取多种综合性措施，提高预防和消除飞行疲劳的效果，从而减少对飞行安全的威胁。

一、飞行前对抗疲劳发生

首先，是对抗疲劳的教育问题，使每个飞行人员对疲劳的原因后果了解透彻，这样才能引导他们主动应对疲劳。主动应对也是一种抗疲劳的手段。其次，要制订科学合理的飞行疲劳管理策略，最大限度地消除疲劳产生的基础。主要从以下几点考虑：

（一）飞行疲劳知识教育

教育的内容应包括：疲劳对安全的影响及其带来的危险性、引起飞行时打瞌睡的原因、睡眠的重要性、良好的睡眠卫生习惯等。最重要的是飞行员以及飞行任务的制订者应该经常提醒自己，认识到遵循生物节律以及尽可能好的睡眠质量是对抗飞行疲劳最有效的办法。Belenky 等（2003）、Van 等（2003）研究表明，哪怕只是减少了 1～2 小时的睡眠时间，随后的飞行中，飞行员的觉醒程度以及飞行绩效就会受到影响。

美国空军和美国宇航睡眠研究中心（2003），提出对飞行人员的教育应遵循的原则包括以下几点：①疲劳是常见的生理、心理问题，不能通过动机、训练和意志来建议克服；②人们不能可靠地评价自己由于疲劳而导致的功能损害程度；③个体间疲劳的易感性差别很大，疲劳易感性也很难预测；④除了充足的睡眠外，并不存在适用于每个人、每种场合的抗疲劳灵丹妙药。⑤保证充足的睡眠是首要的，每天保证 8 小时的睡眠，无论是睡一觉还是通过多次小睡来达到这个量都是非常必要的；⑥良好的睡眠习惯是保证睡眠质和量的首选方法。

（二）优化飞行员作息时间

飞行计划是否科学常常是导致飞行疲劳的重要原因，因此在制订飞行计划时应

"以人为中心"。有学者提出在制订飞行计划时应考虑以下几个方面的建议：①睡眠是飞行人员保持最佳状态的最根本要素；②小睡是持续保持警觉的重要方法；③每个作息循环中的休息环节都应保证飞行员能够从工作疲劳中完全恢复；④应以"周"而不应以"月"为一个循环安排休息日，这样才能保证飞行员产生尽可能少的疲劳累积和睡眠缺少；⑤应考虑生物节律对工作和休息的影响；⑥应考虑长时间觉醒时的人体自我恢复需求；⑦一些情况下，生物节律和人体自我恢复需求可以产生交互作用，导致突然的、危险的警觉性丧失；⑧训练、专业技巧、动机、奖金刺激等对生物节律和人体自我恢复需求下的操作警觉性的影响作用微乎其微；⑨在睡眠的破坏程度上、执行任务的长短上、生物节律上，以及其他潜在因素方面，每个飞行人员各不相同，因此没有"抗疲劳万灵丹"适用于所有人。

（三）持续的睡眠监测

睡眠评估的金标准是多导睡眠监测技术。该技术可以通过对多个生理参数进行测量和计分来量化睡眠时段的特性和持续时间，可以提供最准确的信息输入来计算不同睡眠模式对疲劳风险的影响。在多导睡眠监测无法应用时，活动腕式监测给予的"睡眠评分"已被证实可以长期用于评估基础睡眠特征（Morgenthaler 等，2007；Sadeh 等，2002）。

活动腕式监测主要将身体运动的频率和时间过程转化为睡眠数量、睡眠质量以及睡眠 / 觉醒时间。由于这些测量为那些认为睡眠和生物节律是疲劳风险主要决定因素的生物 – 数学模型提供了必要的输入，因此它们非常适合应用于航空及其他操作环境中的疲劳管理。

（四）制订一个用于改善睡眠的好习惯

在航空环境中疲劳的最大驱动力是睡眠不足或中断，但是，当有了预先准备的睡眠策略和技巧时，可以应对睡眠不足或中断的问题。主要策略有：

1. 良好的一日生活作息时间

建立一周内每天都坚持一致的起床和就寝时间。尽管飞行活动，能够每天都坚持采取一致的睡眠 / 觉醒时间表是不可能的，但只要有可能，就尽量避免就寝时间的变更。这是因为生理节律对于 24 小时内的睡意水平有强大的影响，睡眠时间的经常变动会干扰这些节律和（或）在不适当的时间开始尝试睡眠。通常最困倦的时候是位于体温节律的低点附近（即午夜后），在这个时间点前后只要有适度的时间就可以很容易入睡（Lack 等，2007）。

2. 保持一贯一致的就寝程序

保持一个一贯的就寝前程序，经常遵循就能够助于促进快速睡眠。一个好的睡眠，在其之前的完整事件链条是这样的：21：00 关电视，洗个澡，看 30 ~ 45 分钟让人放松的书，定好闹钟，然后 22：30 上床。一旦习惯保持这样的完成程序时，这个链条的第一个行为（21：00 关电视）就将给大脑发出快到睡眠时间的信号。当这个序列中的每一个行为都在完成时，"接近就寝时间"的关联变得更加强烈，以致到了为第二天早上设置闹钟这一步时，大脑就完全做好睡眠准备了。

3. 建立一个有氧锻炼习惯

研究显示在白天的一些跑步活动、居中练习和游泳锻炼，可以导致睡眠时更容易入睡，并保持夜间的良好睡眠。注意的问题是，锻炼时间不应与就寝时间太近，离就寝时间太近的锻炼常导致深睡眠期缩短。通常每天都进行的锻炼放在睡前 4 小时内进行为宜。

4. 自我适当管理晚餐饮食

就寝前吃太多或吃多样的食物并不都导致睡眠困难；相反，饥饿也可以导致夜间觉醒（Urponen 等，1988）。在一般情况下，应避免睡觉前 2 小时内吃不易消化的食物，特别是在跨时区飞行时，由于时差对睡眠影响很大，在这种情况下，应该避免吃不熟悉和过于辛辣的食物。这些食物会加剧随着日程快速变化而出现胃部不适。

5. 就寝后不要老看表

就寝后看表会建立一种适应不良的思维模式，它可以破坏充足的睡眠。即使知道时间，也不会提高睡眠质量，也不会更容易再次入睡，更不会增加有效睡眠时间。事实上对于担心睡眠的人来说，看表则更加不能很好地进入睡眠，会带给自己期待性焦虑的发生。

6. 就寝前避免吸烟

由于烟草的烟雾中含有尼古丁，烟雾吸入后其成分被迅速吸收入血。虽然相比咖啡因来说尼古丁是一种弱兴奋剂，研究表明，吸烟者比不吸烟者更可能报告有入睡困难问题和睡眠维持问题（Phillips 等，1995）。因此尽量不要在就寝前 1 小时内吸烟。

二、飞行中疲劳的缓解

飞行中疲劳的缓解方法，主要针对大飞机机组人员，在条例许可的情况下，可适当采取以下方式缓解疲劳。

（一）在飞机上睡觉

对于大飞机机组人员而言，在长航时飞行中，使用驾驶舱外的铺位睡眠是一个最重要的方法，是一种用来解决睡眠缺乏和生物节律中断的飞行中对策。在减轻机组人员疲劳方面，即使是短时睡眠也比完全没有睡眠要好。如果飞行要求允许，利用增加的生理性睡眠倾向将有助于提高铺位睡眠的数量和质量，减少飞行中的困倦。

（二）驾驶舱中小睡

坐在驾驶舱中小睡，是另一种已被证明是有利于维持警觉和绩效的飞行中睡眠策略。Rosekind 等（1994）发现 40 分钟的驾驶舱小睡会导致平均 26 分钟熟睡，这可以显著提高飞行员在驾驶舱的警觉性和心理运动表现。特别是在飞行的最后 90 分钟里，经小睡后飞行员反应时间更快，并且失误（错误反应）也明显少于不让小睡的。目前许多国际航空公司都在长途飞行中使用驾驶舱小睡，并且美国军事飞行作业也批准驾驶舱小睡（Goldsmith，1998；Caldwelld 等，2009）。当然，采用这种方法的前提是符合有关规定，并且能保证飞行员处于可以离岗的情况。

（三）可控的中间休息

有研究发现，飞行员在飞行模拟器上进行 6 小时模拟夜间飞行中，仅仅是每小时提供 10 分钟休息就可以明显减少慢速眼球运动、θ 频段脑电活动、无意识睡眠以及主观困倦。因此在长时间飞行中，包括只是离开驾驶舱以及与其他机组人员交谈的定期休息，都可以很明确地帮助维持驾驶舱内警觉性。

（四）喝点咖啡提神

大量的研究表明，咖啡因能提高睡眠剥夺个体的警觉性和改善他们的绩效，尤其是那些平时摄入剂量不高的人员（Nehlig，1999）。摄入 100 ~ 200 毫克剂量的咖啡因 15 ~ 20 分钟后就可以明显影响神经系统，能提高 4 ~ 5 小时的警觉性。个体应限制咖啡因的摄入并将其兴奋效应留到真正需要时。

三、合理选择用药

在某些情况下，在睡眠不足时用来帮助保持清醒，或是当睡眠时机到来却因生理性困难而难以入睡时，处方药可以用来优化睡眠。在美国的民用航空活动中，除了咖啡因外还没有警觉增强药物被批准使用。然而，当睡眠剥夺在军事航空作业中不可避免时，有时批准偶尔使用警觉增强药物来提升执行远程飞行任务人员的安全和效能。

由于持续军事飞行任务时睡眠剥夺、睡眠节律紊乱和飞行疲劳等问题的卫生保障需求，詹皓等（1997，2001）研究认为，现代信息化条件下高技术局部战争的战例充分说明，合理使用中枢兴奋、抑制药物调节飞行人员的睡眠和觉醒功能，是战时重要的航空卫生保障措施。他阐述了精神药物在战时调节飞行人员睡眠与抗疲劳中的作用，提出了飞行人员催眠与兴奋用药的评价方法和指标体系。应急条件下通常采用中枢兴奋与抑制药物调节人体的睡眠和觉醒功能，达到提高机体耐力和抗疲劳的目的。但此类药物的不良反应相对较大，使用受到严格限制，而中国特色的传统中药具有调节机体整体机能、提高飞行耐力的作用，值得进一步研发和应用（段连宁，2011）。原空军航空医学研究所曾研制的复方中药强力素和健力素，经数百名耐力偏低的飞行人员应用证实药物具有提高飞行耐力、减轻疲劳、改善胃肠功能和睡眠质量等功效（詹皓，2008）。

四、疲劳预警技术

Wright 等（2001）的研究表明，飞行中飞行员的眼动（或与脑电结合）、腕部和头部活动可作为防止瞌睡的预警基础参数。另有文献报道，采用飞行员活动电子监测仪（electronic pilot-activity monitor，EPAM）可监测活动和限制小睡时间，进而保持飞行人员的觉醒水平，有效预防长途飞行疲劳（Cabon P 等，2003）。EPAM 设有两个功能模式，即对飞行人员的操作状态进行跟踪的工作模式和限制在设定时间（最长 45 分钟）内小睡的定时模式。对 14 个往返飞行，共 28 个航班的监测结果表明，EPAM 可以监测到飞行中的一些微睡眠状态，有的微睡眠是飞行员在工作时出现的。在定时模式，EPAM 可以限制睡眠持续时间，但仍出现了深睡眠。今后应增加眨眼时间的检测以改进对瞌睡状态的监控，为了防止出现睡眠惰性，定时模式亦应改进以防止飞行员进入深睡眠。

第十四章　灾难性飞行事故后心理危机干预

飞行职业是一个极具风险而危险的职业。世界军事飞行事故原因分为三类：人的因素占 79.8%，机械故障因素占 14.4%，环境因素占 5.8%（陆慧良，1989）。飞行事故人的因素中，情绪、个性、经验等都可能成为灾难发生的主要原因。航空灾难飞行事故的发生，可能成为飞行员从应激反应到过度应激反应，以致发生心理危机的过程。心理危机，直接影响当事人和其所在群体的作业效能，乃至影响亲朋好友的心理状态，甚至更严重的心理疾患。有效进行灾难后心理干预，是最大限度减轻航空飞行事故带来影响的一项非常重要的工作。

自 20 世纪 80 年代以来，军事航空领域十分重视飞行事故后心理危机干预工作，为飞行人员舒缓心理压力、减轻心理影响、最短时间内恢复飞行训练进行了有益工作。特别是近 20 年以来，在重大飞行事故后相关部门从组织角度派出专家队伍，以第一时间奔赴灾难地点实施心理救援、心理干预取得非常好的效果。灾难后心理救援成为航空心理保障的一项重要工作。以武国诚、宋华森、董燕为代表者，为这一历史阶段飞行事故后心理危机干预，从理论到实践都做出了开创性的贡献。

第一节　灾难后心理应激反应概述

灾难性事件的发生，会导致幸存者在心理上产生巨大的震荡与影响，如无助、强烈的害怕、恐惧、悲伤、自责等情绪反应、认知与行为上的异常改变，甚至直接导致精神失常。航空灾难飞行事故的发生，同样对当事人或其群体、家人和至亲好友们都可能带来一系列的心理影响，出现情绪、认知和行为方面的问题。有些情况不一定即刻出现严重的心理障碍，但这种经历容易形成个人的创伤经验，造成灾难后的"创伤后应激障碍"。紧急心理干预在飞行事故后尤为重要。

一、灾难后应激反应回路

航空灾难飞行事故发生后，危险与机会并存。危险横贯于飞行员的身体、心理，乃至危及生命。当事故发生时，当事人机体通常处于毫无准备状态之中，大脑一片空白、身体动作变形、体内应对激素快速上升、人体迅即处于一种应激状态。若能化险为夷、转危为安，则为应对成功，称为有效危机处理。另一种情况是，迅即处于应对状态情况下，调动既往经验，并采取多种应对措施仍不能见效，心理能量渐渐耗损，深感大祸来临而导致心理失衡，则应对失败而导致心理危机发生。

当"危险"场景渐行离去，依旧存在强烈的恐惧体验所表现出精神运动性兴奋（盲目性的行为），或抑制（反应性木僵状态）的时候，已经不是心理危机状态了，正确的心理学术语为"急性应激障碍"。此刻，常规的心理危机干预方法，已经不能解决问题，需要进一步的心理治疗和药物治疗（图 14-1）。

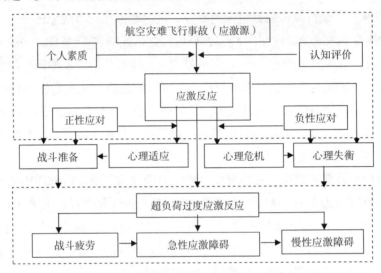

图 14-1　应激反应回路（2013，宋华淼）

灾难发生后机体存在三个反应回路：①正性应对回路。其轨迹是"应激源－应激反应－心理适应－战斗准备"。该回路实现"有效危机处理"，也就是积极应对。②负性应对回路：其轨迹是"应激源－应激反应－心理危机－心理失衡"。该回路导致"心理危机发生"，也即消极应对。③超载压力回路：其轨迹是"应激源－应激反应－过度应激反应－急性应激障碍－慢性应激障碍"。该回路属于超负荷过度应激反应。

二、应激定义及反应过程

（一）应激基本概念

Selye 于 1936 年在 *Nature* 杂志报道的一篇文章，被认为是现代应激研究的开端，也因此他被认为是现代应激研究学科的开创者。他将应激定义为"机体外界或内部的各种异常刺激所产生的非特异性反应的总和，或机体对向它提出的任何要求所做的非特异性应答反应"。这个定义成为应激被广为接受的概念。不过，Selye 也说"应激像相对论一样，是一个被人们知道太多而又理解太少的科学概念。"Selye 所说在"异常刺激"下机体发生的非特异性反应变化，"异常刺激"称为"刺激源"，"反应变化"称为"一般适应综合征"（general adaptation syndrome，GAS）。

Selye 将 GAS 反应分为三个阶段来解释应激反应过程。即第一阶段，惊恐反应阶段或动员阶段，其特征是机体释放大量肾上腺髓质激素和儿茶酚胺，加速体内糖原分解，产生可利用的能量；第二阶段，适应或抵抗阶段，其特征是释放大量的肾上腺皮质激素，通过糖异生途径转化为葡萄糖，利用能量适应外界环境变化，达到机体恢复平衡或进入第三阶段；第三阶段，进入衰竭阶段，其特征是机体因耗尽储备或肾上腺皮质衰竭，仍无法产生足够的应激激素恢复平衡。

（二）应激概念整合

最近几年来，有 3 种应激定义被广泛使用过，即①应激是种物理性压力；②应激是主观的情绪紧张；③应激是躯体的唤醒。这 3 种定义的整合，成为应激"认知 – 交互作用模式"定义最好的诠释。有学者将应激按照其英文 Stress，分解为 6 个组成部分（Phillip，2000），如表 14-1 所示。

表 14-1　应激的成分

序号	英文名称	内容解释
1	S=Stressor	一种能够引发内心紧张的刺激性事件或对某一事件的主观认识
2	T=Transaction	个体与环境之间不断地调整关系
3	R=Resistance	在努力处理应激源时个体的持续斗争
4	E=Energy spent	在应对应激源时要付出生理和心理的能量
5	S=Strains	在应对时所产生的身心疲惫不堪
6	S=Solution or slide	应对的结果可能是解决应激源，但长期持续的应激可能导致能量与动机水平的逐渐降低

按照应激 6 个组成部分为之定义，笔者认为：应激是"机体遭遇刺激性事件，或体会某种事件刺激时，与之相适应而不断调整、处理，付出生理与心理能量的应对过程。"这一能量过程的释放，一是有效解决应激源，二是在长期持续应激情况下导致能量与动机水平的逐渐降低，三是能量释放所致的身心疲惫的副产品。简单地说，应激应该说是用来特指应激反应的一个词汇，应激反应是指令人不愉快的事件或有威胁情境的感知所引起的生理心理反应。

（三）应激反应过程

在以上定义中，刺激性事件称为"应激源"，不断调整与处理过程称为"应激反应"，付出生理和心理能量过程称之为"应对"，由此特别需要梳理清楚、而给予"应激源"的精确识别时，人们会注意到，对于发生的同样事件，人们的反应截然不同，也就是说，应激 = 刺激源 / 生理与心理能量（包括个人特质、认知识别系统）。应激的发生，与应激源成正比，同时与过滤系统成反比。应激反应的强弱，除了应激事件本身外，对应激事件的评价也很重要。对应激的评价存在三种结果，一是挑战，二是威胁，三是伤害。挑战是在某种需求的情况下，个体感到有能力应付这种需求，而且情绪保持一种兴奋和正性的期待状态。威胁是某种情形的需要超出了个体的应付能力。伤害是在个体感受到个人重要的东西将被剥夺带来的致命损伤。

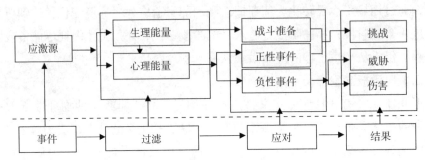

图 14-2　应激反应的能量输出

图 14-2 显示，"挑战"就是应激事件的"适应"，"威胁与伤害"即是急性应激障碍的表现，急性应激障碍可以导致心理危机的发生。因此，面对突发事件，心理危机干预有两个位置点，一是平时增加过滤装置中的生理与心理的正能量；二是问题出现时最大限度降低"威胁与伤害"感受，减少心理损伤的发生。

三、应激的机制和影响

Selye 推测，应激对个体的任何威胁，除了引起非特异性反应外，还激活了一种一般性的应激反应，他将这种反应叫作一般性症候群（general adaptation syndrome，GAS）。

应激激活了两个系统：交感神经系统和下丘脑–垂体–肾上腺皮质轴系统。应激反应的生理机制介绍如下。

（一）应激激发自主神经系统活动

自主神经系统包括交感神经系统和副交感神经系统。

1. 应激激发了自主神经系统

自主神经系统支配内脏器官，包括心脏、血压、消化、泌尿和肠道系统等。交感神经系统和副交感神经系统两者完成功能性任务中，具有拮抗作用。交感系统激动时，则副交感神经系统相对平静或波动，反之亦然。交感神经系统的功能在于唤醒有机体，调动有机体的能量；副交感神经系统的功能则在于使有机体恢复或维持安静的状态，是有机体储备能量，维持有机体的机能平衡。实际两者是保持紧张与放松之间的平衡器。

交感神经系统引起非特异性反应。最初阶段为"警报动员"，以交感神经系统活动的增强为特征，为机体的紧急活动"战斗与逃跑"做准备。第二阶段为"抵抗适应"，交感神经系统反应衰退，肾上腺素皮质开启分泌皮质醇和其他激素。这些激素能够使个体长时间的警惕、抗感染和治愈伤口。在紧张、长时间应激后，个体疲劳，机体反应不活跃且脆弱，神经系统和免疫系统不再有能量来维持强烈的反应，于是进入了"衰竭"的第三阶段。

2. 自主神经系统的作用

交感神经系统兴奋的作用，是"战斗与逃跑"的作用。在危机状态发生时，人体本能存在一个防御反应。由于危险情境出现之后，通常需要精力旺盛的行为反应来应对危险。来自下丘脑的报警信号会激活肾上腺髓质分泌肾上腺素和去甲肾上腺素。肾上腺素的作用导致了心率加快、心肌收缩力和心输出量增加，以此促使血压升高，血液重新分配流向大块肌肉群，促进了从而增加了肌肉力量，整体能量增加。肾上腺素能影响葡糖糖代谢，导致血糖浓度升高，促进精神兴奋。由于心、脑和肌肉获得充足的血液，肌肉内的营养储备便于为体力消耗提供能量。

副交感神经系统的作用是保持机体处于平静放松状态。它使躯体在能量高水平消耗后获得积极的休息和恢复。促进血流集中于内脏器官用以消化和贮存能量。呼吸平稳缓慢，心率适中，血压降低，体温降低，肌肉放松。长期的应激反应，导致神经系统处于高负荷状态，必然导致心血管疾病发生的危险。

（二）应激激活"下丘脑－垂体－肾上腺素皮质轴（HPA）"系统

当应激事件刺激大脑激活下丘脑之后，通过刺激脑垂体前叶分泌促肾上腺皮质激素（ACTH），又激活了肾上腺皮质释放糖皮质激素。实际上是应激事件激活了下丘脑－垂体－肾上腺素皮质轴（HPA）系统的功能作用。

1. 激活 HPA 轴系统分泌应激激素

激活 HPA 轴系统之后，体内主要激素水平的发生变化，主要是肾上腺皮质分泌皮质醇，也称糖皮质激素或应激激素。它的作用是将体内贮存的能量转化为血糖而为机体提供更多的能量，能够促进糖异生，使蛋白质分解，转变为葡萄糖、脂肪，平衡电解质，提升机体能量，对抗炎症、促进愈合，还能抑制性激素分泌。它的作用是加强新陈代谢活动，提高糖分和其他营养物质在血液中的含量，有利于应对应激事件，有利于防控心理危机的发生。

2. 应激激素的含量反映应激水平

应激激素的含量，是作为个体近期应激水平高低的指标。与自主神经系统相比，HPA 轴反应速度相对较慢，却是长期应激源所带来的主要反应。研究表明，几乎所有应激源都可能导致 ACTH 及糖皮质激素升高。

但是，它对免疫系统产生负性效应。重症抑郁症病人的皮质醇过度分泌，并且皮质醇可能会抑制免疫系统，免疫系统可导致淋巴细胞的功能显著降低从而影响机体对感染和疾病的抵抗力。1992年Singer等发现，受到应激性工作的影响，男医生的睾丸酮水平明显降低，当然，当体内应激激素增加之后，会反馈缓解应激反应。应激发生时，体内内啡肽、催乳素、血管紧张素、甲状腺素、生长激素等也增加。

（三）应激反应对机体健康的影响

1. 超负荷应激的影响

应激状态下，糖皮质激素分泌对个体应对应激是必要的，但长期作用则是有害的。这些有害作用包括血压升高、肌肉组织的损伤、血糖升高以及免疫系统的抑制。有报道说，"从事对空中安全高度负责的机场空管人员，高血压的发病率较高，并且随着年龄的增长而病情不断加重。"一种职业，一个岗位需要人时刻处于责任状态，但是这种责任状态并不等于时刻处于应激状态，责任之所以成为应激源，是经过机体的认知评价系统过滤而成。因此，重新评估应激事件十分重要。

许多人出现的"三高"状态，即高血压、高血糖和高血脂的问题，其实属于超负荷压力状态的副产品。一方面，在超负荷工作情况下，唤醒机体不断处于应对状态，启动了机体应激物质分泌，对任务的完成是有利的。另一方面，在严重应激和交感神经系统高度活跃时，躯体肾上腺素与去甲肾上腺素可能会大量增加。在应激终止后仍然保持一段时间的高水平状态。这些激素能反馈到交感神经系统而使之效应增加，两者相伴的作用直接导致心脏收缩力增加、心率增快、血压升高。糖皮质激素的增加，直接导致糖异生作用、脂动员及蛋白动员。

适度压力增加工作效率，过度压力则会降低工作效率，同时会伤害机体的正常代谢平衡。

2. 消耗体内平衡能量

人体的奇妙构成维持了体内内部状态的平衡。中枢神经系统与外周神经系统的网络组织，担负了体内平衡的重要角色，终生付出与消耗大量的能量。应激事件的出现，无疑是打破原有内部平衡寻求应对与新的稳定需求的过程。这个过程持续的时间取决于两个因素：应激源的严重程度及持续事件；机体应对反应的成功与否。应激源越严重越漫长，消耗的能量就越多，就越可能面临着心理危机的出现。

Selye的对抗应激模型能够给我们带来很大的启示，这个模型显示应激分为三个阶段，警觉反应、抵抗阶段和耗竭阶段。

（1）警觉反应：是对应激源的第一个反应。对机体来说，任何被判断为应激源的事件都需要马上产生防御反应。这一阶段，交感-肾上腺-延髓（SAM）轴开始兴奋，动员身体的能源来满足应对需求。在短时间内，机体可能处于风险不断之中。因为机体的防御可能发挥失常，效率较低，代谢过程主要是分解代谢，体重可能要减轻。如果应激源很快过去或者个体的应付技术能够满足需求，危机就会消除，机体又恢复正常而无疾病发生。

（2）抵抗阶段：是在应激源持续了较长时间（慢性应激源）或个体的应对技术不恰当，机体就会动员超过平时水平的防御机制。这是受控于 HPA 轴的，包括分泌糖皮质激素，这时机体对疾病的承受力比平时要强。代谢过程主要是合成代谢或修复过程，体重会恢复到正常水平。不过，机体不能处于高水平的能量消耗。持续的防御性兴奋减少机体能量贮备并最终导致后阶段。

（3）耗竭阶段：如果应激源不消除或机体不能寻找到有效的应对策略，精疲力竭阶段就会出现。在这一阶段，神经内分泌系统分泌性激素的能力减弱，机体甚至不能产生淋巴细胞来防御疾病，这样免疫系统的功能就很低，机体对功能性疾病（如感冒）和器质性疾病（如溃疡）的易感性增加了，在一些罕见个案中甚至出现致死。

关于这一阶段有两种观点很重要。①在大多数情况下，在机体达到这一阶段前应激源就停止了，或者机体就会使用有效的应对策略来减少或消除应激源。因此，精疲力竭阶段并非不可避免，也不是应激的一般结局。②生理疾病的发生很可能取决于在痛苦中所表现出的生物学素质的弱点。这一事实与素质－应激观点相一致。

四、应激反应与心理危机

（一）应激反应与心理危机

应激反应发生的时候，是机体应对的调整与处理过程，也是付出生理和心理能量过程。正向的认知评价系统的启动、提升，激发战胜困难与痛苦的斗志，极大提升应对能力的过程，具有挑战积极作用；负性的认知评价系统的启动，当所有有效资源利用失败的时候，使用常规的解决方法不能解决，使得人们无能为力，带来焦虑、抑郁、睡眠和饮食问题等，不能有效应对时，机体便毫不留情地进入一个危险与伤害的过程，处于心理危机状态。应对与危机的关键核心是认知评价系统。

无论是生理机能，还是心理机能都需要消耗能量，以消耗能量为代价适应应激刺激。然而，一旦能量耗竭，或者心理认知崩溃，即使应激源已经消失，一种生理的"精疲力竭"和心理的失衡状态意味着心理危机的出现。简单地说，这就是"应激与应激反应""应激反应与心理危机"之间的关系。应激反应是一种机体保护自我与应对处理的生理心理能力；心理危机是一种过度应激反应，而机体生理能量和心理能量大量消耗，会导致生理与心理失衡的状态。

（二）应激反应至心理危机机理

1. 认知评价

应激反应的强弱与大脑认知评价有关。当应激源出现的时候，大脑认知评价系统会迅速判断，并输出反应。一种情况是对应激源的"不应答"，另一种情况是"应答"，即发生"应激反应"。

"不应答"是大脑认知评价系统无视应激源的存在，表现为"视而不见""无心打理"，显然是因为认知评价系统未判断出现的灾难对自己造成的威胁，原因可能为应激源的强度不足，大脑认知评价认为是非属灾难性事件。"应答"是大脑认知评价系统在应激源出现后，意识到存在着危险后发生的一系列应对反应，也即"应激反应"。在"不应答"与"应激反应"之间有一个"启动"按钮，它决定应激反应的强弱，这个"按钮"就是"大脑认知评价"系统。评价应激源的大小及其强度，既与应激事件的大小、强度有关，又取决于认知评价系统的作用。

举例说明，20世纪90年代某歼击机飞行员飞行突发意外，成功跳伞。经身体检查，仅为一般性皮肤擦伤，生命体征正常，内脏器官无异常。但是，该飞行员心理反应较大，恐惧场景不断闪现，内心恐慌、无关动作过多，言语表达不流畅，被诊断为急性应激障碍。之后多次在疗养院及医院住院治疗，最终未能恢复飞行，做停飞处理。汶川特大地震发生之后，我们心理干预队伍在四川省擂鼓镇访问到一户房屋完整毫无损伤的家庭。这家主妇悄悄地告诉我们"我家亏了"。这和我们的理解、想象截然不同，本以为她会为经历如此特大地震后她家房屋完好、家人幸存而庆幸，而老妇认为是亏了。后来与她的交流才明确知道，原来她家盖房的花费很多是借来的。听闻震后政府对受灾倒塌房屋一律予以救济新盖，认为吃亏的原因，在于花钱盖房与救济得房的差距，导致老妇心理天平倾斜，房屋未损却出现了负性情绪反应以及心理失衡现象。

这些实例提示我们，评价应激事件大小、强弱与应激反应的大小、强度有直接关系。因此，心理干预的位点在大脑认知评价系统，也就是要建立对可能发生的或已发生的危机事件的理性认知评价。

2. 体内资源耗竭

机体维持内部平衡是需要消耗能量的。一旦应激事件出现，机体就要为应对事件而积极备战，也就是 Selye 所说的"警觉"状态。接着机体要做出应对处理，动员机体能量系统，也就是交感－肾上腺素－延髓（SAM）轴发挥作用。与此同时，认知系统也开始了积极的"搜索""判断""加工""处理"。搜索既往的经验，判断是否有足够的能力应对。然后予以"抵抗"应激性事件的刺激影响。从"警觉"到"抵抗"，机体动员了一切抵抗力量，大量消耗体内物质，短时间内又无法补充，必然表现出了"耗竭"状态的精疲力竭。

它耗尽了机体生理性的应对资源，同时也耗尽了机体的心理能量，调用了自身各种心理调节方法，仍然无济于事。此刻内心的感受处于极大痛苦状态，不良情绪会体会至深。一旦能量耗竭，或者心理认知崩溃，即使应激源已经烟消云散，一种生理的"精疲力竭"和心理的"失衡状态"意味着心理危机已经出现。

（三）应激反应与心理危机的后果

通常所说，"适度的焦虑会使人兴奋性提高，注意力增强，提高反应速度"（郭念峰，2012）。实际上，适度的焦虑状态是一种应激反应的表现。如前所述，应激反应过程是机体应对处理过程，是激发自主神经系统活动的过程；是激活"下丘脑 -垂体 - 肾上腺素皮质轴"（HPA）系统的过程，是有利于机体应对应激源影响的过程。过度的应激反应，机体超负荷消耗能量，从而导致了心理危机的发生。

心理危机的后果有 3 种：一是挑战，二是威胁，三是伤害。挑战，是感到有能力应付，而且情绪保持一种兴奋和正性的期待状态。实质上是一种积极应激反应。威胁，是由于事件危险的程度，超过了个体的应付能力。伤害，是机体生理心理所遭遇的致命损伤。

第二节　飞行事故与心理危机

一、飞行事故

案例 1：20 世纪初的一起飞行事故。某部新飞行员年后首次开飞训练，在返航降落时出现与跑道偏角。由于过度修正，未能平稳降落，前行并侧翻 360° 滑行数十米后机舱起火。在火势蔓延过程中，飞行员冒火跳出飞机逃生。该事件发生后，对逃生飞行员进行了紧急心理干预。飞行员事故当日表情淡漠、行动迟缓、动作木僵、意识狭窄、数度哽咽，呈极度恐惧状态，诊断为急性心理应激障碍。心理干预后次日，该飞行员情感恢复常态，情绪表现轻松自然，对话自如，焦虑恐惧症状明显减轻，自我感到轻松许多，明确表示"能够重新恢复飞行"。

案例 2：某年秋季，某部在训练中出现意外，飞行员报告情况后果断跳伞。目睹了飞机在落地爆炸的情境，庆幸自己在紧急情况下逃生，犹如从战场死神中返回的感觉。随之出现急性应激障碍的各项症状。飞行员本人在这种情况下，主动给一个好朋友电话询问该怎么办。好友电话里告诉他急需做的事情是给自己放松一下紧张的情绪。于是好友在电话里远程逐句指导飞行员放松训练。放松训练后飞行员感到身体非常轻松，坐立不安的焦躁得到缓解。之后，专业心理医生继续实施心理危机干预后，该飞行员状态恢复常规，保持飞行并参加了重大活动的飞行。

以上案例，既说明了事故发生后飞行员的身心状态，又表明了事故后心理危机干预的重要性。以下我们从心理危机的发生发展情况做一叙述。

二、心理危机

心理危机，是指某种强大的事件来临的时候，超过了个体所能心理忍受的程度，无法用通常解决问题的方法来解决，从而使个体出现心理失衡的状态。一般来讲，构成心理危机要符合 3 个条件：一是存在某种强大的心理性的刺激的事件；二是以通常解决问题的方法无法解决；三是出现急性的情绪、行为、躯体方面的改变。

航空空难飞行事故，能够引起当事人以及当事人的同事、亲朋好友发生心理危机，在 Richard K james 等所著的《危机干预策略》（高申春译，2009）一书中罗列了以下 6 种说法，以使我们能够深刻理解有关危机及其危机干预的基本概念。

（1）当一个人在追求重要生活目标的过程中遭遇到障碍，且用常规方法无法解决时，可以说他处于了危机状态之中。每当此时，当事人一定会经历一段时间的精神迷茫和情绪紊乱，期间还会针对障碍做出很多无效的努力。

（2）危机产生于通向生活目标的障碍，而这些障碍一定是当事人确信用通常的选择方案及行为方法无法克服的。

（3）危机之所以是危机，就是因为当事人无从应对所面临的生活境遇。

（4）危机是当事人所面对的一个困境，这个困境不仅让当事人无能为力，而且还使当事人完全失去对自己生活的主动控制力。

（5）危机是一种生活解体状态，在这种状态中，当事人经历着重要生活目标的挫折，或是他的日常生活全面崩溃，应对应激源的各种方法完全失效。通常危机一词指的是对这种状态的恐惧、震惊及悲苦的感受，而不是这种状态本身。

（6）危机一般要经历 4 个不同的发展阶段：①当事人生活中出现某一重大变故，并做出判断，自己通常的应对机制能否顺利解决这一变故；②随着事态的发展，紧张和混乱的程度不断增加，远远超出当事人的应对能力；③随之产生的是对外资源（如心理咨询）的需求；④必须求助于专门的心理治疗，才能解决当事人主要的人格解体问题。

综合所述，可以认为，危机是当事人的一个认知或体验，是将某一事件或生活境遇认知或体验为远远超出自己当下资源及应对机制的无法忍受的障碍，或者说是处于"危险"之中，有可能导致他严重的情感、行为及认知的功能障碍。这种功能障碍意味着是一种心理上的严重失衡状态，也就是通常所说的心理危机状态。

三、飞行应激源

飞行应激源，指的就是在飞行职业中能够引发飞行员应对反应的各种刺激或情境。飞行职业是一个高风险职业，当飞机离开了地面之后，所有危险的可能都会存在。高速飞行的时空变换，带来了对心理品质的特别要求，比如空间推理、反应时间、注意能力、心理运动能力等。同时，这些高标准要求，加大了心理运动速度的负荷。

（一）飞行中的意外事件

飞行人员所遭遇飞行中的意外事件比率并不是很低，如发动机突然推力不够或停车；无线通信突然故障，空间定向发生问题；远程飞行迷航，导致油料不足；穿云飞行后天地混淆；空中遇候鸟相撞等。

（二）特情飞行

高速、高负荷以及高机动性等飞行环境，所有能够带给机体评价系统"生命威胁"信号的飞行训练都会成为应激源，诸如改装飞行、高原飞行、海上飞行、超低空飞行、跨区域飞行、夜间复杂气象飞行等，在适应这些特殊飞行训练环境过程中，飞行员脑力与体力不断输出，并增加应对负荷，降低了对应激源的耐受阈限，导致特殊飞行成为最大可能的飞行应激源。有研究报告指出，飞行员在飞行中肾上腺素皮质水平升高，而领航员有较高的主观焦虑但只有轻微并不显著的肾上腺水平升高（Nelson，1974）。

（三）战斗飞行

激烈的战斗中，空中激战、地面炮火、远程导弹等威胁了飞行员生命安全，成为战场应激源，导致飞行员不可避免地产生战斗应激反应。也就是说，战场上任何威胁生命安全的因素均为战场应激源。对这一应激源的认识，来源于三个方面。①对死亡的恐惧：当战场环境极端恶劣，胜利的可能性极其微弱，或战斗时间延长的情况下，忽略与否认这些危险几乎不能的情况下，面对的是恶劣战斗的刺激和个人生命可能被毁灭的危险，自己又无能处理这种威胁的被伤害感以及无助感，战斗应激反应会更加强烈。②个人经历：曾经有过的参战经历，让再次参战时会感到心中有数。有过战争经验的人不畏惧战争，就是最好的说明，他们知道战争的危险，但参战经历极大地提高了危险评估阈值。③生理与心理能量的储备：强壮的体格与持久的耐力，静态力量与动态力量的积累是飞行员生理能量的最好储备。战争中，往往处于非常规作息状态，脱水、疲劳、睡眠不足、营养不够等体力与精力的不足，消耗了应对能力，加剧了对死亡威胁的恐惧。在心理能量方面，心理矛盾与冲突，或对任务完成不完美状态的遗憾，削弱了个人耐受力和有效应付战斗焦虑的能力。不断输出的应对负荷，是应激反应的过程，也是能量不断消耗的过程。同时，个人心理应对技巧、支持资源的利用度、个人特质等心理能量因素，不断成为扩大或缩小战场应激反应中起着很重要的作用。

第三节 危机的干预理论与模式

在危机干预理论中，主要是 Lindemann 的基本危机干预理论，其他还有扩展的危机干预和折中的一些理论。

一、危机干预的理论

危机制论由 Lindemann 于 1944 年最早研究。他的研究、著述和教学为我们提供了一种对危机的新的理解方式。很多丧失亲人，在临床上诊断不出有什么病，但却表现出很多看似疾病的症状。Lindemann 认为悲哀的行为是正常的、暂时的，并且可通过短期危机干预技术进行治疗。这种"正常"的悲哀行为反应包括：总是不由自主地想起死去的亲人；将自己当作已故的亲人；表现出内疚和敌意；日常生活出现某种程度的紊乱；某些躯体化疾病的出现。Lindemann 否定了当时流行的一种看法，即表现出危机反应的人应当作心理异常或疾病来加以治疗。他主要关注的是因丧失亲人而导致的悲伤这一特殊形式的危机反应的即时解决。

基本危机干预理论认为，所有的人都会在自己的一生中的某个时刻遭受心理创伤，但这种创伤并不都构成心理危机。只有在主观上认为创伤性事件威胁到需要的满足、安全和存在的意义时，个体才会进入危机状态。危机既伴随暂时的失衡，又包括成长的契机。危机的解决将导致积极的和建设性的结果，如应付能力的不断提高和消极、自我挫败及功能失调行为的不断减少。

二、危机的发展过程

在遭遇航空飞行事故的空难后，当事人应该意识需要自我或他人给予自己心理辅导，既是阻止心理危机发生，又是及时化解心理危机的需要。只有情绪失衡状态达到一定程度，才会出现心理崩溃。心理危机要经历 4 ~ 6 周的演变，当事人在不同阶段有不同的心理需求和改变的可能。

（一）危机的四个阶段

Caplan（1964）对于心理危机的个体，他认为要经历四个阶段。

1. 第一阶段：自我寻求平衡

当一个人感受到自己的生活突然出现变化，或即将出现变化时，他内心的基本平衡被打破了，表现为警觉性提高，开始体验到紧张。为了达到新的平衡，他试图用自己以前在压力下习惯采取的策略做出反应。处于这一阶段的个体多半不会向他人求助，有时还会讨厌别人对自己处理问题的策略指手画脚。

2. 第二阶段：尝试寻求帮助

经过第一阶段的尝试和努力，他发现自己习惯解决问题的办法未能奏效，焦虑程度开始增加。为了找到新的解决办法，他开始试图采取尝试错误的方法解决问题。在这个阶段中，当事人开始有了求助动机，不过这时的求助行为只是他尝试错误的一种方式。需要指出的是，高度情绪紧张在一定的程度上也会妨碍当事人冷静地思考，也会影响他采取有效的行动。在这一阶段中，如果能听到有人说"问题总是可以解决的"会燃起其寻求帮助的希望，也会帮助当事人降低紧张焦躁的情绪。

3. 第三阶段：忙乱阵脚求助

如果尝试的方法未能有效地解决问题，当事人内心紧张程度持续增加，并想方设法地寻找和尝试新的解决办法。在这一阶段中，当事人的求助动机最强，常常不顾一切，不分时间、地点、场合和对象发出求助信号，甚至尝试自己过去认为荒唐的方式，比如一向不迷信的人去算卦。此时当事人也最容易受到别人的暗示和影响。心理疏导员此时对求助者影响最大。

需要指出的是，在这个阶段中，当事人会采取异乎寻常的无效行为宣泄紧张的情绪，比如无规律的饮食起居、酗酒、无目的的游荡等。这些行为不仅不能有效地解决问题，反而会损害当事人的身体健康，增加紧张程度和挫折感，并降低当事人的自我评价。因此，心理疏导员应该首先帮助当事人停止这些无效行为，并与他一起寻找解决问题的新办法，心理疏导员在此所起的作用是参谋和顾问，而不是包揽一切的保姆。

4. 第四阶段：滋生无助无望

如果当事人经过前三个阶段仍未能有效地解决问题，他很容易产生习惯性无助。他会对自己失去信心和希望，甚至对自己的整个生命意义发生怀疑和动摇。很多人正是在这个阶段中企图自杀，希望以死摆脱困境和痛苦。强大的心理压力有可能触发从未完全解决的，并被各种方式掩盖的内心深层冲突。有的当事人会产生精神崩溃和人格解体。在这个阶段中，当事人特别需要通过外援性的帮助（包括家人、朋友和心理疏导的专业人员）渡过危机。疏导员在这一阶段需要做两方面的工作：①通过交谈促进当事人的情感流露，加深当事人对自己处境和内心情感的理解，使当事人在疏导员的交流中恢复自信和自尊。②作为参谋或顾问，帮助当事人学习建设性地解决问题。

（二）危机的发展预后

遭遇心理危机后的各种生理的、心理的和行为上的反应并不是终生的。绝大多数学者认为，心理危机的状态要持续 4 ~ 6 周。在这期间，由于解决危机的方法不同，危机的结局也不同，有以下 4 种预后结局。

（1）获得成长的机遇：当事人不仅顺利地渡过危机，而且在经历危机的过程中，既经历了一次危机的危险，又学会了处理困境的新方法，意志更加坚强，人格更加成熟，整个心理健康水平得到了提高，得到了一次成长的机遇。

（2）心理留下了"瘢痕"：危机虽然渡过，基本回到以前的状态。但当事人却在心理上留下一块"瘢痕"，形成偏见，今后的社会功能会有一定影响，妨碍了今后对社会的适应。

（3）以死求得解脱：无法承受重大的灾难事件带来的心理压力，对未来绝望，以死解脱，选择自杀手段结束自己的生命，或出家等其他形式的解脱。

（4）留有心理疾患：未能度过危机，陷入心理疾病之中，心理感觉变得尤为敏感。从此，当事人经历任何生活变故都会诱发心理危机，陷入心理疾病或精神疾病之中，心理适应水平明显降低。

（三）危机的转移状态

1. 危机转移状态

危机的时程是有限的，一般最多持续 6 ~ 8 周。其后，当事人的主观不适感就趋于消失，但是，危机事件直接引起的后果及其过程，有可能将所遭遇的危机转变成一个潜在的致病因素，并逐步转化成一个慢性的长时间的疾病状态。尽管最初的危机事件有可能被压抑到意识阈之下，而且导致危机的事件已经过去，或者当事人还相信问题得到解决，但是，在新的应激源出现的时候，往往容易将自己再次带回到危机状态。一般而言，这种致病的情绪气质状态有可能会持续数月至数年的时间反复出现，这种情况，就属于危机转移状态。因此，心理危机干预工作也应该伴随这个过程。

2. 与创伤后应激障碍的不同

值得注意的问题是，危机迁移状态与创伤后应激障碍不同。创伤后应激障碍是一个明确加以界定的焦虑障碍，是由极度创伤意义的事件而引起的，有明确的诊断标准。两者之间的关系是，患有创伤后应激障碍的人，可能正处于危机转移状态，但并不是处于危机转移状态的人都正在遭遇创伤后应激障碍。两者之间的关键区别特征是，不管是何种原因引起的，如创伤事件、人格特质、物质滥用、精神病或慢性的环境性压力源等引起的危机转移状态，它总是以一种残留的隐伏形式存在，且反复出现，又总是维持于一定的程度上。虽然处于危机转移状态的人通常能够保持一定水平的正常功能活动，但他们总是处于危险的边缘，任何单一的、微小的或意外的刺激因素，都有可能打破他们生活平衡而将他们置于危机之中。

三、危机的类别特征

危机干预面对的是不同危机情境带来的危机状态。通常将危机划分为三大领域：发展性危机；情境性危机；生存性危机。就飞行群体而言，这些领域都可能导致危机的发生。

（一）发展性危机

发展性危机（developmental crisis），是正常的人生过程中所碰到对人生转折有意义的一些事件，引发的异常反应，也称内源性危机。这种危机认为人生是由一系列连续的发展阶段组成的，每个阶段都有特定的身心发展需求。当一个人从某一发展阶段转入下一个发展阶段时，他原有的行为和能力不足以完成新的需求，新的行为和能力尚未建立起来，发展阶段的转变常常会使他处于行为和情绪的混乱无序状态，不能有效面对当前现实问题。

对飞行职业群体的人员而言，当一个社会青年进入飞行学院学习的时候，年龄小、社会阅历浅、飞行环境陌生、飞行专业知识茫然。望着天空中翱翔的飞行战机，听着老飞行人员讲述显赫的飞行业绩，内心激荡渴望着自己即刻就架起战机飞行于蓝天之中。但是，需要走过几个关键阶段，如招飞选拔、飞行学院即将毕业、升职、机种转换、停飞以及最终退出军人职业等，对所有这些带有重大的人生转折意义的事件的反应都可能成为发展性危机。发展性危机一般都被认为是正常的，但是，所有的发展性危机对每一个人的意义各不相同，所以，必须针对具体个人的具体发展性危机分别加以评估和处理。

当然这种发展性危机是常规发生的，可以预期。主要在于是否有足够的时间和机会对这种转变做出适应性的心理调整，这种调整也在于要具备学习的能力，对新的事物、新的环境、新的生活内容等所有的信息有足够的了解。学习新技能，承担新的角色，就能够减少危机对个体心理上的冲击和损害。

（二）情境性危机

情境性危机（situational crisis），也称外源性危机，环境性危机，或称适应性危机。是指当事人生活中所发生的异乎寻常的事件，对这样的事件，当事人不可能以任何方式预见或加以控制。飞行职业是遭受境遇性危机的高危群体。国外心理学家 Burgess 等（1976）研究认为，产生境遇性危机分为三类情况：一是个人经历中碰到了不可预料的生活事件，比如突然住院、亲人突然亡故、飞行事故等。二是战争、自然灾害、动乱等突发事件的发生，在毫无准备的情况下突然进入了不知所措的危险情境，身体上或心理上可能会遭受攻击与伤害。三是生命中发生的生活事件，比如分居或离婚、与恋人分手或出色的个人成就等。在一定程度上，这些改变是可以预期的，有时是个体期望得到的。

飞行人员的集体生活状态与高强度、高负荷飞行训练不可避免会遭遇到这些境遇性危机，无论哪一种境遇性危机，都具有以下共同的特点：①当事人有异乎寻常的内心情绪体验，并伴有行为和生活习惯的改变，但无明确的精神症状，不构成精神病；②有确切的生活事件作为诱因；③面对新的难题和困境，当事人过去的措施无效；④持续时间短，几天或几个月，一般是 4 ~ 6 周。

区分情境性危机与其他危机的关键在于，情境性危机的发生是偶然的、突发性的，令人震惊并产生强烈的情绪反应，而且它的结果往往都是灾难性的。

（三）生存性危机

生存性危机（exsistential crisis），是指由诸如职业目的、职业责任、职业发展、为国献身等重大的事件所引起的内心的冲突与焦虑。个人升迁、荣誉获得也是发展中的主要问题。一旦不能实现自己的理想，心理矛盾、困惑也必然产生，不能及时化解这些问题，将直接导致信念的丧失和理想的崩溃。当一个接近停飞年龄的飞行人员意识到自己的职业生涯将终止，无法再在事业上有更大发展的时候，或者当事故导致自己面临终止飞行生命的时候，或者当面临改装新机种由于身体条件不能改装的时候等，体验到的就是生存性危机。

四、危机干预模式

按照国外研究，Leitner（1974）和 Belkin（1984）都提到危机干预的 3 种基本模式，即平衡模式、认知模式和心理转变模式。这 3 种模式为许多不同的危机干预策略和方法提供了基础。

（一）平衡模式

所谓的平衡模式其实即是指"平衡／失衡"模式。当人们处于危机之中时，实际上是处于一种心理或情绪的失衡状态，在这种状态下，通常的应对机制和问题解决的方法失去了效用，而不能满足他们的需要。平衡模式的目的在于帮助人们重新恢复到危机前的平衡状态。

平衡模式最适合于早期干预，危机当事人基本失去了对自己的控制，对发生的事件如何应对不知所措，而且不能做出恰当的选择。在这种状态下，干预工作的重点主要是稳定当事人的情绪。在情绪没有恢复到一定程度之前，不能采取，也不应采取其他任何进一步的措施。例如，面对一个一等事故后亲属失去理智、欲死欲活的悲伤状态，去挖掘她（他）情绪失控的深层次原因是没有任何意义的。情绪的稳定至少要一周的时间，平衡模式是危机早期最合适的干预模式。

（二）认知模式

认知模式实际上基于这样一个认识为前提，即所发生的危机，源于围绕危机事件而再生的诸事件或境遇的错误思维，而不是事件本身或情境本身（Ellis，1962）。认知模式应用的目标是，帮助当事人认清危机事件或危机境遇，并通过改变他们对危机事件或危机情境的观点和信念。它的基本原理是，人可以通过改变思维方式，尤其是通过认识其认知中的非理性和自我否定部分，通过获得理性和强化思维中的理性和自强的成分，获得对自己生活中危机的控制。

在现实情况中，人们通常由于给予了自己否定和扭曲的信息，让持续、折磨人的两难处境导致心身衰竭，进而推动了对境遇的内部感知向越来越消极的自言自语发展，直到使整个认知状态很消极，乃至于都不会相信任何人的劝慰和说法，根本不相信所面对的危机境遇中还存在着任何积极的因素。随着这种消极认知的发展，行为也开始趋于消极化，从而进入一种恶性循环，朝向了自我预期的方向发展，最终危机情境确实没有了任何解决的希望。因此，针对这种状态，危机干预工作的主要任务就是改变当事人的思维模式，使个体的思想变动更为积极、更为肯定，直到旧的、否定性的和懦弱的自言自语消失为止，使之朝向一个积极的良性循环过渡，直到这些积极的思维将原先那些旧的、消极的，具有破坏性的思维完全排挤出大脑。认知模式最适合于危机当事人情绪基本稳定下来，并回到了接近危机前平衡状态的人员。改变思维模式的基本理论，依赖于 Ellis（1982）的合理情绪疗法、Meichenbaum（1977）的认知－行为疗法、Beck（1976）的认知系统疗法。

（三）心理－社会交互模式

心理－社会交互模式认为，人是遗传基因和从特定社会环境中学习经验共同作用的产物。因为人总是在不断地变化、发展和成长过程中，而且他们的社会环境和社会影响也总是在不断地变化。所以危机既可能与内部因素（心理因素）有关，也可能和外部的因素（社会的或环境的）有关。危机干预的目的在于与求助者合作，以评定与危机有关的内部和外部因素的影响程度，帮助他们适当地调整目前的行为、态度，并充分利用各种环境资源等，以获得对生活的自主控制能力。

心理－社会交互模式不认为危机是一种单纯的内部状态。在危机干预中，还要考虑到个体以外的哪些系统需要改变才能解决危机。影响当事人心理适应性的外部因素包括战友（同事）、家庭、职业、习俗、信仰和军事飞行环境等。当然，远不止这几个外部维度。对于某些类型的危机问题，除非影响个体的社会系统也发生改变，或个体与系统适应，或个体懂得这些系统的发展变化规律及他们如何影响个体对危机的适应，否则危机难以获得持续性的解决。与认知模式相类似，心理－社会交互模式最适合于已经稳定下来的求助者。

第四节　灾难事故后心理危机干预

人的一生，是生命细胞孕育、诞生、成熟、发展、凋谢、死亡的一生，是不断与生活环境交融与适应的一生，是职业生涯寻求发展与完美的一生。当我们遇到危机的时候，选择尽早心理干预，是人生再前进再发展的机遇挑战。航空灾难飞行事故发生后，实施心理危机干预是指给处于心理危机状态者及团体或家庭提供有效帮助和支持的一种技术，通过调动他们自身的潜能来重新建立和恢复其心理危机前的心理平衡状态，简言之，就是及时帮助处于心理危机中的人们恢复心理平衡。

一、灾难事故后危机干预

灾难后飞行事故属于重大灾难，心理危机干预十分迫切需要。近些年来，各级组织十分重视，事故后即派遣心理医生，直接奔赴事故一线对相关人员和单位实施心理危机干预。20 世纪初在某地所发生的一起飞行事故，由于降落时发生偏角，导致纠正过度发生飞机 360° 翻滚，仅前舱飞行员逃生。在事故后 12 小时和 24 小时内分别进行了心理干预。首次心理干预时，该飞行员表现为情绪低落、语言表达不流畅、动作迟滞、有木僵样状态，其特点符合急性应激障碍诊断。经过两次心理干预，情绪恢复常态，语言表达正常，行为动作正常，明确表示可以继续飞行。同年 4 月，某部二等事故后跳伞飞行员，当夜睡眠紊乱。次日心理干预前，专家进行了全面身体检查，仅有颈部擦伤以及颈胸腰软组织损伤，无其他问题。但是，在心理干预时，该飞行员处于半躺位置，自述问题及回答问题时，眼睛时睁时闭，情绪异常低落。怀疑自己的飞行能力，对未来飞行失去信心。通过前后两天两次的心理干预工作，情绪极大改善，行为动作自如，第二次干预后当晚的睡眠异常沉稳。

从这两个例子来看，心理干预对事故后飞行员心理失衡的改变非常重要，对防止发生慢性应激障碍综合征起到了决定性作用。

二、危机干预操作性原则

干预的目的是为灾难飞行事故当事人及关系密切人员提供一系列自助方法，使其学会依靠自身而不是外部资源避免应激症状的发展。

（一）应激接种训练原则

应激接种训练（strss inoculation training，SIT），是一种通过强化个体的应对能力，减弱个体压力易感性，使个体对各种压力"免疫"的技术方法。它起源于 1980 年，是一种灵活的认知－行为干预技术，用以提高个体处理危机的能力。SIT 的应用范围十分广泛，对警察、军队、航空、医疗服务等心理高危行业人员的干预取得了良好的效果（Doran 等，2006；Meichenbaum，2009）。如让患者为痛苦的医疗程序做好准备，提高个体的情绪控制力，治疗广泛焦虑和特殊恐惧，帮助个体改善人际关系，治疗成瘾，增强个体的抗压能力，使个体能自如应对压力。应激接种训练可用于灾前预防和灾后干预，灾前主要用于增加个体应对灾难的措施，提高抗应激能力；灾后主要用于减轻个体应激水平。Meichenbaum（2009）指出："SIT 的核心是，培养个体对适应压力的应对技能，以帮助个体建立起应对更多高要求应激因素的技巧和信心。"

（二）Salmon 原则

第一次世界大战期间，Salmon（1919）提出了战斗创伤人员干预三原则：就近（proximity）、及时（immediacy）、期待归队（expectancy）。就近原则是指干预应在事发地附近展开，不可脱离战斗集体，以便更好地利用集体凝聚力。这一原则认为，在军事环境中，脱离组织的心理服务工作会使干预对象感到缺乏支持、内疚、孤独，以至于康复困难。因此，将干预对象与组织分离很可能导致其适应不良，不利于预后。及时原则是指灾后干预工作应迅速展开，防止焦虑形成，促进个体适应应对模式的形成。期待归队原则是指应激是暂时的正常反应，个体能够恢复到原来的正常功能。期待归队原则被认为是最核心和最有意义的。事实证明，Salmon 提出的"三原则"在军事干预中十分有效（Solomon，1993）。

三、心理危机不同于病征

当事故发生导致个体发生心理危机的时候，其实所恐惧的不是危机本身，而是对出现危机的恐惧。

（一）心理危机不是病症

心理危机不是病症，就是一种反应症状，它不遵守一般的因果关系规律，一旦危机出现就会有很多的复杂问题的出现。对于个体危机而言，是自己不能解决的问题而带来的危机；对群体危机而言，则是在集体任务中发生的突发事件带给群体的危机。在这种状态下，不仅仅是当事人，还将涉及家庭、同事以及整个系统都将涉及发生危机。

（二）心理危机"危险"与"机遇"并存

心理危机，实质上是"危险"和"机遇"的并存状态。一方面，在心理危机的状态下导致心理崩溃，出现暴力倾向、情绪不能自控，以及自杀倾向等各种问题都可能存在。另一方面，由于给当事人带来的痛苦反而会迫使其寻求帮助，在寻求帮助的过程中会体会、领悟许多以前不曾认知的事物本质以及它的客观和全貌，从而获得个人的成长和自我实现，把危机转变为当事人或周边人提高的一种机会。

（三）心理危机干预办法灵活多样

心理危机的解决方法不是通用、万能的。帮助处理心理危机状态的解决方法有多种多样，应对突发危机时，可以在危机发生的第一阶段采取"快速疗法"，而对那些长期存在的问题，基本上不存在快速解决的方法，需要一个具体的方案由专业人员帮助解决。

（四）心理危机具有普遍性和特殊性

在特定的情况下，没有人能够幸免心理危机，但面对同样的情况，有些人能够成功战胜危机，而另一些人则不能。如果说有人能够免于遭受心理打击，能够沉着、冷静地处理任何危机也存在很大难度。一些战争时期的军人，高比例的患有"创伤后应激障碍综合征"，说明恶劣的军事环境，当面对严重危机的事件时候，也会发生心理危机问题。

第五节　灾难事故后心理危机的识别与应对

研究表明，早期预防性心理干预能够避免个体预期症状的恶化，或缩短症状持续的时间，加速个体的恢复进程，并恢复原有的功能。针对灾难后不同危机情境出现的状况，遵循危机干预的基本原则，按照普遍规律与特殊情况相结合，程式模式与创新灵活方式相结合实施危机干预。总的来说，按照基本原则，掌握基本干预技术，明确干预步骤，才能在宏观上有效处置危机事件，达到预期效果。

一、心理危机的识别

（一）灾难后应激反应基本模式

遭遇灾难后个体依从应激反应的模式，从惊恐（动员阶段）、适应（抵抗阶段）到衰竭阶段。主要表现为以下 4 种反应：

（1）战斗：不甘示弱、处于准备搏斗的状况；

（2）逃跑：准备逃离危机，回避应激刺激；

（3）冻结：估计处于弱势状态，又无法逃脱，只好保持完全静止状态或处于假死状态；

（4）投降：认命，无力抵抗，服从强者，以心理危机状态告终。

这些反应实质上都是个体面临危险时候的一种原始反应。其原理是：当处于危险的时候，是体内交感神经系统释放大量肾上腺髓质激素和儿茶酚胺，加速体内糖原分解，产生可利用的能量，实现了第一次物质储备，从而做好了应对危险的战斗与逃跑准备，或使机体处于冻结状态；随后，副交感神经系统释放大量的肾上腺皮质激素，通过糖异生途径将体内营养储备（碳水化合物、脂类和蛋白质等）转化为葡萄糖，进一步使机体能够利用后续能量应对灾难；当然，机体能够通过交感与副交感神经系统激发而来的应激能量物质并不是无限的，在机体因耗尽储备或肾上腺皮质衰竭，仍无法产生足够的应激激素恢复平衡情况下，就会失去抵抗能力，表现为认命"就地投降"，衰竭而至。

（二）灾难后心理危机分期及表现

在重大灾难发生后，应激的后果就是在无力抗拒之后出现心理危机。通常的表现是：冷漠、麻木、恐惧、无助感、悲伤、内疚、罪恶感、愤怒、抑郁等一系列症状，表现症状因人而异，程度也有不同。整个心理危机过程一般持续 3 ～ 6 个月时间。3 ～ 6 个月后，绝大多数人（90% ～ 95%）逐渐恢复正常；少数人（5% ～ 10%）出现创伤后应激障碍，创伤重现、回避、警觉性增高、痛苦与社会功能受损。Kaplan 将灾难性事件对人造成的心理危机归纳为冲击期、情感反应和重建三个反应期。

1. 冲击期（或称休克期）

当遭受应激事件后，即处于一种"茫然"状态。整个大脑出现情感麻木，所谓"镇静"的表现，反应极为平淡、平静。实际上，这个阶段整个大脑几乎近于"零"活动，不做任何反应。它所持续的时间不同，一般持续数分钟到几个小时。

2. 情感反应期

出现明显的混乱，模棱两可及变化不定为特点，表现出巨大的情感变化，抱怨、指责自己无能、"不公平"。焦虑，狂喜或消沉悲伤，表情淡漠、情绪低落，抑郁或暴怒交替出现。此阶段也可分为"抱怨期"和"抑郁期"。临床上实际表现是抱怨与抑郁可能同时存在，交替进行。

3. 重建和平衡期

逐渐趋于两个不同的方向：一个方向是身心功能增强或改善，表现为情绪逐渐平缓，行为逐渐恢复原状；能够接受现实、整合心理、重新开始。另一个方向是出现心理的、躯体的或社会功能的障碍，可随时出现痛苦的回忆、后怕心理，出现行为退缩等改变，并可能趋向慢性化。

二、心理危机干预适应证

灾难飞行事故发生后，通常安排集体心理危机干预，内容主要是讲解应激反应的发生规律和应对办法。对于处于危机状态的当事人，他们的心理通常会较为开放，并愿意接受外来的干预和帮助，甚至主动求医。也有一些是封闭的，需要我们主动发现，危机干预没有绝对的禁忌。

以下 5 个方面是惯常危机干预的适应证。

（1）目前心理失平衡状态直接与某一特别诱发事件相关者；

（2）急性极度的焦虑、紧张、抑郁等情绪反应或有自杀危险的人；

（3）近期丧失解决问题能力者；

（4）求治动机明确并有潜在能力改善的人；

（5）尚未从适应不良性应对方式中继发性获益的患者。

三、危机干预的阶段划分

（一）问题评估

在危机干预初期，必须全面了解和评价危机当事人的有关诱因以及寻求心理帮助的动机。同时与遭受危机的人员建立一种工作关系。在这一阶段，需要了解目前存在的问题是什么？然后再解决什么？如果不及时处理，什么问题会导致非常严重的躯体或心理损害？什么问题最容易立即解决？除了专职的人员外，还有什么人能帮助处理他们的危机？妨碍干预效果的影响因素可能有哪些？什么方式可以减轻它们的影响？使用什么技术或方法能在最短时间内达到最佳的干预效果？同时，也需要评价是否具有自杀或自伤的可能性，如果有严重的自杀或自伤倾向时，可考虑精神科会诊，必要时进行住院治疗。

（二）制订计划

在全面了解危机的诱发事件和当前的危机水平之后，着手制订干预计划。危机干预不注重人格的塑造，而在于帮助遭受危机者恢复到危机前的心理平衡水平。在这一阶段需要了解危机对当事人生活造成损害的程度以及这种损害对他人及危机当事人周围环境所产生的影响；肯定危机当事人的长处（优点）；确定他所用的有效应对技巧，以及能够给他帮助的家庭成员或社会支持系统，明确干预目标。

（三）进行干预

这是最主要的阶段。主要有 4 方面的工作：①帮助危机当事人正确理解和认识自己的危机。当事人往往没有看到生活中发生的逆境与自己心理失衡所出现的不适之间的联系，干预者可以采用比较直接有效的方法使当事人认识这两者间的关系。②帮助危机当事人疏泄和释放被压抑的情感。有些当事人由于压抑了一些非常现实的情感

（如愤怒、爱和恨等），或者对悲伤的心理否认和自责，从而发生危机，干预的目标就是及时减轻当事人的痛苦和紧张，疏泄被压抑的情感，可以采用交谈、疏泄等技术。③学习应对方式，帮助当事人总结和学习过去成功的应对逆境技巧和新的应对方式，减轻逆境对心理平衡的影响。④建立新的社交领域。如果危机是由于失去亲人（如死亡、分离等）所造成，建立新的人际交往和人际关系则是干预的有效方式之一。

（四）解决随访

一般经过 4～8 周的危机干预，大多数当事人的情绪危机能得到解决或缓解。此时应及时中断干预，以减轻当事人对干预者的依赖性。在结束阶段，应该注意强化当事人多应用刚刚学会的新的应对技巧，鼓励和支持他在今后面临逆境或重大挫折时，应用新的应对方式和有关社会支持系统来独立解决和处理问题，避免或减少危机的发生。

第六节　心理危机干预技术方法

一、危机干预的基本技术

危机干预的最低目标是在心理上帮助当事人解决危机，使其功能水平至少恢复到危机前的水平，最高目标是提高当事人的心理平衡，使其高于危机前的平衡状态。因此，围绕这一目标，选择干预者擅长的技术进行危机干预。一般来讲，两种技术被广泛应用。

（一）支持技术

支持技术，是心理咨询与治疗中最普遍采用的一类方法。采用普通常识性心理学知识和原理，其方法和日常生活中的谈心和说服等十分近似。最常用的方法为耐心倾听、解释指导、鼓励保证、语言暗示、安慰疏导等内容。这类技术的应用皆在尽可能地解决危机，使遭受到危机的人员情绪状态恢复到危机前水平。由于危机开始阶段当事人的焦虑水平很高，应尽可能使之减轻焦虑情绪，也可通过改变环境，或镇静药物等方法。如果必要可送上级心理防护机构予以短期住院治疗。

（二）干预技术

也即解决问题技术。危机干预的主要目标之一就是让危机当事人学到对付困难和挫折的一般性方法，这不但有助于渡过当前的危机，而且也有助于以后的适应。

按照国外心理学者 Gold fried 所提，帮助危机当事人按 7 个步骤进行思考和行为，常能取得较好效果，即①明确存在的问题和困难；②提出各种可供选择的解决问题的方案；③罗列并澄清各种方案的利弊及可行性；④选择最可取的方案；⑤确定方案实施的具体步骤；⑥执行方案；⑦检查方案的执行效果。

依据这些，对于干预者来讲，干预过程的职能是：①帮助他们正视危机。②帮助他们正视可能应对的方式。③帮助他们获得新的信息或知识。④可能的话，在日常生活中给他们提供帮助。⑤帮助他们回避一些应激性境遇。⑥避免给予不恰当的保证。⑦督促他们接受帮助。

二、危机干预的基本步骤

以下引用美国 James RK 等所著《危机干预策略》（高申春译，2012 年重印）一书阐述的"危机干预六步骤模型"予以介绍。各种危机干预策略都是以"危机干预的六步骤"为核心展开的，实际上这些步骤的设计构成了一个完整的问题解决程序。在这六个步骤中，前三个步骤主要是倾听活动，分别是：①明确问题；②确保当事人的安全；③提供支持。后三个步骤主要是危机干预工作者实际采取的行动，分别是：①探查可利用的应对方案；②制订计划；③获得承诺。

（一）倾听面临的问题

1. 明确问题

危机干预的第一步，是要从当事人的角度明确并理解所面临的问题是什么。危机工作者必须站在危机当事人角度感知或理解危机情境，否则，所采用的任何干预策略或干预程序可能都不得要领，且没有任何意义。在危机干预的起步阶段，应采用"倾听技术"，以了解当事人的危机是什么，并以共情、真诚、接纳或积极关注当事人。

2. 确保安全

必须自始至终将确保当事人的安全放在全部干预工作的首要位置，这是毋庸置疑的。所谓确保当事人的安全，简单地说，就是将当事人无论在身体上还是在心理上对自己或他人造成危险的可能性降到最低。尽管将确保当事人安全放在第二步，但当事人的安全问题是贯穿于整个危机干预过程中首要考虑的重点。没有了安全，就谈不上危机干预。

3. 提供支持

让危机当事人相信危机干预工作者的真诚与责任，让当事人知道心理干预工作者与他（她）并肩承担眼前的困难，他（她）的事情就是危机干预工作者的事情。作为干预工作者，通过语言与行动向当事人传递"这里有一个人真的很关心你"的信息。以一种无条件的、积极的方式接纳、尊重当事人。

（二）采取干预的行动

1. 选择应对方案

在严重受创而失去能动性时，危机当事人往往不能充分分析他们最好的选择方案，帮助当事人选择和利用的应对方案十分重要。可供选择的应对方案可以从三个角度来寻找：①情境的支持，实际上就是当事人过去和现在所认识的人，他们可能会关心当事人到底发生了什么；②应对机制，实际上就是当事人可以用来摆脱当前危机困境的各种行动、行为方式或环境资源；③当事人自己的积极的、建设性的思维方式，实际上就是当事人重新思考或审视危机情境及其问题，这或许会改变当事人对问题的看法，并减缓他的压力和焦虑水平。有效的干预工作者可能会想出无数适合当事人的应对方案，但只需与当事人讨论其中少数几种，因为当事人事实上并不需要太多的应对方案，他们只需要对他们的具体情境而言现实可行的方案。

2. 制订干预计划

制订计划是前一个步骤的自然延伸，计划内容包括：①确定其他的个人及组织团体，随时可以请求他们过来提供支持帮助；②提供应对机制。是当事人立即着手进行的某些具体的、积极的事情，能够掌握并理解的具体而确定的行动步骤。

这个计划应着眼于当事人危机情境的全局，目标是能够使问题得到全面系统解决，同时考虑当事人的应对能力切实可行性问题。尽管干预者所有的做法具有高度指导性，但所制订实施计划时应该与当事人共同讨论、合作完成，让当事人感觉这是为他制订的计划，才能更愿意去执行这个计划。

在制订计划时，一定要向当事人解释清楚在计划执行过程中可能会发生什么，并获得当事人的同意，这是非常重要的。在计划的酝酿与制订中，最重要的是不要让当事人觉得他们被"任意摆布"，所有自尊被剥夺。执行这个计划，就是为了帮助他由此重新获得对生活的信心，恢复自我的控制力和自主性。

3. 获得承诺

通常情况下，这一步比较简单，只是要求当事人复述一下计划即可，其目的是让当事人承诺，一定会配合采取各种积极的行动步骤，达到尽快恢复到危机前的平衡状态的保证。危机工作者要注意，在结束一个干预疗程之前，一定要从当事人那里获得诚实的、直接的、恰当的承诺保证。在随后的干预疗程中，危机工作者要跟踪当事人的进展，并对当事人做出必要而恰当的反馈报告。

三、飞行事故后现场危机干预

飞行事故是一种严重的、极为特殊的应激事件。把飞行事故作为危机事件处理，进行心理危机干预，减轻其影响已经成为共识。

（一）飞行事故后心理危机干预基本问题

1. 飞行事故后心理危机干预组织

心理干预工作同时在事故飞行员驻地展开。心理干预工作者到达飞行事故飞行员所在驻地后，迅速与事故单位领导碰面，听取灾难人员基本情况，共同讨论心理干预要点，依据灾难程度大小明确干预人群范围，并协商安排专人协调。

一些学者认为，飞行事故后心理危机干预的组织工作十分重要，建议采取专家队伍和区域队伍相结合的方式，在事故发生后第一时间实施开展心理危机干预的工作。

所谓区域性心理危机干预队伍，由各战区组织并按照专业训练程式合格者组建。专家队伍由具有丰富飞行事故后心理危机干预实战经验的学者组成，并委派首席专家全权负责这一工作。一旦事故发生，在命令下达后，即由区域性心理危机干预队伍即赴事故一线，专家队伍依据情况派出 1～2 名指导一线工作。

2. 心理危机干预的目标

干预的目标首先是使灾难事故当事人情绪合理化，防止过激行为，促进情感交流。其次是指导单位指挥员、单位其他成员和救援人员在内的所有干预对象，梳理应对资源，即各项可以改变灾难后情绪的各种心理学方法和技术。最后是组织事故相关的人员，开展小组讨论，以促进大家对危机的认识，增强团队凝聚力。

3. 最佳心理危机干预时限

一般在灾难发生后马上即可开展，最佳心理危机干预的时限一般为事故后 72 小时内进行，对降低急性应激反应带来的各种影响效果最佳。事故灾难发生后 4 周以内均是心理干预的时限，主要开展心理危机管理和心理危机援助，防止创伤后应激障碍综合征的发生。

4. 心理危机干预的对象

心理危机干预对象原则上分为几个等级。干预重点应从第一级人群开始，逐步扩展。一般性教育要覆盖到事故单位所有成员。分级依赖于与事故关系密切程度的相关人员，有如下群体是重点干预人群：

（1）事故幸存飞行员：心理干预工作贯穿于事故后整个恢复期，一直到重返蓝天飞行、恢复至正常的生活过程。干预时间安排越早，效果越好。干预采用压力接种训练法，目的是为这些幸存者提供一套应对危机的方法和一种适当的反应来替代那些潜在的、无助、沮丧、焦虑的最初反应。事故幸存者往往形容自己从死神那里又走了回来，惊恐反应强烈，怀疑职业能力问题，对继续飞行信心不足，这些成为心理危机干预和心理辅导的重点。

（2）事故遇难者家属：心理危机干预者和社会工作者要陪同指挥员及其他领导慰问遇难家属，并帮助他们为支持这些家属做好准备，了解家属家庭的需求和为他们联系相应的支持资源。同时，帮助渡过居丧期反应。家属在这段时间，失去亲人悲伤反应会导致其他躯体症状的出现，失眠、焦躁、难以接受亲人安葬处理的时间等，有些情绪恶化导致寻死觅活。哀伤处理在亲属危机干预中成为重中之重。

（3）事故遇难者战友：遇难事故单位战友是与遇难者心理与物理距离最近的人群。战友遇难后所产生的悲伤与情绪反应非常大，所以也是心理危机干预最为重点人员。2017 年初的一次空难，事故遇难单位战友情绪反应突出，拒绝一切心理辅导和危机干预。追其原因是由于单位在组织与心理干预工作者见面时有误说给大家调整心理问题，引起反感。在灾难后，出现的问题是情绪悲伤反应，而不能称之为心理问题。

事故遇难者战友群体，是危机干预的主体，但也是干预工作难点。情绪调控是事故遇难者战友心理危机干预的重点。

5. 心理危机干预方法手段

对事故幸存者的心理干预。目前，外军在飞行事故干预方面工作还是比较深入的，有压力接种训练法工具包[Lazarus（1984，1994），Michenbaum（1993）和 Lurie（2007）]。这套方法曾为心理学家使用，帮助他们更加积极地应对了危机。在这套自助工具包里，分别有 4 个分册，分别是《事故相关机组人员分册》《飞行中队领导分册》《技术指导者分册》《事故相关人员家属分册》。

（1）《事故相关机组人员分册》：主要是帮助幸存者对自身的反应类别和程度进行评估，以便监督和指导他们恢复原有的功能水平。空难幸存者在不同时段内的共性反应被详细记录，包括事故发生时反应；事故后 48 小时内反应；事故 6 个月内反应。工具包内附有一份详细的症状自评标准供个体自行参考。

（2）《飞行中队领导分册》：主要是指导飞行中队领导而定。中队领导被认为是最易观察事故相关飞行员和了解中队飞行员所面临的实际困难的，他们在危机干预工作中发挥着有力的作用。中队领导的行为反应，对全体飞行员都会带来影响，并影响整个干预工作的进程。

（3）《技术指导者分册》和《事故相关人员家属分册》：向空难家属成员提供幸存者从空难后到恢复日常状态过程中的全记录，是家庭成员了解自己的反应将如何对干预工作的进程产生影响（包括正面和负面影响），辅助飞行员和指挥员的干预工作。此外，家属分册中还提到了飞行员在干预过程中的特定需求。

6. 心理危机程度水平测定

（1）量表评估：采用量表工具结合临床实际情况予以评估。心理测评自评量表主要有：三维评估表（TAF）、焦虑自评量表（SAS）、抑郁自评量表（SDS）、症状自评量表（SCL-90）和创伤后应激障碍评估表。

（2）经验评估：凭借临床经验，通过简单的检诊、查体，结合他人评价，可大致区分心理正常和异常者。经验评价标准包括：离奇怪异的言语、思想、行为；过度反常的情绪体验和表现；自身社会功能的不完整；影响他人的正常生活；主观世界与客观世界不统一；知、情、意等各种心理活动的内在不协调；人格不稳定；内感不适。

要重点关注具备以下特点的人员：①遭遇突发事件而出现心理或行为异常的。②既往有自杀未遂史或家族中有自杀者的。③身体患有严重疾病者、个人很痛苦、治疗周期长的。④压力过大、训练、执行任务困难的。⑤个人感情受挫的。⑥人际关系失调的。⑦性格过于内向、孤僻、缺乏社会支持的。⑧严重环境适应不良的。⑨家境贫困、经济负担重、顾虑多、自卑感严重的。⑩由于身边的战友出现个体危机状况而受到影响的。

（3）注意事项：包括3个方面，即①心理危机干预者要具备心理测量学知识，能熟练应用量表工具，针对量表分数的过高或过低，不轻易下结论，要结合临床实际做出判断。②自评量表与他评量表结合使用，注意观察干预对象行为表现，以便合理选泽量表工具。③属于轻中度问题的人员，实施心理干预，对出现严重问题的人员向有关部门提出建议，及时后送。

（二）飞行事故后心理危机干预预案

原空军航空医学研究所针对飞行事故后心理危机干预制订了干预预案，明确了飞行事故后心理干预遵循的相关要求（空军航空医学研究所，2013），内容如下：

1. 基本原则与基本内容

（1）基本原则：①以促进事故单位飞行群体，或事故当事人恢复心理稳定为基本前提，根据事故后整体工作部署，及时调整心理干预工作重点；②心理干预活动一旦进行，应该采取措施确保干预活动得到完整地开展，严格按照心理干预规程组织进行，避免干扰干预过程可能造成的被干预对象的再次心理创伤；③实施分类心理干预，针对与当事人关系密切程度确定干预群体的分类，依照心理损伤程度确定干预先后顺序。对受助者当前的问题提供个体化帮助，严格保护其个人隐私；④以科学的态度对待心理干预，明确心理干预是飞行事故后医疗救援工作中的一部分，不是"万能钥匙"。

（2）基本内容：按照事故人群心理危机不同等级，综合应用基本干预技术，并与宣传教育相结合，提供心理救援服务，基本恢复当事群体心理应激失衡状态；了解事故后当事人及相关密切人员心理伤害的基本状况，发现可能出现严重情绪失控、家庭成员紧急群体心理事件苗头，及时向上级报告并提供解决方法；通过实施心理干预，促进形成事故后心理支持的互助网络。

2. 干预对象与步骤

（1）干预对象划分：将飞行事故后心理危机干预人群分为三级，干预重点应从第一级人群开始，逐步扩展。也可在心理危机干预组专家人数足够的情况下，分别同时组织进行。第一级人群：事故灾难的幸存者与直系亲属，如跳伞飞行员，或同机组幸存成员、事故牺牲者亲属。第二级人群：同一起落任务的飞行员，或目视事故现场的指挥员、飞行员和其他成员。第三级人群：同一单位所有飞行人员，以及地面保障人员。

（2）干预步骤划分：按照"危机干预的六步骤"（Richard K james 等，2005）为核心展开，实际上这六个步骤的设计构成了一个完整的问题解决程序。这六个步骤是：①明确问题；②确保当事人的安全；③提供支持；④探查可利用的应对方案；⑤制订计划；⑥获得承诺。

3. 心理损伤评估

三维评估表（ATF）按照情感、认知和行为三维度予以评估。1分为无受损、2～3分为轻微受损、4～5分为低度受损、6～7分为中度受损、8～9分为高度受损、10分为严重受损。焦虑自评量表（SAS）粗分40分为划界分，抑郁自评量表（SDS）粗分41分为划界分。症状自评量表总分划界分为160分，各因子分超过2分为轻度以上问题。汉密顿焦虑他评量表，总分划界分超过29分可能为严重焦虑；超过21分肯定有明显焦虑，超过7分可能有焦虑。汉密顿抑郁他评量表，总划界分超过35分，可能为严重抑郁；超过20分可能是轻或中等度的抑郁。创伤后应激障碍评估量表，总分超过50分为轻度应激障碍，超过60分为中度应激障碍。

4. 干预时限与流程

（1）最佳干预时限：紧急心理危机干预的时限为事故后72小时内进行，对降低急性应激反应带来的各种影响效果最佳。事故灾难发生后4周以内均是心理干预的时限，主要开展心理危机管理和心理危机援助，防止事故后应激障碍综合征的发生。

（2）干预流程：

步骤1：接到任务后按时间到达指定地点，接受事故后处理指挥部指挥，熟悉情况，确定工作目标人群和场所。

步骤2：按照干预方案开展干预。各大单位均应有相关事件心理危机干预预案。

步骤3：心理干预成员分小组到需要干预的场所开展干预活动，发放心理救援宣传资料；发现心理创伤较重者并随时干预。根据目标人群范围、数量以及心理危机干预人员数，安排工作，制订工作时间表。

步骤4：使用便携式评估工具，对需要干预的对象进行筛查，分类确定重点人群。根据评估结果，对心理应激反应较重的人员及时进行初步心理干预。对筛选出有急性心理应激反应的人员进行治疗及随访。

步骤5：及时总结当天工作。每天晚上召开碰头会，对工作方案进行调整，计划次日的工作。将干预结果及时向相关负责人进行汇报，提出对重点人群的干预指导性意见，特别是对重点人群开展心理救援工作时的注意事项。

步骤6：工作结束后，要及时总结并汇报给有关部门，全体参与心理危机干预工作者接受一次心理督导，或休整数天后再恢复正常工作。

（三）事故后心理危机干预效果

原空军航空医学研究所在最近10多年中，充分发挥技术优势，在上级机关安排下在飞行事故后均第一时间到达事故所在单位，直接对事故后群体、事故当事人予以心理危机干预取得良好效果，实践证明在72小时内心理危机干预能够确保飞行员降低危机事件造成的心理损伤，并能够在1周内恢复飞行。

案例1：刘庆峰等（2010）报告了飞行事故后飞行员及相关受影响人员心理干预

案例。一名飞行员表现出否认、麻木症状，不能接受现实。本已戒烟1年，又开始复吸，用吸烟、饮酒等应对内心痛苦，不愿进食，入睡困难。自我构建事故现场恐怖画面，反复回想，感到恐惧、紧张。回避与失事飞行员相关场景。其中一名飞行员的妻子，应激反应症状也很明显，主要表现为大脑一片空白，不敢接电话，入睡困难，在现失事场景和画面，曾出现幻听。有易怒、胸闷等感觉。经过心理咨询，采用意象放松训练方法，起到了一定的缓解作用。

案例2：邓学谦等（2011）对一次飞行事故后的危机干预的特点予以报道，其中一位飞行员牺牲，另一名弹射成功逃生。幸存者主要表现出冷漠、回避等症状，更为突出的是躯体症状比较突出，身体木僵，拒绝交流。分析原因除了飞行事故造成的急性应激反应之外，事故责任可能也起到一定的作用。经过对当事人及时的心理干预，各种应激反应症状得到较好的改善。

四、常规常用的危机干预技术

灾难事故发生之后，首先需要做的是哀伤处理，其次常用的危机干预技术包括：稳定情绪、放松训练、心理辅导和心理晤谈等技术。

（一）灾难发生后的哀伤处理

灾难性飞行事故发生之后，在处理事故的同时，有组织地举行"告别仪式"活动。仪式活动的内容，涉及灵堂、花篮、挽联、仪式等内容和步骤。在时间、方法、内容的安排上，可以按照事故当事人家乡或单位驻地有关民俗实施。从民俗而讲，每周一次的悼念活动，是使悲伤群体从强烈悲伤中，逐渐放下悲痛的渐进性过程，也是放下悲伤的一种仪式性有效的方法。

同时，布置事故当事单位相关人员，撰写悼念追思文章、回忆点滴友情，并整理成册之后，以仪式性方式送交远去的战友。

（二）稳定情绪技术要点

1. 倾听与理解

以理解的心态接触重点人群，给予倾听和理解，并做适度回应。需特别注意的是，在倾听中，避免打断、急于下结论、轻视当事人所述的问题，以及干扰、转移话题。过多的询问、概述过多、将自身的想法强加给对方以及不恰当情感反应都不利于达到效果。

2. 增强安全感

减少重点人群对当前和今后的不确定感，使其情绪稳定。化解当事人存在的疑惑对增强安全感非常重要，在事故发生后的近几天，往往由于对身体损伤的不确定性，以及对事故结论不把握性，导致安全感非常低，因此，及时的全面身体检查，对在事故中，如跳伞过程的沉着表现，可以给予当事人鼓励，以增加当事人更多的信心。

3. 适度的情绪释放

运用语言及行为上的支持，帮助重点人群适当释放情绪，恢复心理平静。常常会碰到当事人情绪的失控表现，以缓慢的语速，或者肢体语言（如拍拍肩膀，拉住手臂等）鼓励释放。

4. 释疑解惑

对于重点人群提出的问题给予关注、解释及确认，减轻疑惑。以科学的态度答疑解惑，而不是胡乱表态。在此刻常常由于当事人过于敏感，一句不恰当的回答会带来不信任，而丢掉帮助当事人情感恢复的机会。

5. 实际协助

给重点人群提供实际的帮助，协助重点人群调整和接受因灾难改变了的生活环境及状态，尽可能地协助重点人群解决面临的困难。

6. 重建支持系统

帮助重点人群与主要的支持者或其他的支持来源（包括家庭成员、同事、朋友等相关帮助资源等）建立联系，获得帮助。可以的条件下，将自己的联系方式告知当事人，在需要的时候可以继续联系，确保以后还有机会获得支持。

7. 提供心理健康教育

提供灾难后常见心理问题的识别与应对知识，帮助重点人群积极应对，恢复正常生活。编制心理辅导手册，在干预结束后能够给当事人继续的帮助。一般而言，经历过心理危机之后，人们更需要心灵抚慰相关的知识帮助未来的成长。

（三）快速眼动疗法

1. 基本概念

快速眼动疗法又称为眼部运动脱敏疗法（眼部运动脱敏和再处理）。治疗师一边留意当事人的讲述或沉浸在过去的创伤情境记忆里，一边指示当事人的眼球和目光平行地来回移动，然后逐渐地回到过去创伤性经历中，在回忆、叙述、修复、治疗和情绪释放的同时，消除源自创伤的某些心理和生理症状，将创伤情结销蚀，并使其融入到新的认知体系中，促使其创伤修复和人格转化。这种疗法的特点是经济快速、效率比较高，在一般心理治疗中，只要找到根源情结，使用这种疗法将事半功倍。

2. 操作步骤

（1）说明和准备：介绍治疗原理与目标。当一种创伤发生时，这种创伤可能与当时的场景、声音、思想以及感觉等一起被"锁定"在神经系统中。通过适当的眼动方法解开神经系统的"锁定"状态并使大脑对创伤经验再加工。这就像一个人在快速眼动睡眠时所发生的情境一样，眼动可以帮助处理一些无意识中的内容。因此，要当事人相信自己的大脑能处理那些信息，治愈所发生的创伤。

（2）开始操作：首先让当事人在头脑中营造创伤经历以及伴随的负性认知和情

绪情感，然后跟随干预者手指开始做眼球扫视运动。通常情况下，干预者与当事人相对而坐，间距约 1 米。当事人双目平视，干预者用并拢的食指和中指在当事人视线内快速而有节奏地左右晃动（频率约每秒晃动一次，如此重复 20～30 次），要求当事人眼球始终跟随治疗者的手指转动。可调整治疗双方距离、手指晃动间距及频率，以当事人感到合适为准。告诉当事人停止的信号："在你想停的时候，举起右手。"操作结束之后，嘱其抹去前一段的脑中景象，闭目休息，深呼吸。

3. 技术理念

（1）适应性信息处理系统：快速眼动疗法的医治理念是建立在"适应性信息处理系统"上，它存在于我们的神经系统，其功能是帮助我们心理成长。它的概念其实很简单，每一个人在一生中都会经历一些"小"的精神创伤，这些小的创伤一般而言都不会出现创伤后应激障碍。比如，你曾经在骑自行车的时候发生过意外：你在一条停满汽车的车道上骑自行车，有人突然在你面前开车门，你来不及刹车。你除了身体会不可避免地受伤外，你的心灵也可能会受伤。你可能会有好几个小时，甚至好几天，感到身体颤抖。你可能会不自然地想起那次意外，你经常谈及它，晚上梦见它。第二天，你可能只要想起骑自行车，就会感到紧张；如果真的要骑车，你会对停在路旁的汽车特别警觉。可是，不用多久，你身体的瘀伤消失后，你就可以再骑车了。你会特别留意停在路旁的汽车，也许学会了保持安全距离。本质上，你已经"消化"了这个痛苦的事件。就像消化系统从食物里吸取身体所需的有用成分，排掉废物一样，你的神经系统也会提炼有用的信息，即那个"教训"，并且抛弃当时的情绪、想法和身体反应。事过境迁，它们已经不需要了。许多飞行员曾经出现过事故症候，但是并没有导致出现慢性应激障碍，而是积累了更多的处置经验，当时出现的症候带来的情绪及其反应均已经被"经验"而代替。

当自组织修复能力水平降低，无法靠本身成功运作时，引导眼睛做出类似睡眠时的快速眼部运动，便能提供必要的帮助，快速眼动疗法的眼部运动可以加速心理创伤的自然痊愈过程。

（2）脑内自我平衡机制：弗洛伊德在他的经典论文《哀伤与忧郁》（Mourning and Melancolia）里曾说过"哀伤劳动"。意思是，在经历严重的失落，或者我们的安全感遭到威胁时，我们的神经系统会暂时分崩离析，然后再渐渐重新找回平衡（生理学家说的"体内平衡"）。一般而言，经历过这个过程后，它会成长得更坚强，更具弹性，更能适应不同的处境。有些心理学家令人信服地证明，正是这个过程帮助我们更好地抵抗了逆境。由于弗洛伊德著述的年代正值工业革命充分发展之际，他称这种现象为"哀伤劳动"。而快速眼动疗法在计算机革命和神经科学的年代发展起来，我们称这种内在于脑部的消化机制为"适应性信息处理系统"。

（四）放松训练技术

1. 应用案例

2009年华北某飞行基地正值紧张飞行训练阶段，飞行员M驾驭某机种飞机起飞不久便发生机械故障后被迫跳伞。该飞行员在100多米的高度，临危不惧成功跳伞。当他回到驻地的时候，内心还沉浸在恐怖危险之中，眼前不断闪现着刚发生的一幕幕情境。在第一时间他给一个最亲密的朋友通了电话，告知了自己刚刚发生的意外。朋友说，"您现在做一下放松训练。""怎么做？""听着，我说您做。"于是，电话的连线传递了放松训练的指导技术，一个完整的放松训练结束后，该飞行员顿时感到了全身的轻松。头脑中危险画面的场景也随之而去。1周之后，他又架起战鹰开始了新的飞行训练。

2. 放松训练概念

放松训练又称松弛训练，是一种通过训练有意识地控制自身的心理生理活动、降低唤醒水平、改善机体紊乱功能的心理技术。放松疗法是解决紧张焦虑等情绪困扰及躯体症状的一种自我训练调节方法，这种方法简便易行，实用有效，较少受时间、地点、经费等条件限制，还可提高改善症状的速度。

3. 放松训练原理

放松训练是行为疗法中使用最广的技术之一，是在心理学实验的基础上建立和发展起来的一种技术方法。

情绪反应包含了主观体验、生理反应、表情三部分。生理反应，除了受自主神经系统控制的"内脏内分泌"系统反应，不宜随意操纵和控制外，受随意神经系统控制的"随意肌肉"反应则可由人们的意念来操纵。当一个人紧张或应激状态下，不仅主观上"惊慌失措"，连身体各部分的肌肉也变得紧张僵硬。当紧张的情绪松弛后，僵硬肌肉还不能松弛下来，通过自主或外协方式肌肉的松弛，把"随意肌肉"控制下来，再间接地使主观体验松弛下来，建立轻松的心情状态，从而缓解紧张、焦虑情绪等。放松训练的基本假设就是改变生理反应，让主观体验也随之改变。

4. 操作步骤

（1）介绍原理：许多人对放松训练不以为然的原因是不了解放松训练的机制与可能达到的效果。因此，第一步就是要简明扼要地讲解放松疗法的原理和过程，以达到大家在放松训练中的主动作用，激发改变自我的积极性。

（2）示范、指导：首次进行放松训练时，逐条指导大家练习不同方法的放松训练技术，并要求大家进行模仿，达到掌握放松训练技术的目的。在遇到问题时及时停下来，根据情况主动控制训练的进程，或者有意重复某些放松环节。为帮助大家体验其身体感受，可以在每一个步骤的间隔，指导大家，如"注意放松状态的沉重、温暖和轻松的感觉""感到你身上的肌肉放松"，或者"注意肌肉放松时与紧张的感觉差异"等。

（3）强化练习效果：当大家学会了放松训练的方法及要领后，需要自行练习达到真正的放松。可以提供书面指示语或录音磁带，供练习时使用。一般要求是每日练习 1～2 次，每次 20 分钟左右。需要多次重复训练，有一个过程逐渐真正掌握放松技巧，才能使肌肉进入深度放松状态，实现效果。

5. 具体方法

放松训练有多种方法，下面介绍三种主要的简便易行的放松训练方法。

（1）深呼吸法（腹式呼吸）。指导语：请你用一个舒适的姿势半躺在椅子上，一只手放在腹部，另一只手放在胸部，注意先呼气，感觉肺部有足够的空间，来做后面的深呼吸，然后用鼻子吸气，保持 3 秒钟，心里默数：1-2-3，停顿 1 秒钟，再把气体缓缓地呼出，可以在心中默数：1-2-3-4-5，吸气时可以让空气进入腹部，感觉那只放在腹部的手向上推，而胸部只是在腹部隆起时跟着微微隆起，要使你呼气的时间比吸气的时间长，好！让我们先来练习一下，请听我的指导语然后去做：

深吸气，保持 1 秒钟，1-2-3，再呼气！1-2-3-4-5。深吸气，保持 1 秒钟，1-2-3，再呼出！1-2-3-4-5。再来！深吸气，保持 1 秒钟，1-2-3，再呼气！1-2-3-4-5。深吸气，保持 1 秒钟，1-2-3，再呼出！1-2-3-4-5。

当这样的呼吸节奏能让你感觉到舒服的时候，可以进一步进行平稳的呼吸，要尽量做到深而大的呼吸，记得要用鼻子深吸气，直到不能吸为止。保持 1 秒钟后，再缓缓地用嘴巴呼气，呼气的时候一定要把残留在肺里的气呼干净，同时头脑中可以想象。你所有的不快、烦恼、压力都随着每一次呼气慢慢地被呼出了。好！我们再来练习几次。

下面请听我的指导语：

深吸气，保持 1 秒钟，1-2-3，再呼气！1-2-3-4-5。深吸气，保持 1 秒钟，1-2-3，再呼出！1-2-3-4-5。同时想象不快、烦恼、压力都随着每一次的呼气慢慢地被呼出了。好！继续这些缓慢的深呼吸练习，你可以感觉到身体完全放松了。让我们最后再来练习一组：准备好，深吸气，保持 1 秒钟，1-2-3，再呼气！1-2-3-4-5。深吸气，保持 1 秒钟，1-2-3，再呼出！1-2-3-4-5。想象不快、烦恼、压力都随着每一次的呼气慢慢地被呼出了。现在你的身体越来越放松，你的心情很平静，你已经学会了放松。

（2）肌肉放松法。指导语："现在我们要做肌肉放松训练，学习这项放松训练可以帮助你完全的放松身体。首先，请把眼镜、手表、腰带、领带等妨碍身体充分放松的物品摘下来，放在一边。可以把上衣的第一道扣子也解开，请你坐在软椅上把头和肩都靠到椅背上，胳膊和手都放在扶手或自己的腿上，双腿平放在椅子上，双脚平放在地上，脚尖略向外倾（或者躺在床上，自然平躺）。闭上双眼，这时你很放松地坐在椅子上（或躺着），感到非常舒服。在下列的步骤中，感到紧张时，请你再持续这种状态 5 秒钟，直到感觉紧张到达极点，当你要放松时，又一下子完全松弛下来，并且感觉有关部位的肌肉十分无力，注意一定要用心体验彻底放松后的一种快乐感觉。现在，请跟着我的指示做。"

首先，请深呼吸三次，吸气—呼气—吸气—呼气—吸气—呼气，现在左手紧握拳，握紧，注意有什么样的感觉。好，现在放松。现在，再次握紧你的左拳，体会一下你感到的紧张状况，然后放松，好！听我的指令再来一次：握紧你的左手，现在放松，去想象紧张消失得无影无踪了，非常好。接下来的训练中，你都要感觉到肌肉的紧张，然后充分地放松，体会放松后的感觉。

现在，右手紧紧握拳，注意你的手臂、手和前臂的紧张状态，1-2-3-4，好！现在放松。现在再一次握紧右拳1-2-3-4，好！请放松。现在左手握拳，左手臂弯曲，使二头肌拉紧，紧紧坚持着，1-2-3-4，好！现在放松。

现在右手握紧拳头，1-2-3-4，右手臂弯曲，使二头肌拉紧，紧紧坚持着，感觉这种紧张状态，好，现在放松。现在请立即握紧双拳，双臂弯曲，使双臂处于紧张状态，保持这个姿势，体会一下现在的紧张，1-2-3-4，好！现在放松。

好，感觉血液流过肌肉，所有的紧张流出手指。好，把你的眉毛用力向上抬，紧张使你的前额起了皱纹，1-2-3-4，好，现在放松。现在请皱眉头，眼睛紧闭使劲把你的眉毛往中间挤，感觉这种紧张通过额头和双眼，1-2-3-4，好！现在放松。

注意放松的感觉流过双眼，好，继续放松。

现在，嘴唇紧闭，抬高下巴，使颈部肌肉拉紧，用力咬牙，1-2-3-4，好！放松。现在各个部位一起做，皱上眉头，紧闭双眼，使劲咬上下颚，抬高下巴，拉紧肌肉，紧闭双唇，保持全身姿势，并且感觉紧张贯穿前额、双眼、上颚、下颚、颈部和嘴唇保持姿势，1-2-3-4，好！现在放松。

注意体会此时的感受，现在双肩外展扩胸，肩胛骨尽量靠拢好像你的两个肩膀合到一起，1-2-3-4-5-6-7-8，好！放松。

现在尽可能使劲地向后收肩，一直感觉到后背肌肉被拉得很紧，特别是肩胛骨之间的地方，拉紧肌肉，保持姿势，1-2-3-4，好！现在放松。现在，再一次把肩胛骨往内收，这一次腹部尽可能往里收，拉紧腹部肌肉，紧拉的感觉会贯穿全身，保持姿势，1-2-3-4，好！现在放松。

现在，听我的指令，我们要做刚才所有肌肉系统的练习，首先，请深呼吸三次，吸气—呼气—吸气—呼气—吸气—呼气，好，准备好了吗？握紧双拳，双臂弯曲，把二头肌拉紧，紧皱眉头，紧闭双眼，咬紧上下颚，抬起下巴，紧闭双唇，双肩往内收，收腹并拉紧腹部肌肉，保持这个姿势，感觉到强烈的紧张感贯穿上腹各个部位，好！放松深呼吸一次，感到紧张消失，想象一下所有肌肉手臂、头部、肩部和腹部都放松，放松。

现在轮到腿部，伸直你的双腿，脚尖上翘，使你的小腿后面的肌肉拉紧，好！放松。抬起脚趾，使劲蹬后脚跟，保持，1-2-3-4，好，放松！接着把右脚跟伸向椅子，努力向下压，抬高脚趾，使小腿和大腿都绷得很紧，抬起脚趾，使劲蹬后脚跟，保持，

1-2-3-4，好，放松!

好! 我们一起来，双脚跟伸向椅子，努力向下压，抬高脚趾，使小腿和大腿都绷得很紧，抬起脚趾，使劲蹬后脚跟，保持，1-2-3-4，好，放松!

好! 现在，深呼吸三次，吸气—呼气—吸气—呼气—吸气—呼气，好! 将前面所练习过的所有的肌肉都开始拉紧，左拳和二头肌，右拳和二头肌，前额、眼睛、颚部、颈肌、嘴唇、肩膀、腹部、右腿、左腿请保持这个姿势，1-2-3-4，好! 现在放松。

深呼吸三次，吸气—呼气—吸气—呼气—吸气—呼气，好! 我们从头到尾再做一次，左拳和二头肌，右拳和二头肌，前额、眼睛、颚部、颈肌、嘴唇、肩膀、腹部、右腿、左腿，保持这个姿势，1-2-3-4，好! 现在放松。

体会全部紧张后又全部放松的感觉，现在进行正常的呼吸，享受全身肌肉完全没有紧张的惬意之感，深呼吸三次，吸气—呼气—吸气—呼气—吸气—呼气，然后活动一下你的颈部、手腕，好，你已经完全学会了放松，慢慢睁开你的双眼……

（3）想象放松法。找出一个曾经经历过的、给自己带来最愉悦的感觉，有着美好回忆的场景，可以是海边、草原、高山等，用自己多个感觉通道（视觉、听觉、触觉、嗅觉、运动觉）去感觉、回忆。

以下我们以《海滩》为例说明。

想象放松——《海滩》

我静静地躺在海滩上，周围没有其他的人，蓝天白云，湛蓝的大海，岸边是高大的椰子树，身下是绵绵的细沙，阳光温柔地照在身上，我感到无比舒畅。微风带着一丝海腥味轻轻地拂过我的脸颊，我静静地聆听着海浪悦耳的歌唱，阳光照得我全身暖洋洋的，我感到一股暖流顺着我的头部，流进我的右肩，让我感到温暖、沉重；我的呼吸变得越来越慢，越来越深，这股暖流又流进我的右臂，再流进我的右手，整个右手也感到温暖、沉重；这股暖流又流回我的右臂，从后面流进脖子，脖子也感到温暖、沉重；我的呼吸变得更加缓慢深沉，这股暖流又流进我的左肩，左肩感到温暖、沉重；我感到越来越轻松，这股暖流又流进我的左臂，再流进我的左手，左手也感到温暖、沉重。这股暖流又流回我的左臂，左臂感到温暖、沉重；我变得越来越轻松，心跳变慢了，心跳更有力了，这股暖流又流进我的右腿，右腿也感到温暖、沉重；我的呼吸缓慢而又深沉。这股暖流流进我的右脚，整个右脚也感到温暖、沉重；这股暖流流进我的左腿，整个左腿也感到温暖、沉重；我的呼吸越来越深，越来越轻松。这暖流流进我的腹部，腹部感到温暖、沉重；这股暖流流进我的胃部，胃部感到温暖、轻松；这股暖流最后流进我的心脏，心脏也感到温暖、轻松；心脏又把暖流送到了全身，我的全身都感到了温暖而沉重，舒服极了。我的整个身体都十分平静，也十分安静，我已经感觉不到周围的一切了，周围好像没有任何东西，我安然地躺在海边，非常轻松，十分自在……

6. 注意事项

首次放松训练，咨询师应给求助者示范，减轻求助者的焦虑，并能提供模仿的信息。放松训练有多种方法可以单独使用，也可以联合使用，一般以一两种为宜，不宜过多。放松训练的目的不仅仅是身体、肌肉的放松，更重要的是精神、心理的放松，每次训练后必须体验身体放松后的感觉。在做训练时要集中精力、全身投入，避免各种干扰。一般而言，放松的引导语可以现场领读，也可以播放录音。

需特别注意的是，分离反应明显者不适合学习放松技术（分离反应表现为：对过去的记忆、对身份的觉察、即刻的感觉乃至身体运动控制之间的正常的整合出现部分或完全丧失）。

（五）紧急事件应激晤谈技术

把飞行事故作为危机事件处理，进行心理危机干预，减轻其影响已经成为共识，Melvin Hokanson 等（2000）指出，1986 年洛杉矶 Cerritos 空难中，洛杉矶县消防局采用紧急事件危机干预，产生了巨大的社会、经济效益。飞行员作为危机干预的重点人群之一，当时还关注了受影响民众和现场救援人员，其基本原理和方法是一样的。

1. 紧急事件应激晤谈起源

紧急事件应激晤谈（CISD）已经成为飞行事故后干预的重要方法。CISD 起源于第一次世界大战时，指挥官在主要战役之后会听取下属的汇报，目的是通过分享战斗中发生的事件来鼓舞士兵的士气。此种团体汇报的方法在第二次世界大战时也被美国兵团应用，直至今日以色列军队仍在应用。考虑到战争压力与急诊医疗服务的压力具有相似性，作为前消防队员和护理人员的 Mitchell 于 20 世纪 80 年代发展了目前广为应用的心理晤谈方法 CISD，用于缓解消防队员、警察、急诊医疗工作人员和其他处于危机事件（即创伤事件）的人员的应激反应。

他认为帮助受害者本身就构成了救助者（如消防队员、警察和其他应急服务人员）主要的应激源。只有参与了系统的会谈，能够谈论事件，疏泄情感，尤其是在经历同样事件的群体中进行，其精神健康才能得到最好的服务。CISD 意在通过减弱应激的急性症状来减轻创伤事件造成的不良事件后果，从而减少出现继发精神症状的风险。CISD 最初用于急救人员，目前有观点认为对一级受害者（直接暴露于创伤的人）同样有益，且扩展用于商业、学校、医院和军队等不同场所。尽管心理晤谈有不同的版本，但 Mitchell 的 CISD 模式被普遍接受，并在世界范围内广泛应用，在多种不同的场景和操作条件下实施。

Jorg Leonhardt 等（2006）总结了 CISD 在航空领域的应用情况，其基本方法和原则是与 Mitchell 的 CISD 模式相同。如图 14-3 所示。

2. 紧急事件应激晤谈方法

个别或者集体进行，自愿参加。可按不同的人群分组进行集体晤谈。心理晤谈的

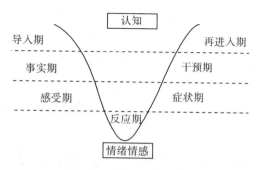

图 14-3 CISD 过程示意图

目标：公开讨论内心感受；支持和安慰，资源动员；帮助当事人在心理上（认知上和感情上）消化创伤体验。晤谈过程分以下 7 期，非常场合操作时可以把事实期、感受期和反应期合并进行。整个过程需 2 小时完成。严重事件后数周或数月回访。

（1）导入期：就是逐渐进入工作状态的一种前期工作，组织者对参加者讲述晤谈程序，介绍集体晤谈的规则，回答可能的相关问题，强调晤谈不是心理治疗，而是一种减少创伤事件所致的正常应激反应的方法，仔细解释保密问题。

（2）事实期：组织者请每位参加者依次描述事件发生时的所见所闻，询问参加者在这些严重事件过程中的所在、所闻、所见、所嗅和所为；目的是帮助每个人从自身的角度来描述事件，每个人都有机会增加事件的细节，使整个事件得以重现。组织者要打消参加者的顾虑，每一参加者都必须发言，然后参加者会感到整个事件由此而真相大白。

（3）感受期：每个参加者依次描述其对事件的认知反应，询问有关感受的问题，如事件发生时您有何感受？您目前有何感受？以前您有过类似感受吗？这一期的目的是进一步接近情感的表达。

（4）反应期：参加者依次描述其对事件的感受，进行宣泄，从而对事件的情感进行加工。组织者可以询问此时每个参加者的感受如何，以及在交谈时的感受怎样。正如 Mitchell 强调的"每个人都有需要分享和被接受的感觉，重要的原则是不批评他人；所有的人都倾听在每个人身上曾经发生或正在发生的事情"。

（5）症状期：组织者询问参加者是否有躯体或心理症状，请参加者描述自己的应激反应综合征症状，如失眠、食欲不振、脑子不停地闪出事件的影子，注意力不集中，记忆力下降，决策和解决问题的能力减退，易发脾气，易受惊吓等；识别这些问题是否为创伤事件导致，有何不寻常的体验，目前有何不寻常体验？事件发生后，生活有何改变？请参加者讨论其体验对家庭、工作和生活造成什么影响和改变？目的是识别参加者希望分享的应激反应，开始将情感领域转向认知领域。

（6）干预期：介绍正常的反应，提供准确的信息，讲解应激反应模式；应激反应的常态化；强调适应能力；组织者尽量说明成员经历的应激反应是正常的，本质上不是医疗问题，并努力让参加者确信他们的反应并不意味着有精神病理学意义。同时提供应激管理的技巧，讨论积极的适应与应付方式，给出减轻应激的策略。

（7）恢复期：拾遗收尾，提供保证；讨论行动计划；重申共同反应；强调小组成员的相互支持；可利用的资源；目标是关闭创伤事件，主持人总结晤谈中涵盖的内容，回答问题，评估哪些人需要随访或转介到其他服务结构。

第七节　危机状态水平的评估

危机状态水平的评估，有利于制订完善的干预措施，有利于对预后恰当的评价，是危机干预工作中一项重要的内容。

一、情绪状态的基本判断

（一）情绪基本状态

对情绪稳定性进行评估考虑两个因素，即危机的持续时间和当事人的应对能力。一次性的、持续时间相对较短的危机为急性的或情境性的危机；长时间发作或反复发作的危机称为慢性的、长时程的危机或是危机转移状态。一个人处于正常生活状态时，应对能力相对是全面的。处于危机状态时，应对能力相对不足。因而，需要对当事人应对能力的程度进行评估。

（二）心理能量储备状况

绝望感和无助感是心理能量储备不足的表现。危机当事人心理能量储备的高低，也是能否渡过难关的关键。一般而言，心理能量储备越低，对未来就越缺乏信心。如果完全没有了心理能量的储备，那么对许多问题可能会木然而全无反应，或者会给出"我根本没有选择的余地"或"不，我看不到任何希望，未来一片黑暗，我根本看不到任何未来"。

一般来说，对心理能量储备的评估，不能仅依据某个单一因素就得出结论，应从多种信息的组合中充分分析，比如，对多次经历危机事件与生平第一次经历危机事件者的危险程度的评价应该完全不同。

二、功能活动状态的评估

功能活动状态指的是个体的心理平衡状态与生理能动性。心理平衡，指个体内部的一种精神或情绪的稳定、均衡状态。生理能动性，是指人能够针对不同的心境、感受、情绪、需要、条件、影响等自动产生变化，以及对外部环境的灵活性或适应性。与之相反的概念是"失衡"与"无能动性"，机体内部情绪的稳定和均衡状态被破坏则称谓"失衡"。不能对当下的外部环境产生适应则为"无能动性"。

一个健康的人应该总是处于大致的平衡状态，即使在自己成长的道路上，有坎坷或有曲折，经过偶然的调整，完全可以驾驭自己的理想向既定的目标发展。相比之下，处于危机中的人，不管危机是急性还是慢性，在人生的高速道路上既控制不了自己，又不能辨明道路的方向，甚至处于失控状态；既不能利用自己的资源，也不能利用他人的资源稳固地驾驭自己的心灵方舟。

三、危机严重程度的评估

危机评估活动，应贯穿于6步骤的过程，应对危机当事人所发生的各种变化。主要注意以下4个方面：①危机的严重程度；②当事人的情绪状态，即情绪的能动性或无能动性的水平或程度；③可供选择的行动方案、应对机制、支持系统及当事人可以利用的其他资源；④当事人自杀或杀人的倾向性。

可以采用三维评估体系（Myer 等，1991）作为一个快捷而有效的方法评估，以评估危机的严重程度。在危机事件中，快速评估当事人的严重程度对危机处理应对非常急迫与重要，三维评估体系提供了这种可能。

通常情况下，置身于危机之中的当事人，持续时间的长短决定着危机工作者还有多长时间来安全地解决危机。危机总是有时程限度的，一般而言，急性危机发作只持续几天的时间，随后便发生某种变化——或是得到改善，或是变得更加危险。危机严重程度的评估，一是当事人的主观感受，二是干预者的客观评价。客观评价主要基于以下三个领域的功能活动状态来确定危机的严重程度。

（一）情感状态

情感的异常是当事人进入失衡状态的最初表征。过于激动而失去控制，过于退缩而不愿见人都是情感异常的表现。危机干预工作者可以通过帮助当事人以适当而现实的方式表达自己的感受来恢复情感的自控能力。需特别注意的是，危机当事人的情感反应是否在否认危机情境？情感的反应性质是否合乎逻辑？当事人的情绪状态在多大程度上由别人引起或因受别人的影响而被夸张了？在某一特定情境中，是否与人们通常的情感反应一致？

（二）行为功能

促使危机当事人能够立即采取行动方案，积极行动起来是恢复主观能动性的最便捷而有效的方法。一些报告指出，那些曾成功渡过危机后来又积极反思危机经历的人表示，能够摆脱危机，得益于当时参加了一些具体的、即时的活动。可见，一旦当事人行动起来，做些具体的事情，就会向恢复对事态控制力的积极方向迈出第一步，并在一定程度上恢复主观能动性，营造不断向前进步的氛围。

（三）认知状态

对危机认识的真实性和合理性，是评价当事人认知状态的变化的基本方法。当事人对危机事件存在合理化或夸大化的程度如何？对危机情境的信念并以更积极、更冷静、更合理的方式重新理解危机情境的可能性有多大？都是评价认知状态的具体内容。

四、危机评估体系用工具

快速、简单、高效及信度、效度好的评估工具用来评估危机情境十分重要。Myer 等（1991，1992）设计的危机评估量表，即三维评估表（triage assessment form, TAF）被公认是一个十分有效的危机评估工具，Watters（1997）研究认为 TAF 确实是一个值得信赖的工具，可以用来对危机当事人的全部情感、行为及认知的功能活动状态进行快速而有效的评估。

TAF 操作使用简单方便，涉及人的功能活动的情感、行为、认知三个维度，又以每一个维度的典型反应模式为基础加以划分，并赋予每一个划分类别量表分值，从而有助于危机干预者确定危机当事人三维度的功能水平。数量化的量表分值为干预工作者在多数危机情境中，需要采用何种干预机制及干预程度效果如何提供了指南。

（一）情感严重性量表

任何危机状态中，其情感的表现必然是消极的，Crow（1977）将危机情境中常见的几种情感类型隐喻为黄色情感（即焦虑）、红色情感（即愤怒）、黑色情感（即抑郁）。每当发生危机时，这些消极情感就会以不同的组合方式相伴而生。

（二）行为严重性量表

危机发生时，必然在行为上都会具有失去能动性的表现。当事人的行为可以区分为趋近、逃避、无能动性三种表现形式。通常情况下，当有害危机事件对人的威胁已经过去的情况下，当事人是可以在采取行动之前稍做镇静以决定自己下一步的行动。但事实上，面对危险在恐惧中的当事人所做的只有"战"和"逃"的反应，"战"即为趋近，"逃"即为逃避。在慌乱中往往消耗很多的力气和精力，表面上看似很专注在处理问题，而一旦危机程度超过了当事人能够以有意义的、有目的的方式加以应对的能力范围，可以认定，当事人丧失了他的能动性，并陷入某一特定的趋近行为或逃避行为，或者完全失去了任何行动能力。需特别注意的是，在危机严重性连续体中，在靠近极端严重的情况下，当事人的行为无论是对自己还是对他人往往会带有致命性伤害。

（三）认知严重性量表

在危机情境中，当事人在认知上所表现出的一个典型的特征，是按照侵犯、威胁、丧失的眼光感知危机事件的，Dryden（1984）将这种认知方式称为"激越的"认知（hot cognition），这种高度集中的非理性思维方式，使其心理活动处于纠缠危机事件之中，乃至于对危机事件本身和危机事件之外的事情的思考都不合乎逻辑。所谓侵犯感知，是认为不好的事情正在发生着；威胁感知是认为不好的事情即将发生；丧失感知是认为某些不好的事情已经发生了。当这种危机认知向重度受损的极端发展时，当事人可能会把危机事件感知成极端严重，使自己感受到处于生死关头。从冷静的认知到激越的认知的变化，必然驱使当事人做出一些消极的决定，消极的决定极有可能进一步导致当事人对己、对他人做出更为糟糕的行为。

五、评估自杀或杀人的可能性

当一个人处于危机状态时，发生任何问题的可能性都存在，因此，干预工作者一定不能掉以轻心，危机干预中，必须考虑危机当事人是否有自杀或杀人的可能性。常常由于各种形式的伪装，这些问题不能被及时发现，从而酿成危害。干预工作者不仅要小心谨慎，而且还要独具慧眼，能识破那些具有自杀或杀人倾向的当事人。在有伪装的情况下，表面看到的主要问题可能会掩盖当事人试图结束自己或他人生命的真实意图。其实，大多数想自杀或杀人的危机当事人往往会表现出明确的自杀或杀人的线索，或是给出警告信号，往往是由于这些线索被忽视，而没采取任何预防措施导致问题的发生。因此，对每一个危机问题都必须评估自杀或杀人倾向。要清醒地认识到，不管哪种类型的危机当事人，都存在自杀或杀人的可能性。

六、飞行事故后心理评估指南

首先是明确问题，采用量表评估与经验评估手段评估心理危机状态，量表工具结合临床实际情况予以评估。心理测评量表有：危机干预三维评估量表（TAF）、焦虑自评量表（SAS）、抑郁自评量表（SDS）、症状自评量表（SCL-90）和创伤后应激障碍评估。经验评估主要是凭借临床经验，通过简单的检诊、查体，结合他人评价，可基本粗分为心理正常者和异常者。要重点关注具备以下特点的人员：①遭遇突发事件而出现心理或行为异常的；②既往有自杀未遂史或家族中有自杀者的；③身体患有严重疾病者、个人很痛苦、治疗周期长的；④压力过大、训练、执行任务困难的；⑤个人感情受挫的；⑥人际关系失调的；⑦性格过于内向、孤僻、缺乏社会支持的；⑧严重环境适应不良的；⑨家境贫困、经济负担重、顾虑多、自卑感严重的；⑩由于身边的战友出现个体危机状况而受到影响的。

经验评价标准包括：①离奇怪异的言语、思想、行为；②过度反常的情绪体验和表现；③自身社会功能的不完整；④影响他人的正常生活；⑤主观世界与客观世界不统一；⑥知、情、意等各种心理活动的内在不协调；⑦人格不稳定；⑧内感不适。

需要注意的问题包括：一是要具备心理测量学知识，能熟练应用量表工具，针对量表分数的过高或过低，不轻易下结论，要结合临床实际做出判断；二是自评量表与他评量表结合使用，注意观察干预对象行为表现，以便合理选择量表工具；三是属于轻中度的人员，实施心理干预，对出现严重问题的人员向有关部门提出建议，及时后送。

附件1 危机干预的分类评估量表

危机干预的分类评估量表（TAF）

R. A. Myer 等编制

一、危机事件

简要确定和描述危机的情况：_____

_____

_____

_____

二、情感方面

简要确定和描述目前的情感表现（如果有几种情感症状存在，请用1．2．3标出主次）

愤怒／敌对：_____

_____

_____

_____

焦虑／恐惧：_____

_____

_____

_____

沮丧／忧愁：_____

_____

_____

_____

情感严重程度量表

根据求助者对危机的反应，在下列恰当的数字上打圈。

1	2	3	4	5	6	7	8	9	10
无损害	损害很轻		轻度损害		中等损害		显著损害		严重损害
情绪状态稳定，对日常活动情感表达透彻	情感对环境反应适切，对环境变化只有短暂的负性情感流露，不强烈，情绪完全能由求助者自控		情绪对环境反应适切，但对环境的变化有较长时间的负性情感流露，求助者能意识到需要自我控制		情感对环境反应有脱节，常表现出负性情感，对环境变化有较强烈的情感波动。情感状态虽然比较稳定，但需要自我控制		负性情感体验明显超出环境的影响，情感与环境明显不协调，心境波动明显，求助者意识到负性情感，但不能控制		完全失控或极度悲伤

三、认知方面

如果有侵犯、威胁或丧失，则予以确定，并简要描述（如果有多个认知反应存在，根据主次，标出 1. 2. 3）

生理／环境方面（饮食、水、安全、居处等）：

侵犯＿＿＿＿＿＿＿＿＿＿威胁＿＿＿＿＿＿＿＿＿＿丧失＿＿＿＿＿＿＿＿＿＿

_____

_____

_____

心理方面（自我认识、情绪表现、认同等）：

侵犯＿＿＿＿＿＿＿＿＿＿威胁＿＿＿＿＿＿＿＿＿＿丧失＿＿＿＿＿＿＿＿＿＿

_____

_____

_____

社会关系方面（家庭、朋友、同事等）：

侵犯＿＿＿＿＿＿＿＿＿＿威胁＿＿＿＿＿＿＿＿＿＿丧失＿＿＿＿＿＿＿＿＿＿

_____

_____

_____

_____

道德 / 精神方面（个人态度、价值观、信仰等）：

侵犯_____威胁_____丧失_____

_____

_____

_____

认知严重程度量表

根据求助者对危机的反应，在下列恰当的数字上打圈。

1	2	3	4	5	6	7	8	9	10
无损害	损害很轻		轻度损害		中等损害		显著损害		严重损害
注意力集中，解决问题和做决定的能力正常。求助者对危机事件的认识和感知与实际情况相符合	求助者的思维集中在危机事件上，但思想能受意志控制。问题解决和做决定的能力轻微受损。对危机事件的认识和感知基本与现实相符合		注意力偶尔不能集中，感到较难控制对危机事件的思考；解决问题和做决定的能力降低。对危机事件的认知和感知与现实情况所预计的在某些方面有偏差		注意力时常不能集中。较多地考虑危机事件而难以自拔。解决问题和做决定的能力因为强迫性思维、自我怀疑和犹豫而受到影响。对危机事件的认识和感知与现实情况可能有明显的不同		沉湎于对危机事件的思考，因为强迫，自我怀疑和犹豫而明显地影响了求助者解决问题和做决定的能力。对危机事件的认知和感知可能与现实情况有实质性的差异		除了危机事件外，不能集中注意力。因为受强迫、自我怀疑和犹豫的影响，丧失了解决问题和做决定的能力。因为对危机事件的认识和感知与现实情况明显有差异，从而影响了其日常生活

四、行为方面

确定和简要描述目前的行为表现（如果有多种行为表现存在，根据主次，标出1. 2. 3）

接触：_____

_____

_____

_____

回避：＿＿＿＿＿＿＿＿＿＿＿＿＿＿＿＿＿＿＿＿＿＿＿＿＿＿＿＿＿

＿＿＿＿＿＿＿＿＿＿＿＿＿＿＿＿＿＿＿＿＿＿＿＿＿＿＿＿＿＿＿＿＿

＿＿＿＿＿＿＿＿＿＿＿＿＿＿＿＿＿＿＿＿＿＿＿＿＿＿＿＿＿＿＿＿＿

＿＿＿＿＿＿＿＿＿＿＿＿＿＿＿＿＿＿＿＿＿＿＿＿＿＿＿＿＿＿＿＿＿

＿＿＿＿＿＿＿＿＿＿＿＿＿＿＿＿＿＿＿＿＿＿＿＿＿＿＿＿＿＿＿＿＿

无能动作：＿＿＿＿＿＿＿＿＿＿＿＿＿＿＿＿＿＿＿＿＿＿＿＿＿＿＿＿

＿＿＿＿＿＿＿＿＿＿＿＿＿＿＿＿＿＿＿＿＿＿＿＿＿＿＿＿＿＿＿＿＿

＿＿＿＿＿＿＿＿＿＿＿＿＿＿＿＿＿＿＿＿＿＿＿＿＿＿＿＿＿＿＿＿＿

＿＿＿＿＿＿＿＿＿＿＿＿＿＿＿＿＿＿＿＿＿＿＿＿＿＿＿＿＿＿＿＿＿

＿＿＿＿＿＿＿＿＿＿＿＿＿＿＿＿＿＿＿＿＿＿＿＿＿＿＿＿＿＿＿＿＿

行为严重程度量表

根据求助者对危机的反应，在下列恰当的数字上打圈。

1	2	3	4	5	6	7	8	9	10
无损害	损害很轻		轻度损害		中等损害		显著损害		严重损害
对危机事件的应付行为恰当，能保持必要的日常功能	偶尔有不恰当的应付行为，能保持正常必要的日常功能，但需要努力		偶尔出现不恰当的应付行为，有时有日常功能的减退，表现为效率的降低		有不恰当的应付行为，且没有效率。需要花很大精力方能维持日常功能		求助者的应付行为明显超出危机事件的反应，日常功能表现明显受到影响		行为异常，难以预料。并且对自己或对他人有伤害的危险

五、量表严重程度小结（评分）

情感：＿＿＿＿＿＿＿＿＿

认知：＿＿＿＿＿＿＿＿＿

行为：＿＿＿＿＿＿＿＿＿

合计：＿＿＿＿＿＿＿＿＿＿＿＿＿＿＿

附件 2　创伤后应激障碍自评量表

创伤后应激障碍自评量表

条　目	没有（1）	轻度（2）	中度（3）	较重（4）	很重（5）
1. 灾害对精神的打击	☐	☐	☐	☐	☐
2. 想起灾害恐惧害怕	☐	☐	☐	☐	☐
3. 脑子里无法摆脱灾害发生时的情境	☐	☐	☐	☐	☐
4. 反复考虑与灾害有关的事情	☐	☐	☐	☐	☐
5. 做噩梦，梦见有关灾害的事情	☐	☐	☐	☐	☐
6. 灾害后兴趣减少了	☐	☐	☐	☐	☐
7. 看到或听到与灾害有关的事情担心灾害再度发生	☐	☐	☐	☐	☐
8. 变得与亲人感情疏远	☐	☐	☐	☐	☐
9. 努力控制与灾害有关的想法	☐	☐	☐	☐	☐
10. 对同事（同学）、朋友变得冷漠	☐	☐	☐	☐	☐
11. 紧张过敏或易受惊吓	☐	☐	☐	☐	☐
12. 睡眠障碍	☐	☐	☐	☐	☐
13. 内疚或有罪感	☐	☐	☐	☐	☐
14. 学习或工作受影响	☐	☐	☐	☐	☐
15. 注意力不集中	☐	☐	☐	☐	☐
16. 回避灾难发生时的情境或活动	☐	☐	☐	☐	☐
17. 烦躁不安	☐	☐	☐	☐	☐
18. 出现虚幻感觉似灾害再度发生	☐	☐	☐	☐	☐
19. 心悸、出汗、胸闷等不适	☐	☐	☐	☐	☐
20. 无原因的攻击／冲动	☐	☐	☐	☐	☐
21. 悲观失望	☐	☐	☐	☐	☐
22. 遗忘某些情节	☐	☐	☐	☐	☐
23. 易激惹、好发脾气	☐	☐	☐	☐	☐
24. 记忆力下降	☐	☐	☐	☐	☐

附件 3 飞行事故后心理干预方案（草稿）

飞行事故后心理干预方案（草稿）

第一章 总 则

第一条 为规范飞行事故后心理干预工作，及时消除事故负面心理影响，促进事故单位恢复作战训练，提高团队凝聚力战斗力，依据有关条令条例，制订本方案。

第二条 飞行事故后心理干预，指在飞行事故发生后容易诱发心理危机的时机，组织专业心理干预人员，对飞行人员和及其他人员实施心理危机干预，恢复心理平衡，预防心理创伤。

第三条 飞行事故后心理干预应结合单位实际，与飞行事故调查同步组织，划分为启动、分级、评估、实施、回访五个阶段，按照促进飞行、稳定心理、分类干预、提升能力的原则实施。

第二章 职 责

第四条 一等飞行事故后心理干预由 ×× 组织实施，二、三等飞行事故后心理干预由 ×× 组织实施。

第五条 ×× 机关负责综合协调飞行事故调查期间的心理干预工作，将心理干预专家纳为飞行事故调查组成员。

第六条 ×× 机关负责组织飞行事故后心理干预工作。

第七条 ×× 机关负责飞行事故后心理干预的技术指导，成立心理干预专家组具体实施。

第三章 程序方法

第八条 飞行事故后，心理干预应立即启动，48 小时内展开。

第九条 飞行事故调查部门应通知卫生部门做好心理干预准备。心理干预专家组一般不少于 2 人，随同飞行事故调查组赶赴部队开展工作。

第十条 飞行事故后心理干预分级

第一级，事故灾难的幸存者与直系亲属，如跳伞飞行人员，或同机组幸存成员、事故牺牲者亲属。

第二级，执行同一任务的飞行人员，或目视事故现场的指挥员、飞行人员和其他成员。

第三极，同单位所有飞行人员，以及保障人员。

心理干预应从第一级开始，逐步扩展。

第十一条 逐级评估心理危机程度状况，分类开展心理健康教育、心理咨询疏导、心理损伤防治等心理干预工作。

第十二条 心理干预过程中，发现可能出现严重失控和群体性心理事件苗头，应及时向飞行事故调查组和部队领导报告。

第十三条 心理干预完成后，应向飞行事故调查组和部队领导汇报，提出下一步加强心理服务的指导意见和注意事项，并向本级卫生部门提交工作报告。

第十四条 心理干预专家组应跟踪掌握部队人员心理健康状况，适时回访指导。

第四章 附 则

第十五条 飞行事故征候心理干预可参照本规定执行。

第十六条 本规定自下发之日起实行。

附件4 飞行职业工作分析调查问卷

飞行职业工作分析调查问卷

一、基本知识调查问卷

（一）指导语

以下是一些涉及工作相关领域问题知识的问题。知识是指在解决工作中的问题和有争议事件的过程中所需要掌握的一系列事实和原理。在这里，将会有一系列的知识问题需要你来回答。这些知识问题与你目前所从事的职业有关。

在这个调查问卷中，每一种知识都有精确的定义。需要你回答的每一个知识问题，都已经有了一个名称和定义。请你按照名称之后的定义，按照它的重要性和程度来选择你对该问题的评价。即使该问题不是你目前工作的情境，你没有亲身经历，但是，该问题所述的情况，对应到你目前工作的需要，也可以做出评价。

（二）问卷

1. 管理

管理知识：包含有关战略计划、资源配置、人力资源模型、领导技巧、生产方法以及人与资源的协调等。

"管理"知识对完成您现在的工作有多重要？

不重要　　有点重要　　重要　　非常重要　　极其重要

① ----- ② ---- ③ ----- ④ ----- ⑤

2. 经济学与会计学知识

有关经济和会计原理和实践、金融市场、银行业以及分析和报告金融数据的知识。

"经济学与会计学"知识对完成您现在的工作有多重要？

不重要　　有点重要　　重要　　非常重要　　极其重要

① ----- ② ---- ③ ----- ④ ----- ⑤

3. 战法训练知识

有关提供战法训练的原理和方法的知识。包括战法训练对人需求估计，达到训练质量标准以及评估战法训练结果的符合度。

"战法训练"知识对完成您当前的工作有多重要？

不重要　有点重要　重要　非常重要　极其重要

① ————— ② ———— ③ ————— ④ ————— ⑤

4. 人事与人力资源知识

关于人员选拔、培训和人事信息系统的原理和程序的知识。

"人事与人力资源"知识对完成您现在的工作有多重要？

不重要　有点重要　重要　非常重要　极其重要

① ————— ② ———— ③ ————— ④ ————— ⑤

5. 计算机硬件与电子学

有关主板、处理器、芯片、电子设备的知识。

"计算机硬件与电子学"知识对完成您当前的工作有多重要？

不重要　有点重要　重要　非常重要　极其重要

① ————— ② ———— ③ ————— ④ ————— ⑤

6. 计算机软件

有关电脑软件的知识，包括应用和编程。

"计算机软件"知识对完成您当前的工作有多重要？

不重要　有点重要　重要　非常重要　极其重要

① ————— ② ———— ③ ————— ④ ————— ⑤

7. 工程与技术

实际运用工程学和技术的知识。这包括运用原理、技术、程序以及设计生产各种各样的商品与服务的设备。

"工程与技术"知识对完成您当前的工作有多重要？

不重要　有点重要　重要　非常重要　极其重要

① ————— ② ———— ③ ————— ④ ————— ⑤

8. 设计

制订精确的技术方案、规划、制图以及模型的相关设计技术、原理方面的知识。

"设计"知识对完成您当前的工作有多重要？

不重要　有点重要　重要　非常重要　极其重要

① ————— ② ———— ③ ————— ④ ————— ⑤

9. 机械

有关机器和工具的知识，包括它们的设计、使用、修理和维护。

"机械"知识对完成您当前的工作有多重要？

不重要　有点重要　重要　非常重要　极其重要

① ————— ② ———— ③ ————— ④ ————— ⑤

10. 数学

有关算术、代数、几何、微积分、统计及其应用的知识。

"数学"知识对完成您当前的工作有多重要？

不重要　有点重要　重要　非常重要　极其重要
①②③④⑤

11. 物理

有关物理原理、规律及其相互关系的知识，以及对流体、固体、气体动力学和机械、电力、原子、亚原子结构和过程方面的知识及其应用。

"物理"知识对完成您当前的工作有多重要？

不重要　有点重要　重要　非常重要　极其重要
①②③④⑤

12. 化学

一些有关物质的化学成分、结构和物理性质以及化学反应与转换的知识，包括使用化学制品及它们之间的相互反应、危险标志、生产技术和处理方法。

"化学"知识对完成您当前的工作有多重要？

不重要　有点重要　重要　非常重要　极其重要
①②③④⑤

13. 生物学

有关动植物有机体及它们的组织、细胞、功能、依存关系，以及它们之间、它们与环境之间相互作用的知识。

"生物学"知识对完成您当前的工作有多重要？

不重要　有点重要　重要　非常重要　极其重要
①②③④⑤

14. 心理学

有关人类行为和表现，个体能力、个性和兴趣方面的差异，学习和动机，心理学研究方法，以及评估和治疗行为和情绪失调等方面的知识。

"心理学"知识对完成您当前的工作有多重要？

不重要　有点重要　重要　非常重要　极其重要
①②③④⑤

15. 社会与人类学

有关群体行为和群体动力、社会发展趋势及影响、人类迁移、种族划分、文化及其历史起源的知识。

"社会与人类学"知识对完成您当前的工作有多重要？

不重要　　有点重要　　重要　　非常重要　　极其重要
①ーーーーー②ーーーー③ーーーーー④ーーーーー⑤

16. 地理

有关描述陆地、海洋和气团特征的原理和方法的知识，包括它们的物理特征、位置、相互关系，动植物和人类的分布规律。

"地理"知识对完成您当前的工作有多重要？

不重要　　有点重要　　重要　　非常重要　　极其重要
①ーーーーー②ーーーー③ーーーーー④ーーーーー⑤

17. 医学

有关健康诊断和治疗人体伤害、疾病和残疾所需要的信息和技术的知识。包括症状、可选的治疗方案、药物属性和相互作用，以及预防性的保健措施。

"医学"知识对完成您当前的工作有多重要？

不重要　　有点重要　　重要　　非常重要　　极其重要
①ーーーーー②ーーーー③ーーーーー④ーーーーー⑤

18. 治疗与咨询

有关对生理和心理功能紊乱进行诊断、治疗和康复的原理、方法和程序的知识。

"治疗与咨询"知识对完成您当前的工作有多重要？

不重要　　有点重要　　重要　　非常重要　　极其重要
①ーーーーー②ーーーー③ーーーーー④ーーーーー⑤

19. 培训指导

关于课程和培训设计，为个人和团体进行教学与指导，评估培训效果的原理和方法的知识。

"培训指导"知识对完成您当前的工作有多重要？

不重要　　有点重要　　重要　　非常重要　　极其重要
①ーーーーー②ーーーー③ーーーーー④ーーーーー⑤

20. 英语

英语的结构和内容方面的知识，包括单词的意义和拼写、文法以及语法。

"英语"知识对完成您当前的工作有多重要？

不重要　　有点重要　　重要　　非常重要　　极其重要
①ーーーーー②ーーーー③ーーーーー④ーーーーー⑤

21. 艺术

编写、创作和表演音乐、舞蹈、绘画、戏剧以及雕塑所需的理论与技术方面的知识。

"艺术"知识对完成您当前的工作有多重要？

不重要　　有点重要　　重要　　非常重要　　极其重要
①　-----　②　----　③　-----　④　-----　⑤

22. 历史与考古学

历史事件及其产生的原因、标志及其对文明、文化的影响的知识。

"历史与考古学"知识对完成您当前的工作有多重要?

不重要　　有点重要　　重要　　非常重要　　极其重要
①　-----　②　----　③　-----　④　-----　⑤

23. 哲学

有关不同哲学体系的知识。包括基本原理、价值观、道德、思维方式、风俗、习惯及其对人类文化的影响。

"哲学"知识对完成您当前的工作有多重要?

不重要　　有点重要　　重要　　非常重要　　极其重要
①　-----　②　----　③　-----　④　-----　⑤

24. 公共安全

为保护民众、数据、财产和机构的安全,采用的保护地方或国家安全的措施、政策、程序和战略等方面的知识。

"公共安全"知识对完成您当前的工作有多重要?

不重要　　有点重要　　重要　　非常重要　　极其重要
①　-----　②　----　③　-----　④　-----　⑤

25. 法律与行政

有关法律、法律条文、诉讼程序、判例、政府规章、执行程序(指令)、代理规则和民主政治程序等方面的知识。

"法律与行政"知识对完成您当前的工作有多重要?

不重要　　有点重要　　重要　　非常重要　　极其重要
①　-----　②　----　③　-----　④　-----　⑤

26. 电信学

有关信息传送、广播、转换、控制和操作电信系统的知识。

"电信学"知识对完成您当前的工作有多重要?

不重要　　有点重要　　重要　　非常重要　　极其重要
①　-----　②　----　③　-----　④　-----　⑤

27. 通信与媒体

有关媒体产品、通信、信息发布的技术和方法的知识,包括通过使用视觉媒体等多种途径来帮助自己的工作。

"通信与媒体"知识对完成您当前的工作有多重要?

不重要　　有点重要　　重要　　非常重要　　极其重要
①——————②————③——————④——————⑤

二、航空环境工作基本能力调查问卷

（一）指导语

以下是一些涉及与航空环境工作基本能力的问题。是指能够帮助人们在航空环境开展工作持久的能力。生理机能是满足飞行环境的条件。在这里，将会有一系列的问题需要你来回答。这些问题与你目前所从事的职业有关。

在这个调查问卷中，一些问题有精确的定义，有些普通常识性问题没给罗列定义。请你按照名称之后的定义，按照它的重要性和程度来选择你对该问题的评价。即使该问题不是你目前工作的情境，你没有亲身经历，但是，该问题所述的情况，对应到你目前工作的需要，也可以做出评价。

（二）问卷

1. 抗错觉

"抗错觉"能力对您完成飞行任务有多重要？

不重要　　有点重要　　重要　　非常重要　　极其重要
①——————②————③——————④——————⑤

2. 抗载荷

对抗使人体因外力而承受压力产生变形的能力。

"抗载荷"能力对完成您现在的工作有多重要？

不重要　　有点重要　　重要　　非常重要　　极其重要
①——————②————③——————④——————⑤

3. 飞行疲劳恢复

"飞行疲劳恢复"能力对您有多重要？

不重要　　有点重要　　重要　　非常重要　　极其重要
①——————②————③——————④——————⑤

4. 飞行应激适应

"飞行应激适应"能力对您完成任务有多重要？

不重要　　有点重要　　重要　　非常重要　　极其重要
①——————②————③——————④——————⑤

5. 控制情绪波动

"控制情绪波动"能力对您有多重要？

不重要　　有点重要　　重要　　非常重要　　极其重要
①——————②————③——————④——————⑤

6. 有氧运动

持续剧烈活动4分钟以上的运动，如球类、中长跑。

"有氧运动"对您有多重要？

不重要　有点重要　重要　非常重要　极其重要

① ----- ② ---- ③ ----- ④ ----- ⑤

7. 力量运动

歼强击机飞行员针对性地提高抗载荷耐力的肌肉力量运动，如联合训练器、类举重等运动。

"力量运动"能力对您有多重要？

不重要　有点重要　重要　非常重要　极其重要

① ----- ② ---- ③ ----- ④ ----- ⑤

8. 低气压适应

"低气压适应"能力对您完成任务有多重要？

不重要　有点重要　重要　非常重要　极其重要

① ----- ② ---- ③ ----- ④ ----- ⑤

9. 静态力量

用最大的肌肉力量提、推、拉或者搬运物体的能力。

"静态力量"对完成您现在的工作有多重要？

不重要　有点重要　重要　非常重要　极其重要

① ----- ② ---- ③ ----- ④ ----- ⑤

10. 爆发力

利用肌肉力量的短暂爆发推动自己（如跳或快跑）或者投掷物体的能力。

"爆发力"对完成您现在的工作有多重要？

不重要　有点重要　重要　非常重要　极其重要

① ----- ② ---- ③ ----- ④ ----- ⑤

11. 运动的柔韧性

快速且反复地弯曲、伸展、扭转或延伸身体、手臂和（或）腿的能力。

"运动的柔韧性"对完成您现在的工作有多重要？

不重要　有点重要　重要　非常重要　极其重要

① ----- ② ---- ③ ----- ④ ----- ⑤

12. 动作协调性

在整个身体都处于运动状态时协调手臂、腿以及躯干运动的能力。

"动作协调性"对完成您现在的工作有多重要？

不重要　　有点重要　　重要　　非常重要　　极其重要
①————②————③————④————⑤

13. 近距离视觉

看清近距离内（离观察者几米内）细节的能力。

"近距离视觉"对完成您现在的工作有多重要？

不重要　　有点重要　　重要　　非常重要　　极其重要
①————②————③————④————⑤

14. 远距离视觉

看清远处细节的能力。

"远距离视觉"对完成您现在的工作有多重要？

不重要　　有点重要　　重要　　非常重要　　极其重要
①————②————③————④————⑤

15. 周边视觉

在眼睛朝前看时，明确侧面的物体或者物体运动的能力。

"周边视觉"对完成您现在的工作有多重要？

不重要　　有点重要　　重要　　非常重要　　极其重要
①————②————③————④————⑤

16. 暗视觉

在弱光线条件下看清物体的能力。

"暗视觉"对完成您现在的工作有多重要？

不重要　　有点重要　　重要　　非常重要　　极其重要
①————②————③————④————⑤

17. 对问题的敏感性

发现已出现或可能出现问题的能力，仅仅是意识到问题的存在，并不包括解决问题。

"对问题的敏感性"对完成您现在的工作有多重要？

不重要　　有点重要　　重要　　非常重要　　极其重要
①————②————③————④————⑤

18. 记忆力

记忆像单词、数字、图片和程序等信息的能力。

"记忆力"对完成您现在的工作有多重要？

不重要　　有点重要　　重要　　非常重要　　极其重要
①————②————③————④————⑤

19. 知觉速度

快速准确地比较一组字母、数字、物体、图片或式样的相似点和不同点的能力。

被比较的事物可以同时出现，也可以相继出现。这项能力也包括对呈现眼前的物体与记忆中的物体相比较。

"知觉速度"对完成您现在的工作有多重要？

不重要　有点重要　重要　非常重要　极其重要
① ----- ② ---- ③ ----- ④ ----- ⑤

20. 空间定向

通过与周围环境对比知道自己的位置，或者知道其他物体和你的相对位置的能力。

"空间定向"能力对完成您现在的工作有多重要？

不重要　有点重要　重要　非常重要　极其重要
① ----- ② ---- ③ ----- ④ ----- ⑤

21. 选择性注意

将注意力集中在某一任务上一段时间而不被分散的能力。

"选择性注意"对完成您现在的工作有多重要？

不重要　有点重要　重要　非常重要　极其重要
① ----- ② ---- ③ ----- ④ ----- ⑤

22. 时间分配

在两个或更多的活动或信息来源（如演讲、声音、触摸或者其他来源）之间来回切换的能力。

"时间分配"能力对完成您现在的工作有多重要？

不重要　有点重要　重要　非常重要　极其重要
① ----- ② ---- ③ ----- ④ ----- ⑤

23. 耐力

长时间身体用力而不会感到身心疲劳，或呼吸急促，或筋疲力尽的能力。

"耐力"对完成您现在的工作有多重要？

不重要　有点重要　重要　非常重要　极其重要
① ----- ② ---- ③ ----- ④ ----- ⑤

24. 语言理解与表达

明白、理解他人口头表达所呈现的信息和观点，并能用口头语言交流信息和观点，使他人能够理解。

"语言理解与表达"能力对完成您现在的工作有多重要？

不重要　有点重要　重要　非常重要　极其重要
① ----- ② --- ③ ----- ④ ----- ⑤

25. 思维敏捷

"思维敏捷"能力对完成您现在的工作有多重要？

不重要　　有点重要　　重要　　非常重要　　极其重要
①------②----③------④-----⑤

26. 熟练计算

快速且正确地进行加减乘除的能力。

"熟练计算"能力对完成您现在的工作有多重要?

不重要　　有点重要　　重要　　非常重要　　极其重要
①------②----③------④-----⑤

27. 信息排序

根据特定的某个规则或一组规则将事件或行为按一定的顺序或模式进行排序的能力(例如,数字、字母、单词、图片、数学运算的模式)。

"信息排序"能力对完成您现在的工作有多重要?

不重要　　有点重要　　重要　　非常重要　　极其重要
①------②----③------④-----⑤

三、一般能力调查问卷

(一)指导语

以下是一些涉及工作能力的问题。能力是指能够帮助人们开展工作的持久的才能。在这里,将会有一系列的能力问题需要你来回答。这些能力问题与你目前所从事的职业有关。

在这个调查问卷中,每一个能力都有精确的定义。需要你回答的每一个能力问题,都已经有了一个名称和定义。请你按照名称之后的定义,按照它的重要性和程度来选择你对该问题的评价。即使该问题不是你目前工作的情境,你没有亲身经历,但是,该问题所述的情况,对应到你目前工作的需要,也可以做出评价。

(二)问卷

1. 口语理解

能听明白并理解通过口头表达的单词和句子所呈现的信息和观点。

"口语理解"对完成您现在的工作有多重要?

不重要　　有点重要　　重要　　非常重要　　极其重要
①------②----③------④-----⑤

2. 书面理解

阅读和理解通过书面形式呈现的信息和观点。

"书面理解"对完成您现在的工作有多重要?

不重要　　有点重要　　重要　　非常重要　　极其重要
①------②----③------④-----⑤

3. 口头表达

用口头语言交流信息和观点，使他人能够理解的能力。

"口头表达"对完成您现在的工作有多重要？

不重要　　有点重要　　重要　　非常重要　　极其重要
①ーーーーー②ーーーー③ーーーーー④ーーーーー⑤

4. 书面表达

以书面方式交流信息和观点，使他人能够理解的能力。

"书面表达"对完成您现在的工作有多重要？

不重要　　有点重要　　重要　　非常重要　　极其重要
①ーーーーー②ーーーー③ーーーーー④ーーーーー⑤

5. 思想的流畅性

关于某个主题产生一系列想法的能力（注重想法的数量，而不是质量、正确性或创造性）。

"思想的流畅性"对完成您现在的工作有多重要？

不重要　　有点重要　　重要　　非常重要　　极其重要
①ーーーーー②ーーーー③ーーーーー④ーーーーー⑤

6. 创意

对一个给定的主题或情境提出独特或智慧的想法，或者采取创造性的方法来解决问题。

"创意"对完成您现在的工作有多重要？

不重要　　有点重要　　重要　　非常重要　　极其重要
①ーーーーー②ーーーー③ーーーーー④ーーーーー⑤

7. 演绎推理

把一般规律运用到具体问题中，提出有意义的答案的能力。

"演绎推理"对完成您现在的工作有多重要？

不重要　　有点重要　　重要　　非常重要　　极其重要
①ーーーーー②ーーーー③ーーーーー④ーーーーー⑤

8. 归纳推理

把零散的信息整理形成普遍规律或结论的能力（包括发现表面上不相关的事物之间的联系）。

"归纳推理"对完成您现在的工作有多重要？

不重要　　有点重要　　重要　　非常重要　　极其重要
①ーーーーー②ーーーー③ーーーーー④ーーーーー⑤

9. 灵活归类

创造或使用不同的规则，以各种不同的方式将事物进行合并或分组的能力。

灵活归类对完成您现在的工作有多重要？

不重要　　有点重要　　重要　　非常重要　　极其重要
①——②——③——④——⑤

10. 数学推理

选择正确的数学方法或公式解决问题的能力。

"数学推理"对完成您现在的工作有多重要？

不重要　　有点重要　　重要　　非常重要　　极其重要
①——②——③——④——⑤

11. 得出结论的速度

能快速理解、整合、组织信息成有意义的模式的能力。

"得出结论的速度"对完成您现在的工作有多重要？

不重要　　有点重要　　重要　　非常重要　　极其重要
①——②——③——④——⑤

12. 得出结论的灵敏性

识别或察觉出隐藏在干扰材料中的已有的信息模式（图形、物体、单词或者声音）的能力。

"得出结论的灵敏性"对完成您现在的工作有多重要？

不重要　　有点重要　　重要　　非常重要　　极其重要
①——②——③——④——⑤

13. 视觉想象

想象事物移动，或者部分被移开，或重新排列后将会是什么样子的能力。

"视觉想象"对完成您现在的工作有多重要？

不重要　　有点重要　　重要　　非常重要　　极其重要
①——②——③——④——⑤

14. 臂－手的稳定性

在移动你的手臂或将你的手臂和手保持在一个位置上时，保持你的手和手臂的稳定性。

"臂－手的稳定性"对完成您现在的工作有多重要？

不重要　　有点重要　　重要　　非常重要　　极其重要
①——②——③——④——⑤

15. 手的灵巧性

快速移动你的手、手和手臂或者用双手去抓、操作或者组装物体的能力。

"手的灵巧性"对完成您现在的工作有多重要？

不重要　　有点重要　　重要　　非常重要　　极其重要

①——②——③——④——⑤

16. 手指灵巧性

准确协调地用单手或双手的手指来抓、操作或者组装很小的物体的能力。

"手指灵巧"对完成您现在的工作有多重要？

不重要　　有点重要　　重要　　非常重要　　极其重要

①——②——③——④——⑤

17. 控制的精确性

快速、反复地将飞机仪表或操作控制设施调整到精确位置的能力。

"控制的精确性"对完成您现在的工作有多重要？

不重要　　有点重要　　重要　　非常重要　　极其重要

①——②——③——④——⑤

18. 肢体协调性

在坐、站立或者躺下的时候，协调两个或更多肢体（如双臂、双腿或者一腿一臂）的能力，不包括整个身体在运动时四肢的动作。

"肢体协调性"对完成您现在的工作有多重要？

不重要　　有点重要　　重要　　非常重要　　极其重要

①——②——③——④——⑤

19. 反应定向

为对两个或更多不同的信号（光、声、图案）做出反应而在两个或更多的动作中迅速做出选择的能力。它包括由手、脚或身体其他部位开始进行正确反应的速度。

"反应定向"对完成您现在的工作有多重要？

不重要　　有点重要　　重要　　非常重要　　极其重要

①——②——③——④——⑤

20. 速率控制

为自己的运动或移动设备部件计时，预计运动中的物体或场景在速度和（或）方向上变化的能力。

"速率控制"对完成您现在的工作有多重要？

不重要　　有点重要　　重要　　非常重要　　极其重要

①——②——③——④——⑤

21. 快速反应

当信号（声、光、图案）出现时，快速做出反应（用手、手指或者脚）的能力。

"快速反应"对完成您现在的工作有多重要？

不重要　　有点重要　　重要　　非常重要　　极其重要
①－－－－－②－－－－③－－－－－④－－－－－⑤

22. 手腕－手指的活动速度

快速、简单、重复地运动手指、手和手腕的能力。

"手腕－手指的活动速度"对完成您现在的工作有多重要？

不重要　　有点重要　　重要　　非常重要　　极其重要
①－－－－－②－－－－③－－－－－④－－－－－⑤

23. 肢体运动速度

快速运动手臂和腿的能力。

"肢体运动速度"对完成您现在的工作有多重要？

不重要　　有点重要　　重要　　非常重要　　极其重要
①－－－－－②－－－－③－－－－－④－－－－－⑤

24. 动态力

在一段时间内反复或者连续地使用肌肉力量的能力。这包括了肌肉的耐久性和抵抗疲劳的能力。

"动态力"对完成您现在的工作有多重要？

不重要　　有点重要　　重要　　非常重要　　极其重要
①－－－－－②－－－－③－－－－－④－－－－－⑤

25. 躯体持久力

在一段时间内反复或者持续地用腹部和下背部的肌肉支撑身体的一部分，而不"精疲力竭"或疲劳的能力。

"躯体持久力"对完成您现在的工作有多重要？

不重要　　有点重要　　重要　　非常重要　　极其重要
①－－－－－②－－－－③－－－－－④－－－－－⑤

26. 延展的灵活性

将身体、手臂和（或）腿弯曲、舒展、扭转或者延伸的能力。

"延展的灵活性"对完成您现在的工作有多重要？

不重要　　有点重要　　重要　　非常重要　　极其重要
①－－－－－②－－－－③－－－－－④－－－－－⑤

27. 全身协调性

在整个身体都处于运动状态时协调手臂、腿以及躯干运动的能力。

"全身协调性"对完成您现在的工作有多重要？

不重要　　有点重要　　重要　　非常重要　　极其重要
①－－－－－②－－－－③－－－－－④－－－－－⑤

28. 身体平衡性

在不稳定的位置上保持或恢复身体平衡或站直的能力。

"身体平衡性"对完成您现在的工作有多重要？

　　　　　不重要　　有点重要　　重要　　非常重要　　极其重要
　　　　　①－－－－－②－－－－③－－－－－④－－－－－⑤

29. 视觉色彩辨别

对比或觉察色彩之间差异的能力，包括色彩的深浅和明度。

"视觉色彩辨别"对完成您现在的工作有多重要？

　　　　　不重要　　有点重要　　重要　　非常重要　　极其重要
　　　　　①－－－－－②－－－－③－－－－－④－－－－－⑤

30. 深度知觉

判断数个物体中哪个离你更近或更远，或者判断你与某个物体之间距离的能力。

"深度知觉"对完成您现在的工作有多重要？

　　　　　不重要　　有点重要　　重要　　非常重要　　极其重要
　　　　　①－－－－－②－－－－③－－－－－④－－－－－⑤

31. 强光视敏度

在炫目或强烈光线条件下看清事物的能力。

"强光视敏度"对完成您现在的工作有多重要？

　　　　　不重要　　有点重要　　重要　　非常重要　　极其重要
　　　　　①－－－－－②－－－－③－－－－－④－－－－－⑤

32. 听觉的敏感性

察觉或知道不同音调和响度的声音的能力。

"听觉的敏感性"对完成您现在的工作有多重要？

　　　　　不重要　　有点重要　　重要　　非常重要　　极其重要
　　　　　①－－－－－②－－－－③－－－－－④－－－－－⑤

33. 听觉注意力

在有其他分散注意的声音存在时，能将注意力集中于某一声源的能力。

"听觉注意力"对完成您现在的工作有多重要？

　　　　　不重要　　有点重要　　重要　　非常重要　　极其重要
　　　　　①－－－－－②－－－－③－－－－－④－－－－－⑤

34. 声音定位

确定声音来源方向的能力。

"声音定位"对完成您现在的工作有多重要？

不重要　　有点重要　　重要　　非常重要　　极其重要

① ----- ② ---- ③ ----- ④ ----- ⑤

35. 语音识别

识别并知道他人语音的能力。

"语音识别"对完成您现在的工作有多重要？

不重要　　有点重要　　重要　　非常重要　　极其重要

① ----- ② ---- ③ ----- ④ ----- ⑤

36. 清晰表达

清晰地表达，以使别人能够理解你的意思的能力。

"清晰表达"对完成您现在的工作有多重要？

不重要　　有点重要　　重要　　非常重要　　极其重要

① ----- ② ---- ③ ----- ④ ----- ⑤

四、飞行工作基本技能调查问卷

（一）指导语

以下是一些涉及工作技能的问题。技能是指能圆满地完成一项工作的能力，它通常是通过训练或经验而逐渐形成的。一种技能可用于多种岗位，或多种学问上。在这里，将会有一系列的技能问题需要你来回答。这些技能问题与你目前所从事的职业有关。

在这个调查问卷中，每一个技能都有精确的定义。需要你回答的每一个技能问题，都已经有了一个名称和定义。请你按照名称之后的定义，按照它的重要性和程度来选择你对该问题的评价。即使该问题不是你目前工作的情境，你没有亲身经历，但是，该问题所述的情况，对应到你目前工作的需要，也可以做出评价。

（二）问卷

1. 创新思维

发展、设计或创造各种新的应用、想法、关系、系统或产品，包括艺术方面的贡献。

"创新思维"能力对完成您现在的工作有多重要？

不重要　　有点重要　　重要　　非常重要　　极其重要

① ----- ② ---- ③ ----- ④ ----- ⑤

2. 知识迁移

一种情境中获得的知识对另一种情境中知识的形成的影响能力。

"知识迁移"对完成您现在的工作有多重要？

不重要　　有点重要　　重要　　非常重要　　极其重要

① ----- ② ---- ③ ----- ④ ----- ⑤

3. 学术与科研

使用科学的规则和方法研究解决问题。

"学术与科研"技能对完成您现在的工作有多重要?

不重要　　有点重要　　重要　　非常重要　　极其重要
①－－－－－②－－－－③－－－－－④－－－－－⑤

4. 批判性思维

利用逻辑和推理确定问题的各种解决方案、结论或处理方式的优点和不足。

"批判性思维"对完成您现在的工作有多重要?

不重要　　有点重要　　重要　　非常重要　　极其重要
①－－－－－②－－－－③－－－－－④－－－－－⑤

5. 战略性思维

"战略性思维"能力对完成您当前的工作有多重要?

不重要　　有点重要　　重要　　非常重要　　极其重要
①－－－－－②－－－－③－－－－－④－－－－－⑤

6. 主动学习

了解新信息的含义,以便于当前和将来的解决问题并做出决定。

"主动学习"对完成您现在的工作有多重要?

不重要　　有点重要　　重要　　非常重要　　极其重要
①－－－－－②－－－－③－－－－－④－－－－－⑤

7. 监督

监督自己、他人或组织的工作情况,并做出改善或采取调整措施。

"监督"对完成您现在的工作有多重要?

不重要　　有点重要　　重要　　非常重要　　极其重要
①－－－－－②－－－－③－－－－－④－－－－－⑤

8. 洞察力

能够意识到别人的反应,并理解他们为什么有这样的反应。

"洞察力"对完成您现在的工作有多重要?

不重要　　有点重要　　重要　　非常重要　　极其重要
①－－－－－②－－－－③－－－－－④－－－－－⑤

9. 指导

教其他人如何做事。

"指导"对完成您现在的工作有多重要?

不重要　　有点重要　　重要　　非常重要　　极其重要
①－－－－－②－－－－③－－－－－④－－－－－⑤

10. **质量管理分析**

控制实验和产品检查、服务，或者是评估质量指标的过程。

"质量管理分析"对完成您现在的工作有多重要？

不重要　　有点重要　　重要　　非常重要　　极其重要
①——————②————③——————④——————⑤

11. **系统分析与评估**

根据不同状态、不同操作、不同环境对结果影响的分析，决定系统如何工作，并根据系统的目标找出度量或显示系统绩效的方法，并找出提高或改进绩效的行动方案。

"系统分析与评估"对完成您现在的工作有多重要？

不重要　　有点重要　　重要　　非常重要　　极其重要
①——————②————③——————④——————⑤

12. **判断与决策**

考虑相对成本和潜在作用的收益，选择最合适的一种。

"判断和决策"对完成您现在的工作有多重要？

不重要　　有点重要　　重要　　非常重要　　极其重要
①——————②————③——————④——————⑤

13. **解决复杂问题**

辨识复杂的问题，评估有关信息，从而建立和评价可供选择并实施解决的方案。

"分析解决复杂问题"的能力对完成您现在的工作有多重要？

不重要　　有点重要　　重要　　非常重要　　极其重要
①——————②————③——————④——————⑤

14. **说服力**

说服他人改变自己的主意或行为。

"说服力"对完成您现在的工作有多重要？

不重要　　有点重要　　重要　　非常重要　　极其重要
①——————②————③——————④——————⑤

15. **团结协作**

依据他人的行为调整自己的行动。

"团结协作"对完成您现在的工作有多重要？

不重要　　有点重要　　重要　　非常重要　　极其重要
①——————②————③——————④——————⑤

16. **服务意识**

积极寻找帮助他人的方式。

"服务意识"对完成您现在的工作有多重要？

不重要　　有点重要　　重要　　非常重要　　极其重要

① ————— ② ———— ③ ————— ④ ————— ⑤

17. 工作分析

分析需求和任务，调整需求量并设定新的目标。

"工作分析"对完成您现在的工作有多重要？

不重要　　有点重要　　重要　　非常重要　　极其重要

① ————— ② ———— ③ ————— ④ ————— ⑤

18. 编写程序

为各种不同目的编写计算机程序。

"编写程序"对完成您现在的工作有多重要？

不重要　　有点重要　　重要　　非常重要　　极其重要

① ————— ② ———— ③ ————— ④ ————— ⑤

19. 操作监督

通过观察仪表、标度盘，或者其他的指示器，确定机器操作是否正常。

"操作监督"对完成您现在的工作有多重要？

不重要　　有点重要　　重要　　非常重要　　极其重要

① ————— ② ———— ③ ————— ④ ————— ⑤

20. 操作与控制

控制设备或系统的操作。

"操作和控制"对完成您现在的工作有多重要？

不重要　　有点重要　　重要　　非常重要　　极其重要

① ————— ② ———— ③ ————— ④ ————— ⑤

21. 发现并修理故障

找出操作错误的原因，并确定处理方法。

"发现并修理故障"对完成您现在的工作有多重要？

不重要　　有点重要　　重要　　非常重要　　极其重要

① ————— ② ———— ③ ————— ④ ————— ⑤

22. 维修

使用所需工具维修机器或系统。

"维修"对完成您现在的工作有多重要？

不重要　　有点重要　　重要　　非常重要　　极其重要

① ————— ② ———— ③ ————— ④ ————— ⑤

23. 时间管理

管理自己和他人的时间。

"时间管理"对完成您现在的工作有多重要?

不重要　　有点重要　　重要　　非常重要　　极其重要
①————②———③————④————⑤

24. 人力资源管理

工作中,对他人进行激励、发展和指导,并能确定工作的最佳人选。

"人力资源管理"对完成您当前的工作有多重要?

不重要　　有点重要　　重要　　非常重要　　极其重要
①————②———③————④————⑤

25. 协调

"协调"能力对完成您当前的工作有多重要?

不重要　　有点重要　　重要　　非常重要　　极其重要
①————②———③————④————⑤

26. 阅读理解

能够理解书面句型和相关工作文件中的内容。

"阅读理解"对完成您现在的工作有多重要?

不重要　　有点重要　　重要　　非常重要　　极其重要
①————②———③————④————⑤

27. 积极倾听

对别人的讲话给予足够的注意,从容地理解他所提出的观点。同时,不在不恰当的时间打断别人的讲话,并能适当提出问题。

"积极倾听"对完成您现在的工作有多重要?

不重要　　有点重要　　重要　　非常重要　　极其重要
①————②———③————④————⑤

28. 写作能力

依据需要,通过书写方式进行有效的信息交流。

"写作能力"对完成您现在的工作有多重要?

不重要　　有点重要　　重要　　非常重要　　极其重要
①————②———③————④————⑤

29. 口才

和别人谈话能够有效地传递信息。

"口才"对完成您现在的工作有多重要?

不重要　　有点重要　　重要　　非常重要　　极其重要
①——②——③——④——⑤

30. 数学

使用数学知识解决问题。

"数学"能力对完成您目前的工作有多重要?

不重要　　有点重要　　重要　　非常重要　　极其重要
①——②——③——④——⑤

31. 学习策略

当学习或教授新事物时,选择并采用适合所处情况的训练方法和程序。

"学习策略"对完成您现在的工作有多重要?

不重要　　有点重要　　重要　　非常重要　　极其重要
①——②——③——④——⑤

32. 协作

依据他人的行为调整自己的行动。

"协作"对完成您现在的工作有多重要?

不重要　　有点重要　　重要　　非常重要　　极其重要
①——②——③——④——⑤

33. 谈判

和别人坐在一起试图和解分歧。

"谈判"对完成您现在的工作有多重要?

不重要　　有点重要　　重要　　非常重要　　极其重要
①——②——③——④——⑤

34. 工作分析

分析需求和任务,调整需求量并设定新的目标。

"工作分析"对完成您现在的工作有多重要?

不重要　　有点重要　　重要　　非常重要　　极其重要
①——②——③——④——⑤

35. 技术设计

配合设备与技术,改变以往工艺,服务于工作和他人。

"技术设计"对完成您现在的工作有多重要?

不重要　　有点重要　　重要　　非常重要　　极其重要
①——②——③——④——⑤

36. 安装

按照说明书,安装设备、机器、电路或程序。

"安装"对完成您现在的工作有多重要?

不重要　　有点重要　　重要　　非常重要　　极其重要

① ----- ② ---- ③ ----- ④ ----- ⑤

37. 设备维护

定期进行设备保养,并能决定何时和需要什么种类的保养。

"设备维护"对完成您现在的工作有多重要?

不重要　　有点重要　　重要　　非常重要　　极其重要

① ----- ② ---- ③ ----- ④ ----- ⑤

38. 物质资源管理

取得和确保合适地使用完成某工作所需的设备、工具和原材料。

"物质资源管理"对完成您当前的工作有多重要?

不重要　　有点重要　　重要　　非常重要　　极其重要

① ----- ② ---- ③ ----- ④ ----- ⑤

五、飞行工作活动评价调查问卷

(一)指导语

以下是一些涉及工作活动的问题。工作活动是指在很多不同职业中的一组共同从事的相类似动作。在这里,将会有一系列的工作活动评价问题需要你来回答。这些问题与你目前所从事的职业有关。

在这个调查问卷中,每一个工作活动都有精确的定义。请你按照名称之后的定义,按照它的重要性和程度来选择你对该问题的评价。即使该问题不是你目前工作的情境,你没有亲身经历,但是,该问题所述的情况,对应到你目前工作的需要,也可以做出评价。

(二)问卷

1. 收集与利用信息

通过所有相关渠道观测、接收及用其他方法获取信息资料。

"收集信息"对完成您现在的工作有多重要?

不重要　　有点重要　　重要　　非常重要　　极其重要

① ----- ② ---- ③ ----- ④ ----- ⑤

2. 检查设备、或仪表状态

检查设备、结构或仪表状态,以便找出错误、问题或缺漏的原因。

"检查设备、或仪表状态"对完成您现在的工作有多重要?

不重要　　有点重要　　重要　　非常重要　　极其重要

① ----- ② ---- ③ ----- ④ ----- ⑤

3. 分析资料或数据

通过分解信息或数据，识别信息隐含的法则、原因或事实。

"分析资料或数据"对完成您现在的工作有多重要？

不重要　　有点重要　　重要　　非常重要　　极其重要
①－－－－②－－－③－－－－④－－－－⑤

4. 决策及解决问题

通过分析信息及评估各种结果，来选择解决问题的最好方法，并解决问题。

"决策及解决问题"对完成您现在的工作有多重要？

不重要　　有点重要　　重要　　非常重要　　极其重要
①－－－－②－－－③－－－－④－－－－⑤

5. 更新、应用知识

技术上及时更新，并且在您的职业上应用新的知识。

"更新、及应用知识"对完成您现在的工作有多重要？

不重要　　有点重要　　重要　　非常重要　　极其重要
①－－－－②－－－③－－－－④－－－－⑤

6. 发展目标与策略

建立各种长远的目标，确立实现它们的策略和行动。

"发展目标和策略"对完成您现在的工作有多重要？

不重要　　有点重要　　重要　　非常重要　　极其重要
①－－－－②－－－③－－－－④－－－－⑤

7. 交流与合作

"交流与合作"对完成您现在的工作有多重要？

不重要　　有点重要　　重要　　非常重要　　极其重要
①－－－－②－－－③－－－－④－－－－⑤

8. 关心他人

向别人提供个人帮助、情感支持或其他的关怀。

"关心他人"对完成您现在的工作有多重要？

不重要　　有点重要　　重要　　非常重要　　极其重要
①－－－－②－－－③－－－－④－－－－⑤

9. 影响他人

说服别人改变他们的想法或行为。

"影响他人"对完成您现在的工作有多重要？

不重要　　有点重要　　重要　　非常重要　　极其重要
①－－－－②－－－③－－－－④－－－－⑤

10. 解决冲突、磋商

处理、平息争论，化解抱怨和冲突或与他人磋商。

"解决冲突"对完成您现在的工作有多重要？

|　不重要　|　有点重要　|　重要　|　非常重要　|　极其重要　|
|　①　|—————|　②　|————|　③　|—————|　④　|—————|　⑤　|

11. 处理突发事件

"处理突发事件"对完成您现在的工作有多重要？

|　不重要　|　有点重要　|　重要　|　非常重要　|　极其重要　|
|　①　|—————|　②　|————|　③　|—————|　④　|—————|　⑤　|

12. 团队协作

使团队成员共同工作，合作完成各项任务。

"团队协作"对完成您现在的工作有多重要？

|　不重要　|　有点重要　|　重要　|　非常重要　|　极其重要　|
|　①　|—————|　②　|————|　③　|—————|　④　|—————|　⑤　|

13. 引导、指挥和激励下属

向下属提供引导和指挥，包括制订绩效标准和监测绩效。

"引导、指挥和激励下属"对完成您现在的工作有多重要？

|　不重要　|　有点重要　|　重要　|　非常重要　|　极其重要　|
|　①　|—————|　②　|————|　③　|—————|　④　|—————|　⑤　|

14. 组织管理与领导艺术

"组织管理与领导艺术"对完成您现在的工作有多重要？

|　不重要　|　有点重要　|　重要　|　非常重要　|　极其重要　|
|　①　|—————|　②　|————|　③　|—————|　④　|—————|　⑤　|

15. 信息整合

"信息整合"对完成您现在的工作有多重要？

|　不重要　|　有点重要　|　重要　|　非常重要　|　极其重要　|
|　①　|—————|　②　|————|　③　|—————|　④　|—————|　⑤　|

16. 指导和帮助他人

"指导和帮助他人"对完成您现在的工作有多重要？

|　不重要　|　有点重要　|　重要　|　非常重要　|　极其重要　|
|　①　|—————|　②　|————|　③　|—————|　④　|—————|　⑤　|

17. 分辨对象、行动及事件

通过分类、估计、辨认差别或相似点，及察觉情况或事件中的变化去识别信息。

"分辨对象、行动及事件"对完成您现在的工作有多重要？

不重要　　有点重要　　重要　　非常重要　　极其重要

①------②-----③------④------⑤

18. 监测流程、或环境监视

监测和评估流程、事件，以获取信息，并探查、评估问题。

"监测流程、或环境监测"对完成您现在的工作有多重要？

不重要　　有点重要　　重要　　非常重要　　极其重要

①------②-----③------④------⑤

19. 判断物体、服务或人的特质（评估价值）

评估事物或人的价值、重要性或特质。

"判断物体、服务或人的特质"对完成您现在的工作有多重要？

不重要　　有点重要　　重要　　非常重要　　极其重要

①------②-----③------④------⑤

20. 通过评估信息来判定是否符合规则

根据有关的信息来判定事件或过程是否符合各种规则或标准。

"通过评估信息来判定是否符合规则"对完成您现在的工作有多重要？

不重要　　有点重要　　重要　　非常重要　　极其重要

①------②-----③------④------⑤

21. 处理信息

编辑、编码、分类、计算、制表、审核或核实资料、数据。

"处理信息"对完成您现在的工作有多重要？

不重要　　有点重要　　重要　　非常重要　　极其重要

①------②-----③------④------⑤

22. 创造性思想

发展、设计或创造各种新的应用、想法、关系、系统或产品，包括艺术方面的贡献。

"创造性思想"对完成您现在的工作有多重要？

不重要　　有点重要　　重要　　非常重要　　极其重要

①------②-----③------④------⑤

23. 安排工作及活动日程

安排各种事情、计划、活动及其他人的工作日程。

"安排工作及活动日程"对完成您现在的工作有多重要？

不重要　　有点重要　　重要　　非常重要　　极其重要

①------②-----③------④------⑤

24. 对工作进行组织、计划和确定优先顺序

指定明确的目标和计划，去排序、组织和完成您的工作。

"对工作进行组织、计划和确定优先顺序"对完成您现在的工作有多重要?

　　　　不重要　有点重要　重要　非常重要　极其重要
　　　　①－－－－－②－－－－③－－－－－④－－－－－⑤

25.　使用计算机

利用计算机及计算机系统(包括硬件及软件)设计程序、编写软件、设定功能、输入数据或处理信息。

　　"使用计算机"工作对完成您现在的工作有多重要?

　　　　不重要　有点重要　重要　非常重要　极其重要
　　　　①－－－－－②－－－－③－－－－－④－－－－－⑤

26.　绘图、详细说明技术装置

提供文件、详细的指示、图示或说明书,说明装置、零件、仪器或构造是怎样组装、建造、装配、改装、保持或使用。

　　"绘图、详细说明技术装置"对完成您现在的工作有多重要?

　　　　不重要　有点重要　重要　非常重要　极其重要
　　　　①－－－－－②－－－－③－－－－－④－－－－－⑤

27.　维修和保养机械设备

修护、修理、调节和测试机器、装置、传动部件和那些主要靠机械(非电子的)原理操作的设备。

　　"维修和保养机械设备"对完成您现在的工作有多重要?

　　　　不重要　有点重要　重要　非常重要　极其重要
　　　　①－－－－－②－－－－③－－－－－④－－－－－⑤

28.　修理和维护电子设备

维护、修理、校准、调节、微调或测试那些主要是靠电或电子(非机械)原理运转的机器、装置和设备。

　　"修理和维护电子设备"对完成您现在的工作有多重要?

　　　　不重要　有点重要　重要　非常重要　极其重要
　　　　①－－－－－②－－－－③－－－－－④－－－－－⑤

29.　归档/记录信息

以书面或电子形式输入、转录、记录、储存或保持数据。

　　"归档/记录信息"对完成您现在的工作有多重要?

　　　　不重要　有点重要　重要　非常重要　极其重要
　　　　①－－－－－②－－－－③－－－－－④－－－－－⑤

30.　解释信息含义

翻译或解释信息的意思,并确定如何应用资料。

"解释信息含义"对完成您现在的工作有多重要?

  不重要 有点重要 重要 非常重要 极其重要

  ① ----- ② ---- ③ ----- ④ ----- ⑤

31.　内部沟通

通过电话、书面形式、电子邮件或亲自口头向上司、同事和下属提供信息。

"内部沟通"对完成您现在的工作有多重要?

  不重要 有点重要 重要 非常重要 极其重要

  ① ----- ② ---- ③ ----- ④ ----- ⑤

32.　外部沟通

与组织以外的人沟通,如代表组织与个人、公众、政府及其他机构之间进行。这些信息可以通过面对面、书面、电话或电子邮件的形式传递。

"与组织以外的人沟通"对完成您现在的工作有多重要?

  不重要 有点重要 重要 非常重要 极其重要

  ① ----- ② ---- ③ ----- ④ ----- ⑤

33.　人际关系

与其他人建立起建设性及合作性的工作关系,并长期维持这些关系。

"人际关系"对完成您现在的工作有多重要?

  不重要 有点重要 重要 非常重要 极其重要

  ① ----- ② ---- ③ ----- ④ ----- ⑤

34.　服务他人

为人们工作或直接跟公众打交道,这包括在本单位或驻训期间为其他单位组织和个人提供咨询或技术支持。

"服务他人"对完成您现在的工作有多重要?

  不重要 有点重要 重要 非常重要 极其重要

  ① ----- ② ---- ③ ----- ④ ----- ⑤

35.　发展和建立团队

鼓励和建立队员之间的互相信任、尊重和合作。

"发展和建立团队"对完成您现在的工作有多重要?

  不重要 有点重要 重要 非常重要 极其重要

  ① ----- ② ---- ③ ----- ④ ----- ⑤

36.　培训和教导他人

确定他人的训练需求,制订正规的教育或训练培训计划,以及教授或指导他人。

"培训和教导他人"对完成您现在的工作有多重要?

不重要　　有点重要　　重要　　非常重要　　极其重要
①————②————③————④————⑤

37. 引导、指挥和激励下属

向下属提供引导和指挥，包括制订绩效标准和监测绩效。

"引导、指挥和激励下属"对完成您现在的工作有多重要？

不重要　　有点重要　　重要　　非常重要　　极其重要
①————②————③————④————⑤

38. 指导和帮助他人成长

确定他人的发展需求，辅导或帮助他人去提高知识或技能。

"指导和帮助他人成长"对完成您现在的工作有多重要？

不重要　　有点重要　　重要　　非常重要　　极其重要
①————②————③————④————⑤

39. 给他人提供咨询及建议

就有关技术、系统或过程的主题给管理层或其他团体提供指导性的专业建议。

"给他人提供咨询及建议"对完成您现在的工作有多重要？

不重要　　有点重要　　重要　　非常重要　　极其重要
①————②————③————④————⑤

六、飞行基本工作风格调查问卷

（一）指导语

以下是一些涉及工作风格的问题。工作风格是一种能够影响某人完成工作好坏的个人特质。在这里，将会有一系列的工作风格的问题需要你来回答。这些工作风格的问题与你目前所从事的职业有关。

在这个调查问卷中，每一个工作风格都有精确的定义。请你按照名称之后的定义，按照它的重要性和程度来选择你对该问题的评价。即使该问题不是你目前工作的情境，你没有亲身经历，但是，该问题所述的情况，对应到你目前工作的需要，也可以做出评价。

（二）问卷

1. 领导能力

工作需要自愿地去领导、管理以及提出意见和方向。

"领导能力"对完成您现在工作的重要程度

不重要　　有点重要　　重要　　非常重要　　极其重要
①————②————③————④————⑤

2. 有恒性

"有恒性"对完成您现在工作的重要程度

| 不重要 | 有点重要 | 重要 | 非常重要 | 极其重要 |

①————②———③————④————⑤

3. 自信

"自信"对完成您现在工作的重要程度

不重要　有点重要　重要　非常重要　极其重要

①————②———③————④————⑤

4. 情绪稳定性

"情绪稳定性"对完成您现在工作的重要程度

不重要　有点重要　重要　非常重要　极其重要

①————②———③————④————⑤

5. 责任性

"责任性"对完成您现在工作的重要程度

不重要　有点重要　重要　非常重要　极其重要

①————②———③————④————⑤

6. 领导欲

"领导欲"对完成您现在工作的重要程度

不重要　有点重要　重要　非常重要　极其重要

①————②———③————④————⑤

7. 勇敢

敢作敢为，即使碰到困难也有一往无前的精神。

"勇敢"对完成您现在工作的重要程度

不重要　有点重要　重要　非常重要　极其重要

①————②———③————④————⑤

8. 顽强

非常坚强、不屈。

"顽强"对完成您现在工作的重要程度

不重要　有点重要　重要　非常重要　极其重要

①————②———③————④————⑤

9. 冒险

"冒险"对完成您现在工作的重要程度

不重要　有点重要　重要　非常重要　极其重要

①————②———③————④————⑤

10. 自律

"自律"对完成您现在工作的重要程度

　　　　　不重要　　有点重要　　重要　　非常重要　　极其重要
　　　　　①ⓣⓣⓣⓣ②ⓣⓣⓣ③ⓣⓣⓣⓣⓣ④ⓣⓣⓣⓣⓣ⑤

11. 事业心

对自己从事的飞行事业执着追求的情感，坚定不移的信念。

"事业心"对完成您现在工作的重要程度

　　　　　不重要　　有点重要　　重要　　非常重要　　极其重要
　　　　　①ⓣⓣⓣⓣ②ⓣⓣⓣ③ⓣⓣⓣⓣⓣ④ⓣⓣⓣⓣⓣ⑤

12. 忠诚

"忠诚"对完成您现在工作的重要程度

　　　　　不重要　　有点重要　　重要　　非常重要　　极其重要
　　　　　①ⓣⓣⓣⓣ②ⓣⓣⓣ③ⓣⓣⓣⓣⓣ④ⓣⓣⓣⓣⓣ⑤

13. 影响力

"影响力"对完成您现在工作的重要程度

　　　　　不重要　　有点重要　　重要　　非常重要　　极其重要
　　　　　①ⓣⓣⓣⓣ②ⓣⓣⓣ③ⓣⓣⓣⓣⓣ④ⓣⓣⓣⓣⓣ⑤

14. 社交取向

与他人一同工作，而不是独自工作，并且在工作中与他人保持联系。

"社交取向"对履行您现在的工作的重要程度

　　　　　不重要　　有点重要　　重要　　非常重要　　极其重要
　　　　　①ⓣⓣⓣⓣ②ⓣⓣⓣ③ⓣⓣⓣⓣⓣ④ⓣⓣⓣⓣⓣ⑤

15. 尊重他人

敬重、重视他人的一种态度。

"尊重他人"对完成您现在工作的重要程度

　　　　　不重要　　有点重要　　重要　　非常重要　　极其重要
　　　　　①ⓣⓣⓣⓣ②ⓣⓣⓣ③ⓣⓣⓣⓣⓣ④ⓣⓣⓣⓣⓣ⑤

16. 奉献意识

"奉献意识"对完成您现在工作的重要程度

　　　　　不重要　　有点重要　　重要　　非常重要　　极其重要
　　　　　①ⓣⓣⓣⓣ②ⓣⓣⓣ③ⓣⓣⓣⓣⓣ④ⓣⓣⓣⓣⓣ⑤

17. 成就力

建立和维持富有挑战性的个人成就目标，并为达到目标而努力。

"成就力"对履行您现在工作的重要程度

不重要　　有点重要　　重要　　非常重要　　极其重要
①—————②————③—————④—————⑤

18. 毅力

在面临挫折时坚持不懈。

"毅力"对履行您现在工作的重要程度

不重要　　有点重要　　重要　　非常重要　　极其重要
①—————②————③—————④—————⑤

19. 主动性

具有承担责任和接受挑战。

"主动性"对完成您现在工作的重要程度

不重要　　有点重要　　重要　　非常重要　　极其重要
①—————②————③—————④—————⑤

20. 合作

乐于和他人相处并显示出和善的、合作的态度。

"合作"对完成您现在工作的重要程度

不重要　　有点重要　　重要　　非常重要　　极其重要
①—————②————③—————④—————⑤

21. 关心他人

对他人的需要和感觉保持敏感，并理解、帮助他人。

"关心他人"对完成您现在工作的重要程度

不重要　　有点重要　　重要　　非常重要　　极其重要
①—————②————③—————④—————⑤

22. 自我调控

即使在非常困难的情况下也要保持镇定、控制情绪、防止愤怒和避免侵犯性的行为。

"自我调控"对完成您现在工作的重要程度

不重要　　有点重要　　重要　　非常重要　　极其重要
①—————②————③—————④—————⑤

23. 压力承受

接受批评，以及冷静和有效地应对高压局面。

"压力承受"对完成您现在工作的重要程度

不重要　　有点重要　　重要　　非常重要　　极其重要
①—————②————③—————④—————⑤

24. 适应性／灵活性
对积极的和消极的变化，以及工作环境中大的变化持接收心态。

"适应性／灵活性"对完成您现在工作的重要程度

不重要　　有点重要　　重要　　非常重要　　极其重要
① ----- ② ---- ③ ----- ④ ----- ⑤

25. 可靠性
可信赖、有责任感，并且可靠，能够履行职责。

"可靠性"对完成您现在工作的重要程度

不重要　　有点重要　　重要　　非常重要　　极其重要
① ----- ② ---- ③ ----- ④ ----- ⑤

26. 关注细节
留心细节和完成工作时十分认真。

"关注细节"对完成您现在工作的重要程度

不重要　　有点重要　　重要　　非常重要　　极其重要
① ----- ② ---- ③ ----- ④ ----- ⑤

27. 正直诚信
诚实和合乎道德规范。

"正直诚信"对履行您现在工作的重要程度

不重要　　有点重要　　重要　　非常重要　　极其重要
① ----- ② ---- ③ ----- ④ ----- ⑤

28. 独立性
建立个人的做事方法，在很少或无监督的条件下约束自己，以及靠自己去完成工作。

"独立性"对履行您现在工作的重要程度

不重要　　有点重要　　重要　　非常重要　　极其重要
① ----- ② ---- ③ ----- ④ ----- ⑤

29. 创新
创造力和不同的思考方式解答有关工作的问题和想出新点子。

"创新"对完成您现在工作的重要程度

不重要　　有点重要　　重要　　非常重要　　极其重要
① ----- ② ---- ③ ----- ④ ----- ⑤

30. 分析性思维
分析信息和利用逻辑推理去解决有关与工作相关的事件和问题。

"分析性思维"对完成您现在工作的重要程度

不重要   有点重要   重要   非常重要   极其重要
① —————② ———— ③ ————— ④ ————— ⑤

七、飞行员工作价值观调查问卷

（一）指导语

以下是一些涉及工作价值观的问题。在这里，将会有一系列的工作价值观的问题需要你来回答。这些工作价值观的问题与你目前所从事的职业有关。

在这个调查问卷中，每一个工作价值观都有精确的定义。请你按照名称之后的定义，按照它的重要性和程度来选择你对该问题的评价。即使该问题不是你目前工作的情境，你没有亲身经历，但是，该问题所述的情况，对应到你目前工作的需要，也可以做出评价。

（二）问卷

1. 才能发挥

我现在的工作能够让我充分发挥自己的才能。

① —————② ———— ③ ————— ④ ————— ⑤
非常同意   同意   中间   不同意   非常不同意

2. 成就感

我现在的工作能够带给我一种成就感。

① —————② ———— ③ ————— ④ ————— ⑤
非常同意   同意   中间   不同意   非常不同意

3. 行动

我现在的工作能让我时刻保持忙碌。

① —————② ———— ③ ————— ④ ————— ⑤
非常同意   同意   中间   不同意   非常不同意

4. 晋升

我现在的工作能为我提供晋升的机会。

① —————② ———— ③ ————— ④ ————— ⑤
非常同意   同意   中间   不同意   非常不同意

5. 政策与实践

我现在的工作中，政策和制度能够保证我的付出得到合理的回报。

① —————② ———— ③ ————— ④ ————— ⑤
非常同意   同意   中间   不同意   非常不同意

6. 薪酬

我现在的工作，和其他职业的同龄人比起来是相当好的。

①—————②————③—————④——————⑤
非常同意　同意　中间　不同意　非常不同意

7. 同事

我现在的工作中，战友是容易相处的。

①—————②————③—————④——————⑤
非常同意　同意　中间　不同意　非常不同意

8. 创造性

我现在的工作能让我试验自己的想法。

①—————②————③—————④——————⑤
非常同意　同意　中间　不同意　非常不同意

9. 独立性

我现在的工作能让我独立工作。

①—————②————③—————④——————⑤
非常同意　同意　中间　不同意　非常不同意

10. 道德

我现在的工作中，我不会被强迫做违背职业道德的事。

①—————②————③—————④——————⑤
非常同意　同意　中间　不同意　非常不同意

11. 认可

我现在的工作能得到认可。

①—————②————③—————④——————⑤
非常同意　同意　中间　不同意　非常不同意

12. 责任

我现在的工作中，能尽心尽力努力工作，承担责任。

①—————②————③—————④——————⑤
非常同意　同意　中间　不同意　非常不同意

13. 社会地位

我现在的工作，能让我在社会上得到他人的尊重。

①—————②————③—————④——————⑤
非常同意　同意　中间　不同意　非常不同意

14. 工作环境

我现在的工作，有一个很好的工作环境。

①—————②————③—————④——————⑤
非常同意　同意　中间　不同意　非常不同意

15. 工作稳定

我现在的工作是一个稳定的工作。

①————②————③————④————⑤

非常同意　同意　中间　不同意　非常不同意

16. 自主性

我现在的工作中，我能独立工作，很好地安排自己的工作内容。

①————②————③————④————⑤

非常同意　同意　中间　不同意　非常不同意

17. 职业荣誉感

我现在的工作，感到有很强烈的荣誉感。

①————②————③————④————⑤

非常同意　同意　中间　不同意　非常不同意

18. 权利

我现在的工作中，我能给其他人提供指导和指示。

①————②————③————④————⑤

非常同意　同意　中间　不同意　非常不同意

19. 多样性

我现在的工作让我每天都能做一些不同的事情。

①————②————③————④————⑤

非常同意　同意　中间　不同意　非常不同意

附件5 飞行员基准胜任特征编码词典

（按照字母顺序排列）

序号		特征名词	英文名称	类别	释义
B	01	闭合速度	speed of closure	能力	能够快速理解、组合并将信息组织成有意义模式的能力
	02	闭合灵活性	flexibility of closure	能力	识别或检测隐藏在其他分散材料中已知的图形、物体、单词或声音等模式的能力
	03	爆发力	explosive strength	能力	用短时爆发的肌肉力量推动自己（如跳跃或短跑或投掷物体）的能力
	04	保密意识	secrecy consciousness	风格	不让秘密泄露，保守事物秘密的警觉特征
C	01	处置错觉	illusion disposal	技能	发生飞行错觉的时候，能够识别并采用正确的方法纠正错觉继续蔓延
	02	长时记忆	long-term memory	能力	有巨大容量可长期保持信息，甚至终身记忆的能力。（1分钟以内的记忆为短时记忆，保持时间在0.25～2秒之间的记忆为瞬时记忆）
	03	操作	operation	技能	观察仪表、标度盘或其他指示器，确定机器操作的正常工作
	04	处理突发事件	dealing with the emergencies	技能	能有效面对问题，沉着冷静，按程序处理突然发生的问题
	05	处理信息	processing information	活动	汇集、归类、分析、审核判断或核实资料、数据
	06	创造性思维	thinking creatively	活动	应用独特、新颖解决问题的思维活动方式，重新组织已有的知识经验，提出新的观点或方案、或程序
	07	成就动力	achievement motivation	风格	建立并保持具有挑战性、有意义的目标，克服困难以高标准，追求达到预期目标的内在动力和心理倾向
	08	持久性	persistence	风格	在一定边界范围内，保持恒定或维持某一特定状态的持续时间

序号		特征名词	英文名称	类别	释义
C	09	诚信正直	integrity	风格	品行端正，言行一致，坚持正道、诚实，所做事情合乎道德规范，令人信赖的特征
	10	创新	innovation	风格	有别于常规的见解为导向，利用现有的知识和物质，本着最佳效益或理想化的需要，改进或创造新的内容，并能获得一定有益效果的行为
	11	承受心理压力	ability to withstand psychological stress	风格	能够经受心理压力带来的各种影响，保持良好心理状态
	12	才能发挥	talent	价值	具有的才智和能力，或具备但未表现出来的知识、经验和体力、智力有机会获得发挥的认同或抉择
	13	成就感	sense of achievement	价值	做完一件事情或者做一件事情时，感到愉快或成功的感觉，即愿望与现实达到平衡产生的一种心理感受的认同或抉择
	14	创造性	creativeness	价值	超越既有经验、突破习惯限制，形成崭新观念心理过程的知觉认同或抉择
D	01	电信学	telecommunications	知识	信息传送、广播、转换、控制和操作等电信系统的知识
	02	地理	geography	知识	描述陆地、海洋和气团特征的原理和方法的知识，包括它们的物理特性，位置，相互关系以及植物、动物和人类生命的分布等
	03	独创性	originality	能力	对特定的话题或情况，提出不同寻常或智慧想法，或提出解决问题的创造性方法的能力
	04	多肢体协调	multi-limb coordination	能力	在坐位、站立或躺着时，具有协调两个或多个肢体的能力，不包括整个身体在运动时四肢的动作
	05	动态力量	dynamic strength	能力	反复或连续超时运用肌肉力量的能力。包括肌肉耐力和抵抗肌肉疲劳的能力
	06	动觉辨别力	kinesthetic discrimination	能力	对身体各部位运动的力量、速度和方位的知觉能力。即对肌肉、腱和关节等身体各部分的位置、运动以及肌肉的紧张程度的本体感觉能力
	07	多重任务处理	multi-taking	能力	能够有效地确定工作的优先级，并在需要的情况下同时进行工作
	08	顿悟	insight	技能	在问题解决中，对整个问题情境的突然领悟和豁然开朗，理解了问题情境中的各种部分之间的关系

续表

序号		特征名词	英文名称	类别	释义
D	09	独立性	independence	风格	依靠自己不受别人影响下表达态度、价值观，独立完成做事的方式
	10	担当责任	assuming responsibility	风格	敢于承担并负责任，有魄力。自觉、主动地做好一切有益事情的特质
	11	独立	independent	价值	态度与意志不易受别人影响，遇事有主见，不依赖他人就能独立处理事情的认同或抉择
	12	道德	morality	价值	遵守共同生活及其行为准则和规范的认同或抉择
F	01	飞机设计	aircraft design	知识	涉及飞机的总体、结构、强度、空气动力、动力装置、仪器仪表、雷达、通讯导航、救生、火控、电子对抗，以及航空武器系统、计算机辅助系统等方面知识
	02	飞行规章制度	flight rules and regulations	知识	规范飞行活动、保障飞行安全等具体化的技术要求和技术标准等知识
	03	飞行错觉	flight illusion	知识	飞行员在飞行过程中，对飞机姿态、位置、方向、运动状态产生的错误知觉。常见的错觉包括：（1）感觉通道引起的前庭本体性错觉，如"矫正"性错觉、躯体旋转错觉、躯体重力错觉和科里奥利错觉。（2）主观感觉引起的视觉错觉，如倾斜错觉、俯仰错觉、方向错觉、倒飞错觉、反旋转错觉、速度错觉、高度错觉、时间错觉等形式
	04	飞行安全	flight security	知识	确保飞机安全飞行，不给飞机本身以及地面居民和建筑物造成任何危险威胁，以保护人民财产、数据和机构等所采取安全方面措施的知识
	05	反应定向	response orientation	能力	在两个或多个不同的信号（光、声、图案）下，快速做出选择的能力。包括手、脚或其他身体部位开始做出正确反应的速度
	06	分配性注意	divided attention	能力	同一时间对两种或两种以上任务的注意能力
	07	发现并处理故障	troubleshooting	技能	确定操作错误的原因，并决定如何处理
	08	分析数据或信息	analyzing data or information	活动	通过将信息或数据分解成不同的部分来确定信息的基本原理、原因或事实
	09	发展目标与战略	developing objectives and strategies	活动	建立长期目标，并详细说明实现这些目标的战略和行动

续表

序号		特征名词	英文名称	类别	释义
F	10	发展和建立团队	developing and building teams	活动	创造和建立团队成员之间的互相信任、尊重和合作
	11	辅导与发展他人	coaching and developing others	活动	确定他人的发展需要，指导或以其他方式帮助他人提高知识或技能
	12	风险耐量	risk tolerance	风格	也称风险容忍度，是衡量实现飞行效能过程中对承受风险种类、大小的可接受程度的特质
	13	反应时间	reaction time	能力	当信号（声音、光线、图像）出现时，能够迅速用手、手指或脚做出反应的能力
G	01	管理	management	知识	涉及发展规划，资源分配，领导艺术，组训计划和协调人与各项保障资源关系等相关知识
	02	高空缺氧	altitude hypoxia	知识	指在高空因空气压力过低使氧分压过低产生的缺氧性缺氧的知识。高空飞行中飞机增压座舱和供氧系统发生故障，直接暴露于高空低气压环境时发生。主要症状有：头昏、头痛、视力模糊、肌肉运动不协调、情绪反应异常、智力功能障碍，以及气促、心悸、发绀等
	03	归纳推理	inductive reasoning	能力	从众多具体事例中得出一般结论的推理能力。（包括发现看似不相关的事件之间的关系）
	04	沟通	communication	技能	个体之间、团体之间传递和交流信息的过程，是影响和改变对方态度的过程。主要通过语言文字来实现，也是基本的人际相互作用的社会过程
	05	观察仪表状态	observe instrument status	活动	使用相关信息和个人判断来确定仪表状态运行过程是否符合正常标准
	06	更新、应用相关知识	updating and using relevant knowledge	活动	保持最新的技术，并将新知识应用到工作中
	07	工作环境	work environment	价值	对飞行相关工作的物理环境，人际环境和组织环境的认同或抉择
	08	果断性	decisiveness	风格	能够迅速而合理地决断，及时采取策略并执行决定的特质
	09	关心他人	concern for others	风格	能够敏锐感觉他人的需求，理解他人并给予帮助的特质
H	01	航空知识	aviation knowledge	知识	关于飞机的构成及功用、飞机性能、飞行基本原理、飞机主要设备，以及各种飞行特点的航空基础理论和应用实践的知识

续表

序号		特征名词	英文名称	类别	释义
H	02	航空术语	aeronautical terminology	知识	航空领域表示概念称谓的集合。通过语音或文字来表达或限定科学概念的约定性语言符号，是思想和认识交流的工具
	03	航空原理	aviation principles	知识	主要指有关飞机升力产生的基本原理。涉及气流特性、飞机的升力和阻力、高速飞行空气动力性能特点，飞机的平衡、飞机的安定性和操纵机动性，以及飞机发动机工作原理等知识
J	01	计算机和电子学	computers and electronics	知识	有关电路板、处理器、芯片，电子设备，以及计算机硬件和软件，包括应用程序及编成的知识
	02	机电科学	electro-mechanical science	知识	综合计算机与信息技术、自动控制技术、传感检测技术、伺服传动技术和机械技术等交叉系统技术的科学知识
	03	机械	mechanical	知识	机器和工具，包括它们的设计、使用、维修和保养等方面的知识
	04	教学和训练	education and training	知识	教学课程的原理与方法知识，以及培训设计、教学和指导，培训效果的评估等方面的知识
	05	技术素养	technology literacy	知识	对科学和技术进行评价和做出相应决定所必需的基本知识行为表现
	06	军事理论	military theory	知识	有关军队和战争的概念、范畴、原理、原则等理论体系。涉及国防法规、国防建设、世界军事、高技术战争、武器装备、军事地形与野战生存等内容的知识
	07	警觉性	vigilance	能力	对微弱刺激所产生的知觉现象，又称知觉敏感。与个人生活经验有关，如侦查人员对刺激线索的敏感度，就较一般人为高
	08	记忆	memorization	能力	记住诸如单词、数字、图片和程序等不同信息的能力
	09	静态力量	static strength	能力	以最大的肌肉力量举起、推、拉或搬运物体的能力
	10	机械能力倾向	mechanical aptitude	能力	对机械方面的敏锐及实际操作机械工具的能力，对机械原理的了解与抽象推理等各方面的综合能力
	11	建立优先级	establish priorities	能力	关注目标与任务，能够确定几个问题中哪一个必须先解决的能力
	12	抉择时间	decision time	能力	为各种事件出主意、做决定的心理过程，选择最佳时机做决定的策略或办法的能力

	序号	特征名词	英文名称	类别	释义
J	13	解决复杂问题	complex problem solving	技能	识别复杂的问题并审查相关信息，以制订和评估备用方案并予以解决
	14	计划	planning	技能	根据所要开展的工作具体内外环境条件的分析，提出在未来一定时期内要达到的组织目标以及实现目标的方案途径
	15	决策及解决问题	making decisions and solving problems	活动	分析信息，评估结果，权衡利弊、风险，选择最佳解决方案，做出解决问题决定
	16	交流与合作	coordinating the work and activities	活动	在一个团队中协商交流战术方案，一起有效率地工作并完成任务
	17	培训和教导他人	training and teaching others	活动	按照因人而异的教育需求，制订合适的教育或培训计划，教授或指导他人
	18	进取性	aggressiveness	风格	自立自强力争上游的进取行为，自信心极强，以行动力图奋发追求成功者的人格特征
	19	焦虑耐量	anxiety tolerance	风格	在焦虑状态下仍能发挥正常生活功能的程度，亦指个人对紧张情绪的承受力
	20	坚毅	grit	风格	对目标的持续激情和持久耐力。朝着一个目标，专注投入、坚持不懈，在逆境或失败中保持兴趣和工作努力
	21	晋升	promotion	价值	职务、职级、职称等，从低级别向高级别升迁的认同或抉择
K	01	抗荷动作	anti-Gstraining maneuver	知识	当加速度作用高过载时，飞行员采用对抗性动作以提高心脏水平动脉血压，提高正加速度耐力的知识。抗载荷动作主要包括：M-1动作、瓦尔萨瓦动作、L-1动作、HP与PHP动作。其机理：①是在腹肌及全身肌肉紧张收缩的条件下进行特殊呼气动作，保证胸内压升高时静脉回流不致受阻，②缩短心-脑垂直距离；③肌肉持续收缩可引起交感神经兴奋；④HP与PHP动作是根据+G大小进行的肌肉用力收缩，并按照2.5 s一个周期的呼吸进行
	02	抗载荷	anti-Gstraining maneuver	能力	采用正确的姿势、呼吸方式、对抗性动作，提高正加速度耐力的能力
	03	口语理解	oral comprehension	能力	听明白他人通过口头单词和句子呈现的信息和想法的能力
	04	口语表达	oral expression	能力	通过说话，口头表达信息的方式，让别人能理解交流的信息和思想的能力

序号		特征名词	英文名称	类别	释义
K	05	口头沟通	oral communication	能力	借助于口头语言实现信息交流的能力
	06	空间定向	spatial orientation	能力	能够知道自身位置与空间环境的关系，或知道其他对象与自身的关系，是对飞机状态、位置及自身与环境间空间关系的识别与判断过程
	07	空间知觉	spatial perception	能力	对物体的形状、大小、方位、距离等构成空间关系要素的知觉能力
	08	可视化	visualization	能力	能够对某物被移动后，或其部分被移动或重新排列后，清楚呈现于大脑中样子的能力
	09	控制精度	control precision	能力	快速和重复地调整飞机状态或设备状态，控制到精确位置的能力
	10	可靠性	dependability	风格	可靠、责任、真实，履责尽职，让人信赖的特质
L	01	力量运动	strength exercise	知识	也叫负重练习、阻力练习，是针对塑造力量的运动，对整体的健康状况增加力量、增加柔韧性和平衡力。通常力量运动包括仰卧起坐、举重、引体向上、俯卧撑等
	02	逻辑思维	logical thinking	技能	运用概念、判断、推理等思维类型反映事物本质与规律的认识过程，能够把不同的范畴、概念组织在一起，从而形成一个相对完整的思想，加以理解和掌握，达到认识目的的能力，也称抽象思维
	03	乐群性	sociability	风格	喜欢与别人一起工作，而不是独自一人，在工作中善于交往的特质
	04	领导力	leadership	风格	影响、指导团体中成员的态度或行为，提供发展建议和引领实现设定目标意愿的特质
M	01	满意度	satisfaction	风格	达到所追求目标时产生的一种内在心理愉快感，也是愿望实现时的一种心理满足感受
	02	谋略	resourcefulness	风格	富有智慧，善于谋划，具有足智多谋特质
	03	模式识别	pattern recognition	能力	将当前知觉到的客体信息与长时记忆中已有的有关信息进行比较、判断对象的类别和特征的能力，在航空领域，主要是指在极短时间内对字形、符号或图形等刺激能够辨别认识的能力
	04	冒险	risk taking	风格	成败不能确定的情境下，具有不舍而取的决定特质。遇到具有挑战性问题及危险情境时喜欢冒险，对成功机会少但富有意义时，敢于尝试。属于一种应对环境所表现的习惯性性格特征

续表

序号		特征名词	英文名称	类别	释义
N	01	耐力	stamina	能力	长时间身体用力而不会气喘（上气不接下气）的能力。是衡量长久做某事或某动作所能坚持持续多久的一个指标
P	01	批判性思维	critical thinking	技能	运用逻辑和推理来确定解决问题的各种方案、结论或方法的优缺点
	02	判断与决策	judgment and decision making	技能	考虑潜在行为的最佳方式，能够获取的最佳效益，以选择最合适的行动方案
	03	魄力与打仗型领导	physical and combat leadership	风格	魄力型的领导作风，能够激发团队成员的热情与干劲，负责地统率部属全力以赴向打胜仗目标方向发展，具有不打赢不罢休的特质
Q	01	气象学	meteorology	知识	研究大气及其物理现象的科学知识。从定性和定量两方面来说明大气特征的学科，集中研究大气的天气情况、变化规律和对天气的预报
	02	躯干力量	trunk strength	能力	能够使用腹部和后背部肌肉支撑部分身体，重复或持续坚持一段时间不疲劳的能力
	03	情绪调节	emotional regulation	技能	对自我情绪进行有意识制约，或向积极方向推动，进行控制和调节的过程。包括对情绪的认识、协调、引导、互动和控制
	04	情绪稳定性	emotional stability	风格	情绪反应合乎情境，不因情绪情境表现过分激动反应的人格特质
R	01	任务管理	task management	能力	能够同时处理多个方面任务的能力
	02	人员管理	managemnet of personnel resources	技能	激励、发展和指导所属人员做某项具体工作，能够确定最适合这项工作的人
	03	认可	approval	价值	渴望自己的行为、所做的工作被接纳的态度及认可或抉择
	04	荣誉	honor	价值	成就和地位得到广为流传和尊荣的认同或抉择
S	01	数学	mathematics	知识	研究客观世界的数量关系和空间形式的科学。包括算术、代数、几何、微积分、统计学及其应用知识
	02	书面理解	written comprehension	能力	阅读和理解书面信息观点的能力
	03	书面表达	written expression	能力	以书面形式表达信息和思想的能力，使他人能够理解
	04	思想流畅性	fluency of ideas	能力	在解决问题的过程中，能够在短时间内提出许多可供选择的方案、假设等想法的能力，表现出思维不受阻滞、通达流畅的特点

序号		特征名词	英文名称	类别	释义
S	05	数学推理	mathematical reasoning	能力	选择正确的数学方法或公式来解决问题的能力
	06	数字运算	number facility	能力	快速灵活正确地加、减、乘或除的能力
	07	时间分配	timesharing	能力	指在两个或多个活动或信息源（如语音、声音、触摸或其他来源）之间有效地来回切换的能力
	08	手臂稳定性	arm-hand steadiness	能力	能够保持你的手和手臂稳定，移动手臂或保持手臂和手在一个位置的能力
	09	手动灵巧性	manual dexterity	能力	快速移动你的手的能力，你的手与你的手臂，或你的双手抓住，操作，或组装物体
	10	手指灵巧性	finger dexterity	能力	能用一只或双手的手指进行精确协调运动，操纵或装配非常小的物体的能力
	11	速率控制	rate control	能力	在预测移动物体或场景的速度/方向变化时，掌控自己的运动或设备移动计时的能力
	12	身体平衡	gross body equilibrium	能力	保持或恢复身体平衡或在不稳定位置时保持直立的能力
	13	深度知觉	depth perception	能力	利用所获得的视觉信息，判断几个物体哪个离你更近或更远，或者判断你与某个物体之间距离的能力
	14	声源定位	sound localization	能力	辨别声音来源方位的能力
	15	时间估计	time estimation	能力	不借助计时工具，仅凭主观经验对客观事件发生的持续性和顺序性的认知能力。包括时间间隔、时间持续性
	16	书面沟通能力	written communication	能力	依据听者需要，通过书写方式进行有效沟通的能力
	17	数字	numerical	能力	对数值的敏锐及使用数字的能力
	18	社会感知力	social perceptiveness	技能	能够意识到别人的反应，并理解他们为什么会有这样的反应
	19	手眼协调	hand/eye coordination	能力	在视觉配合下，手的精细动作协调性的能力
	20	说服/影响	persuading/ influencing	风格	劝说、诱导，最后使他人改变观点、态度或价值观，获得他人支持，产生积极效果的特征
	21	时间管理	time management	技能	以提高时间利用率和有效率，合理地计划和控制、有效地安排与运用时间的管理过程。简言之，就是管理自己的时间和他人的时间

续表

序号		特征名词	英文名称	类别	释义
S	22	收集与利用信息	getting information and making use of	活动	观察，接收或以其他方式从所有相关来源获得可用信息
	23	适应性 / 可塑性	adaptability/ flexibility	风格	随环境的各种变化都能持开放态度，应变环境变化，能够使自身与环境间保持和谐状态
	24	事业心	enterprise	风格	具有对目标坚定不移执着追求的情感，坚定不移的信念及锲而不舍具体行动的特质
	25	社会地位	social status	价值	在一定社会关系体系中所处的位置。对具有社会威望和荣誉高低程度的认同或抉择
	26	使命感	the sense of mission	价值	对时代，国家和社会赋予使命的一种感知和认同，以此完成自己的使命，实现人生价值的抉择
T	01	通信系统	communications	知识	利用电信设施、设备与地面传送信息系统的知识
	02	听觉敏感性	hearing sensitivity	能力	觉察和辨别音高和响度差异的能力
	03	听觉注意力	auditory attention	能力	在其他干扰声音存在情况下，能够专注于单一声源的能力
	04	听力理解	listening comprehension	能力	通过听觉通道能够明白他人口头表达的语音信息含义的能力
	05	态势感知	situational awareness	技能	在特定的时间和空间内，对环境中各种要素的知觉和对其意义的理解，并预测它们随后的状态。简言之，在航空领域指飞行活动中飞行员对自身状态、飞机状态和环境诸因素的认知判断，以及对操纵动作后果的预见
	06	透视	perspective	风格	从某一个观点看事态全局，从而获得整体性的认识
	07	同理心	empathy	风格	能正确感知对方的感受、处境，予以合适的等共情性回应。能设身处地理解他人、将心比心、换位思考、表达尊重的一种特质
	08	团队协作	teamwork	风格	达到既定目标，团队成员资源共享和协同合作，并能充分意识所带来的强大而持久力量的心理特质
W	01	物理学	physics	知识	物理原理，规律及其相互关系的知识，以及在理解流体，材料和大气动力学，机械，电气，原子和亚原子结构和过程中的应用知识
	02	问题敏感性	problem sensitivity	能力	判断某事存在问题或可能有问题的能力。它不涉及解决问题，只是能够认识到存在问题

序号		特征名词	英文名称	类别	释义
W	03	维护团队和谐	maintaining interpersonal relationships	活动	与他人发展建设性和谐的工作关系，并长期保持这种关系
	04	为他人着想	consideration for others	风格	对他人的需求和感受敏感，理解他人，在工作中帮助他人
	05	忘我无私	selflessness	风格	能将公心发挥到极点，公正没有偏心；关注集体利益而不自私的一种特质
	06	稳定	stabilization	价值	对所处环境或者心境在一定量的时间之内不会轻易变化的一种状态认同或抉择
X	01	心理学	psychology	知识	研究心理现象及其规律的科学。心理是人脑的机能，是对客观现实的主观反映。人的心理现象由心理过程、心理状态和心理特征三个相互联系的部分组成。心理过程由认识过程（如感知觉、记忆、思维、想象）、情感过程（如情绪和情感）和意志过程构成；心理状态主要指注意状况、机体的觉醒程度和情绪状态；心理特征包括个性倾向性（如需要、动机、态度、信念、性趣、世界观）和个性心理特征（如能力、气质和性格）
	02	信息排序	information ordering	能力	按照特定规则或一组规则(例如，数字、字母、单词、图片、数学运算的模式)将事物或动作按一定顺序或模式安排的能力
	03	选择性注意	selective attention	能力	面临干扰或其他刺激时，不分心地专注于一项任务，保持在行为或认知定向上注意的能力
	04	选择反应时	choice reaction time	能力	当呈现两个或两个以上不同刺激时，分别对每一种刺激做出不同反应所花费的时间
	05	眩光敏感度	glare sensitivity	能力	在强光或明亮的灯光下看到物体的能力
	06	心理运动能力	psychomotor ability	能力	通过控制自身的运动，保证运动任务完成所需的能力，包括精确控制、四肢协调、反应定向、反应时间、手臂灵活、随动控制、腕、手灵活、手指灵活、臂手稳定、腕指速度、瞄准等
	07	协调	coordination	技能	根据他人的行为调整自己有关的行为
	08	系统分析	systems analysis	技能	能够确定系统应如何工作，以及条件、操作和环境的变化将如何影响结果

续表

序号		特征名词	英文名称	类别	释义
X	09	系统评估	systems evaluation	技能	根据系统的目标，能够确定系统性能的措施或指标，以及改进或纠正性能所需的行动
	10	心理弹性	resilience	风格	从消极经历中恢复，灵活适应外界多变环境，应对压力、挫折和创伤等消极生活事件，是直面应对困难的一种特质
	11	响应性	responsiveness	风格	对出现的各种情况反应迅速的品质，包括对人和事的情感反应
	12	信念	belief	风格	对某种思想或准则坚定不移的心理状态
	13	信心	confidence	风格	对自己行为必定成功的推断。相信自己的愿望或预料一定能够实现的心理特质
	14	协同性	cooperativeness	风格	在工作中与他人为达到共同目的，彼此和睦相处，相互配合的一种联合行动方式的特质
	15	行动	action	价值	对从事具体飞行职业活动的认同或抉择
	16	薪酬	salary	价值	对从事飞行职业工作所获得工资或各种形式酬劳的认同或抉择
	17	献身	self-sacrifice	价值	把自己的全部精力和生命献给国家、人民或飞行事业的认同或抉择
Y	01	英语	english language	知识	英语的结构和内容方面的知识，涉及发音、词汇、拼写、语法、结构等
	02	有氧运动	aerobic exercise	知识	在氧气充分供应情况下进行的一种运动方式。即在运动过程中，人体吸入的氧气与需求相等，达到生理上的平衡状态。它是一种恒常运动，是持续 5 分钟以上还有余力的运动。游泳、慢跑、骑行自行车等均为有氧运动方式
	03	演绎推理	deductive reasoning	能力	能够将一般规则应用于特定具体问题，从而产生有意义答案的能力
	04	夜视	night vision	能力	在弱光线条件下看清物体的能力
	05	语音识别	speech recognition	能力	识别和理解他人言语的能力
	06	语音清晰	speech clarity	能力	说话清晰，让别人能听懂你说的话的能力
	07	优先次序	prioritization	技能	同时处理几个不同内容工作任务时，确定多个问题中哪个应该必须首先解决，并实施完成
	08	阅读理解	reading comprehension	能力	能够准确理解与工作相关文件中的书面句子和段落意思

续表

序号		特征名词	英文名称	类别	释义
Y	09	引导、指导和激励下属	guiding, directing, and motivating subordinates	活动	向下属提供引导和指导方向，包括制订绩效标准，并监督考核
	10	预见性	foresight	风格	有远见，先知先明，对事物发展有预先感知
	11	压力耐量	stress tolerance	风格	也称抗压能力。能接受批评、挫折，忍受内心的不悦，冷静有效处理高压力的特质
	12	压力下的效能	performance under stress	风格	在工作环境压力下，保持出色作业状态的一种特质
	13	勇气	courage	风格	按自己的信念行事，敢于做正确的事。具有果断、积极主动的心理特质
	14	运动协调	motor coordination	能力	各运动器官协调动作与运动的能力。即机体各部分的活动在时间和空间里相互配合，合理有效地完成运动
Z	01	知觉速度	perceptual speed	能力	快速准确地比较一组字母、数字、物体、图片或图案之间的相似性和差异性的能力。被比较的事物可以同时出现，也可以相继出现。包括将呈现的对象和记忆的对象进行比较
	02	肢体运动速度	speed of limb movement	能力	快速运动手臂和腿的能力
	03	周边视觉	peripheral vision	能力	在眼睛注视前方时，能看到周边物体或物体向一侧移动的能力
	04	主动学习	active learning	技能	主动调整自己的学习策略和努力程度的过程，积极了解新信息对当前和未来问题解决和决策的影响
	05	自我评估	self-assessing	风格	对自己的思想、愿望、行为、身心状况、人格特质、能力能够客观评价
	06	主动性	initiative	风格	愿意承担责任和挑战的工作。自发驱动自己去行动，有较强的自主决断行事的动力
	07	注意细节	attention to detail	风格	全面完成任务，工作中能够注意细小的情节
	08	责任感	responsibility	风格	一种自觉主动地做好份内份外一切有益事情的精神状态的品质
	09	自律性	self-discipline	风格	主动对自己行为约束，在达成目标行为活动中，克制自己的冲动，约束自己的欲念，在遵守社会规范原则下获得动机的满足

续表

序号		特征名词	英文名称	类别	释义
Z	10	自信	assertiveness	风格	积极的自我评价的态度。发自于内心对自身力量的确信和肯定，深信自己一定能做成某件事，并且毫无畏惧，一种"战无不胜"，有支配力、说服力，甚至影响别人的行为特质
	11	自我控制	self-control	风格	凭借自身的意志努力，对自己的心理和行为的主动控制，从而寻求更远大的目标和行为。在此过程中，将自我当作被观察、审视的对象
	12	自我觉察	self awareness	风格	辨别和了解自己感觉、信念、态度、价值观、目标、动机和行为。简言之，是对自己的个性能力、欲望等方面了解的特质
	13	真我个性	personality style	风格	真正原本的自己，在任何时候能充分显示出个人原本自我特征的风格
	14	忠诚	loyalty	风格	对组织、团队、家人、朋友等，真心诚意、尽心竭力，没有二心，愿意以自己的努力、自己的牺牲获取目标实现
	15	战斗中战士的责任	responsibility for men in combat	风格	战斗中的一种有魄力、有责任的担当作为
	16	在不舒服情况下有效工作	work effectively in uncomfortable situations	风格	环境、空间、服饰（抗荷服）等不完全满足生理状态，导致不舒服感觉情况下，仍然能够有效率地工作
	17	在独立空间环境下有效工作	work effectively in isolation settings	风格	狭小独立的操作空间环境下，仍然保持有效率地工作状态
	18	自我监控	self-monitoring	技能	监控评估自己、他人或组织的工作效能，以做出改进或采取纠正措施
	19	战友	comrade-in-arms	价值	对并肩作战的同伴的认同或抉择
	20	责任	responsibility	价值	自觉主动地做好份内、份外一切有益事情的认同或抉择
	21	自主性	autonomy	价值	按自己意愿行事，包括自由表达意志，独立做出决定，自行推进行动进程的认同或抉择

参 考 文 献

［1］毕长剑.作战模拟训练效能评估[M].北京：国防工业出版社，2014.

［2］曹冰，杨建涛.飞行员飞行疲劳的研究分析[J].中国疗养医学，2010，19（10）：920-921.

［3］曹国英.疗养技术常规[M].北京：人民军医出版社，1999.

［4］车文博.心理咨询百科全书[M].长春：吉林人民出版社，1991.

［5］车文博.当代西方心理学新词典[M].长春：吉林人民出版社，2001.

［6］车文博.心理治疗手册[M].广州：广东教育出版社，2009.

［7］陈同欣，高雁旭，徐蜀宣，等.基础改装合格高性能战斗机飞行员飞行前的健康调查[J].中华航空航天医学杂志，2003，14（3）：177-178.

［8］陈义勤，罗永昌.高性能战斗机航空卫勤保障面临的主要问题及对策[J].航空军医，2000，28（3）：103-105.

［9］陈义勤.空军疗养院管理[M].北京：人民军医出版社，1993.

［10］陈勇胜，焦志刚，王致洁，等.不同认知任务诱发高性能战斗机飞行员脑疲劳时脑平均血流速度变化特征[J].中华航空航天医学杂志，2007，18（4）：246-250.

［11］陈仲庚，张雨新.人格心理学[M].沈阳：辽宁人民出版社，1986.

［12］陈祖荣，曹日昌，赵国忠，等.飞行学员心理选拔的研究[R].空军第四研究所，1958—1962.

［13］陈祖荣，曹日昌，赵国忠，等.飞行学员心理选拔的研究[R].空军第四研究所，1958—1962.

［14］陈祖荣，陶桂枝，李良明，等.学习飞行能力预测[R].空军第四研究所，1978—1980.

［15］陈祖荣，赵国忠，杨元辅.飞行错觉的调查分析的研究[R].空军第四研究所，1960.

［16］陈祖荣，周家剑，陶桂枝，等.预校学院心理检查方法的研究[R].空军第四研究所，1979—1982.

［17］成海平，柳松杨，俞梦孙.缓解军事飞行疲劳的研究进展与应用[J].中国临床康复，2004，8（36）：8323-8325.

［18］丹笑颖，万憬，戴成祥，等.不同机种飞行员基本认知能力的特征及其意义[J].中国行为医学科学，2004，13（4）：448-449.

［19］邓学谦，武国城，伊丽，等.预警机指挥操作人员心理选拔方法研究[R].空军第四研究所，2002—2004.

［20］邓学谦，张洁，丁立，等.招飞心理选拔特殊能力检测平台的改进研究[R].空军航空医学研究院，2010—2012.

［21］董燕.军人常见心理问题工作指南［M］.北京：蓝天出版社，2011.

［22］杜建政，李明.内隐动机测量的新方法［J］.心理科学进展，2007，15（3）：458-463.

［23］段连宁，王志翔，马中立.增强转化医学理论，创新临床航空医学研究［J］.空军医学杂志，2011，27（1）：9-11.

［24］樊树桐.苏联飞行卫生保障的问题和解决方法［J］.中华航空医学杂志，1991，2：1-5.

［25］付亚和.工作分析［M］.上海：复旦大学出版社，2009.

［26］傅双喜.飞行员心理选拔测评系统研究［J］.中国信息导报，2000，1：23-26.

［27］葛盛秋，金兰军，徐先慧，等.飞行疲劳测量与评定探讨［J］.民航医学，2000，10（1）：12-14.

［28］葛盛秋，姚永祥，金兰军，等.国际航班任务中机组人员 CFF 测试结果分析［J］.民航医学，2000，10（1）：5-9.

［29］耿喜臣，金朝.高性能战斗机飞行员高＋GZ综合防护进展［J］.中华航空航天医学杂志，2002，13（1）：60-64.

［30］耿艳，胡文东，李晓京，等.数码管式闪光融合频率测试仪的试验验证［J］.中华航空航天医学杂志，2010，21（2）：103-106.

［31］顾琴轩.职务分析：技术与范例［M］.北京：中国人民大学出版社，2006.

［32］郭壁砖，周赤龙，陈标，等.对高性能战斗机飞行劳动负荷的再认识［J］.航空军医，2006，34（1），20-21.

［33］郭念峰.国家职业资格培训教程心理咨询师［M］.北京：民族出版社，2012.

［34］郭小朝，李良明，丁亚平，等.品质焦虑与飞行人员差错关系的初步研究［R］.空军第四研究所，1991—1992.

［35］郭小朝，刘宝善，马雪松，等.高性能战斗机座舱通用显示信息工效学研究［J］.人－机－环境系统工程研究进展，2005，7，123-128.

［36］郭炎华.外军心理训练研究［M］.北京：国防大学出版社，2002.

［37］郝唯学，赵和伟.心理战讲座［M］.北京：解放军出版社，2006.

［38］郝学芹，武国城，邓学谦，等.年大飞行员认知功能变化及其对飞行影响的研究［R］.空军第四研究所，1998—1999.

［39］郝学芹，武国城，蹇强，等.空中交通管制人员心理选拔系统研究［R］.空军第四研究所，2001—2002.

［40］胡文东，马进，韩文强.飞行疲劳的预防和监测手段［J］.中国临床康复，2004，8（3）：542-543.

［41］皇甫恩.航空航天心理学［M］.西安：陕西科学技术出版社，2000.

［42］空军航空医学研究所.空军航空医学鉴定训练中心航空医学训练工作规范［S］.内部资料，2012.

［43］空军航空医学研究所航空心理中心.飞行事故后心理危机干预预案［R］.内部资料，2013.

［44］李革新，陈祖荣，石强.生物反馈放松训练和表象训练在飞行训练中的应用研究［R］.空军第四研究所，1986—1987.

［45］李革新，伊丽，郭云，等.心理技巧训练在航空兵部队的应用研究［R］.空军第四研究所，1990—1992.

［46］李革新．智能效率与行为适应测验的研究 [R]．空军第四研究所，1988—1990．

［47］李静，梁朝辉，杨仕云，等．中国全科医学 [J]．2004，7（17）：1228-1229．

［48］李良明，朱召列，孟宪群，等．测量飞行学院心理素质的纸笔方法 [R]．空军第四研究所，1988—1990．

［49］李晅，詹皓，郭华，等．空军飞行人员飞行疲劳状况调查与分析 [J]．人民军医，2014，57（11）：1167-1169．

［50］李砚锋，詹皓，辛益妹，等．睡眠剥夺条件下服用莫达芬尼对正常男性青年认知能力的影响 [J]．中华航空航天医学杂志，2002，13（4）：230-234．

［51］刘宝善．"库柏－哈柏"方法在飞行员脑力负荷评价中的应用 [J]．中华航空航天医学杂志，1997，8（4）：234-236．

［52］刘保钢．超机动飞行对飞行员生理功能的影响 [J]．空军医学杂志，2016（6）：49-53．

［53］刘娟，宋华森，任满均，等．军用漂浮放松太空舱的研制 [J]．医疗卫生装备，2015，36（1）：15-18．

［54］刘娟，宋华森，邵峰．军事飞行员心理训练效果的实证研究 [J]．中国健康心理学杂志，2015，4（23）：593-597．

［55］刘娟．执行第四届国际心理健康及干预课程培训任务体会 [J]．航空军医，2017，45．

［56］刘乃杰，于长新．飞行指挥员能力品质的调查 [R]．空军第四研究所，1991．

［57］刘晓渭，林允信，苗丹民，等．飞行员心理运动能力与飞行成绩的比较 [J]．第四军医大学学报，2001（8）：747-749．

［58］楼铁柱，王玉峰．人体效能改造：国际研究现状与未来展望 [M]．北京：军事医学出版社，2015．

［59］陆慧良．军事飞行事故研究 [R]．内部资料．

［60］罗永昌．军事航医学概论 [M]．北京：人民军医出版社，2014．

［61］罗正学，苗丹民，陈静．胜任特征模型评价的一致性研究 [J]．心理科学，2004，7（5）：1192- 1194．

［62］孟宪惠．飞行新生心理选拔检查方法的研究 [R]．空军第四研究所，1964．

［63］孟宪惠．飞行新生心理学选拔 [R]．空军第四研究所，1965．

［64］苗丹民，罗正学，刘旭峰，等．年轻飞行员胜任特征评价模型 [J]．中华航空航天医学杂志，2004（1）：35-39．

［65］苗丹民，罗正学，刘旭峰，等．年轻飞行员胜任特征评价模型 [J]．中华航空航天医学，2004，15（1）：30-34．

［66］缪毅强，陈金西，刘锦高，等．出租车驾驶员疲劳程度测试仪的设计、制作和研究 [J]．中国医学物理学杂志，2006，23（4）：289-291．

［67］诺维科夫．飞行劳动生理学 [M]．陈炎琰，译．北京：蓝天出版社，2009．

［68］全国科学技术名称审定委员会．心理学名词 [M]．2 版．北京：科学出版社，2014．

［69］时勘，王继承，李超平．企业高层管理者胜任特征模型评价的研究 [J]．心理学报，2002，34（3）：306-311．

［70］宋华森，程艳华．中国军事飞行人员卡特尔十六种个性测验版本介绍 [J]．中华航空医学杂志，1996，7（3）：176．

［71］宋华淼，孟庆家，关英涛，等.军事飞行人员心理健康量表的编制[J].中华航空医学杂志，1993，4（3）：137.

［72］宋华淼.心理能量得储备：漂浮舱的研究与展望[A]//全军临床心理学专业2014年学术交流会论文集[C].2014：119-128.

［73］宋华淼.飞行人员心理精神疾患问题防范[R].空军航空医学研究所，2017.

［74］宋华淼，张淑敏，胡炜，等.建构军队疗养院科主任胜任力特征评价模型的思考[J].第四军医大学学报，2006，27（4）：375.

［75］宋华淼.飞行员作战胜任特征及其评估研究报告[R].飞行人员心理品质联合研究基地，2018.

［76］车文博.心理咨询大百科全书[M].杭州：浙江科技出版社，2001.

［77］宋华淼，李宝君.漂浮放松生物反馈太空舱的研究与设计[A]//中国心理学会成立90周年纪念大会暨第十四届全国心理学学术会议论文摘要集[C].2011：825-826.

［78］宋华淼.四代机飞行员心理选拔指标体系研究报告[R].空军航空医学研究所，2012.

［79］宋华淼，孙丛艳.军人心理健康维护技术方法[M].北京：清华大学出版社，2019.

［80］宋华淼，王颉.新机种军事飞行员职业胜任特征指标体系及模型构建[J].中华航空航天医学，2016，27（2）：81-86.

［81］宋华淼.心理测验法在军事飞行人员心理（健康）诊断中的应用探讨[J].解放军医学情报，1991（5）：26.

［82］宋华淼，曹娜，刘娟，等.飞行人员心理品质训练模式与方法建构[J].航空军医，2013，41（2）：71-73.

［83］宋华淼，关英涛，杨爱民，等.明尼苏达多相人格调查表中国版我国军事飞行人员常模的制订[J].航空军医，1995，23（2）：67-70.

［84］宋华淼，孟庆，关英涛，等.明尼苏达多相个性调查表对我国军事飞行员的试用报告[J].军事心理学，1989（4）：5-8.

［85］宋华淼，张鹏.军人心理疏导理论与方法[M].西安：第四军医大学出版社，2003.

［86］宋华淼，张焱.RPA操作员胜任特征模型研究报告[R].空军航空医学研究所，2018.

［87］宋华淼.飞行人员心理训练大纲（草稿）[R].空军航空医学研究所航空心理中心，内部资料，2014.

［88］宋华淼.心理能量的储备：漂浮舱的研究与展望[A]//全军临床心理专业委员会2014年学术交流会议论文集[C].119-128.

［89］宋华淼.飞行特情心理训练装备研制总要求论证研究[R].空军航空医学研究所航空心理中心，内部资料，2015.

［90］宋华淼.军人心理疏导理论与方法[M].西安：第四军医大学出版社，2003.

［91］宋华淼.灾难心理救援[M].沈阳：白山出版社，2014.

［92］宋维真.明尼苏达多相个性测查表使用指导书[Z].中国科学院心理研究所，1989.

［93］苏景宽，李云波，罗正学，等，不同军兵种官兵对初级军官胜任特征的评价[J].医学争鸣，2004，25（22）：2021-2023.

［94］苏联国防部空军武装力量.航空心理生理训练[Z].内部资料，1989.

［95］孙景泰，李珠.我国现役飞行员心理品质模型的研究[J].中国健康心理学杂志，2001，

9（3）：217–219.

[96] 孙延泉，张连强，侯开江，等．飞行员心理能力综合测试系统的开发与研制 [J]. 医疗卫生装备，2007，28（6）：5–7.

[97] 陶桂枝，石强，彭海燕，等，飞行人员个性特点问卷法（FGW）的研究[R]. 空军第四研究所，1988.

[98] 陶桂枝，陈祖荣，李良明，等．招收飞行学员十六项心理学纸笔检查方法的研究 [R]. 空军第四研究所，1982—1983.

[99] 陶桂枝，陈祖荣．飞行新生心理学五项纸笔检查方法的研究 [R]. 空军第四研究所，1976—1978.

[100] 陶桂枝，石强，彭海燕，等．飞行人员个性特点问卷法（FGW）的研究 [R]. 空军第四研究所，1988—1991.

[101] 田建全，苗丹民，罗正学，等．陆军学院学员胜任特征模型的建立 [J]. 医学争鸣，2004，25（5）：456–458.

[102] 田效勋，何学民，张登印．过去预测未来：行为面试法 [M]. 2版．北京：中国轻工出版社，2012.

[103] 田效勋，连旭，胡炜．发现领导潜能：情境模拟测验技术应用手册 [M]. 北京：人民邮电出版社，2011.

[104] 王辉，孟宪惠，俞梦孙，等．飞行学院心理学"筛选－控制"选拔体系研究 [R]. 空军第四研究所，1988—1990.

[105] 王辉．高性能战斗机对"人－机"系统中人的因素的挑战与对策 [J]. 航空学报，1995，16（1）：54–58.

[106] 王家同，胡庆华，吕静，等．不同性别学员飞行认知基本能力的比较研究 [J]. 第四军医大学学报，2004（22）：2035–2037.

[107] 王家同，贾丹兵，胡文东，等．不同性别飞行学员人格特征的比较 [J]. 第四军医大学学报，2003（16）：1529–1531.

[108] 王建伟，宋华森，徐蕊，等．军人成就动机结构权重系数的确定 [J]. 人民军医，2009，52（12）：784–785.

[109] 王建伟，徐蕊，曹建国，等．扎根理论结合专家评定对军人成就动机的研究 [J]. 人民军医，2008，51（11）：708–710.

[110] 王静，刘洪涛．中枢疲劳研究进展 [J]. 解放军预防医学杂志，2005，23（1）：72–74.

[111] 王娟娣，郑真，李玉刚，等．歼（强）击机飞行员 SCL-90 症状评定分析 [J]. 华南国防医学杂志，2010，24（4）：289–291.

[112] 王可定．作战模拟理论与方法 [M]. 长沙：国防科技大学出版社，1999.

[113] 王其平，倪新康．空军军事心理学研究 [Z]. 空军指挥学院，1988.

[114] 王天芳，薛晓琳．疲劳自评量表 [J]. 中华中医药杂志，2009，24（3）：348–349.

[115] 王志翔，马月欣，吴铨，等．评美国航空航天医学会会刊更名并启用新封面 [J]. 中华航空航天医学杂志，2014，25（3）：224–228.

[116] 武国城，陈祖荣，李革新．飞行人员心理训练问题的调查研究 [R]. 空军第四研究所，1985—1986.

［117］武国城.飞行员心理训练使用手册 [Z].中国人民解放军空军司令部，1996.

［118］武国城，彭海燕，邓学谦，等.16PF、EPQ 在飞行员选拔中的应用研究 [R].空军第四研究所，1991—1992.

［119］武国城，伊丽，郝学芹，等.军人心理适应性量表的编制 [J].第四军医大学学报，2004，25（22）：2024-2026.

［120］武国城.以认知心理学观点评定飞行能力 [J]，中华航空医学杂志，1995，6（2）：120-124.

［121］武国城，中国空军飞行员心理选拔研究概况 [J].民航医学，2005，15（1）：8-10.

［122］武国城.人格因素研究 [R].空军第四研究所，1988—1990.

［123］武国城.军事飞行员心理选拔研究进展 [J].航空军医，2002，30（3）：129-132.

［124］武国城.飞行人员心理问题解答 [M].北京：蓝天出版社，2001.

［125］谢溯江，贾宏博，毕红哲，等.飞行员抗错觉能力医学评价指标体系、方法和标准的研究 [R].空军航空医学研究院，2009—2010.

［126］徐传香，刘洪涛，王静.运动与中枢 5- 羟色胺 [J].解放军预防医学杂志，2008，26（1）：72-74.

［127］徐先慧，葛盛秋，张宏金，等.跨时区飞行飞行员生理负荷评价方法的研究 [J].中华航空航天医学杂志，1999，10（2）：120.

［128］徐勇勇，孙振球.医学统计学 [M].北京：人民卫生出版社，2002：386-390.

［129］杨国庆，周万里，王小成，等.176 名高性能战斗机飞行员健康状况和用药情况调查 [J].中华航空航天医学杂志，2017（1）：23-27.

［130］杨柳、宋华淼、张宜爽，等.漂浮放松反馈训练太空舱在军事飞行人员心理应激防护中的应用效果 [J].空军医学杂志，2015，31（1）：5-8.

［131］叶仁敏.成就动机的测量与分析 [J].心理发展与教育，1992，8（2）：14-16.

［132］伊丽，武国城，国佳，等.飞行适应能力的心理学评价指标体系、方法及标准的研究 [R].空军航空医学研究院，2009—2010.

［133］伊丽，武国城，赵敬波，等.女性歼（强）击机飞行学员心理适应性及影响因素研究 [R].

［134］游旭群，刘宁，任建军，等.飞行错觉水平评定方法的初步研究 [J].心理科学，1994，17（3）：133-136.

［135］于立身.飞行中空间定向障碍研究现状和未来 [J].中华航空医学杂志，1994，5（1）：5-9.

［136］于立身.高性能战斗机飞行员的严重飞行错觉特点和预防措施 [R].航空军医，1999，1（2）：66-67.

［137］于立身.飞行员和航天员心理选拔 [J].航空军医，1986.

［138］詹皓，关宏.精神药物在战时调节飞行人员睡眠与抗疲劳中的应用 [J].中华航空航天医学杂志，1997，8（1）：48-51.

［139］詹皓，伊长荣.航空药理学 [M].北京：国防工业出版社，2008.

［140］詹皓.飞行疲劳评价方法与缓解措施的研究进展 [J].空军医学杂志，2011，27（3）：153-157.

［141］詹皓.飞行人员催眠与兴奋用药的评价方法和指标体系 [J].中华航空航天医学杂志，2001，12（1）：59-63.

［142］张爱卿．人才测评［M］.北京：中国人民大学出版社，2011.

［143］张锦坤，白学军．"半投射"和"客观性"：动机测验的两种新形式［J］.心理学探新，2006，26（4）：83-87.

［144］张力新，陈雪涛，陈同欣，等．MMPI在空军招飞选拔中精神健康评估的必要性分析［J］.空军总医院学报，2009，25（4）：170.

［145］张利民，王奎年，景百胜，等．模拟飞行条件下双重任务时飞行员心理生理参数的变化特点［J］.中华航空医学杂志，1995，6（2）：84-87.

［146］张凌，王学娟，邹志康，等．外军飞行人员心理品质选拔的研究进展［J］.解放军医学院学报，2012（12）：1253-1256.

［147］张清俊，詹皓．远程飞行对军事飞行人员健康的影响因素与卫生保障对策［J］.解放军预防医学杂志，2017，35（1）：72-75.

［148］赵景华，马金生．实用军事心理学词典［M］.北京：国防大学出版社，1992.

［149］郑力通，郭小朝，熊端琴，等．应急心理支援常用心理检测量表飞行员常值研究［R］.空军航空医学研究院，2007—2008.

［150］郑秀丽，宋华森，高思华．民乐与西乐调节七情之"怒"的效果对比研究［J］.山东中医杂志，2016（3）：203-206.

［151］周家剑，陶桂枝，石强，等．利用计算机进行两种飞行学员心理学选拔检查仪器方法的研究．空军第四研究所，1985—1987.

［152］周军，舒翠兰，王晓宁．女飞行员艾森克个性特征调查［J］.实用临床医学，2000，14（3）：53-55.

［153］周前祥，王春慧．操作者全身疲劳的评价方法综述［J］.航天医学与医学工程，2009，22（4）：226-230.

［154］周亚军．高性能战斗机飞行员航空卫生保障的发展方向［J］.航空军医，2002，30（4）：166-170.

［155］朱祖强，葛列众，张君智，等．工程心理学［M］.北京：人民教育出版社，2000.

［156］朱祖强．工业心理学［M］.杭州：浙江教育出版社，2001.

［157］Agee RC，Shore WC，Alley WE，et al. Air Force Officer San Antonio，TX：Chenega Corporation. Selection Technical Requirements Survey. Volume 1：Analysis of Quantitative Results［R］. 2009.

［158］Ames，YC，Older HJ. Aviation psychology in the United States Navy［J］. Review of Educational Research，1948，18（6）：532-542.

［159］Anderson GA. The medical and surgical Aspects of Aviation［M］. London：Oxford University Press，1919.

［160］Anthony W. Fatigue assessment and performance protection［M］. In：Hockey G，Gaillard A，Burov O（Eds）. Operator Functional State：The Assessment and Prediction of Human Performance Degradation in Complex Tasks，Amsterdam：IOS Press，2003，24-35.

［161］Armstrong HG. Principles and Practice of Aviation Medicine［M］. 2nd Edition. Baltimore，MD：The Williams & Wilkins Company，1943.

［162］Arnold RD，Guest MA. Identification of multi-UAS operator and crew skill andability requirements［C］.Poster presented at the 2011 Annual Meeting of the Aerospace Medical Association，

Anchorage，AK. 2011.

［163］Arnold RD，Phillips JB，Chandler JF. Evaluation of prospectivereadiness–to fly assessment tools in a sample of student navalaviators[J].Aviat Space Environ Med，2010，81（3）：248.

［164］Arulrajah AA，Harun LM. Relationship of psychological well–being with perceived stress, coping styles，and social support amongst university undergraduates[J]. Retrieved，2004，30（3）：324–327.

［165］Axelsson J，Kecklund G，Akerstedi T，et al. Sleepiness and performance in response to repeated sleep restriction and subsequent recovery during semi–laboratory conditions[J]. Chronobiology International，2008，25（2）：297–308.

［166］Backman RA. The examination of aviators. Naval Medical Bulletin[R].Washington，1918，12，30–41.

［167］Bailey M，Southcote A. Equating Aptitude Test Systems[R]. Technical Report A（Stages 1 82 Analysis Results）[R]. Psychologis Report 02107. DofR&S（RAF），2007.

［168］Bailey M. A Cross–validation of the Controller Test Battery[R]. Psychologist Report 9/96. DofR & S（RAF），1996.

［169］Bailey M. AMS Test Manual[R]. Psychologist Report 8/98 DofR&S（RAF），1998.

［170］Bailey M. Technical Record of OASC Aptitude Tests Review[R]. Psychologist Report 04/06. DofR&S（RAF），2006.

［171］Bailey M. Validation of the ATC Battery[R]. Psychologist Report 4/02. DofR&S（RAF），2002.

［172］Bandura A. Self–Efficacy Mechanism in Human Agency[J].American Psychologist,1982,7(2) 122–147.

［173］Banks S，Van Dongen HP A，Maislin G，et al. Neurobehavioral dynamics folling chronic sleep restriction：Dose– response effects of one night for recovery[J]. Sleep，2010，33（8）：1013–1025.

［174］Bardossy A，Duckstein L. Fuzzy rule–based modeling with application to geophysical, biological and engineering systems [M]. CRC Press，1995.

［175］Barnes MJ，Knapp BG，Tillman BW，et al. Crew systems analysis of unmanned aerial vehicle（UAV）future job and tasking environments（ARL–TR–2081）[R]. Aberdeen Proving Ground, MD Army Research Laboratory，2000.

［176］Barron，Carretta，Rose. Aptitude and trait predictors of manned and unmanned aircraft pilot job performance[J]. Military Psychology，2016，28（2）.

［177］Bartram D. The development of an automated testing system for aviator selection：The MICROPAT project[J]. Applied Psychology：An International Review，1987，36（3/4）：279–298.

［178］Beilock SL，Carr TH，Macmahon C，et al. When paying attention becomes counterproductive：Impact of divided versus skill–focused attention on novice and experienced performance of sensorimotor skills[J]. Journal of Experimental Psychology：Applied，2002，8：6–16.

［179］Belenky G，Wesensten NJ，Thorme DR，et al. Patterns of performance degradation and restoration during sleep restrict and subsequent recovery：A sleep dose–response study[J]. Journal of Sleep Research，2003，12（1）：1–12.

［180］Benson A J. Disorientation-general aspects[M]. Ernsting & P. King（Eds.），Aviation medicine，London：Butterworths，1988.

［181］Biggerstaff S，Blower DJ，Portman CA，et al. The development and initial validation of the unmanned aerial vehicle（UAV）external pilot selection system（NAMRL Report No. 1398）[R]. Pensacola，FL：Naval Aerospace Medical Research Laboratory，1998.

［182］Bonato F. The last year of Aviation，Space，and Environmental Medicine [J]. Aviat Space Environ Med，2014，85（1）：1.

［183］Bor R，Hubbardt. Aviation mental health：an introduction（chapter 1），in Aviation Mental Health：Psychological Implications for Transportation[M]. Buelington，VT：Ashgate Publishing Company，2006.

［184］Boyatzis R. The competent manager：A model for effective performance[M]. New York：John Willey & Sons，1982.

［185］Bradshaw J，Hobson C J. RAF Navigator Selection Process：Validation Against Basic Flying Training Customer Report [OL].1.0/94. DRA/CUSTOMER REPORT/CHS/CR94/5031T-001/1/0，1994a.

［186］Bradshaw J，HOBSON C J. RAF Pilot Aptitude Test Battery：Validation against Basic Flying Training Customer Report [OL]. 11.095 DRACUSTOMER REPORTICHS/CR95/ 5031T-001/11.0，1995.

［187］Bradshaw J，Hobson C J. RAF Pilot Selection Process：Validation against Basic Flying Training. Customer Repor [OL]. 6.0/94. DRA/CUSTOMER REPORT ICHS/CR94/5031T-006/6.0，1994b.

［188］Bradshaw J. Army Air Corps Helicopter Pilot Selection：Aptitude tests[R]. Validation Study 1.097 Eikonika Ltd.，1997b.

［189］Bradshaw J. RAF Flying Scholar Selection Process：Validation against flying Scholarship Course. Customer Report [OL].6.0/94. DRA/CUSTOMER REPORTICHS/ CR95/5013T-006/60，1994.

［190］Bradshaw J. Test Audit. Study and Analysis[R]. 3.0197 Eikonika Ltd.，1997a.

［191］Bradshaw J. TRACE Test[R]. Customer report / Note. Eikonika Ltc. 2006b.

［192］Bradshaw J. Verbal Logic Test[R]. Customer Report Note. Eikonika Ltd. 2006a.

［193］Brailey K，Mills MA，Marx BP，et al. Prospective Examination of Early Associations of Iraq War Zone Deployment，Combat Severity，and Posttraumatic Stress Disorder with New Incident Medical Diagnoses[J]. Journal of Traumatic Stress，2018，31（1）：102.

［194］Briere J. Trauma Symptom Inventory[M]. 2nd Edition（TSI-2）. Lutz，FL：Psychologial Assessment Resources，2010.

［195］Bruskiewicz KT，Houston JS，Hezlett SA，et al. Development of a selection instrument for unmanned aerial system（UAS）operations（Tech. Rep. No. 580）[R]. Minneapolis，MN：Personnel Decisions Research Institute，2007.

［196］Burkhart RA，Tholey RM，Guinto D，et al. Grit：a marker of residents at risk for attrition? [J]. Surgery. 2014，155（6）：1014-1022.

［197］Byrne E，Parasuraman R. Psychophysiology and adaptive automation[J]. Biological Psychology，1996，42：249-268.

［198］Cabon P，Bourgeo-Bougrine S，Mollard R，et al.Electronicpilot-activity monitor：a countermeasure against fatigue onlong–haul f lights[J].Aviat Space Environ Med, 2003, 74（7）: 679–682.

［199］Caldwell JA, Mallis MM, Caldwell JL, et al. Fatigue countermeasures in aviation[J]. Aviation, Space, and Environmental Medicine.2009, 80（1）: 29–59.

［200］Caldwell JA, MUQ, Smith JK, et al. Are individual differences in fatigue vulnerability related to baseline differences in cortical activation[J]?.Behatioral Neuroscience, 2005, 119（3）: 694–707.

［201］Caldwell JA.The impact of fatigue in air medical and other types ofoperations: a review of fatigue facts and potential countermeasures[J]. Air Med J, 2001, 20（1）: 25–32.

［202］Caldwell JD, Jones TG. Analytical study of cockpit information requirements[R]. DOT/FAA/RD–81/4, AD A108524.1981.

［203］Campbell JR. An overview of the army selection and classification Project（Project A）[J]. Personnel Psychology, 1990, 43（2）: 232–239.

［204］Carkhuff RR, Berenson BG. Beyond counseling and therapy（2nd ed.）[M]. New York: Holt, Rinehart & Winston, 1997.

［205］Carretta TR, King RE, Ree MJ, et al. Compilation of Cognitive and Personality Norms for Military Aviators[J]. Aerospace Medicine & Human Performance, 2016, 87（9）: 764.

［206］Carretta TR, Rodgers MN, Hansen I. The Identification of Ability Requirements and Selection Instruments for Fighter Pilot Trainine[M].（AL/HR–TP–1993–0016）. Brooks AFB, TX: Armstrong Laboratory, 1993.

［207］Carretta TR. Development and validation of the Test of Basic Aviation Skills（TBAS）（Tech. Rep. No. AFRL–HEWP–TR–2005–0172）[R]. Wright–Patterson AFB, OH: Air Force Research Laboratory, Human Effectiveness Directorate, Warfighter Interface Division, 2005.

［208］Carretta TR. Pilot Candidate Selection Method: Still an effective predictor of US Air Force pilot training performance[J].Aviation Psychology and Applied Human Factors.2011, 1: 3–8.

［209］Carretta TR. Predictive validity of pilot selection instruments for remotely piloted aircraft training outcome[J]. Aviation, Space, and Environmental Medicine, 2013, 84: 47–53.

［210］Carretta TR. Relationship of encoding speed and memory tests to flight training performance（AFHRL–TP–87–49）[R]. San Antonio, TX: Brooks AFB, Air Force Human Resources Laboratory, 1988.

［211］Carretta TR. USAF pilot selection and classification systems[J]. Aviation, Space and Environmental Medicine, 1989, 60, 46–49.

［212］Carroll J B.Human cognitive abilities: A survey of factor–analytic studies[M]. New York, NY: Cambridge University Press, 1993.

［213］Cetinguc M. An assessment of Turkish Air Force pilots anxiety and depression levels[J]. Aviat. Space Environ.Med, 1992, 63: 905–907.

［214］Chappelle W, Goodman T, Reardon L, et al. An analysis of post–traumatic stress symptoms in United States Air Force drone[R].2014.

［215］Chappelle W, Mcdonald K, Heaton JN, et al. Neuropsychological and personality attributes distinguishing high vs. low training performance of MQ–1B Pilot trainees[C]. Paper presented at the Aerospace

Medicine Association Annual Conference, Atlanta, GA. 2012.

［216］Chappelle W, Mcdonald K, King RE. Psychological attributes critical to the performance of MQ-1 and MQ-9 Reaper U.S. Air Force sensor operators[R]. Brooks City-Base, TX: Air Force Research Laboratory, 711th Human Performance Wing, School of Aerospace Medicine, 2010.

［217］Chappelle W, Mcdonald K, Mcmillan K. Important and critical psychological attributes of USAF MQ-1 Predator and MQ-9 Reaper pilots according to subject matter experts(AFRLSA-WP-TR-2011-0002）[R]. Wright-Patterson AFB, OH: Air Force Research Laboratory, 711th Human Performance Wing, School of Aerospace Medicine, 2011.

［218］Christopher Peterson. 积极心理学 [M]. 侯玉波，王菲，等译．北京：机械工业出版社，2011，7：77-80.

［219］Conway G. Effects of workload, effort and fatigue on complex performance: application and tests of compensatory[R]. PhD Thesis, University of Leeds. 2005.

［220］Corrine Glesne. Becoming Qualitative Researchers: An Introduction[M]. 北京：人民邮电出版社，2008.

［221］Costa PT, JR, Mccrae RR. NEO PI-R professional manual[M]. Odessa, FL: Psychological Assessment Resources, 1992.

［222］Damos DL. Foundations of military pilot selection systems: World War Ⅰ（No 1210）[R]. Arlington: US Army Research Institute for the Behavioral and Social Sciences, 2007.

［223］Damos DL. Pilot selection batteries: Shortcomings and perspectives[J]. The International Journal of Aviation Psychology, 1996, 6（2）: 199-209.

［224］Daud A, Klinteberg B, Rydelius P A. Trauma, Post Traumatic Stress Disorder and personality: the relationship between prolonged traumatization and personality impairments[J]. Scand Journal Caring, 2008, 22（3）: 331-340.

［225］Davies MJ. Cross Validation of the Fighter Controller Battery [R]. Pychologist Report 02/02. Dof R & S（RAF）x, 2002.

［226］Davis FB.The A AF Qualifying Examination.Army Air Force（Technical Report No.6.Department of the Army［AD 651 782］[R].Washington, DC: Government Printing Office, 1947.

［227］Devenport ND.More fatigue!（Yawn）[J].Approach, 2009, 54: 3-6.

［228］Dillingham GL. Unmanned aircraft systems: Use in the national airspace system and the role of the Department of Homeland Security（Rep. No. GAO-12 - 889T）[R].Washington, DC: Government Accountability Office, 2012.

［229］Dockeray F. Department of psychology, in Aviation [M]. Medicine in the A. E.F, edited by W. Wilmer. Washington DC: Government Printing Office, 1920: 113-132.

［230］Doran AP, Hoyt G, Morgan CA. Survival, evasion, resistance, and escape（CISM）: A statistical review of the literature[J]. Psychiatric Quarterly, 2006, 73（3）: 171-182.

［231］Dragsow F, Nye CD, Carretta TR, et al. Factor structure of the Air Force Officer Qualifying Test form S: Analysis and comparison with previous forms[J].Military Psychology, 2010, 22: 68-85.

［232］Driskell JE, Olmstead B. Psychology and the military: Research applications and trends[J]. American Psychologist, 1989, 44（1）: 43-54.

［233］Duckworth AL，Peterson C，Matthews M D，et al. Grit：perseverance and passion for long-term goals[J]. J Pers Soc Psychol，2007，92（6）：1087-1101.

［234］Egan DE. An analysis of spatial orientation test performance[J]. Intelligence，1981，5：85-100.1981.

［235］EiBfeldt H，Grasshoff D，et al. Aviator 2030 -Ability Requirements in Future ATM Systems I: Simulations and Experiments[R]. Deutsches Zentrum f ü r Luft- und Raumfahrt，2009.

［236］Ellis A，Conrad HS. The validity of personality inventories in military RPActice[J]. Psychological Bulletin，1948，45（5），385-427.

［237］Endsley MR. Errors in situation assessment：Implications for system design. Human error and system design and management[M]. London：Springer，2000.

［238］Endsley MR. Situation awareness in aviation systems. Handbook of aviation human factors [M]. Mahwah，NJ：Erlbaum，1999：257-276.

［239］Endsley MR. Toward a theory of situation awareness in dynamic systems[J]. Human Factors，1995，37（1），32-64.

［240］Eich，Dierderff C，Jennifer，et al. Greening of World of Work：Implications for O*NET-SOC and New and Emerging Occupations[R]. Working paper of National Center for O*NET Development，2009.

［241］Everstine，B. DOD plans 50 percent increase in RPA CAPS by 2019[J]. Air Force Magazine. 2015，August.

［242］Fallesen JJ，Reichard R. Leadership competencies：building a foundation for army leader development[C]. Paper presented at the 20th annual Society for Industrial and Organizational Psychology conference. Los Angeles：CA，2005.

［243］Faye C. A history of American psychology[J]. Metascience，2017：1-4.

［244］Federal Aviation Administration. Guide for Aviation Medical Examiners［OL］. Washington，DC：Department of Transportation. 2013a. Available at：http//：www.faa.gov/air_traffic/publications/atpubs/aim［ac-cessed 3 April 2012］.

［245］Federal Aviation Administration. Guide for Aviation Medical Examiners［OL］. Washington，DC：Department of Transportation. 2013a. Available at：http//：www.faa.gov/air_traffic/publications/atpubs/aim［ac-cessed 3 April 2012］.

［246］Federal Judicial Center. Reference Manual on Scient ific Evidence[R]. 3rd Edition. Washington，DC：National Academic Press，2011.

［247］Ferree CE，Rand G. Pilot fitness and airplane crashes[J]. Science，1938，87（2252）：189-193.

［248］Fitts PM. German applied psychology during World War Ⅱ[J]. American Psychologist，1946，1（5）：151-161.

［249］Flanagan JC. The selection and classification program for aviation cadets（aircrew-bombardiers，pilots，and navigators）[J]. Journal of Consulting Psychology，1942，6（5）：229-239.

［250］Fleishman EA，Reilly M E. Handbook of Human Abilities[R]. Potomac，MD：Management Research Institute，Inc，2000.

［251］Fleishman E A. Fleishman Job Analysis Survey（F-JAS） Rating Scale Booklet [R]. Potomac，Maryland：Management Research Institute，Inc，1992.

［252］Folkard S，Tucker P. Shift work，safety and productivity[J]. Occupational Medicine，2003，53（2）：95-101.

［253］Folkman S，Lazarus R S，An analysis of coping in a middle-aged community sample[J]. Journal of Health and Social Behavior，1980，21（3）：219-239.

［254］Frederick-Recascino CM，Hall S. Pilot motivation and performance：theoretical and empirical relationships[J]. Int J Aviat Psychol. 2003，13（4）：401-414.

［255］Gailard A，Kramer A. Theoretical and methodological issues in Psychophysiological research：Issues and applications [M].In：Backs R.，Boucsein W.（Eds）. Engineering Psychophysiology，Mahwah，NJ：Erlbaum，2000：31-58.

［256］Garwood L.Competency based assessment centre approach for RAF selection[R]. Paper presented at the 46th Annual Conference of the International Military Testing Association，Brussels，2005.

［257］Gertler J. US unmanned aerial systems（Report No. R42136）[R]. Washington，DC：Congressional Research Service，2012.

［258］Gillingham KK，Previc FH. Special orientation in flight[R]. AD-A.1993，179：360.

［259］Gillingham KK，Wolfe JW. Spatial disorientation in flight（USAFSAM-TR-85-31）[R]. Brooks Air Force Base，TX：USAF School of Aerospace Medicine，1986.

［260］Glass AJ.Neuropsychiatry in World War Ⅱ.Office of the Surgeon General[R]. Department of the Army，US Army，Washington，DC，1973.

［261］Goel N，Van Dongen HPA，Dinges DF. Ciradian them in slepines，aletnesand performance，in Principles and Practice of sleep Medicine[M]. W.C. Dement. Philadelphia，PA：Elsevier，2011：445-455.

［262］Goldsmith C. More carriers sanction their pilots' cockpit snoozes[J]. The Wall Street Journal Jan 21，B1. 1998.

［263］Grant K，Compas B，Stuhlmacher A，et al. Stressors and child and adolescent psychopathology：moving from markers to mechanisms of risk[J]. Psychol Bull，2003，129：447-466.

［264］Green RG，Farmer EW. Ergonomics. In J. Ernsting & P. King（Eds），Aviation medicine[M]. London：Butterworths，1988.

［265］Greene RL. The MMPI-2/-RF：An Interpretative Manual[M]. 3rd Edition. Boston，MA：Pearson Education，Inc.2011.

［266］Griffin GR，Morrison TR，Amerson TL，et al. Predicting air combat maneuvering（ACM）performance fleet fighter ACM readiness Program Grades as Performance Criteria，NAMRL-1333[R]. Pensacola：Naval Aerospace Medical Research Laboratory，1987.

［267］Grinker RR，Spiegel JP. Men Under Stress[M]. Philadelphia，PA：The Blakiston Company，1945.

［268］Hansen D. ICA-90：A new approach to the Selection of aircrew personnel [D]. EURO-NATO Aircrew Selection Working Group paper，GAF Institute of Aerospace Medicine，Furstenfeldbruck，FRG，1988.

［269］Heffner TS，White L，Owens K S. Tier one performance screen（JO-04）［C］. Paper presented at 27th Army Science Conference，Orlando，FL，2010.

［270］Henelius A，Hirvonen K，Holm A，et al. Mental workload classification using heart rate metrics[C]. In：the 31st Annual International Conference of the IEEE EMBS，Minneaplois，USA，2009：1836-1839.

［271］Herbert F，Matthias R，Petra A，et al. The Perceived Stress Questionnaire（PSQ）Reconsidered：Validation and Reference Values from Different Clinical and Healthy Adult Samples[J]. Psychosomatic Medicine，2005（67）：78-88.

［272］Hoagland BT. Manning the next unmanned Air Force Developing RPA pilots of the future[R]. United States Air Force，Center for 21st Century Security And Intelligence at Brookings，2013.

［273］Hockey G. Compensatory control in the regulation of human performance under stress and high workload：A cognitive energetical framework. Biological Psychology，1997，45（1）：73-93.

［274］Hogan R，Carpenter BN，Briggs S R，et al. Personality assessment and personal selection. In H.J. Bernardin & D.A. Brownas（Eds.），Personality assessment in organizations[M]，New York，Praeger，1985.

［275］Horey J，Fallesen JJ，Morath R，et al. Competency based future leadership requirements（Technical Report 1148）[R]. Arlington，VA：United States Army Research Institute for the Behavioral and Social Sciences，2004.

［276］Horey J，Harvey J，Curtin P，et al. A criterion-related validation study of the army core leader competency model（Technical Report 1199）[R]. Arlington，VA：United States Army Research Institute for the Behavioral and Social Sciences，2007.

［277］Hough LM，Oswald FL. Personnel selection：Looking toward the future-remembering the past[J]. Annu Rev Psychol，2000，51：631-664.

［278］Howse WR. Knowledge，skills，abilities，and other characteristics for remotely piloted aircraft pilots and operators[R]. Randolph AFB，TX：HQ AFPC/DSYX Strategic Research and Assessment Branch，2011.

［279］Hu Y，Xue C，Wang H，et al. Research on Foreground Color Adaptive System of Aircraft Head-Up Display Based on the Background Real-Time Changes[C]// International Conference on Human-Computer Interaction. Springer，Cham，2017.

［280］Huamiao Song，Juan Liu，Liu Yang，et al. Design and Implementation of a Floating Communications on Biofeedback Therapy[J].Communication in Information Science and Management Engineering（CISME），2013，3（4）：24-27.

［281］Hunter DR，Burke EF. Predictiong aircraft pilot training success：a meta-analysis of published research[J]. Int J Aviat Psychol，1994，4（4）：297-313.

［282］Hydren JR，Borges AS，Sharp MA. Systematic Review and Meta-Analysis of Predictors of Military Task Performance：Maximal Lift Capacity[J]. Journal of Strength & Conditioning Research，2017，31（4）：1142.

［283］Jan Strelau. 气质心理学 [M]. 阎军，译. 沈阳：辽宁人民出版社，1987.

［284］Jenkins D，Vasigh B. The economic impact of unmanned aircraft systems integration in the

United States[R]. Arlington，VA：Association for Unmanned Vehicle Systems，International，2013.

［285］Jeong IC，Lee DH，Park SW，et al. Automobile Driver's Stress Index Provision System that Utilizes Electrocardiogram[C]. IEEE Intelligent Vehicles Symp，2007，652–656.

［286］Jolicoeur P，Milliken B. Identification of disoriented objects：Effects of context of prior presentation[J]. Journal of Experimental Psychology：Learning，Memory，and thus Cognition，1989，15：200–210.

［287］Jones A. A survey of military pilot selection procedures in ten countries[R]. Navy Scientific Advisory group（Technical Report SP（N）R 56），London：Ministry of Defense，1983.

［288］Jorna PGAM. Prediction of success in flight training by single– and dual–task performance. In Human behavior in high–stress situations in aerospace operations [C]. Conference Proceedings CP–458，21，1–10. Neuilly sur Seine：AGARD/NATO，1989.

［289］Judge TA，Bono JE. Five–factor model of personality and transformational leadership[J]. Journal of Applied Psychology，2000，85：751–765.

［290］Kafka，M. M. 1942. Flying Health. Harrisburg，PA：Military Service Publishing Company.

［291］Kalita SW，Duma KM. US Air force unmanned aircraft systems performance analysis：Predator pilot multiple aircraft control front end analysis（FEA）report[R]. Wright–Patterson AFB，OH：SURVIAC，2008.

［292］Kantor JE，Carretta TR. Aircrew selection systems. Aviation[J]. Space，and Environmental Medicine，1988，Nov，A32–A38.

［293］Kelly DR，Matthews MD，Bartone PT. Grit and hardiness as predictors of performance among West Point cadets[J]. Mil Psychol. 2014，26（4）：327–342.

［294］King R. Aerospace Clinical Psychology：Studies in Aviation Psychology and Human Factors[R]. Alder–shot：Ashgate，1999.

［295］King LM，Nguyen HT，Lal SKL. Early Driver Fatigue Detection from Electroencephalography Signals using Artificial Neural Networks [C]. Proceedings of the 28th IEEE EMBS Annual International Conference，New York，USA，2006：2187–2190.

［296］Klehe UC，Anderson N. Working hard and working smart：Motivation and ability during typical and maximum performance[J].Journal of Applied Psychology，2007，92：978‒992.

［297］Kokorian. A military crew competence model［R/OL］. http：//handle. dtic. mil/ 100.2 / ADA363986，1999.

［298］Krisinger C C. Who we are and what we do：the evolution of the air force's core Competencies[J]. Air &Space Power Journal，2003，26（3），228–241.

［299］Kubisiak C.U S Arimy Aviator Job Analysis[R].United States Army Research Institute for the Behavioral and Social Sciences，2006.

［300］Lx Wang. The WM Method Completed：A Flexible Fuzzy System Approach to Data Mining[J]. IEEE transactions on Fuzzy Systems，2003，11（6）：768–782.

［301］Lack LC，Wright HR. Treating chronobiological components of chronic insomnia[J]. Sleep Medicine，2007，8（6）：637–644.

［302］Lan Taylor. A Practical Guide to Assessment Centres and Selection Methods Measuring

Competency for Recruitment and Development[M]. 李中权，柳恒超，译. 北京：中国轻工业出版社，2009.

[303] Lazarus RS. Emotion and Adaptation[M]. New York：Oxford University Press，1994.

[304] Lazarus RS. Puzzles in the study of daily hassles[J]. Journal of Behavioral Medicine，1984，7（4）：375-389.

[305] Leclair MA. Fatigue management for aerospace expeditionary forces deployment and sustained operations[C].Air Command and Staff College Wright Flyer Paper No.12，2001：13-17.

[306] Leduc PA，Greig JL，Dumond SL.Involuntary eye responsesas measures of fatigue in U.S.Army Apache aviators[J].AviatSpace Environ Med，2005，76（7，Suppl.）：C86-91.

[307] Li WB，Wang B，Wu XH，et al. Psychological health status and personality of the recruits in relation with their injuries during military training [J]. Journal of First Military Medical University，2003，23（8）：864.

[308] Lim J，Dinges DF. A meta-analysis of the impact of short-term sleep deprivation on cognitive variables[J]. Psychological Bulletin，2010，136（3），375-389.

[309] Liyun AN，Wang F，Jia K，et al. Influence of military stress on immune function among recruits[J]. Laboratory Medicine，2016，31（3）：189-194.

[310] Lubow RE，Gewirtz JC. Latent inhibition in humans：Data，theory，and implications for schizophrenia[J]. Psychological Bulletin，1995，117：87-103.

[311] Lyons TJ，Harding R，Freeman J，et al. G-induced loss of consciousness accidents：USAF experience[J]. Aviat Space Environ Med，1990，63（1）：60-66.

[312] Maclelland LE，Pilcher JJ，Moore DD.Oculomotor measuresas predictors of performance during sleep deprivation[J].AviatSpace Environ Med，2010，81（9）：833-842.

[313] Maja Meško，Damir Karpljuk，Zlatka Meško Štok，et al. Motor Abilities and Psychological Characteristics of Slovene Military Pilots[J]. International Journal of Aviation Psychology，2013，23（4）：306-318.

[314] Mangos PM，Vincenzi DA，Shrader DM，et al. Analysis of cross-platform Naval unmanned aircraft system task and competency requirements[R]. Patuxent，2012.

[315] Manley GG. Development of domain and facet level scales for the Self-Description Inventory[R]. Randolph AFB，TX：Air Force Personnel Center，Strategic Research and Assessment Branch，2011.

[316] Marshburn TH. Why they fly：an expectancy-based analysis of the factors that motivate commissioned Army aviators to gain flying experience [D]. Fort Leavenworth（KS）：U.S. Army Command and General Staff College：2007.

[317] Martinussen M. Psychological measures as predictors of pilot performance：a meta-analysis[J]. Int J Aviat Psychol，1996，6（1）：1-20.

[318] Mccarthy CW. Human factors in F-16 mishaps[J]. Flight Safety，1988，44（5）：17.

[319] Mcclellan JM. Left Seat：The Psychology of Safety，Flying [DB]. 2010.11 June. Available at：http：//www.flyingmag. com/safety/left-seat-psychology-safety [accessed 30 March 2012].

[320] Mcclelland DC，Atkinson JW，Clark R A，et al. The achievement motive[M]. New York：Appleton-Century-Crofts，1953.

［321］Mcclelland DC. Testing for Competence Rather Than for Intelligence[J].American Psychologist, 1973（28）：1–14.

［322］Mcclelland DC. Testing for competence rather than for "Intelligence" [J]. Am Psychol, 1973, 28：1–14.

［323］Mcguire FL. Psychology Aweigh: A History of Clinical Psychology in the United States Navy, 1900—1988[M].Washington, DC: American Psychological Association, 1990.

［324］Mckinley RA, Mcintire LK, Funke MA. Operator selection for unmanned aerial systems: comparing video game players and pilots[J]. Aviation, Space, and Environmental Medicine, 2011, 82（6）：635–642.

［325］Mclucas J. Report of the President's Task Force on Aircraft Crew Complemen[R]. Washington, DC. 2002 Jul 81.

［326］Meichenbaum D. Stress inoculation training, in General Principles and Empirically Supported Techniques of Cognitive Therapy[M]. Edited by W.T.O' Donohue and J.E. Fisher. Hoboken, NJ: john Wiley & Sons, Inc , 2009：627–630.

［327］Metalis SA. Assessment of pilot situational awareness: Measurement via simulation［G］. Proceedings of the Human Factors Society 37th Annual Meeting. Santa Monica, CA: The Human Factors and Ergonomics Society, 1993.

［328］Miller JT, Eschenbrenner AJ, Marco RA, et al. Mission track selection process for the Army Initial Entry Rotary Wing flight training program[R]. Volume I. St Louis, MO: McDonnell Douglas Astronautics Co, 1981.

［329］Miller H. Miller Forensic Assessment of Symptoms Test（M–FAST）Professional Manual[R]. Lutz, FL: Psychological Assessment Resources, 2001.

［330］Morgenthaler T, Alessi C, Friedman L. Practice parameters for the use of actigraphy in the assessment of sleep and sleep disorders: An update for 2007[J]. Sleep, 2007, 30（4）, 519–529.

［331］Murray HA. Explorations in personality[M]. New York: Oxford University Press, 1938.

［332］Myer RA, Williams RC, Ottens AJ, et al .Three–dimensional crisis assessment model. Unpublished manuscript[R]. Northern Illinois University, Department of Educational Psychology, counseling, and Special Education, Dekalb , Illinois, 1991.

［333］Myer RA, Williams RC, Ottens AJ, et al. A three–dimensional model for triage[J] . Journal of Mental Health Counseling, 1992, 14: 137–148.

［334］National Transportation Safery Board. Collision with Trees and Crash Short of the Runway, Corporate Airlines Flight 5966 BAE Systems BAE–J3201, N875JX Kirksville, Missouri October 19, 2004. NTSB/AAR–06/01［OL］. Washington, DC: National Transportation Safety Board, 2006.

［335］National Transportation Safety Board. 1986. China Airline Boeing 747–SP, N4522V, 300 Nautical miles northwest of San Francisco, California, February 19, 1985. NTSB/AAR–86–03[R]. Washington, DC: National Transportation Safety Board.

［336］National Transportation Safety BOARD. Controlled fight into terrain, Korean Air Flight 801, Being 747–300, HL7468, Nimitz Hill, Guam, August 6, 1997. NTSB/AAR–99–02[R]. Washineton, DC: National Transportation Safety Board. 1999.

［337］National Transportation Safety Board. Loss of Control on Approach, Golgan Air, Inc., Operating as Continental Connection Fligh 3407, Bombardier DHC-8-400, N200WQ, Clarence Center, New York, Fedruary 12, 2009. NTSB/AAR-10/01[R]. Washington, DC: National Transportation Safety Board., 2010.

［338］National Transportation Safety Board. Runway overrun during landing, American Airlines Flight 1420, McDonnell Douglas MD-82, N215AA, Little Rock, Arkansas, June 1, 1999. NTSB/AAR-01 02[R].Washington, DC: National Transportation Safety Board. 2001.

［339］Nehlig A. Are we dependent upon coffee and caffeine? A review on human and animal data[J]. Neuroscience Biobehavior Review, 1999, 23（4）: 563-576.

［340］North RA, Griffin GR. Aviator Selection 1919—1977（Technical Report dated 04 October 1977）[R].Pensacola: Naval Aerospace Medical Research Laboratory, 1977.

［341］Noy, S. Combat stress reaction: Diagnosis, dynamics, treatment and prevention[R].4th Ed.Israel Defense Forces, Medical Corps, Mental Henlth Dept, Research & Evaluation Branch, 1989.

［342］Parsons RP. A search for non physical standards for naval aviators[J]. U. S.Naval Medical Services Bulletin, 1918, 12: 155-172.

［343］Patall EA, Cooper H, Robinson JC. The effects of choice on intrinsic motivation and related outcomes: a meta-analysis of research findings[J]. Psychol Bull. 2008, 134（2）: 270-300.

［344］Paullin C, Ingerick M, Trippe DM, et al. Identifying best bet entry-level selection measures for US Air Force remotely piloted aircraft（RPA）and sensor operator occupations（Report No. FR-11- 64）[R]. Randolph AFB, TX: Air Force Personnel Center, Strategic Research and Assessment Branch, 2011.

［345］Pellegrino JW, Hunt EB. Computer-con-trolled assessment of static and dynamic spatial reasoning[M]. in R.F.Dillon & J.W. Pellegrion（Eds.）, Testing: Theoretical Andrew applied perspectives, New York/London, RPAeger, 1989.

［346］Peterson NG , Mumford MD, Borman WC, et al.（Eds.）. An occupational information system for the 21st century[R]. Washington, D.C: American Psychological Association, 1999.

［347］Peterson NG, Mumford MD, Borman WC, et al. An occupational inormation system for the 21st Century: The development of O*NET[R]. Washington, DC: American Psychological Association, 1999.

［348］Peterson NG, Mumford MD, Borman WC, et al.Understanding work using the occupational information network（O *NET）: Implications for RPActice and research[J].Personnel Psychology, 2001, 54（2）: 451-492.

［349］Phillip L Rice. 健康心理学 [M]. 胡佩诚, 译 . 北京: 中国轻工业出版社, 2000.

［350］Phillips BA, Danner FJ. Cigarette smoking and sleep disturbance[J]. Archives Internal Medicine, 1995, 155（7）: 734-737.

［351］Pledger GW, Schmidt D. Evaluation of antiepileptic drug efficacy, A review of clinical trial design [J]. Drugs, 1994, 48（4）: 498-509.

［352］Powell D, Spencer MB, Holland D, et al.Fatigue in two-pilotoperations: implications for flight and duty time limitations[J].Aviat Space Environ Med, 2008, 79（11）: 1047-1050.

［353］Randall SS. Managing Human Resource[M].4th ed.New York: West Publishing Company,

1989: 22–38.

［354］Razran GHS, Brown HC. Aviation[J]. Psychological Bulletin, 1941, 38（6）: 322–330.

［355］Rreddy NS, George CS. Loss of motivation to fly in military aircrew（two case studies）[J]. Indian Journal of Aerospace Medicine. 2014, 58（1）: 15–20.

［356］Retzlaff PD, Gibertini M. Air Force Personality: Hard data on the 'Right Stuff'[J]. Multivariate Behavioral Research, 1987, 22: 383–399.

［357］Reuven Gal, A David MANGELSDORFF. 军事心理学 [M]. 苗丹民, 译. 北京: 中国轻工业出版社, 2004.

［358］Reynolds AC, Banks S. Total sleep deprivation, chronic sleep restriction and sleep disruption [J]. Progress in Brain Research, 2010, 185: 91–103.

［359］Richard K, James, Burl E, et al. Crisis Intervention Strategies[R]. Original edition published by Cengage Learning, 2005.

［360］Richard K, James Burl E, Gilliland. 危机干预策略 [M]. 高申春, 译. 高等教育出版社, 2012: 28–32.

［361］Robert B, Barnes C. Minimum Crew Certification Human Factors Issues and Approaches SAE and AIAA[R]. World Aviation Congress, 1st, Los Angeles, CA, Oct. 1996: 21–24.

［362］Rose MR, Barron LG, Carretta TR, et al. Early identification of unmanned aircraft pilots using measures of personality and aptitude[J]. The International Journal of Aviation Psychology, 2014, 24（1）: 36–52.

［363］Rosekind MR, Graeber RC, Dinges DF, et al. Crew Factors in Flight Operations Ⅸ: Effects of Planned Cockpit Rest on Crew Performance and Alertness in Long–haul Operations[R]. Report No: DOT/FAA/92/24, Moffett Field, CA: NASA Ames Research Center, 1994.

［364］Rosekind MR, Gander PH, Connell LJ, et al.Crew factors inflight operations X: Alertness management in flight operationseducation module[R].NASA/TM–2001–211385, 2001.

［365］Roughton R. Daily deployed: RPA crew members prepare each day they arrive for duty Airman[R]. 2015.

［366］Rupp TL, Wesensten NJ, Bliese PD, et al. Banking sleep: Realization of benefits during subsequent sleep restriction and recovery[J]. Sleep, 2009, 32（3）: 311–321.

［367］Ryan RM, Deci EL. Intrinsic and extrinsic motivations: classic definitions and new directions[J]. Contemp Educ Psychol. 2000, 25（1）: 54–67.

［368］Sadeh A, Acebo C. The role of actigraphy in sleep medicine[J]. Sleep Medicine Reviews, 2002, 6（2）: 113 –124.

［369］Salmon TW. The war neuroses and their lessons[J]. New York Journal of Medicine, 1919, 51: 993–994.

［370］Sandberg J. Understanding human competence at work: an interpretative approach Academy of Management Journal[J]. 2000, 43（1）: 9–25.

［371］Sandberg J. Understanding human competence at work: an Interpretative approach[J]. Academy of Management Journal, 2000, 43（1）: 9–25.

［372］Santamaria J, Chiappa K H. The EEG of drowsiness in normal adults [J].Clin Neurophysiol,

1987, 4（4）: 327-382.

［373］Sarter NB, Woods DD. Situation awareness: A critical but ill-defined phenomenon[J]. The International Journal of Aviation Psychology, 1991, 1（1）: 45-57.

［374］Scerbo M. Implementing adaptive automation in aviation: the pilot- cockpit team [M]. In: Mouloua M., Parasuraman R.（Eds）. Human Performance in Automated Systems: Current Research and Trends, Hillsdale, NJ: Earlbaum, 1994.

［375］Schlegel R, Gailard A. Methods for assessing operator functional state [M]. In: Hockey G., Gaillard A., Burov O.（Eds）.Operator Functional State: The Assessment and Prediction of Human Performance Degradation in Complex Tasks, Amsterdam: IOS Press, 2003: 356-362.

［376］Schmidt FL, Hunter JE. The validity and utility of selection methods in personnel psychology: Practical and theoretical implications of 85 years of research findings[J]. Psychological Bulletin, 1998, 124（2）, 262-274.

［377］Sherer M. The self-efficacy scale: Construction and validation [J]. Psychological Report, 1982, 51.

［378］Smith CP, Atkinson JW, Mcclelland DC, et al（Eds.）. Motivation and personality: Handbook and thematic content analysis[M]. New York: Cambridge University Press, 1992.

［379］Sokolowski K, Schmalt HD, Langens TA, et al. Assessingachievement, affiliation, and power motives all at once: The Multi-Motive Grid（MMG）[J]. Journal of Personality Assessment, 2000, 74（1）: 126-145.

［380］Solomon, Z. Combat Stress Reaction: The Enduring Toll of War[M]. New York: Springer, 1993.

［381］Southcote A, Bailey B. Repeat Validation of the Pilot Selection Test Battery and Exploratory Analyses to Improve the Battery Structure[R]. Psychologist Report 06/05 DofR&S（RAF）, 2005.

［382］Southcote A. Introduction of New Tests to the Pilot Battery[R]. Psychologist Report 02/06 DofR&S（RAF）, 2006.

［383］Spector PE, Jex SM, Chen PY. Relations of incumbent affect-related personality traits with incumbent and objective measures of characteristics of jobs[J].Journal of Organizational Behavior, 1995, 16: 59 – 65.

［384］Spencer LM , Spencer SM. Competence at work [M].John Wiley & Sons, 1993.

［385］Stoker P. An empirical investigation of their predictive validity of the Defense Mechanism Test in the screening of fast-jet pilots for the Royal Air Force. Protective validity of the Defense Mechanism Test in the screening of fast-jet pilots for the Royal Air Force[J]. Projective Psychology, 1982, 27: 7-12.

［386］Strack S. Essentials of Millon Inventories[M]. 3rd Edition. New York: John Wiley and Sons, Inc., 2008.

［387］Stratton GM, Mccomas HC, Coover JE, et al. Psychological tests for selecting aviators[J]. J Exp Psychol, 1920, 3（6）: 405-423.

［388］Suzanne SH, Jennifer D, Diane ES, et al. Stress at college: effects on health habits, health status and self-esteem[J]. Journal of Social Psychiatry, 2000, 43: 87-94.

［389］Szviak TK, Lee EC, Saenz C, et al. Adrenal Stress and Physical Performance During

Military Survival Training [J]. Aerosp Med Hum Perform, 2018, 89（2）: 99-107.

［390］Tenopyr ML, Oeltjen PD. Personnel selection and classification[J]. Annual Review of Psychology, 1982, 33: 581-618.

［391］Tremblay MA, Blanchard CM, Taylor S, et al. Work extrinsic and intrinsic motivation scale: its value for organizational psychology research[J]. Can J Behav Sci, 2009, 41（4）: 213-226.

［392］Tvaryanas AP. Human systems integration in remotely piloted aircraft operations[J]. Aviation, Space, and Environmental Medicine, 2006, 77: 1278-1282.

［393］Tvaryanas AP. Unmanned aircraft system（UAS）skill sets［Briefing slides］[R]. Randolph AFB, TX: HQ AFPC/DSYX Strategic Research and Assessment Branch, 2006.

［394］U.S. Department of Defense. Unmanned systems integrated roadmap FY 2011—2036 （Reference No. 11-S-3613）[R]. Washington, DC: Department of Defense, 2011.

［395］U.S. Department of Labor. Dictionary of occupational titles[M]. Rev 4th ed. Washington, DC: U.S. Government Printing Office, 1991.

［396］U.S. Government Accountability Office. Air Force actions needed to strengthen management of unmanned aerial system pilots[R]. 2014.

［397］Unlü A. Dettweiler U. Motivation internalization and simplex structure in self-determination theory[J]. Psychol Rep, 2015, 117（3）: 675-691.

［398］Urponen H, Vuori I, Hasan J, et al. Self-evaluations of factors promoting and disturbing sleep: An epidemiological survey in Finland[J]. Social Science Medicine, 1988, 26（4）: 443-450.

［399］Vallerand RJ, Pelletier LG, Blais MR, et al. The academio motivation scare: a measure of intrinsic, extrinsic, and amotivation in education[J]. Educ Psychol Meas, 1992, 52（4）: 1003-1017.

［400］Van Dongen HPA, Maislin G, Mullinton JM, et al. The cumulative cost of additional wakefulness: Dose-response effects on neurobehavioral functions and sleep physiology from chronic sleep restriction and total sleep deprivation[J]. Sleep, 2003, 26（2）: 117-126.

［401］Voas RB, Blair JT, Ambler RK. Validity of Personality Inventories in the Naval Aviation Selection Program（Technical Report No.13）[R].Pensacola, FL: Naval School of Aviation Medicine, 1957.

［402］Watters D. A study of the reliability of the Triage Severity Scale. Doctoral dissertation, The University of Memphis[C]. Dissertation Abstracts International, 1997, 58-08A, 3028.

［403］Wesensten NJ, Balkin TJ. Cognitive sequelae of sustained oprations, in Military Neuropsychology[M]. edited by C.H. Kennedy and J.L. Moore, New York: Springer Publishing, 2010: 297-320.

［404］Widnall S. Beyond the Drawdown: U.S. Air Force is prepared to Support the National Military Strategy[J]. Armed Forces Journal International, 1995, 9: 43-45.

［405］Williams KW. Unmanned aircraft pilot medical certification requirements（DOT/FAA/ AM-07/3）[R]. Washington, DC: Office of Aerospace Medicine, 2007.

［406］Williamson AM, Feyer AM. Moderate sleep deprivation produces impairments in cognitive and motor performance equivalent to legally prescribed levels of alcohol intoxication[J].Occupational and Enui ronmental Medicine. 2000, 57（10）: 649-655.

［407］Wilson G，Fisher F. Cognitive task classification based upon topographic EEG data[J]. Biological Psychology，1995，40（1-2）：239-250.

［408］Wilson G，Rueeell C. Operator functional state classification using multiple psycho physiological features in an air traffic control task[J]. Human Factors and Ergonomics Society，2003，45（2）：381-389.

［409］Wolfgang N. Manual of"Multi－Motive Grid for acceptance，performance and control（Release 21.00）"[R]，2004.

［410］Wright N，Mcgown A.Vigilance on the civil flight deck：incidence of sleepiness and sleep during long-haul f lightsand associated changes in physiological parameters[J].Ergonomics，2001，44（1）：82-106.

［411］Yerkes RM. Psychology in relation to the war [J]. Psychological review，1918，25：85-115.

［412］Youngling EW，Levine SH，Mocharnuk JB，et al. An Air Combat Effectiveness Study（ACES）Program1[C]. Proceedings of the Human Factors and Ergonomics Society Annual Meeting，1977，21（5）：431-434.

［413］Youngling EW，Levine SH，Mocharnuk JB，et al. Feasibility study predict combat effectiveness for selected military roles：fighter pilot effectiveness [R].（MD E1634）. East St Louis，MO：McDonnell Douglas Astronautics Co.，1977.

［414］Yu R，Duer Z，Ogle T，et al. Experiencing an Invisible World War I Battlefield Through Narrative-Driven Redirected Walking in Virtual Reality[C]. 2018 IEEE Conference on Virtual Reality and 3D User Interfaces（VR），2018：313-319.